普通高等教育"十一五"国家级规划教材
国家级精品课程"社会心理学"指定教材

U0173478

社会心理学

（第五版）

全国 13 所高等院校《社会心理学》编写组　编

南开大学出版社

天　津

图书在版编目(CIP)数据

社会心理学 / 全国 13 所高等院校《社会心理学》编写组
编. —5 版. —天津:南开大学出版社,2016.6(2023.8 重印)
ISBN 978-7-310-05118-2

Ⅰ.社… Ⅱ.全… Ⅲ.社会心理学—高等学校
—教材 Ⅳ.C912.6

中国版本图书馆 CIP 数据核字(2016)第 111237 号

社会心理学(第五版)
SHEHUI XINLIXUE (DI-WU BAN)

南开大学出版社出版发行
出版人:陈　敬
地址:天津市南开区卫津路 94 号　　邮政编码:300071
营销部电话:(022)23508339　营销部传真:(022)23508542
https://nkup.nankai.edu.cn

河北文曲印刷有限公司印刷　全国各地新华书店经销
2016 年 6 月第 5 版　　2023 年 8 月第 8 次印刷
230×170 毫米　16 开本　23.75 印张　420 千字
定价:58.00 元

如遇图书印装质量问题,请与本社营销部联系调换,电话:(022)23508339

目　录

第五版前言

1990年，本书第一版正式付梓。时至今日已经修订到第五版了，26年承蒙国内同行厚爱以及莘莘学子对社会心理学知识的渴求，总发行量已经达到三十五万册，期间还入选为教育部"十一五"规划教材。考虑到近年来社会心理学各个领域的新发展与新成果，故对本书进行第五版修订。对于本次修订，特别作如下几点说明：

第一，合并了原第四版的第一章与第二章，本版的第一章涵盖了社会心理学的导论内容，包括社会心理学的基本范畴、研究方法、发展历史与基本理论，合并之后"总—分"结构更加明确，便于教师与学生进一步把握社会心理学的学科主线与内在发展逻辑。

第二，从第一次修订以来，本书形成了章节结构合理、信息量丰富的特点，为了保持并延续一贯风格，本次修订仅对章节结构进行了微调，但是对内容表述进行了较大规模的修订，使之更加通俗易懂，对理论内容增加了一些新的举例说明。

第三，对本书的体例与行文进行了整体的润色与修改。由于前四版中参与教材修订的作者们分别来自国家多所高校，故在行文与体例上的个人风格不完全一致，本次修订得以通篇整合、润色与修订，一些重复的内容被删削，有些内容则在不同章节中各有侧重。

第四，考虑到本书作为社会心理学导论性质的入门教材，字数不宜过多，但内容应该更具启发性，因此，删除了一些冗余内容，增加了一些新的研究成果，总体字数保持不变。

参加第五版修订工作的有汪新建、李强和王恩界。李强协助我负责本次修订工作并与王恩界一起对全书进行了统稿。全书的修订稿最终由我负责统审。

最后，我代表全书作者由衷感谢长期使用本书的广大师生和阅读过本书的社会心理学爱好者。由于我们能力和学识有限，这次修订肯定还会有许多不尽如人意之处，恳望广大读者给予批评和指正。此外，也非常感谢南开大学出版社一如既往对本次修订工作给予的大力支持。

乐国安
2016 年 4 月于南开大学

初版前言

　　1989 年 3 月在广州召开的全国高等院校社会学系（专业）主任联席会议上，与会同志一致认为，近十年来我国高等院校的社会心理学教学工作发展迅速，相继出版了多种版本的教科书，取得了很大的成绩。另一方面，大家也感到，经过十年的恢复和发展，有必要在总结已有教学经验的基础上，组织力量集体编写一本较有代表性的社会心理学新教材。因此，会议决定由南开大学社会学系牵头完成这项任务。

　　本书是由全国 13 所高等院校的社会心理学教师编写的。它不仅充分反映了作者们多年来从事社会心理学教学的成功经验，而且从结构到内容博采众长，尽量吸收了国内已有的同类教科书的长处以及国外的研究成果。同时，考虑到社会心理学这门学科的发展历史和现状，本书兼收并蓄，从心理学和社会学这两大不同的研究方向上介绍社会心理学，使之既具有心理学方面的优势，又带有社会学方面的特色。

　　作者在写作本书的过程中参阅了大量国内外文献资料。在此，我们要对多年来从事社会心理学研究并取得丰硕成果的国内外专家学者，以及致力于社会心理学应用并且有所成就的人们致以衷心的感谢。我们还要感谢作者的各所在单位以及南开大学出版社对本书写作和出版的大力支持。对于南开大学教材科周才思同志为本书写作及发行而给予的热情帮助和支持，我们亦深表谢忱。

　　本书可供各综合大学、师范院校以及函授、业余大学的师生作为教授与学习社会心理学的教材或参考材料，也可供社会各界爱好社会心理学的读者参阅。

　　本书主编单位为南开大学社会学系，具体工作由乐国安负责。参加编写的各单位作者及分工是：南开大学乐国安（第一章）、南京大学周晓虹和翟学伟（第二章）、南开大学钟元俊（第三章）、四川大学李明德（第四章）、上海大学范明林（第五章）、中国人民大学郑为德（第六章）、中山大学李伟民（第七、八章）、山东大学马广海（第九章）、复旦大学郁景祖（第十章）、南开大学韩秀兰（第十一章）、南开大学汪新建（第十二章）、华中理工大学李振文（第十三章）、北京大学胡学辉（第十四章）、武汉大学罗教讲（第十五章）、云南大学薛群慧（第十六章）、厦门大学胡荣（第十七章）。全书由乐国安统审定稿。钟元俊除参加制定编写大纲外，还协助统审工作。南开大学王小章也协助统审工作，并撰写了第七章中的第三节。

尽管我们在编写中作了很大努力，但由于专业水平有限，书中恐有不妥之处，谨望读者批评指正，以便再版时作必要的修改。

全国 13 所高等院校《社会心理学》编写组

1990 年 3 月

初版前言

1989年3月在广州召开的全国高等院校社会学系(专业)主任联席会议上,与会同志一致认为,近十年来我国高等院校的社会心理学教学工作发展迅速,相继出版了多种版本的教科书,取得了很大的成绩。另一方面,大家也感到,经过十年的恢复和发展,有必要在总结已有教学经验的基础上,组织力量集体编写一本较有代表性的社会心理学新教材。因此,会议决定由南开大学社会学系牵头完成这项任务。

本书是由全国13所高等院校的社会心理学教师编写的。它不仅充分反映了作者们多年来从事社会心理学教学的成功经验,而且从结构到内容博采众长,尽量吸收了国内已有的同类教科书的长处以及国外的研究成果。同时,考虑到社会心理学这门学科的发展历史和现状,本书兼收并蓄,从心理学和社会学这两大不同的研究方向上介绍社会心理学,使之既具有心理学方面的优势,又带有社会学方面的特色。

作者在写作本书的过程中参阅了大量国内外文献资料。在此,我们要对多年来从事社会心理学研究并取得丰硕成果的国内外专家学者,以及致力于社会心理学应用并且有所成就的人们致以衷心的感谢。我们还要感谢作者的各所在单位以及南开大学出版社对本书写作和出版的大力支持。对于南开大学教材科周才思同志为本书写作及发行而给予的热情帮助和支持,我们亦深表谢忱。

本书可供各综合大学、师范院校以及函授、业余大学的师生作为教授与学习社会心理学的教材或参考材料,也可供社会各界爱好社会心理学的读者参阅。

本书主编单位为南开大学社会学系,具体工作由乐国安负责。参加编写的各单位作者及分工是:南开大学乐国安(第一章)、南京大学周晓虹和翟学伟(第二章)、南开大学钟元俊(第三章)、四川大学李明德(第四章)、上海大学范明林(第五章)、中国人民大学郑为德(第六章)、中山大学李伟民(第七、八章)、山东大学马广海(第九章)、复旦大学郁景祖(第十章)、南开大学韩秀兰(第十一章)、南开大学汪新建(第十二章)、华中理工大学李振文(第十三章)、北京大学胡学辉（第十四章）、武汉大学罗教讲（第十五章）、云南大学薛群慧（第十六章）、厦门大学胡荣（第十七章）。全书由乐国安统审定稿。钟元俊除参加制定编写大纲外，还协助统审工作。南开大学王小章也协助统审工作，并撰写了第七章中的第三节。

　　尽管我们在编写中作了很大努力，但由于专业水平有限，书中恐有不妥之处，谨望读者批评指正，以便再版时作必要的修改。

全国 13 所高等院校《社会心理学》编写组

1990 年 3 月

修订版前言

　　这本《社会心理学》初版于 1990 年，并被列入《大中专文科类教学用书汇编》，在全国范围内被不少大专院校作为社会心理学课程的教材使用。承蒙南开大学出版社的大力支持，现对该书作了修订，再次出版。

　　此次修订，增加了"社会角色"一章，使本书在体系上显得更为完整。它是由现在杭州大学任教的王小章撰写的。南开大学社会心理学研究生张春明精心帮助查找初版中的排版错漏字，并予以更正，特以致谢。

全国 13 所高等院校《社会心理学》编写组

1995 年 1 月

第三版前言

本书自 1995 年 9 月修订出版以来，又历时近八个年头了。在此期间，本书多次印刷，总发行量已达 10 万余册，且获得国家教委第三届优秀教材二等奖。尽管这样，必须认识到的是，社会心理学是现代一门发展颇为迅速的学科，每年都会有大量的研究成果问世。因此，作为教材，应当跟上学科发展的形势，及时修订。这就是我们再次修订本书的原因。

在修订之前，我们查阅了近十多年来国外（主要是欧美国家）出版的一些社会心理学教科书，发现它们的内容结构并无重大变化，只是加入了不少新近的具体研究成果。这说明作者们对于这门学科的研究范围几乎仍然保持原有的看法。本书初版时，作者们就商定在内容安排上要"从心理学和社会学这两大不同的研究方向上介绍社会心理学，使之既具有心理学方面的优势，又带有社会学方面的特色"。基于这门学科发展的现状和本书原定的写作原则，这次修订时对全书的结构层次没有进行重大改动，只是原第十六章"民族心理"改名为"文化与人格"，原第十七章"性别差异心理"的内容并入第四章"社会角色"中。至于各章的具体内容是本次修订的重点。修订者们尽可能地把近二十年来社会心理学新进展的内容反映到新版之中。

本书的此次修订版是集体劳动成果的结晶。各章的修订作者分工是：乐国安：第 1、2、7、17 章；刘春雪：第 3、5 章；汪新建、刘硕晗、徐树芬：第 4、16 章；李强：第 6、10、11 章；管健：第 8、9 章；王恩界：第 12、13 章；陈秀樫、周静：第 14 章；李磊：第 15 章。全书的修订稿最终由我负责统审，汪新建、李强协助进行统审工作，王恩界帮助进行了修订的整理和校对工作。

社会心理学在中国，基于其广泛的现实应用性，正在得到前所未有的迅速发展。许多高校都开设了这门课程。在这种形势下，编写出适用的教材，是摆在专业社会心理学者面前的重要任务。我们现正朝着这个方向努力去做。至于这项任务我们事实上完成得是否合格，则有待于使用本书的教师和学生的评判了。我们在由衷地感谢过去曾经使用过本书的师生的同时，也热切地期待着对这第三版的批评和指教。此外，我们也要感谢南开大学出版社对修订本书给予的支持。

乐国安

2003 年初春

第四版前言

本书自 1990 年出版以来，至今已经修订过两次，承蒙国内同道厚爱及莘莘学子对社会心理学知识的需求，总发行量已近三十万册。现在，我们在该书列入教育部"十一五"规划教材之际，对该书进行第三次修订，以第四版的形式出版。

对于本书的修订，特别作如下几点说明：

第一，考虑到国内《普通心理学》教材大都有对"社会动机"内容的介绍，所以这次修订删去了第三版中的第六章"社会动机"；为了使各章内容更加紧凑，我们将"社会态度"和"态度的形成与改变"两章合并为一章，仍以"社会态度"冠名；将"利他行为"和"侵犯行为"两章合并为一章，冠名为"侵犯与利他"；删去了"文化与人格"一章。这样全书由第三版的十七章缩减为现在的十四章。

第二，为了尽量保持和延续本书前三版风格，保留下来的各章内容没有做大的改动。

第三，本书属于社会心理学导论性质的教材，因此编写内容继续突出基础性、经典性、实用性，适当增加介绍了一些新近研究成果，并以专栏的形式出现在各章中。

第四，考虑到本书主要作为本科生教材使用，篇幅不宜过大，故全书总字数比第三版略有减少。

第五，为了方便广大师生教学使用，每章前面增加了"本章学习目标"，每章后面增加了"本章小结""思考题"和"推荐阅读书目"等内容。

参加第四版修订的作者及具体分工是：乐国安（第一章、第二章和第十三章）、李强（第三章、第六章、第八章、第九章和第十一章）、管健（第四章、第七章）、汪新建（第五章）、王恩界（第十章）、李磊（第十二章）。此外，吴清参加了第五章修订工作，高文珺参加了第八章、第十一章修订工作，王佳佳参加了第九章修订工作。李强协助我负责本次修订工作并对全书进行了统稿。

全书的修订稿最终由我负责统审。

　　最后，我们由衷感谢长期以来使用本书的广大师生和社会心理学爱好者！由于我们能力和学识有限，这次修订也肯定会有不尽如人意之处，恳望广大读者给予批评和指正。此外，我们还要感谢南开大学出版社一如既往对本次修订工作给予的大力支持。

乐国安

2008 年 4 月于南开大学

第一章　绪　论

本章学习目标

> 了解社会心理学的定义
> 理解社会心理学的研究范围
> 掌握社会心理学的研究方法
> 熟悉社会心理学研究的基本术语
> 了解社会心理学研究的伦理问题
> 了解社会心理学的发展简史
> 熟悉社会心理学的基本理论

根据国际心理科学联合会（IUPsyS）的调查显示：无论是在发达国家，还是在发展中国家，社会心理学（social psychology）都是最受大学生欢迎的课程之一。作为一门探讨社会因素如何影响人的心理与行为的科学，社会心理学可以解释现实生活中个体与群体社会行为背后的深层次原因。从日常生活中人们对隐私的关注行为，到年轻人在网络空间上的自我暴露，再到不同群体之间相互持有的印象偏见，其真正原因往往并不像人们所想的那样简单。更加难能可贵的是，社会心理学理论总是尽可能地摒弃世俗价值观的干扰，更加客观、公正地描述人类社会心理与社会行为的普遍规律，这对于构建人与人之间日常沟通所必需的观念共识具有非常重要的意义。

早在 2000 多年前，人类就对自身在社会生活中所表现出来的各种社会心理和行为表现出很强的认识兴趣。从哲学家到普通人，可能都思索过人何以有爱，何以有恨，何以独处时的行为与有他人在场时会有不同，等等。不过作为一门独立的学科，社会心理学从正式诞生到今天，只有 110 多年的历史。现如今，这门年轻的学科不仅在研究体系上日趋成熟、完整，而且在实际生活中也日益表现出巨大的应用价值。本章将简要介绍社会心理学的定义、研究范围、研究方法、发展历程以及现有理论等基本问题。

第一节　社会心理学的基本范畴

一、社会心理学的定义

在学习一门新学科之前，初学者首先想了解的经常是这门学科的定义。但是，对于社会心理学来说，要给出一个非常精确且能够得到所有社会心理学家认同的定义非常困难。其原因主要有两个方面：首先是不同学者所认同的理论范式分歧较大，他们可能来自不同的学科（例如社会学或心理学等），即使学科背景相同，他们的理论观点也千差万别；又或者所关注的研究对象不尽相同，这些因素都会导致社会心理学的定义难以统一；其次是社会心理学的研究对象本身广泛而复杂，广义的社会心理学研究对象包含了全部受社会因素影响的心理与行为，至今也没有一种定义能够涵盖这些研究对象的全部特点。为了能让读者对社会心理学定义有一个较为全面的了解，本书将分别从社会学和心理学两种研究取向来介绍以往出现的学科定义，并提出本书的看法。

在社会心理学正式诞生之前，社会学、文化人类学、心理学等相关学科已经出现。从某种意义上讲，社会心理学正是这些学科相互交叉、渗透、融合的产物，它们为社会心理学提供了重要的学术思想来源。尤其是社会学和心理学，最终发展成为社会心理学内部的两种研究传统，故又可以称其为社会心理学的基本研究取向。心理学研究取向是以 F. H. 奥尔波特（F. H. Allport）所开创的实验心理学为代表，社会学研究取向则以 G. H. 米德（G. H. Mead）所开创的符号互动论为滥觞。心理学研究取向更加关注个体的心理与行为如何受到他人的影响，而社会学研究取向更加侧重社会因素对群体心理与行为的影响。

（一）社会学取向的定义

社会学取向的社会心理学强调将"人与人之间关系或人与人之间的相互影响"作为研究对象。这种定义显然受到了社会学基本观点的影响，例如：S. L. 阿尔布赖齐（S. L. Albright）认为，"社会心理学研究社会制度、社会团体与个体行为间的关系"。I. H. 戴维斯（I. H. Davis）等人指出，"社会心理学可以界定为人类交互作用的研究"。D. J. 贝姆（D. J. Bem）则强调，"社会心理学是研究社会交互作用的科学"。R. E. 西尔弗曼（R. E. Silverman）的定义是："在现实生活中，人们并不是活动在真空状态中。你是社会的一个成员，而你的行为是受许多人际关系影响的。这些人际关系就是社会心理学（心理学中注重研究人际互动的分支）的主要兴趣所在。"

不同意这类定义的学者认为，在社会心理学研究中，强调研究人际关系与人际互动是必要的。但是，如果只强调这些研究内容，则有可能导致它和社会学的研究对象相混淆，使社会心理学成为社会学的同义反复。社会心理学之所以要研究人际关系和人际互动，就是要探明这种关系和互动如何作用于人的主观世界，并引起人的何种社会心理活动。所以，社会心理学研究内容与目标和社会学研究应该有所不同。①

（二）心理学取向的定义

心理学取向的社会心理学强调研究"个体的社会行为"，其认为社会心理学是研究个体的社会行为的科学。这种定义方式体现了行为主义心理学在社会心理学内部的影响，行为主义心理学认为心理学是一门研究人的行为的科学。据此引申，持行为主义观点的人常把社会心理学看成是研究人的社会行为或者个体行为之间互相影响的科学。例如：J. H. 戈尔茨坦（J. H. Goldstein）认为，对于社会心理学，"我们的暂用定义是，一个人的行为怎样影响其他人的行为的研究"。J. L. 弗里德曼（J. L. Freedman）等人认为，"社会心理学是社会行为的系统研究。它探讨我们怎样感知其他人和各种社会情境，我们怎样对他们和他们怎样对我们发生反应，以及我们怎样受社会情境所影响"。A. J. 洛特（A. J. Lord）认为，"社会心理学是研究受在某种文化结构的范围内的其他人的行为或集团的行为所影响的个体的行为"。D. O. 西尔斯（D. O. Sears）等人在1988年出版的《社会心理学》（第六版）中也开宗明义地指出："社会心理学是对社会行为的系统研究。它论述我们如何知觉其他人和社会情境，我们如何对其他人做出反应以及其他人如何对我们做出反应，此外，它还论述我们如何受社会情境的影响。"

心理学取向的定义还有一种变式，即在行为主义观点的指导下，把人的"思维""情感"等心理活动也看作是"行为"，其认为社会心理学研究的社会行为还包括人的这些心理活动。例如：G. W. 奥尔波特（G. W. Allport）提出，"……很少例外，社会心理学家们把他们的学科视为试图理解和解释个体的思想、感情和行为怎样受到他人的实际的、想象的或隐含的存在的影响"。R. A. 巴朗

①对西方社会心理学定义的分析，请参见汪青：《对西方一些社会心理学定义的初步分析》，载《外国心理学》1985年第2期。

（R. A. Baron）等人在 1984 年出版的《社会心理学》（第四版）中提出，"社会心理学是一个科学领域，它试图理解社会情境中个体行为的本质和原因，这里所说的'行为'，意指外显活动、情感和思维"。以上这类定义的特点是：把人的心理和行为都作为社会心理学的研究对象。

（三）本书的定义

20 世纪 80 年代我国社会心理学的研究和教学工作得以恢复之后，一些心理学者在一些文章中也阐述了自己对社会心理学定义的看法。吴江霖先生提出，"社会心理学是研究个体或若干个体在特定社会生活条件下心理活动的发展和变化的规律的科学"[①]。吴江霖先生在美国攻读博士学位时，师从 F. H. 奥尔波特，从他的定义内容来看，显然受到心理学研究取向影响更多。

潘菽先生对社会心理学的定义外延更加广泛，他指出，"社会心理学是心理学的一个主要分支。它所研究的是和社会有关的心理学问题。我们知道，所有的社会事件都有人的因素在里面，也就是都有心理的问题在里面。反过来说，人的一切心理活动中几乎都有社会的因素或影响，因而也就都有社会的问题在里面。研究这些课题的心理学就是社会心理学"[②]。这种定义方式的兼容性更好，所有涉及社会因素的心理学研究，都可以视为社会心理学研究，但是并没有指出社会心理学自身的基本属性或者说不同于其他学科的标志性特点是什么。

1985 年，汪青对社会心理学的定义提出了自己的看法。他认为，社会心理学的定义应当包括四个要点：第一，社会心理学应以社会心理活动为研究对象，而不仅是行为或社会行为。第二，这种社会心理活动既包括个体的社会心理活动，也包括群体的社会心理现象。第三，应该在人与人之间的关系、人们的相互作用之中来进行社会心理活动、社会心理现象的研究。因为前者是社会心理活动的源泉，社会心理活动也表现在各种社会的相互作用中。社会存在决定社会意识，离开前者就无法理解后者。但是，社会心理学不能以这种社会存在、社会关系本身作为研究对象。第四，作为一门科学，社会心理学应该研究社会心理活动、社会心理现象的发生、发展和变化的规律，把它运用到实际活动中去，解决各种有关的问题，而不能仅仅是现象的描述。根据这种分析，汪青提出了社会心理学的定义："社会心理学是研究在人们的社会相互作用中，个体和群体社会心理活动发生、发展和变化规律的科学。"[③]

---

①吴江霖：《马克思主义社会心理学的展望》，载《广东师院学报》1982 年第 3 期。

②潘菽：《试论社会心理学》，载《百科知识》1983 年第 1 期。

③汪青：《对西方一些社会心理学定义的初步分析》，载《外国心理学》1985 年第 2 期。

在对上述各类定义作了介绍和分析之后,本书认为社会心理学应该定义为:是对人的社会心理和社会行为规律进行系统研究的科学。这里所说的人,既包括个体也包括群体;而所谓的社会心理和社会行为,则是指个体或群体在特定的社会文化环境中对来自社会规范、群体压力、自我暗示、他人要求等社会影响所做出的内隐的和外显的反应。本书定义的优点是综合了两种研究取向的社会心理学定义,而且强调了对社会心理与行为规律的探索是社会心理学的基本属性。初学者可以了解这种定义内容,以便展开后续的学习,当学习达到一定程度后,也可以提出自己心目中的社会心理学定义。

二、社会心理学的研究范围

发展至今的社会心理学,已经有了较为完整的学科体系。基于研究对象的不同层次,可以把社会心理学的体系划分为个体社会心理和社会行为、社会交往心理和行为、群体心理以及应用社会心理学四个基本范畴。

(一)个体的社会心理和社会行为

这一层面的研究包括以下几个领域:

(1)个体的社会化。一个人从出生到死亡,经历了一系列社会化过程。社会心理学需要研究这种社会化过程,即要研究人的一生心理发展、变化的一般表现,及其与社会环境之间的相互影响,例如家庭环境、社会地位、学校环境、师友伙伴、居处环境、文化氛围、风俗习惯等方面的影响。社会心理学对社会化的研究,旨在揭示"自然人"是如何转化成为"社会人"的。而人的社会化过程则包括政治社会化、法律社会化、道德社会化、民族社会化、职业社会化、性别角色社会化等多个方面。

(2)社会角色。形成特定的社会角色,是社会化的结果之一。每个人在不同的情景中,承担着不同的社会角色,甚至在同一种情景中承担着多个社会角色,从这个角度来说,每个人都是一个角色丛。社会角色理论认为,每个人都在扮演自己的角色,并以特定的角色参与不同领域的社会生活,因此,了解社会公众的角色期待以及个体的角色领悟、角色实践,对于理解人类的行为来说非常重要。

(3)自我意识。社会心理学对自我意识的研究主要包括自我意识的形成过程,以及自我意识对个体社会行为的影响作用等内容。自我概念是个体对自己存在状态的认知,它是自我意识活动的产物,又反过来影响着人的行为。个体对自身行为的期待,以及现有经验的解释,固然会受到真实自我的影响,但自我概念对这些方面的影响更大。

（4）社会认知。传统的普通心理学只研究人对物的认知规律，很少专门研究对社会客体（即处于社会环境中的他人或群体）的认知。社会心理学则非常关注对个体认知的研究。这种研究包括三个方面：其一是对他人的认知，或者称之为人际认知，例如对他人个性特点、表情、行为的认知，对人际关系的认知等；其二是对自己的认知，或称自我认知，包括自我评价、自我监控等；其三是归因，即研究个体如何探索自身或他人行为的内在原因。社会心理学对社会认知的研究，对于在社会生活中正确认识自己和他人、处理好复杂的人际关系具有重要意义。

（5）社会态度及其改变。个体对社会生活中的人、事、观念或现象的评价与稳定的反应倾向，就是所谓的态度，它是社会心理活动的基本内容之一。社会心理学研究非常关注社会态度的结构、各种态度成分之间的关系。除此之外还研究态度的形成与改变的过程与条件，以及如何测量人的态度。态度研究对于准确了解人的社会心理活动、理解人的社会行为表现、进行态度的形成与改变都具有实际应用价值。

（二）社会交往中的心理和行为

社会交往层面关注的是个体与个体之间的相互作用与人际交往，例如人际关系、人际沟通、社会影响等内容，都将在这一部分中加以探讨。人际关系主要研究的是人与人在社会交往中形成的心理关系，例如：喜欢是如何发生的？受到哪些因素的影响？人际关系是否可以测量？又有哪些方面可以对它进行测量？等等。人际沟通研究主要关注的是：沟通的类型、功能、程序，以及如何提高沟通的效果。社会影响研究的主要兴趣在于：人与人之间如何发生相互影响，比较典型的研究内容包括：他人在场、暗示、模仿等。

（三）群体心理

社会中的人通常处于各种各样的、正式或非正式的群体之中。社会心理学研究了群体情景对群体成员行为的影响、群体领导的风格和作用、群体领导的行为及其领导力等问题。此外，群体心理层面还研究大规模群体的心理现象，例如民族心理、性别差异心理等。学者们通常认为，东方人具有集体主义的行为特点，因此在我国社会背景下，研究群体中社会成员的集体行为与集群行为，对于解释人的行为、提升集体的活动效能都具有非常重要的意义。

（四）应用社会心理学

从整体上来说，社会心理学是一门应用性很强的学科，从20世纪中叶以来不断地形成了一些新的学科分支。例如：环境社会心理学研究人和生活环境的相互作用，探讨了噪声、污染、自然灾害对人的社会心理影响，以及居住环境的设计和安排应该如何适应人的心理需要等；健康社会心理学研究身体疾患、心理疾患与社会因素之间的关系，以及如何应用心理学理论与方法治疗人的心身疾患；法律社会心理学研究的是犯罪心理的形成，以及犯罪行为发生的规律，探讨如何应用社会心理学鉴别证人证言的可靠性，为犯罪侦查提供指导方向，研究法庭社会体系中各不同角色之间的关系与相互影响，探索预测、预防犯罪的有效措施等；传播社会心理学研究的是电影、电视、网络、广播、报纸、杂志、图书等大众传媒对个体态度形成及改变的作用，以及如何有效应用这类传播工具，促使人的态度发生积极变化；教育社会心理学研究的是学生、学校与社会之间的关系，例如：班集体的特点及其对学生个性发展的影响、学校和班级的社会氛围对学习动机和学业成绩的影响、教师特点对学生成绩的影响，等等。

社会心理学的应用研究领域相当广泛。应用层面研究一方面把社会心理学的理论应用于现实生活中；另一方面又可以丰富社会心理学的理论与方法。因此，应用研究也是社会心理学不可缺少的一部分。本书将主要介绍社会心理学在管理、犯罪、心理健康和环境等领域的研究成果，如果读者对更多应用层面的研究感兴趣的话，可以参考专门的应用社会心理学分支的书籍来加以拓展。

第二节 社会心理学的研究方法

一、社会心理学的方法论问题

从根本上说，一门学科的方法论（methodology）是关于这门学科的最高研究原则和指导思想。社会心理学的方法论，应该能够回答或解决本学科中具体研究所面临的基本问题才行，例如：本学科研究的基本对象与内容是什么？为什么要研究这些对象与内容？应该使用什么方法进行研究？等等。社会心理学的指导原则与研究者的世界观、知识观密切联系在一起，而研究者的世界观与知识观又和其生活经历以及由此而形成的哲学立场有关，有了一定的哲学立场，就会产生相应的观察、解释社会行为的视角与观点；有了观察与解释社会行为的特定观点和视角，就会产生研究特定对象客体的具体方法。一位社会心理学家的立场、观点和方法构成了他的科学工作的方法论基础。

苏联社会心理学界与欧美国家相比，更重视研究的方法论问题。例如：安德列耶娃（Г. М. Андреева）曾经提出方法论不等同于具体研究方法，其认为方法论这个术语表现了科学观点和方法的三种不同水平：第一种水平是一般哲学观点，称为一般方法论。社会心理学家在研究中都自觉或不自觉地体现出某种一般哲学观点。对于以马克思主义为指导的社会心理学来说，这就是辩证唯物主义和历史唯物主义。第二种水平是专门学科的一般理论观点，这是在一般哲学观点影响下，在某个学科内形成的。苏联社会心理学界提出三个理论作为本学科的方法论原则，这就是鲁宾斯坦和列昂节夫的活动与意识统一的理论、洛莫夫的系统理论、乌兹纳捷的定势理论。第三种水平是在一般哲学观点和专门学科一般理论观点指导下的具体研究方法，例如实验法、调查法、社会测量方法等等。在具体研究中无论采用什么方法，都不能离开一般方法论和专门方法论。①

西方社会心理学研究（主要是指以美国和欧洲发达国家为代表的研究）在论及研究方法时，通常是指具体用什么方法开展社会心理学的研究。他们尽管也使用方法论这个术语，但多半与具体的研究方法同义。这正反映了西方社会心理学领域重视实证研究、忽视理论指导的传统。当然，这并不是说他们的研究没有理论指导，实际上轻视理论探讨也是一种研究指导思想。我国社会心理学界对方法论问题也有过一些探讨，曾经比较一致的观点是：苏联社会心理学界的观点对我们具有重要的参考意义。不过近 15 年以来，中国社会心理学界对方法论的重视程度日益下降，而对具体研究方法的关注程度日益提升。

对于社会心理学这门学科来说，基本的方法论应该是什么呢？它要求研究者具备什么样的世界观呢？本书认为辩证唯物理论（包括历史唯物理论）可以也应该成为本学科研究的最高指导原则。为什么这样说呢？因为凡是能够称得上是科学的知识，都是对客观世界上存在的事物、事物之间相互关系以及从中所表现出来的规律的如实反映。换言之，它们都在唯物论观点的指导下取得的；不仅如此，这些反映往往包含有辩证法的成分，因为辩证法也是客观存在于现实事物的相互关系以及发展变化之中，社会心理学研究同样如此。

二、社会心理学研究的基本术语

（一）变量

变量（variable）是许多学科都在使用，但定义又比较笼统的概念。在社会心理学研究中，所谓变量是指在性质或数量上可以发生变化的特征或条件。正是由于变量可以发生变化，所以通常也能够加以观察或控制。社会心理学研究

---

① 安德列耶娃：《社会心理学》，南开大学出版社 1984 年版，第 45～47 页。

中的变量通常有两类：第一类是因变量（dependent variable），它是研究者所关注的变量，往往表现为被试在实验中的行为反应，会因为受到其他变量的影响而发生变化，同时也能够被研究者所测量；第二类是自变量（independent variable），自变量也可以变化，但其变化往往是由研究者所选定或控制的，用以分析其变化对社会心理与社会行为的影响。例如：要研究经济收入对幸福感的影响，研究者会把经济收入水平作为自变量看待，即根据收入水平把被试分为不同的群体，然后再比较不同收入的群体的平均幸福感有何差异，此时幸福感就是因变量，研究者事先假设幸福感因收入变化而有所改变，作为自变量的收入水平则可以解释因变量的变化；再例如：如果要研究噪声对利他行为的影响，研究者会操纵不同等级的噪声条件（自变量），对比不同条件下被试的利他行为（因变量）是否有所差异，最终得出"噪声减少利他行为"或者"噪声增加利他行为"的研究结论。

操作化，或者说操作性定义是理解变量的一个关键。社会心理学研究的许多概念都是具有一定抽象程度的，从抽象的理论分析到应用实证方法获得经验支持，必须对概念进行操作化，使之成为测量并加以控制的变量。操作化是联系概念与变量之间的桥梁，它联通了理论层面的概念与实证层面的变量，如果概念反映的是事物的本质特征，那么操作化就是找到这种本质特征的具体表现和现象。例如：在研究态度时，因为态度具有内隐特征，人看不到他人的内在态度，这时就必须通过操作化的方法，将态度变成可以测量的具体变量。研究者可以收集有关态度的各种行为指标，将之设计成为态度量表，并借此将态度这一抽象概念变成可以测量或者操作的具体变量。当然，本书不会非常具体地介绍操作化的方法，因为那是研究方法课程所要完成的工作。

因变量随着自变量的变化而发生改变，当两个变量之间存在相互影响的关系时，两者的关系至少有两种可能性：一种是因果关系，即前置变量对后置变量具有直接影响；另一种是相关关系，即两种变量之间不是因果关系，它们之间虽然同时或先后发生变化，但彼此不是对方发生变化的原因，它们可能同时受到另一因素的影响而发生变化。在社会心理学研究中不要将相关关系误认为是因果关系。例如：当病人因为细菌感染而发烧时，其心跳和呼吸频率都会加快，心跳次数和呼吸次数这两个变量呈现正相关。但心跳加快不是呼吸加快的原因，呼吸加快也不是心跳加快的原因，细菌感染才是呼吸和心跳加快的真正原因。

在社会心理学研究中，很多变量之间存在着相关关系。但由于存在因果关系的两个变量也会有相关的表现，所以有些相关关系有可能会被研究者误判为因果关系。两个变量之间存在相关关系时，并不必然意味着两者之间具有因果关系。相关关系只是指两个变量会一同发生变化，即当一个变量变化时另一个变量也随之改变。当其变化的数值表现为同时增加或同时减少时，它们之间的关系可以称之为正相关；当一个变量值增加而另一个变量值减少时，它们之间的关系则可以称之为负相关。而在因果关系中，一个变量是另一个变量变化的原因，具有因果关系的两个变量既有可能表现出正相关，也有可能表现为负相关。但是，在进行社会心理学研究时，千万不要把两种关系混淆。

（二）效度

在社会心理学研究中，经常会涉及测量与实验等问题，所以效度与信度的概念就变得非常重要。所谓效度（validity）即有效性。在测量中，效度是指测量工具或方法反映被测量对象属性的准确程度。测量结果越接近测量对象的实际属性，那么测量的效度越高，反之效度则越低。换言之，测量结果必须要符合测量目标，当研究者所测量到的内容正好是他想要测量的东西，或者所发现的正是他想要发现的东西时，测量就有了效度。例如：如果要测量人际吸引程度，往往需要开发出专门的人际吸引程度量表，该量表如果能够切实反映人与人的情感亲近程度，那么这种测量才有效度和价值。

在社会心理学实验中，效度又可以分为内部效度和外部效度。内部效度是研究中的自变量与因变量之间关系的明确程度，如果因变量的变化没有受到其他变量的污染，只是受到了自变量的影响，那么该实验设计就具有更高的内部效度。内部效度的获得，需要消除与研究目标无关的变量的影响。往往是实验设计越周密，其内部效度越高。外部效度则是指社会心理学实验结果适用于解释日常社会行为的程度，即研究结果的概括程度，概括程度越高，其外在效度越高。值得注意的是，内部效度高的实验情境往往与真实情景不同，其实验结果对现实情景中社会行为的概括能力有时会很差，导致出现外部效度低的情况。可见，内部效度与外部效度之间存在负相关，内部效度越高的实验，其外部效度有可能越低。当然，内部效度与外部效度都很高的实验也存在，这就需要提高社会心理学家的实验设计能力。

（三）信度

所谓信度（reliability），是指测量结果的稳定性或可靠性，亦即测量分数的可重复性。假如研究者使用同一份问卷测量甲对乙的态度，相隔一周（或更长时间）所得测量结果非常接近，那么则表明本次测量的再测信度可能很高；相反则需要重新评估测量工具的信度问题。有的时候，测量结果不稳定也有可能是源于所测量对象已经发生了变化。

　　测量的信度与效度之间既有区别又存在联系，效度主要解释测量的有效性和正确性问题，信度主要描述测量结果的可靠程度与稳定程度。一般说来，信度是效度的基础，效度是信度价值的保证。一种测量只有首先是稳定的，然后才可能准确，准确而不稳定的测量只会出现在极其特殊的情况下；另一方面如果测量结果稳定，但是没有效度的话，该测量也没有价值。在社会心理学研究中，好的研究应该是既有信度又有效度，测量方法具有稳定性，同时又能实现测量目标，这样的研究价值自然高；相反，信度与效度缺失任何一方都算不上好的研究。

三、社会心理学的具体研究方法

　　在社会心理学研究中，常见的研究方法如图 1-1 所示。

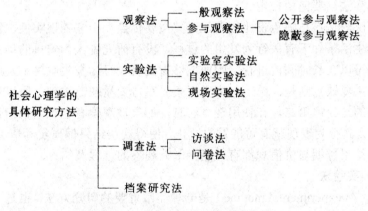

图 1-1　社会心理学具体研究方法

（一）观察法

　　几乎每个人都有过对他人（或者自身）的社会行为进行观察的经历。而观察法（observational method）则是依据特定的原则，使用科学的方法对社会行为进行客观、准确的观察。观察法是人类学家和动物行为学家的常用方法，其主要特点是研究者在不进行任何干预的情况下，客观观察并记录事实。早期的社会心理学家使用得较多，进入确立期之后，观察法的使用大大减少了。近年来随着研究者对实验法外在效度的怀疑以及观察工具的现代化，观察法在社会心理学研究中受到一定程度的重视。观察法看起来似乎并不复杂，但是要达到研究结果，研究者应该事先有明确的目标和要求，设计好清楚的观察程序并做好观察记录。观察和记录的方法很多，除了早期常用的笔记以外，现代的录音、录像技术都可以用于观察法。

根据观察者是否参与到正在观察的活动之中，可以将观察法分为一般观察法和参与观察法。一般观察法也称自然观察法，是指研究者在不进行任何干预的情况下进行观察并记录研究内容，观察者不参与到所观察的行为之中。参与观察法与一般观察法的不同之处在于：研究者首先要参与到正在观察的行为之中，然后客观观察并详细记录正在参与的社会行为。在一些早期关于特定群体的参与观察中，研究者通常都作为群体一员参与群体的活动，与此同时对该群体及其成员的行为进行观察与记录。此时，如果群体其他成员知道他们的行为正在被观察和记录，那么可以称为公开参与观察法；如果其他成员不知道他们的行为正在被观察和记录，那么这种形式就是隐蔽参与观察法。通常情况下，隐蔽参与观察法更易获得有关群体成员活动情况的真实资料。但是，一方面真正隐蔽不容易做到，另一方面隐蔽观察还会遭遇研究伦理的潜在困境，所以隐蔽参与观察法需要谨慎使用。

观察法的优点与缺点都比较明显。其主要优点在于它的现实性。它主要研究在现实生活条件下有关行为发生的过程，没有研究者人为安排的场景；而且这种研究可以在长时间内进行，因而能够得到有关行为发生顺序和发展过程的资料；其主要缺点则是：第一，由于观察者对自变量缺乏控制，所以难以得出因果关系的结论；第二，在使用观察法时，如果被观察者意识到他们正在被人观察，那么其行为表现就有可能发生变化，使得观察结果偏离实际情况；第三，观察者的结果预期与价值观都有可能会影响观察的过程及结果。

（二）实验法

实验法（experimental method）是一种非常重要的研究方法，也是当前社会心理学研究中最为主流的研究方法。应用实验法时，自变量被加以系统地改变或控制，从而能确定这种变量是否影响因变量。实验法有别于其他研究方法的重要特点在于：对所研究的情境给予一定程度的控制，突出自变量和因变量之间的关系，尽可能防止无关因素的干扰。研究者为了做到这点，需要对被试进行随机分组，对于那些有可能影响被试行为表现的其他因素要加以控制。实验法既可以在实验室里使用，也可以在其他场合使用。根据实验法实施的环境不同、控制的方法和程度不同，实验法可以分为实验室实验法、自然实验法和现场实验法三种形式。

（1）实验室实验法

实验室实验法是在特定的实验室条件下进行的，其基本特点是能对所研究的情境给予很高程度的控制，能够最大限度地突出自变量的影响，防止无关因素的干扰。正因为如此，实验室实验法通常可以明确自变量与因变量之间的因果关系。

实验室实验法的优点在于：首先，实验者能够更好地控制实验变量，通过这种控制，可以达到消除无关变量影响的目的；其次，实验者可以随机安排被试，使他们的特点（如性别、年龄、职业、个性特点等）在各种实验条件下达到均衡，从而辨别出自变量和因变量之间的因果关系。与此同时，实验室实验法也有很大的缺点：首先，在实验室条件下所得到的结果缺乏概括力，即外部效度较低。其次，实验室条件与现实生活条件相去甚远。再次，在实验室环境中难以消除被试者的反应倾向性和实验者对被试者的影响。

实验室实验法由于可以做到严格的控制，进行精确的测量，统计信度高，可重复验证，因而曾经被认为是"标准"的研究方法。但是，近年来人们日益觉察到它的严重缺陷。正如美国社会心理学家 G.奥尔波特指出的那样，"这里有一个严重的缺陷：巧妙的实验往往缺乏概括力。……当前许多研究似乎只能说明在特定条件下研究的小范围现象，即使实验可以成功重复，也没有证据表明具有较广泛的效度。正是由于这个原因，当前的一些研究似乎只停留在漂亮的细节——经验主义的片断上，仅此而已"①。

（2）自然实验法

自然实验法是介于观察法和实验室实验法之间的一种研究方法，所以有人把它列入观察法，也有人把它归为实验法。自然实验法的特点是，所研究的变量不是由实验者操纵的，而是由环境提供的。实验者只是利用一定条件进行实验研究，研究情境中的事件是按照自然顺序进行的。这种方法大大减少了实验室实验法的人为性，如果条件恰当，无疑是社会心理学研究的理想方法。这种方法既有良好的内在效度，又有较高的外在效度，因为它是由真实个体在现实社会环境中表现出来的社会行为，而不是研究者人为控制的行为。自然实验法的缺点是：由于实验控制不严格，难免会有其他因素掺杂进来，因此不容易确认因变量的变化完成是由自变量引起的；另外，因为研究工作要跟随事件发展的自然顺序进行，所以完成自然实验所需要的时间可能会更长。

（3）现场实验法

现场实验法与自然实验法不同之处在于：现场实验对于自然环境进行了一定的控制，研究者在实验现场呈现一定的刺激，然后观察被试的反应。例如：如果要研究噪声水平对于利他行为的影响，就可以采用现场实验法，在室外的自然环境中，人为呈现出三种不同水平的噪声：第一种是低噪声水平，恰如平

---

①转引自孙晔、李沂主编：《社会心理学》，科学出版社 1987 年版，第 33 页。

时人们在安静环境中工作的情形；第二种是中等强度噪声水平，此种条件会让参与者开始感到不舒服；第三种是强烈的噪声水平，这种水平的噪声会让身处现场的人感到很不舒服。人为呈现的噪声源可以是讲话的声音，可以是草坪上除草机的声音，可以是正在砸开路面的风镐噪声。在不同噪声背景下，安排出一种需要他人帮助的场面，例如：让实验助手伪装成一只胳膊打着石膏、另一只手捧着一大堆书的需要帮助的人，当他看到有人经过时，"不小心"将手上的书全部掉到地上，研究者则在一旁观察在三种不同噪声条件下，正好经过的行人是否愿意帮忙拾起地上的书。

现场实验法的优点在于：第一，由于那些正好路过的行人不知道自己充当了被试的角色，所以不会产生被试效应（即当被试感知到实验目的或者对实验结果产生预期后，在实验进行时以完成实验目标或实现结果预期的方式做出反应）；其次，由于控制了自变量，更容易发现实验中自变量与因变量之间的因果关系。表 1-1 是对实验室实验法和现场实验法优缺点的比较。可见两种方法各有利弊，研究者可以根据不同的具体研究课题而选用不同方法，也可以把两种方法结合起来使用，以得出更有效的实验结果。[1]

表 1-1　实验室实验法与现场实验法之比较

实验法	优点	缺点
实验室实验法	1. 对自变量高度控制 2. 被试的报告效率较高 3. 无关变量受到较好控制 4. 知情同意更符合实验伦理	1. 实验情景的人为性强 2. 可以出现被试效应 3. 被试人数受到限制
现场实验法	1. 实验情景的现实性强 2. 能广泛地观察被试反应 3. 可以避免被试效应	1. 对自变量控制程度较低 2. 存在无关因素影响 3. 被试参与实验前不知情

（三）调查法

调查法（survey method）又称询问法。它的基本做法是研究者拟定一系列问题，向被调查者提出，要求他们逐一做出回答，然后调查者整理所获得的资料，从中得出研究结果。根据调查的方式不同，可以将调查法分为口头调查和纸笔调查，口头调查又称为访谈法（interview method），纸笔调查又称为问卷法（questionnaire method）。访谈法是研究者亲自访问被调查者，向他们直接提

问，并对回答做出记录；问卷法则是以书面形式向被调查者提问，让他们填写问卷。

采用调查法进行社会心理学研究时要注意三个问题：第一，要注意研究范围，有针对性地设计问卷。问卷中所提问题要能够反映研究者的目标即调查问卷具有效度。第二，提问的形式、语气、用语要适当，提问要避免给被试造成暗示性，调查语言不能过于书面化，要准确简明。第三，要注意抽样问题。实验法只要求对招募来的被试进行随机分组，但调查法要求样本具有代表性，最好能够在总体中进行随机抽样。

（四）档案研究法

档案研究法也可以说是一种特定的调查法，它与一般的调查法的不同之处在于：不是对当前数据进行调查，而是利用现存的档案材料进行分析，得出结论。档案材料可以包括：传记或日记、报纸的报道、政府或团体的文件记录以及书刊、个人信件、讲演等。因为这些材料最初不是为专门研究某个问题而准备的，所以研究者需要对其进行加工整理。

档案研究法的主要措施是对档案进行内容分析。例如：研究儿童读物中有关男女角色的描述对男女儿童性别角色观念形成的影响，就可以采用儿童读物分析法。通过这种方法可以探索不同国家、不同民族的儿童性别角色观念差异与儿童读物中对男女角色描述之间的关系。

档案研究法的优点是：第一，可以使研究者在较长的时间内和较广阔的空间中验证假设。有些记录可以追溯到几百年甚至更长时间以前。这是其他方法办不到的。第二，可以从不同文化、不同时代的角度去检验假设，提高了研究的有效性。第三，由于不直接面对研究对象，所以不会出现研究对象的反应倾向问题。而档案研究法的缺点则包括：第一，要找到档案材料来验证研究者的假设并不容易；第二，受到材料内容的限制，档案研究法的可靠性难以保证。

专栏 1-1

社会心理学研究方法的多元性

社会心理学的研究方法应当是多元的，以"问题为中心"的，即依据所要研究的课题而选取相应的研究方法。美国的主流社会心理学过分强调的实验方法，已经受到欧洲和美国国内学界的挑战。有人贴切地批评这种实验程序乃是"真空中的实验，宏大的社会现实被弯曲为人为的实验室中漠不相关的个体之间虚假的社会互动"[①]。认为只有"科学的"、定量的方法才能用于研究社会心理学问题，所得结果才能真实可靠，这种观点未免过于偏激。心理学界前辈陈立教授在反思心理学研究方法时指出，不能认为只有实验室的实证方法才能用于心理学研究之中，其他的方法也是可以使用的，两条腿走路总比独腿跳要安全些和有效些。[②]普通心理学问题的研究尚且如此，社会心理学问题的研究就更应当这样了。翻开大量的美国社会心理学实验报告，除去有"真空中的实验"的弊端外，用所谓精细的实验设计、繁琐的统计分析得到一条人们在长期的生活实践中总结过的可靠经验的例子并非鲜见。这样的研究实在是一种资源的浪费。所谓研究方法的多元化，意指除了恰当地应用实证法之外，还可以应用人文主义取向的方法，如文化人类学的方法、精神产品分析的方法等，它们对于揭示人的社会心理实质常常是很有效的。

①Tajfel,H., Experiments in Vacuum. In J.Isreal, et al(eds.), The Context of Social Psychology: A Critical Assessment. London: Academic Press, 1972, pp.69-122.

②陈立:《平话心理科学向何处去》,载《心理科学》1997 年第 5 期,第 385~389 页。

专栏 1-2

大数据与社会心理学

互联网和信息科学技术的快速发展引发的信息技术革命，使得人类步入了数据充裕的数字化信息时代。人们在网络搜索引擎、博客、论坛、微博、微信等互联网平台上积累的海量数据，成为信息时代宝贵的信息资源和财富。网络的广泛应用及其与现实的密切交织，不仅改变了人们的生活方式，也推动了学术研究范式的变革。大数据时代的到来使社会心理学也迎来了学术变革，以瞬时生产并存贮的海量网络数据为支撑的大数据样本，正逐渐成为研究者观察和预测人类个体和群体心理行为特征与规律的宝贵资源。可以预见，大数据将为社会心理学的发展带来变革与挑战。

大数据能够为大数据带来什么？社会心理学是以科学的方法研究人们的思想、情感和行为如何受到他人影响的一门学科。它以社会现象为研究导向，旨在探寻个体和群体社会心理现象的发生、发展及其规律，深刻了解社会群体行为背后的动机与目的。首先，大数据拓宽和加深了社会心理学研究的广度和深度。互联网平台和网络应用积累的海量网络大数据记载着大规模人群所思、所想和所感，这为挖掘人类的社会心理与行为规律提供了庞大、客观真实的数据资源。研究者通过计算机数据抓取手段（例如，网络爬虫）或由网络服务商提供获得的推特、微博、谷歌网络搜索等网络大数据，在数据的样本覆盖量、时间精度等方面都具有突破性优势。社会心理学的研究视角和研究领域不断更新和扩展，很多传统的社会心理学问题，如社会心态、个体行为偏好、集群行为、社会态度与公众情绪、动态人际互动与人际关系、社会认知、主观幸福感等，都可能借助大数据得到更为准确的、可视化的测量和呈现。其次，大数据也为社会心理学带来了研究方法上的变革。研究者可以通过（移动）互联网平台和更经济、更快捷的方式，招募大批量的被试，从而完成在线问卷调查或网络心理学实验。例如，比较流行的在线问卷调查平台"调查猴子"（Survey Monkey），和被试招募平台"亚马逊土耳其机器人"（Amazon's Mechanical Turk, MTurk）。有研究证据表明，由于网络覆盖面广、成本低等优势的存在，通过网络平台收集的数据在样本多样性、数据质量等方面等同于甚至高于传统研究方法采用的收据收集手段。[①]现代化数据分析技术的发展，例如，开源统计分析软件 R 语言、社会网络分析技术、机器学习技术，也为数据挖掘和数据分析提供了坚实的技术支撑。最后，大数据宣告了社会心理学预测时代的到来。社会心理学有四项基本功能，即描述、阐释、预测和控制，传统社会心理学多关注描述和阐释两项功能，对于预测和控制则显得有些捉襟见肘。大数据时代，这种状况将获得很大改观。由于大数据时代的社会心理学研究不再过多依赖随机采样，而是通过处理和分析相关数据获取结论，这有助于预测能力的提升。例如，有关心理健康的预测，可以利用被试的网络痕迹代替通过问卷收集的答案，并且用机器学习的方法建立基于网络行为的心理健康预测模型，通过模型计算得出被试的心理健康状态评分；关于幸福感的预测可以对社会公众进行幸福感知的预测；关于社会心态、社会风险判断、群体情绪和集群行为、经济发展信心和政府信任的预测，可以预知和评估国民的社会态度，并根据某类群体社会态度的时间性变化研判社会舆情、引导社会舆论等。

近些年，在心理学和信息科学研究者的合作和共同努力下，在应用社会心理学的诸多领域取得了一批具有代表意义的研究成果。例如，在情绪心理学领域，传统心理学关于个体情绪在日周期水平上的波动节律研究，尤其是围绕积极情绪和消极情绪开展的研究，一直没有得到较为一致的结果。美国康奈尔大学心理学家戈尔德（Golder）和其合作者梅西（Macy）于 2011 年发表在《科学》杂

---

① Gosling, S. D., &Mason, W. (2015). Internet Research in Psychology. Annual Review of Psychology, 66, 877-902.

志上的一篇论文分析了 2008 年 2 月至 2010 年 1 月期间,在全球 84 个使用英文的国家, 约 240 多万用户产生的 5 亿多条推特数据的情绪信息, 为解决上述问题提供了有利数据。[①]在人格心理学领域, 施瓦茨 (Schwartz) 等人于 2013 年基于 7.5 万志愿者提供的人格测验结果, 以及用户脸书信息中提取到的 7 亿条单词、短语和话题数据, 较为系统地探索了脸书用户在脸书上的语言表达与其人格、性别、年龄之间的关系。[②]还有不少研究发现, 人们在社交网络上的一些客观行为, 例如脸书上的点赞行为, 也为开发自动化预测用户人格或其他属性的计算机模型提供了可能。譬如, 吴 (Wu) 等人于 2015 年通过 8.6 万脸书用户网络账户信息和人格测试数据发现, 基于用户的脸书点赞等电子化行为信息构建的机器学习计算机模型对人格具有显著预测力, 并且基于脸书点赞数据构建的人格预测模型准确率要比与用户关系亲密的好友通过问卷调查的判断准确率还高。[③]在行为金融领域, 博伦 (Bollen) 等人于 2011 年利用心理学情绪量表设定的情绪分类标准, 分析了 2008 年美国推特上的海量数据, 发现推特用户微博条目中的 "镇定 (calm)" 类情绪词汇量变化趋势可以成功预测 2—6 天后美国道琼斯工业指数的升降趋势。[④]在健康心理学领域, 艾希施泰特 (Eichstaedt) 等人于 2015 年的研究发现, 人们在推特上的网络表达对于美国县市范围的心脏病死亡率有显著预测作用。[⑤]在政治心理学领域, 沃伊齐克 (Wojcik) 等人于 2015 年一项研究试图探索到底持保守主义政治意识形态的人还是自由主义意识形态的人更幸福? 结果发现, 在自我报告的问卷调查结果中, 持保守主义政治意识形态的人报告了比自由主义意识形态的人更高的幸福感, 而通过推特等社交媒体数据的客观幸福感指标看 (例如积极情绪的表达、微笑等), 保守主义意识形态的人却显著地表达了比自由主义意识形态的人更低的幸福感。[⑥]我国的社会心理学研究者, 已围绕微博情绪问题, 并结合股市预测、社会风险感知、精英大众关系、地区民族主义等诸多具有重要社会现实意义的研究问题, 开展了一系列

①Golder, S. A., & Macy, M. W. (2011). Diurnal and Seasonal Mood Vary with Work, Sleep, and Daylength Across Diverse Cultures. Science, 333(6051), 1878-1881.

② Schwartz, H. A., Eichstaedt, J. C., Kern, M. L., Dziurzynski1, L., Ramones1, S. M., Agrawal, M., et al. (2013). Personality, Gender, and Age in the Language of Social Media: The Open-Vocabulary Approach. PLoS ONE, 8(9), e73791.

③Wu, Y., Kosinski, M., &Stillwell, D. (2015). Computer-based Personality Judgments Are more Accurate than Those Made by Humans. Proceedings of the National Academy of Sciences, 112(4), 1036-1040.

④Bollen, J., Mao, H., &Zeng, X. (2011). Twitter Mood Predicts the Stock Market. Journal of Computational Science, 2(1), 1-8.

⑤Eichstaedt, J. C., Schwartz, H. A., Kern, M. L., Park, G., Labarthe, D. R., Merchant, R. M., et al. (2015). Psychological Language on Twitter Predicts County-level Heart Disease Mortality. Psychological Science, 26(2), 159-169.

⑥Wojcik, S. P., Hovasapian, A., Graham, J., Motyl, M., & Ditto, P. H. (2015). Conservatives Report, but Liberals Display, Greater Happiness. Science, 347(6227), 1243-1246.

探索性研究。

　　但研究者也应提防大数据"万能论"的方法误区，并应对数据安全和隐私等方面的风险和挑战。大数据的研究方法并不能完全取代以往的研究方法，大数据的网络实验室也不能完全取代实体实验室，只有关注"人"，坚持研究方法上的兼容并包，社会心理学才能在大数据时代获得长足发展。关于网络大数据的社会心理学研究，未来的研究者应该理性地看待，并且充分发挥这一新兴研究范式的优势，以更好地为研究社会科学的理论和解决现实社会问题服务。

四、社会心理学研究中的偏向及伦理问题

（一）偏向问题

（1）研究者的偏向

　　在具体的研究工作中，研究者常会带有对研究结果的期望，这种期望会自觉或不自觉地表现在与被试者的相互作用中。例如：研究者的面部表情、身体姿势和动作、讲话的语气都可能无意中影响被试者在实验中的表现，从而使实验结果产生偏差。这种倾向性在各种研究方法中都有可能出现，而以实验室研究表现最为明显，因此又可以称之为实验者效应。对于研究者可能出现的这种倾向，可以采取一些办法加以避免。例如采用参与观察法、用录音带播放指导语、采用双盲实验等。

（2）被试的偏向

　　在社会心理学的研究中，被试者的偏向来自两个方面，其一是所谓的"要求的特征"。当被试者知道自己正在成为被试被人研究时，就有可能使自己的行为表现不同于平时；其二是所谓的"对评价的担心"，即被试者害怕自己在研究中表现不好或者不符合研究者的要求，因而想尽量表现得"正确"，有意或无意地迎合研究者的要求。被试的偏向容易导致被试效应，即被试一旦感知到实验的目的或者对实验结果产生预期，就会有意无意地达成实验目的或者实现其对实验结果的预期。被试的偏向很难完全消除。但研究者有义务尽最大努力消除被试偏向的负面影响。尽量不要让被试对实验结果产生期望，更要避免主试行为所造成的不必要暗示，使被试在实验中的反应与日常情况更加接近。

（二）伦理问题

　　所谓伦理就是协调人与人之间关系的道德准则。社会心理学是以人作为研究对象的学科，研究中涉及主试与被试的复杂关系。社会心理学研究者控制着整个研究过程，他们给被试安排活动，通常还会付给被试一定报酬，所以研究

者是整个过程的绝对权威，他们的行为需要特定伦理原则来加以指导，一旦超越了伦理规范，就可能会导致伦理灾难与道德困境。一想到社会心理学研究的伦理问题，人们经常会提及"米尔格拉姆的服从权威实验"与"斯坦福监狱实验"，这两项实验虽然得到了非常具有启发性的研究结论，但是也给参与实验的被试造成了持久性的伤害。其实社会心理学研究所涉及的伦理困境不仅仅是伤害的问题。

（1）欺骗被试

为了获得被试的自然反应，实验者可能会以欺骗的方式来控制被试的反应。例如：有的研究者想了解当被试产生内疚之后，其行为会有哪些变化。于是在其实验中，当被试在操作贵重的实验仪器时，他们故意使实验仪器呈现出被损坏的样子，并且通过各种方式让被试认为这种损坏是由于自己的操作不当而造成的，借此控制被试产生内疚感，然后再测量其相关的行为反应。此外，大多数以人为被试的社会心理学研究都应该遵守被试知情同意的原则，但是有的社会心理学家担心被试知道实验目标之后出现被试效应，也有可能选择欺骗的方式来对待被试。对被试的欺骗，会使研究者不可避免地处于伦理困境之中。

（2）侵犯个人隐私

隐私是与群体利益无关的、当事人也不想让他人知道的个人信息。然而收入、年龄，甚至隐私行为的模式都有可能成为社会心理学家所关心的问题。在一项社会心理学研究中，研究者暗中观察正在如厕的男士的排便行为，并且非常感兴趣这种行为是否会受到他人在场的影响。他们在公共厕所的一个隔间里，用潜望镜监视那些使用小便池的男性，实验助手还会凑上去使用相邻的便池，借此来测量不明真相的被试的排尿模式是否有变化。类似研究的正当性也可能会受到人们的质疑。

（3）持久性伤害

在所有伦理问题中，持久性伤害可能是社会心理学家所面临的最严重的伦理问题。例如：在 S. 米尔格拉姆（S. Milgram）设计的服从权威实验中，实验被试在主试的要求下，对无辜者施加了强度非常高的电击。虽然他们在研究结束之后被告知：实验中的电击是假的，没有人因此而受到伤害。但实验被试却因为自己在实验中的可怕行为而普遍感到不安和内疚，他们对自己和他人的信念因为实验受到严重的冲击，有的人或许在实验结束很长时间以后依然能感受内疚和忧伤。再例如：在 P. G. 津巴多（P. G. Zimbardo）设计的斯坦福监狱实验中，被试随机获得了"狱警"或"囚犯"的身份，但是实验的推进使他们的行为越来越符合自己承担的实验角色，扮演囚犯的被试自尊下降，而扮演狱警的被试对他人实施了越来越严重的攻击。有研究者认为这些实验所带来的负面反应可能存在持久性影响。

综上所述,伦理困境是以人为被试的社会心理学研究经常面临的问题。1973年美国心理学会公布了《以人进行研究的伦理原则》,其中很多原则同样适用于社会心理学研究。首先,公开和诚实是研究者和被试者之间关系的主要特点。当一项研究在方法上要求隐瞒和欺骗时,研究者应该使被试者了解这一行动的理由,并且在事后恢复研究人员和被试者之间的关系特点;其次,合乎道德的研究者要保护被试者免受生理和心理上的不适、伤害和危险。如果仍然存在这种可能,那就要求研究者把这个事实告诉被试者,在实验进行之前征得他们的同意,并且采取一切必要的措施把不幸减少到最低限度。如果某种实验方法有可能使被试者受到重大的和永久的伤害,那就不要采取这种实验方法。再次,资料收集完之后,伦理原则要求研究者向被试者充分说明实验的性质,消除实验可能带来的错误概念。研究者则有一种特别的义务,他必须保证实验不会给被试者带来任何有害的后果。

第三节　社会心理学的发展简史

在深入了解一门学科之前,了解其发展简史对于理解该学科的逻辑主线有很大的帮助。社会心理学的发展同许多社会科学分支学科相似,大致经历三个时期:孕育时期、形成时期和确立时期。在孕育时期,所有社会科学分支都孕育在哲学的母体中,与经济学、社会学、法学、政治学和心理学等相关学术思想都以哲学的形式存在。形成时期是指这些学科逐渐独立成形,开始形成了自身的理论与研究方法,其与哲学学科的分化越来越明显,即将成为一门独立的学科。确立时期是指现代社会科学门类建立之后的发展阶段,它们成为与哲学并列的学科体系,并在特定范式的指导下飞速发展。

美国当代社会心理学家 E. P. 霍兰德(E. P. Hollander)在他所著的《社会心理学的原则与方法》(1971)中把社会心理学的发展历程分为三个阶段:社会哲学阶段、社会经验化阶段和社会分析论阶段,一般说来这种划分方法与本书所描述的三个时期一一对应。社会心理学的孕育时期、形成时期和确立时期有着自己独特的标志,这也是它不同于其他社会科学分支学科发展历程的差异之一。值得一提的是,自 20 世纪 80 年代以来,社会心理学进入到一个新的发展时期。在此阶段中,它开始逐渐突破了实验心理学范式的限制。

一、社会心理学的孕育时期

社会心理学的孕育时期指的是它孕育在哲学母体之中、还没有独立成形的阶段。从发展时期来看，从古希腊时期到 19 世纪上半叶，都可以视为它的孕育时期。此时，社会心理学依附于西欧思辨哲学的母体之中。而在哲学这一大学科母体中，我们找不出纯粹的社会心理学研究，不过很多思辨研究中的思想观点都已经涉及社会心理学这个领域。例如，关于人性的争论、关于人格培养的想法、关于自我的探索、关于说服与态度劝导的总结、关于社会化的论述以及关于人际关系的思考等。

在孕育时期，很多基本的社会心理学论题已经被哲学家提出，并且进行了较为深入的讨论。在所有这些哲学探讨中，关于人性的哲学争论和对于社会化的论述相当具有代表性，形成了现代社会心理学研究的两条基本线索。第一条线索源于古希腊的苏格拉底（Socrates）和柏拉图（Plato），他们认为人性虽不能摆脱生物遗传的纠缠，却会受到环境和教育的深刻影响。因此，柏拉图在《理想国》中企图设计一种社会，使其中的孩子因适当的教育而得到有利塑造。这种观点被 I. 康德（I. Kant）、J. W. 歌德（J. W. Goethe）和 J. 卢梭（J. Rousseau）等人所继承，并得到进一步发展。例如：卢梭《爱弥尔》一书中的爱弥尔就是理想社会教育出来的理想少年；B. F. 斯金纳（B. F. Skinner）的《超越自由与尊严》和《沃尔登第二》等一系列著作也出自同一母题。第二条线索源于亚里士多德（Aristotle）。他认为社会源于人的本性，而人性又是由生物和本能力量所支配。因此，通过改变人的本性而建立理想国的想法不可能实现。这一思想对现代心理学的诸多领域产生了重要的影响。例如：S. 弗洛伊德（S. Freud）的"心理动力说"部分受到亚里士多德《诗学》中"宣泄说"的启发。G. 奥尔波特认为柏拉图和亚里士多德都是"在哲学知识内部建立了社会心理学的主题思想"[①]的创始人。

社会心理学研究在孕育时期的基本特点是：使用哲学思辨的探索方法。此时的思想家有关社会心理的思想，主要是通过哲学思辨的方式获得的。他们也需要观察，但是观察法不是他们的主要研究方法，此时更没有调查方法与实验方法。思想家在日常生活中获得思维素材之后，使用逻辑与思辨的方法加工这些思维素材，并形成自己的观念或理论。因此，哲学思辨成为孕育时期的社会心理学思想的主要来源。

---

① 安德列耶娃：《社会心理学》，南开大学出版社 1984 年版，第 24 页。

二、社会心理学的形成时期

从 19 世纪中叶到 20 世纪初，这一阶段可视为社会心理学的形成时期，也就是 E. P. 霍兰德所谓的社会经验论阶段。在这一时期，社会学与心理学两大学科已经先一步形成，并且开始在某些领域内融合。社会心理学是在社会学和心理学分别脱离哲学母体之后，又从这两门学科中应运而生的一门边缘学科。当社会心理学有了新的理论基础和研究方法范式之后，便在社会学与心理学的交叉之下开始形成了。社会心理学的形成时期才具备使之逐渐独立成形的各种必要条件。

在 18 世纪下半叶和 19 世纪初，资本主义的经济变革所导致的大动荡促使各国用已经出现的"政治数学"和人口统计来考察人口、死亡率、家庭收入、生活状况、犯罪类型等社会问题，在这些社会调查中，有不少问题已涉及社会心理学的研究课题，如法国的帕兰-杜沙特列在 1834 年发表的两卷本《关于巴黎城里的卖淫》中就使用了警方记录和私人访谈法，用于了解卖淫妇女的社会出身、对宗教和婚姻的态度、从事卖淫的原因等。虽然他们并不是社会心理学研究者，也没有意识到他们所从事的研究是关于社会心理学方面的，但在后人看来，他们是"社会心理学研究的头一批样板"①。

从理论来源上看，社会学对社会心理学的研究兴趣在很大程度上归功于社会学中的心理学派。1838 年，自法国实证主义哲学家 A. 孔德（A. Comte）创立社会学以来，早期社会学家力图用生物学中的进化论思想解释社会机制，这种"生物还原主义"在 H. 斯宾塞（H. Spencer）的著作中得到进一步发挥，成为社会学历史中的"有机学派"。而后，生物还原论的失败迫使他们运用心理学的规律解释社会，这种心理规律决定社会过程的研究思路虽然未能在社会学研究中发展成为主流，却为社会心理学的诞生打下了思想基础。

与社会学不同，在形成时期的心理学对社会心理学的兴趣没有太多的直接表现，而是先在精神病学和变态心理学中有所反映。早在 1842 年，由 J. 布雷德（J. Braid）进行的催眠术实验成为"解释社会心理现象的基础"②。1890 年前后，学者们又开始将精神分裂归因于社会行为。③这些奠定社会心理学理论的基石都产生于 W. 冯特（W. Wundt）创立的民族心理学之前。应该说，社会心理学在形成时期受到早期心理学研究的一系列重大理论与实践活动的推动，

①卡尔·拉特纳：《美国社会心理学的历史与现状》，载《中国社会科学》1984 年第 2 期，第 214 页。
②萨哈金：《社会心理学的历史与体系》，1982 年英文版，第 3 页。
③同上，第 101 页。

这些理论与实践主要来自欧洲，当然美国心理学界对社会心理学的形成也有一些重要贡献。如果将这些理论源泉稍做归纳的话，德国的民族心理学、法国的群众心理学、英国的本能心理学、美国心理学界的实用主义思潮和实验法的开拓性使用都起到了非常重要的作用。

正是由于德国的群众心理学对社会心理学形成具有重要影响，德国成为社会心理学正式诞生的重要溯源地之一。早在 1859 年，德国人 M. 拉扎勒斯（M. Lazarus）和 H. 斯坦达尔（H. Steinthal）创办了《民族心理学和语言学》杂志，并发表了《民族心理学序言》，成为民族心理学的创始人。这标志着社会心理学进入形成时期。1875 年，德国学者 A. 舍夫勒（A. Scheffler）第一次在现代意义上使用了"社会心理学"这一术语，他在《社会躯体的结构及其生活》一书中论述了社会生活中的心理状况或民族意识的一般现象。冯特在其生命的最后 20 年中（1900～1920）开始创作《民族心理学》。虽然这部 10 卷本的著作在影响力方面不如他创立的个体心理学体系那么深远，却成为社会心理学的重要来源之一。

法国的群众心理学是法国早期社会学研究的直接产物。代表人物是 G. 塔尔德（G. Tarde）、E. 迪尔凯姆（E. Durkheim）和 G. 黎朋（G. Le Bon）。G. 塔尔德主要是从事法理学和犯罪学的研究，他在社会心理学方面值得一提的是在其所著的《模仿律》（1890）中创设了模仿论。在他看来，模仿不但是犯罪的根本规律，而且可以用来解释一切社会现象。百分之一的人发明创造新行为，其他人跟着模仿，就有了风俗（对过去事情的模拟）和时尚（对现有事情的模拟）。由于 G. 塔尔德将模仿看成是最基本的个人活动，因此群体行为也被解释为是个体行为的结果。E. 迪尔凯姆的理论观点恰好与 G. 塔尔德相反，E. 迪尔凯姆始终认为：应该用群体事实来解释个体行为，例如自杀、宗教和公德等问题。他认为群体意识绝不是个体意识之和，群体意识一旦形成就具备了个体意识所没有的特点，并决定着个体意识的形成与发展。E. 迪尔凯姆在《社会劳动分工论》中写道："群体意识是独立于个人置身其间的特殊情况的；个人消逝了，它仍旧存在。"[1]G. 黎朋在群众心理学上的某些观点和迪尔凯姆相似，"他的群众心理统一律并不意味着一群人仅仅是其成员的平均数或集合体"，而"有某种新的东西出现"[2]。但黎朋对感染、暗示的论述又受到塔尔德的影响。迪尔凯姆和黎朋的理论都在美国社会学家 E. 罗斯（E. Ross）那里得到继承与发展，在罗斯出

①雷蒙·阿隆：《社会学主要思潮》，上海译文出版社 1988 年版，第 345 页。
②查普顿等：《心理学的体系和理论》（下），商务印书馆 1984 年版，第 310 页。

版的《社会心理学》一书中系统地论述了社会学家对社会心理学的重要观点。

英国的本能心理学（instinctive psychology）沿着达尔文的进化论的线索，探讨了个体行为的动力问题。1908 年，W. 麦独孤（W. McDougall）在《社会心理学导论》一书中提出：本能是一切社会行为的基础，诸如求食、拒绝、求新、逃避、斗争、性及生殖、母爱、合群、支配、服从、创造、建设等 18 种本能，可以衍生出全部社会生活和社会现象。而作为人类行为的基础，本能又有相应的情绪和后天形成的情操相伴随，情操能够控制本能和情绪。

1897 年，美国人 J. M. 鲍德温（J. M. Baldwin）以"一种社会心理学研究"作为《心理发展的社会和伦理解释》一书的副标题，描述了个人是个体化了的社会我，是社会的组成部分，也是社会塑造的结果。同年，N. 特里普利特（N. Triplett）在《美国心理学杂志》上发表了第一篇社会心理学的实验报告，他对骑自行车人的单独行驶、结伴行驶以及竞赛的速度进行了测量和对比研究，提出了结伴效应。有种观点认为，这一事件应该作为社会心理学正式诞生的标志。

形成时期的社会心理学还算不上一门独立的学科，直到它正式诞生之后，但是对于社会心理学正式诞生于哪一年的问题，目前还没有共识，但有三种观点可以作为参考。第一种观点认为：1897 年发表的第一篇社会心理学实验报告是社会心理学正式诞生的标志，因为这一事件代表着实验方法在社会心理学领域中的开拓性尝试得到了学界的认可，并且实验方法逐渐发展成为这一学科的主流方法。第二种观点认为：实验方法在社会心理学研究领域的主流地位，是由 F. H. 奥尔波特在 1924 年出版的《社会心理学》所奠定的。在这本专著中，奥尔波特系统地应用实验方法来开展社会心理学研究，毫无争议地成为实验社会心理学取向的奠基人。因此，1924 年应是社会心理学正式诞生的开始。第三种观点认为：1908 年，当英国的心理学家 W. 麦独孤和美国的社会学家 E. 罗斯不约而同出版同名教科书时，社会心理学作为一门独立的学科正式诞生了。可以说第三种观点更具有浪漫色彩，而且认为社会心理学是社会学与心理学共同作用的产物，仅以心理学取向的重要事件作为诞生标志存在偏颇，本书更倾向于支持第三种观点。

三、社会心理学的确立时期

前面介绍了社会心理学在形成时期的理论基础，这些理论本质上还是社会学或心理学理论，并不是社会心理学自身研究出的理论。另外从研究方法上看，它也开始摆脱了哲学思辨方法的限制，探索实证研究方法的使用。社会学取向的研究主要使用的是观察法与经验描述法，这也是当时社会学与其他社会科学研究的主要方法；而心理学取向的研究开始尝试使用实验法。无论是观察法还是实验法，在形成时期都算不上完善，当这些实证方法逐步发展完善起来，在社会心理学内部奠定了方法论与具体方法的基础，并催生了本学科内部形成的理论之后，社会心理学才真正进入下一阶段，即确立时期。

　　社会心理学进入确立时期以后有两个重要特点：第一是实证研究方法在本学科内部成为主流方法；第二是形成了自己的理论，这在确立初期主要表现为实验社会心理学和符号互动理论。从 20 世纪 20 年代起，伴随着各种实证研究手段的系统运用，社会心理学完成了在其发展历史上最具有革命意义的转折，即由"社会经验论"阶段进入"社会分析论"阶段，或者从形成时期进入到确立时期。其主要特征是：从经验描述转变为实证研究；从定性分析转变为定量分析；从纯理论取向转变为应用取向；从关注大群体转变为关注小群体。这一系列转变都说明社会心理学开始建立科学的研究范式。

　　（一）奥尔波特与实验社会心理学

　　1897 年，N. 特里普立特研究了他人在场和竞争情景对个体行为及其效率影响的实验报告；1913 年，德国的 W. 莫德（W. Moede）开展了关于群体对个体行为影响的实验研究。受他们的影响，F. H. 奥尔波特在 1916 年至 1919 年期间进行了一系列关于他人在场的实验研究，并提出"合作群体中存在的社会刺激会使个人工作在速度和数量方面有所增加。这一增进在涉及外部物理运动的工作中要比纯智力工作中表现得更为突出"[1]的结论。奥尔波特在实验研究的基础上提出了社会促进的概念，并将自己的实验研究成果整合到自己的专著《社会心理学》之中。除了研究社会促进之外，奥尔波特还用实验方法研究了从众、群体态度和人格特征等问题，其中有些已经成为社会心理学的经典实验。奥尔波特所创立的实验社会心理学是心理学取向的主要标志，他综合前人成果所建构的社会心理学实验方法及其相关研究成果都具有开创性意义。

　　（二）乔治·米德的社会学传统

　　奥尔波特创立的实验社会心理学虽然被视为社会心理学进入确立时期的主要标志之一，但是作为一门研究人类自身行为的学科，仅用自然科学取向的实验方法来研究社会行为显然具有较大的局限性。此外，社会心理学理论在该学科内部处于何种地位的问题，也随着实证研究的兴起变得越来越突出。[2]可以

────────

①奥尔波特：《社会心理学》，1924 年英文版，第 284 页。
②参见安德列耶娃：《西方现代社会心理学》，人民教育出版社 1987 年版，第 8～10 页。

说从 19 世纪末到 20 世纪初，以 G. H. 米德为代表的美国社会学家所从事的理论研究在一定程度上弥补了这一不足。

米德的理论兼有哲学、社会学和社会心理学的色彩。从内容上看，他将原先社会学家对社会的宏观研究缩小到微观研究，即将社会行为看成是两个人或多个人的社会互动。米德的思想被其后的 H. G. 布鲁姆（H. G. Blumer）命名为"符号互动论"，成为代表社会学取向的重要理论，此后直接孕育了 20 世纪四五十年代所出现的诸多社会心理学理论。例如：T. R. 萨宾（T. R. Sarbin）的社会角色理论、H. H. 海曼（H. H. Hyman）的参照群体理论、E. 戈夫曼（E. Goffman）的社会戏剧理论和 E. M. 莱默特（E. M. Lement）的社会标签理论，都与符合互动理论有着非常密切的联系。

社会学家所做的社会心理学的经验研究也能与心理学家的实验室研究相媲美。例如：社会学家在 20 世纪三四十年代所进行的有关社区心理和社会流动的调查，代表作包括 R. 林德（R. Lynd）夫妇的《中镇》，其揭示了"一个人所占据的阶级位置是决定其世界观的最重要因素"[①]。1935 年，美国社会学家 G. H. 盖洛普（G. H. Gallup）运用分层抽样方法进行的民意测验调查，促进了民意测验在美国的迅速发展。

四、二战与现代社会心理学

第二次世界大战不仅改变了全球政治格局，也深深地影响了社会心理学的发展进程，二战以后的社会心理学也可以称为现代社会心理学。二战爆发后，羽毛尚未丰满的社会心理学也被卷入到战争中来。以美国为例：一方面战争的爆发刺激了相关社会心理学研究的繁荣；另一方面社会心理学也直接服务于战争的需求。二战及其后一段时间，社会心理学的主要课题主要涉及信仰、偏见、说服、宣传、态度改变及大众传播等方面。例如，C. I. 霍夫兰德（C. I. Hovland）在二战中进行了沟通、说服以及态度改变的研究；P. 拉扎斯菲尔德（P. Lazarsfeld）对二战时期美国总统选举进行了调查，并在 1944 年出版的《人民的选择》一书中提出了二级传播理论；而 S. A. 斯托弗（S. A. Stouffer）等人通过对美军人员的素质及心理状况的调查，提出了相对剥夺的概念。

二战之后，社会心理学的研究范围触及人际关系、人格特征对社会行为的影响。其中 L. 费斯汀格（L. Festinger）的认知失调理论具有较大影响；此外小群体研究也有较大进展，诸如领导方式、竞争与合作等方面都有涉及。进入 20

---

①萨金特等：《社会心理学》，1966 年英文版，第 22 页。

世纪 60 年代的社会心理学，在美国达到了鼎盛时期。1968 年出版的《社会心理学手册》有 5 卷，约 250 万字。此时，在美国从事与社会心理学专业相关工作的从业人员多达 5000 人。社会心理学被广泛应用于学校、医院、企业、家庭等，研究课题也更加广泛。本学科的理论建设在此期间也有所成就，社会学习理论、社会认知理论、社会角色理论先后崛起，尝试对社会行为做出新的解释。

进入 20 世纪 70 年代以后，社会心理学开始面临解释力的危机。这次危机源于当时的社会动荡与革命，以美国为例主要表现为黑人运动、妇女运动、反战运动以及青年运动等，这些运动导致社会大动荡。而一度得到民众重视的社会心理学，却未能很好地解释这些宏观社会现象。社会现实呼唤社会心理学家走出实验室与书斋，到社会现实中去解释最迫切的社会问题。对于这次解释力危机，社会心理学家经过讨论之后认为主要有三个方面的原因：（1）理论定向问题。由于西方社会心理学主流研究基本上是以个体作为中心，最终导致忽视了个体与社会的统一，因此也难以将这门学科应用于社会。（2）研究方法问题。实验方法在这门学科中占据主流地位，是这门学科独立的重要标志之一。但实验室实验的局限导致社会心理学研究脱离社会现实。而且"实验室所做实验有人为化的弊病"[1]，从而使社会心理学研究过于抽象。G. 墨菲（G. Murphy）也认为"从实验室中的'社会助长'问题研究到理解校园内的动乱或国际间的仇恨还有很长一段距离"[2]。（3）社会期望问题。由于社会心理学和现实生活密切相关，造成了社会公众对这门学科寄予过高期望，而社会心理学的发展并没有也不可能在短期内与社会现实保持同步的发展。总之，这些问题都说明现代社会心理学还不是一门相当成熟的学科。

值得一提的是，进入确立时期的社会心理学研究中心在美国，美国社会心理学研究开始成为主流社会心理学的代表。即使在社会心理学正式诞生的发源地欧洲，也受到美国社会心理学研究范式的重要影响。这种状况直到 20 世纪 60 年代中期开始有所变化。一批欧洲社会心理学家提出了建立欧洲社会心理学的主张。经过 50 多年的不懈努力，当前欧洲社会心理学在研究视角、研究方法以及理论创新方面都有所收获。2001 年欧洲《社会心理学手册》正式出版，这标志着欧洲社会心理学成功解构了美国社会心理学的霸主地位，和美国社会心理学一起成为当今世界社会心理学研究的主流。[3]

在 20 世纪 50 年代末的苏联，中断了三十余年的社会心理学开始得到恢复

①卡尔·拉特纳：《美国社会心理学的历史与现状》，载《中国社会科学》1984 年第 2 期，第 219 页。
②G. 墨菲：《近代心理学历史导引》，商务印书馆 1980 年版，第 635 页。
③方文：《欧洲社会心理学的成长历程》，载《心理学报》2002 年第 6 期，第 651～655 页。

与复苏。1959年，科瓦列夫在列宁格勒大学学报上发表了题为《论社会心理学》的文章，引发了一场关于社会心理学科的大讨论。其主要议题是社会心理学在整个社会科学结构中的地位、社会心理学的研究对象和学科性质，以及如何看待在资本主义国家发展起来的社会心理学。虽然讨论中各方观点不同，但在总体上客观评价了西方的社会心理学的新进展，并确立了马克思主义在苏联社会心理学研究中的指导地位。到了20世纪60年代，苏联的社会心理学开始得以恢复、发展。

列宁格勒大学、莫斯科大学等相继恢复或建立了社会心理学教研室，各种社会心理学著作、论文集、研究报告得以出版。根据1977年的不完全统计，苏联社会心理学文献就有2500多种。到20世纪70年代末，苏联社会心理学朝着深入研究个性、小群体和集体问题以及社会共同体的方向发展，同时该国社会心理学家也走进社会，参与社会规划、社会管理、工业生产、日常生活和大众传播等方面工作。

自1981年以来，中国社会心理学开始进入重建与复兴阶段。这一年夏天，北京心理学会首次举办了"社会心理学学术座谈会"，来自全国各地的50多位学者就社会心理学的对象、性质、方法和其他一些理论问题发表了意见。这是我国社会心理学重建的重要标志。此后社会心理学在中国发展异常迅速，出版了许多专著、教科书，教学和研究队伍不断扩大，研究领域有理论方面也有结合中国社会实际的应用方面。当然，也应看到，由于起步较晚，中国社会心理学的研究仍有待加强。

五、中国社会心理学的发展

20世纪20年代左右，社会心理学开始在中国萌芽，并且在1918年至1949年期间，中国社会心理学曾经有过短暂的春天。根据不完全统计，当时共出版了100多种相关著作。这些著作涉及范围很广，仅从题名上看就涵盖了恋爱、信仰、民族性格、革命、群众、政治、妇女、教育、社会意识、变态心理、人生、民族性与进化论、观念形成、态度测量、领导、两性问题、理想形成、战时心理、宣传、谣言、管理、职业和社会心理学史等诸多领域。如果以图书出版数量来衡量的话，20世纪30年代的中国社会心理学出现了一次研究高峰。但是，1949年以后，社会心理学由于多种原因没能在中国的学术研究中占据一席之地，被迫经历了长达30年的停滞期。

1979年5月31日，《光明日报》上发表了一篇名为《建议开展社会心理学研究》的文章，吹响了社会心理学在中国大陆重建的第一声号角。在此后短短的几年时间里，有一批来自其他学科的学者加入了社会心理学研究队伍，开始了该学科在中国大陆地区的重建和发展工作。重建后的中国社会心理学很快迎来了一次难得的机遇，1982 年 12 月 10 日，第五届全国人民代表大会通过的《中华人民共和国国民经济和社会发展第六个五年计划》中明确提出："……社会心理学等，也要加强研究。"这标志着官方对恢复社会心理学研究的正式肯定。

1982 年 2 月，吴江霖教授应邀到北京大学和南开大学讲授社会心理学，他系统讲授了社会心理学的历史、基本原理及其在中国的发展历程等内容。这是1949 年以后社会心理学在中国大陆的大学校园里第一次显赫的宣讲活动，堪称当代中国大陆社会心理学的启蒙运动。1983 年 9 月，受教育部委托，南开大学社会学系举办了首届社会心理学教师进修班，来自全国各地高校与科研单位的40 多名教学和科研人员参加了进修。这次进修班为大陆社会心理学的重建与发展培训了一批亟需的师资力量；1984 年 9 月，费孝通教授、吴泽霖教授和孔令智教授在南开大学，吴江霖教授在广州师范学院分别招收了全国第一届社会心理学硕士研究生；1988 年，陈元晖教授在中国社会科学院社会学研究所招收了第一届社会心理学博士研究生；根据不完全统计，2015 年招收社会心理学或应用社会心理学方向硕士研究生的大学或研究机构约有 50 家，招收社会心理学方向博士研究生的大学或研究机构约有 20 家，它们为发展当代中国社会心理学培养了具有坚实学术功底的后备人才。

1982 年 4 月，中国社会心理学研究会在北京正式成立，共有 170 名与会代表见证了研究会的成立仪式，他们共同通过了《中国社会心理学研究会暂行章程》。同年 9 月，中国社会心理学研究会改名为中国社会心理学会。中国社会心理学会的成立也是当代中国社会心理学恢复与重建的里程碑式事件。社会心理学会的成立对于本学科的恢复与重建起到了非常重要的推动作用。它唤醒了大陆社会心理学者的学科认同感，将分散的具有相同研究兴趣的学者密切地联系在同一阵营之中，建立了一所无形学院。时至今日，中国社会心理学会（CASP）已经发展了 7 个委员会（含 1 个编委会），还拥有包括北京、天津、上海、广东、广西、湖南、湖北、浙江、江西、安徽、黑龙江、河北、江苏、内蒙古、山东和山西在内的 16 个团体会员和大约 2200 名个人会员，并定期开展学术交流活动。

1983 年，南开大学组建了我国第一个社会心理学教研室；1985 年，中国社会科学院社会学研究所也组建了社会心理学研究室；1987 年，南开大学设置了我国第一个社会心理学实验室；1995 年，吉林大学哲学社会学院成立了我国第一个社会心理学系，2003 年，南开大学也成立了社会心理学系。此外，北京大学、北京师范大学、中国人民大学、广州师范学院、北京市社会科学院、中国管理科学研究院、天津市社会科学院、华中师范大学等单位也都成立了社会心理学教学或研究机构。在各地涌现出来的教学与科研单位及其研究者们构成了当代中国社会心理学研究的重要力量，他们连同一些心理学者、社会学者、教育学者等共同推动了当代中国社会心理学的发展。

纵观社会心理学在中国的发展，可以发现学术引进、学术自主、学术开放交织在一起，并依次成为中国社会心理学研究的发展主线。学术引进是一种单向的学术交流活动，主要是指中国学者介绍、学习、借鉴国外已有的研究成果，并将之作为重建当代中国社会心理学的框架和主要内容。无论是在 20 世纪 20年代，还是 80 年代，社会心理学之所以能在中国生根发芽，都与学术引进分不开。如果中国学者没有学术引进的精神和意愿，很可能就没有当代意义上的中国社会心理学。从 1979 年到现在，经过将近 40 年的恢复与发展，学术引进依然是当代中国社会心理学者的重要工作之一。

所谓学术自主，是近年来中国学者逐渐有所接受和发扬的一种学术观点，其主要目标是：要实现中国社会心理学的自主建构，就必须要把中国研究置于中国社会现实的环境基础之上，依靠中国学者自身的努力才行。科学社会心理学不是中国传统文化的产物，因此，它在中国的发展非常容易与需要它解释的社会现实脱钩，成为象牙塔内的展览品，或者沦为社会心理学知识生产国的中国分支。因此，学术自主要求中国学者开展的相关研究时，必须要服从"中国社会的需要"，而不能仅仅停留在学术引进方面，或者把西方现有的理论照抄照搬地挪用到中国被试身上和中国文化背景之下。否则，社会心理学的中国研究必会成为"口惠而实不至"的、脱离中国社会现实的"空中楼阁"，并最终沦为知识创新国家的学术附属而丧失其在中国存在的合理性。

学术开放是一种双向的学术交流活动，应关注中国社会心理学与国际社会心理学之间的关系问题。换言之，应清楚中国的社会心理学研究如何才能成为国际主流社会心理学的一部分。目前中国学者的基本共识是：作为自然科学与社会科学的交叉点的社会心理学，其诞生乃是源于心理学与社会学的跨学科因缘，它不可能长期地处于自说自话的状态，也不能完全独立于跨越国界的学术共同体之外，它必须以开放的姿态与国际学术界接轨，与各学科（主要是本学科和相关学科）的最新理论进行对话交流。学术开放与学术自主并不相互排斥，前者可以而且应该建立在后者的基础之上，学术自主的充分实现是学术开放的有力依托。

专栏 1-3

中国社会心理学的学科制度建设

北京大学的方文在《中国社会科学》杂志 2001 年第 6 期上发表了一篇题为《社会心理学的演化：一种学科制度视角》的文章。这篇文章分析了欧洲社会心理学家们努力进行学科制度建设，解构美国社会心理学的霸权，取得了完成"欧洲社会心理学"建设的成功过程。文章指出，当前中国社会心理学"对国际主流社会心理学理智进展的忽视、漠然和无知"，以及"每年生产大量的社会心理学的虚假文本和肤浅的经验研究，使学科处于泡沫繁荣状态，无法为中国社会心理学同时也为世界社会心理学的发展提供理论建构和数据积累的想象力和洞察力；面对中国社会的结构转型及其后果，社会心理学者基本上处于无语或失语状态"，揭示了阻碍中国社会心理学发展的症结。文章认为，社会心理学在中国属于"舶来品"，然而其研究对象又具有极强的本民族的社会文化特点。基于这种认识，在确立中国社会心理学制度建设的学术目标时，既不要完全地以中国社会心理学达到"西方社会心理学化"为目标，也不能以完全地使中国社会心理学"本土化"为追求的终点。我们的目标可以是建立有中国特色的社会心理学，并且使之融入世界社会心理学之中，成为人类共同的科学财富。这方面，欧洲社会心理学解构了美国社会心理学的学术霸权，并且与美国社会心理学结合而成为"西方社会心理学"，是我们的一个榜样。在了解了欧洲社会心理学学科制度建设的过程之后，不能不被欧洲社会心理学家们那种鲜明的自强意识和富有成效的实践过程所感动。欧洲虽然是科学心理学的发祥地，但是，令人遗憾的是直至 20 世纪 60 年代中叶，欧洲的社会心理学竟仍然是"美国式"的。到了 1966 年，情况发生了变化，标志性事件是欧洲实验社会心理学会的创立，它"意味着欧洲社会心理学的美国殖民化和霸权化的逐渐消解，意味着自主而具有独特品格的欧洲社会心理学的开始，和欧洲社会心理学的理智复兴"。欧洲社会心理学界的精英明确地意识到"美国主流社会心理学的概念框架、理论模式和方法技术，是在与欧洲的社会现实和文化传统迥然有别的社会和文化传统中生成和发展的，它们共享的个体主义的、非历史的、我族中心的和实验室定向的研究精神，不应成为欧洲社会心理学的模板"。他们的努力目标是明确的，那就是建设具有欧洲特色的、能够解释欧洲社会心理现象的"欧洲社会心理学"，分享美国在世界社会心理学中的学术霸权。剖析一下中国社会心理学的现状，不难看出，至今基本仍处在欧洲社会心理学界 1966 年前的水平。学校里使用的社会心理学教科书，内容几乎只能算是用中文转述美国和欧洲社会心理学的理论及具体研究成果。在研究工作中，尽管有的学者已经试图在中国特定的社会现实背景和文化传统中寻找研究课题并有一些成果发表，但是却没有形成主流，能够得到学界认可的、成体系的理论尚未问世；不少的研究或许只是显露出浮躁心态的、美国和欧洲社会心理学的"落伍追随者"式的研究。这与中国社会心理学研究者群体没有明确该学科制度建设的学术目标有一定的关系。

第四节 社会心理学经典理论

一、精神分析理论

精神分析理论（Psychoanalytic Theory）的出现和发展，对西方心理学界乃至整个人文科学的影响都是不可估量的。正如 E. 弗洛姆（E. Fromm）所说："如果没有弗洛伊德思想的渗入，西方思想就不可想象。"[1]就社会心理学而言，"西方所有的社会心理学家实际上都把弗洛伊德学说当作自己观点的理论根源"[2]。由于精神分析理论体系庞大，涉及面较广，本书只能试图将它和社会心理学直接相关的或对之有所涉及的思想作一简述，以便读者较清楚地看到这一理论在社会心理学中的位置。

精神分析学派的创始人 S. 弗洛伊德（S. Freud）早期主要从事精神疾病的研究工作。1886 年，他作为精神疾病治疗师开始了私人行医生涯，而他的思想理论也正是在他给病人的治疗中逐渐产生的。1896 年，弗洛伊德第一次使用了"精神分析"这一术语。1900 年，他的代表作《梦的释义》的问世标志着精神分析理论的诞生。此后，他又相继发表了《日常生活的心理病理学》（1904）、《性学三论》（1905）、《精神分析引论》（1910）、《文明及其不满》（1920）、《集体心理学和自我分析》（1921）、《图腾与禁忌》（1923）等。其中对社会心理学诞生具有直接影响的是他关于人格发展、群体心理学和文明等方面的论述。

在弗洛伊德的早期著作中，他将人的精神世界主要划分为意识和潜意识两大部分。意识是可以直接感知到的有关心理部分，相对于潜意识而言，意识所

---

①弗洛姆：《弗洛伊德的使命》，生活·读书·新知三联书店 1986 年版，第 134 页。
②安德列耶娃：《西方现代社会心理学》，人民教育出版社 1987 年版，第 134 页。

占比例小并且不太重要;潜意识则包含了人的原始冲动和本能,其内部以沸腾的"力比多"(性驱力)为动力源,是人的自我意识不到的部分。在意识和潜意识之间又有一个前意识,是能够召回到意识中的潜意识成分。弗洛伊德认为潜意识中所蕴含的"力比多"是人格发展的主要动力。

弗洛伊德认为人格由三个部分构成,即本我、自我和超我。本我是人格结构中最原始的部分,其成分是与生俱来的,自我与超我是由本我逐渐分化来的。本我是人的心理能量的基本源泉,它奉行"快乐原则"而不受理智、逻辑、道德的约束,以满足本能的需要;自我是在本我发展过程中与周围的现实世界相互接触,从而在适应现实环境中形成的,它位于本我和超我之间,主要对两者加以控制和统辖,它遵循"现实原则",其作用是将"快乐原则"现实化,以此调整个体与外部世界的关系,达到真正能满足需要的作用。自我的主要功能有四点:一是获得基本需要的满足,以维持个体的生命;二是调节本我的需要,以符合现实环境的条件;三是管理不为超我所接受的冲动;四是调节本我与超我的冲突。超我是人格的最上层,主要以"道德原则"为准绳,它发端于自我并将父母的道德观内化于己,以便让自身行为符合于父母和社会的要求。

弗洛伊德对群体心理的讨论受到 G. 黎朋和 W. 麦独孤的影响。弗洛伊德意在进一步解答:在群体中迫使个人心理发生变化的实质是什么。他运用精神分析理论中的"力比多学说"分析了群体的心理,他认为"力比多"在群体中会转化为"爱"。群体中的情绪联系是靠爱来维系的,或者说"爱的关系才是构成群体心理的本质的东西"[①]。而爱又是在人格发展中而来的,群体的构成来自家庭内部的关系的原型,即"情结"。在他看来,"在一个有明显的领头人但并不以正式方式组成的典型群体中,领头人暂时成了情绪取向的共同对象,以代替形成超我的父母情绪,当群体的成员用领头人代替自己的超我的时候,用弗洛伊德的话说,他们也'在自己的自我中相互认同'"[②]。因此,弗洛伊德的群体心理学实际上是其个体心理学的延伸。

弗洛伊德的精神分析理论在 C. C. 荣格(C. C. Jung)、A. 阿德勒(A. Adler)、K. 霍妮(K. Horney)和 E. 弗洛姆(E. Fromm)那里得到扬弃。他的追随者们按照各自的观点对古典精神分析理论作了修正。后三者的理论也被称为"精神分析中的社会心理学理论"[③]。其实荣格的理论也含有社会心理学的成分,例如他关于"集体潜意识""人格面具"与"人格发展"的研究等。A. 阿德勒的

---

① 《弗洛伊德后期著作选》,上海译文出版社 1986 年版,第 98 页。
② 舒伦伯格:《社会心理学的大师们》,辽宁人民出版社 1987 年版,第 30 页。
③ 杜·舒尔弗:《现代心理学史》,人民教育出版社 1981 年版,第 364 页。

兴趣集中在社会力量对个体心理所产生的影响上，他因此认为个体行为不是由过去（童年）决定的，而是由社会所决定的，人因为原始的自卑而不断追求超越。K. 霍妮以焦虑概念作为基础，强调了社会文化对社会心理的重要影响，成为精神分析流派中的社会文化学派代表人物之一。E. 弗洛姆所探讨的命题聚焦于人和社会的关系，他认为人的个性化是在复杂的社会关系中实现的。他提出了"逃避自由"和"理解个体的无意识必须以批判地分析他所在那个社会为前提"[①]，"从而把心理分析学从原先主要是一种'个体心理学'改造为一种'社会心理学'"[②]。新精神分析学派重点关注的是人与人、人与社会的关系，这都与古典精神分析具有显著差异。20 世纪 50 年代关于群体的一些理论和实验（例如人际三维理论、T 小组训练）受到这一流派的影响。

二、符号互动理论

符号互动论（Symbolic Interactionism）是社会学取向的理论成就，其在社会心理学领域中的影响并不亚于精神分析理论。或者说，很多具有社会学背景的学者都是通过互动理论涉足社会心理学的。符号互动理论的创立者是美国社会心理学家乔治·米德（J. H. Mead）。米德 1863 年生于美国麻省的南哈特莱。从其思想体系来看，主要受到了 W. 詹姆士（W. James）、C. H. 库利（C. H. Cooley）、J. 杜威（J. Dewey）以及 W. 冯特的关于"姿势"方面研究的影响，米德生前写过二十多篇学术论文，但没有出版过符号互动理论方面的专著。在他逝世以后，后继者根据他授课笔记整理出专著，其中最能体现其符号互动理论思想体系的作品是《意识、自我与社会》。

米德的"符号互动论"是以两个假设为前提的：（1）人类在生理上的脆弱迫使他们在群体中互相合作，以求生存。（2）存在于有机体内部或有机体之间的有利于合作因而最终也有利于生存与适应的行为将被进化保存下来，因此，人的心理也好，自我也好，社会也好，都是在人与人之间的相互关系中产生的，故它们有利于人类对生存环境的适应。

米德受达尔文主义和实用主义原则的启发，认为意识具有运用和理解符号的能力，通过这种能力，人们可以在意识中模拟对客体做出行为上的选择，以调整自己对客体的活动，这一点在婴儿出生不久就学会了。从这一假设出发，米德进一步研究了人的姿势，认为姿势作为自我意识的表现，具有社会性意义，

---

①弗洛姆：《弗洛伊德的使命》，生活·读书·新知三联书店 1986 年版，第 129 页。
②弗洛姆：《为自己的人》，生活·读书·新知三联书店 1988 年版中译本序，第 3 页。

而另一方面他人也正是由于能理解这一姿势而做出相应反应。姿势既可以是动作的一部分，也可以是口头语言，由于彼此交流的双方共享它们所具有的意义，因此能够利用姿势互相沟通和理解。由此可以看出，社会互动是通过有意义的符号进行的，社会行为不可能靠刺激一反应来实现。

米德关于"自我"的论述与"他人"相联系。根据 W.詹姆士的"自我"概念和 C.H.库利关于"镜中我"的观点，米德认为人可能通过运用符号来理解他人，也能够以相似的方式对待自己。作为一种在社会情境中形成的自我，它必须包含两个部分，即"主观我"（I）与"客观我"（me）。"主观我"是与生俱来的一种本能的冲动，具有主动性与创造性；"客观我"是在与他人的交往中形成的，由于人具有扮演他人角色的能力，因此客观我就成为"一般化他人"，或者说，自我能把分离出的"客观我"放在他人的位置上加以评价，从而使自我形象和他人要求达成一致，并据此调整自身的行为。"一般化他人"观念可以进一步发展成为一个社区的共同态度、规范与价值观。社会正是在人与人之间的互动中产生出来，它"代表着个体之间有组织的、模式化的互动"①。

H.布卢默（H. Blumer）自称是米德理论的代言人，在他的努力下，符号互动论成为影响深远的社会心理学理论之一。布卢默认为："在非符号的相互作用中，人们彼此直接对姿势或动作起反应，在符号的相互作用中，他们解释彼此姿态，并根据交互作用过程中所获得的意义进行活动。"②而这一点首先来源于人具有创造和应用符号的能力，他们运用符号来解释、指明、估计、预测及评价客体对象或行为方式。据此，人自己也能扮演他人角色或符合他人的角色期待。符号互动论者在继承米德思想的前提下，又引进了 W.I.托马斯（W. I. Thomas）的"情境定义"，强调了自我会根据对周围环境的理解来决定自己的行动。

符号互动理论的追随者们分别从各自视角发挥并改造了该理论，从而使符号互动理论也成为社会角色理论、参照群体理论、戏剧理论、标签理论等社会心理学理论的滥觞，为该学科的社会学取向研究奠定了坚实的基础。

三、社会学习理论

1913 年，J. B.华生（J. B. Watson）在美国《心理学评论》上发表了《行为主义者心目中的心理学》一文。由此在一定程度上改变了心理学研究的原有航

———————

① ［美］乔纳森·H.特纳：《社会学理论的结构》，浙江人民出版社 1987 年版，第 378 页。
② 转引自安德列耶娃：《西方现代社会心理学》，人民教育出版社 1987 年版，第 159 页。

道，开始将传统上注重人的内在心理的研究转移到研究外显行为上来，华生的行为主义理论虽然为后人所批判，但影响力非常巨大。在社会心理学领域中，社会学习理论是在行为主义理论影响下而形成的一种理论传统。

社会学习理论（Social Learning Theory）主要是从新行为主义学派中派生出的一种社会心理学理论。新行为主义的重要代表人物 B. F. 斯金纳（B. F. Skinner）认为所有行为都是环境的产物。斯金纳的最主要贡献是他的操作主义理论。他认为巴甫洛夫的条件反射实验是一种应答行为的研究，其特点是给予一个或几个已知的刺激，而操作行为是在不具备已知刺激的情境下，有机体对自身需要的刺激自发产生的反应。例如：斯金纳箱中的白鼠为了获取食物，就必须学会操作压杆。操作行为实际上是一种获取刺激的工具，食物的获得将会强化这一操作行为，这便是学习。由此可以推出，"操作行为在现实生活的人类学习情境中是更有代表性的"[1]。

20 世纪 30 年代，社会学习理论在新行为主义学派的影响下开始形成。N. E. 米勒（N. E. Miller）和 J. 多拉德（J. Dollard）根据 E. 霍尔（E. Hull）的工具性条件学习论出发研究模仿行为，认为各种学习包括四种基本因素：内驱力、线索、反应、奖赏。根据这四种因素，就可以构成模仿学习的基本框架。例如：兄弟俩在做游戏，哥哥听到父亲回家的声音而迎了上去，因为父亲下班常常带回糖果。弟弟偶然跟着哥哥跑，也得到了糖果。以后，弟弟一看哥哥跑也就跟着跑。继续得到糖果的强化，他就会在其他场合下也模仿大孩子的行为。总之，在米勒和多拉德看来，若个体模仿可以得到奖赏，模仿行为就会产生，而强化是儿童模仿学习的先决条件，这一模式也可以推广到从众、态度改变等其他社会行为中。

A. 班杜拉（A. Bandura）是社会学习理论的真正创始人之一，他将行为主义的研究原则扩大到两个人和群体情境中个体行为的习得和改变上来。虽然他也指出了强化在学习中的作用，但强化只是促进学习的因素，而不是引起学习的因素，个体在模仿学习之前就已经具有了反应能力。班杜拉通过儿童模仿侵犯行为实验证明：霍尔和米勒等提出的"需要降低是学习的必要条件"并不正确，而认知因素（例如对奖与罚的认知）则在学习中起重要作用。总之，在社会学习理论中开始注重认知过程作为中介变量的作用，从而也突出了观察者的主观能动性，对儿童的社会化、行为矫正、观察学习、自我调节等研究领域做出了重要贡献。

---

[1] 杜·舒尔茨：《现代心理学史》，人民教育出版社 1981 年版，第 272 页。

从总体上看，社会学习理论从开创到今天已经有了很大发展，相关研究都关注于社会行为、学习和强化、实验室实验等方面研究，因此成为社会心理学理论中非常重要的经典理论之一。

四、社会认知理论

社会认知理论（Social Cognition Theory）和行为主义的研究方向相反，其将研究重心放在了人的主观意识上。该理论认为：只有理解人的认知过程，才能理解人的行为。社会认知理论并没有统一的理论体系，它只代表了社会心理学家的一种研究方向，内容涉及态度、动机、知觉、偏见、归因等方面，而这些方面也构成了当代社会心理学的主要研究领域。

社会认知理论主要来源于心理学理论中的格式塔（Gestalt）学派和 K. 勒温（K. Lewin）的场论，而在其形成过程中也受到了现代认知心理学的推动。格式塔心理学主要是关注于人的知觉研究，他们认为，传统心理学将知觉看作是各种感觉成分之和的观点是不正确的，知觉一开始就具有整体性，观察者总是完整地观察对象，如果研究者企图将其还原成各个部分或元素，那么就不能正确理解知觉。这一观点被 F. 海德（F. Heider）所继承，并运用于人际关系研究之中。勒温将格式塔心理学派对知觉结构的关注，转移到人的行为结构上来，从而提出了个体的张力系统和心理环境之间的相互作用命题。勒温试图用"场"的概念来解决这一问题，场包含了个人的主观因素、心理环境和行为，而行为则是前两者相互作用的结果。勒温的场论认为：人的行为是人和情景复杂作用的产物。个体的需要会引起其与环境之间的张力，只有需要得以满足，张力才会消除。这一观点成为各种认识协调或不协调理论的思想基础。

当论及社会认知理论时，有必要介绍一下认知心理学（cognitive psychology）对社会心理学的影响。基于信息加工分析的认知心理学产生于 20 世纪五六十年代，它受计算机科学的影响，用计算机信息加工的原则和术语说明人的一些心理过程。[①]受这种理论范式的启发，一些社会心理学家也试图用这种观点解释人的一些社会心理和社会行为。传统社会心理学主要研究人们如何受到社会环境的影响并对其做出反应。其研究目的是揭示人的社会心理和社会行为发生的规律，预测人在社会环境中的行为方式。自 20 世纪 60 年代末以来，随着信息加工的认知心理学的兴起，许多社会心理学者开始从关注行

---

① 乐国安：《评现代认知心理学》，载《中国社会科学》1990 年第 5 期，第 209～223 页。

为规律转向关注心理与行为背后的内部工作机制。如果说先前的社会心理学只是揭示"是什么""怎么样",现在则是试图用信息加工的观点回答"为什么"这个问题。到目前为止,该领域的研究成果已不仅仅局限在社会心理学的某个或某几个领域,而是扩展到了社会心理学的许多方面。[1]在研究人的社会认知、态度的形成与改变、助人行为和侵犯行为等课题时,这种理论取向表现得非常明显。

1944 年,海德在《社会知觉和现象的因果关系》中阐述了这样的思想:即人们倾向于产生一种有秩序、有联系的世界观。海德描述了一个实验:让被试观看一个屏幕上出现的一个圆形和两个大小不等的三角形,其中一个三角形和圆形靠近,当实验者要求被试对此做出解释时发现:被试大多从个性或生物的角度描述了这一简单的因果关系。这一实验支持了海德理论的基本假设,即人的认知结构总是趋向平衡和归因。海德由此创立了平衡结构理论,将其用于社会心理学的人际认知研究。20 世纪 50 年代,海德的平衡理论经过 T.纽卡姆(T. Newcomb)的发挥进一步发扬光大。纽卡姆认为:认知平衡的思想也适用于人际沟通和群体沟通,促使与群体态度不一致的成员改变态度,以便在一定压力下保持团结。直至 20 世纪 50 年代,在勒温场论和其他认知理论的影响下,以 L. 费斯汀格和 S. 沙赫特(S. Schachter)为代表的认知协调理论开始出现,成为当时社会心理学研究的最重要成就。

到 20 世纪 60 年代中期,人们不再满足于社会认知过程的笼统研究,也不再试图建立一种能阐明社会认知整体过程的理论模式,导致认知一致性方面的理论研究开始走下坡路,并逐渐被阐释社会认知过程本身的归因理论所代替。这一理论可以追溯到 F. 海德关于认知结构平衡论的基本假设。归因研究者认为:在日常的社会交往中,人们为了有效地控制和适应社会环境,往往对发生于周围环境中的各种社会行为有意识或无意识地做出一定的解释,即认知整体在认知过程中,根据他人某种特定的人格特征或某种行为特点推论出其他未知特点,以寻求各种特点之间的因果关系。20 世纪 60 年代 E. 琼斯(E. Jones)和K. 戴维斯(K. Davis)发表的《从行动到倾向性——人的知觉中的归因过程》,以及 H. 凯利(H. Kelley)的《社会心理学中的归因理论》等著作都将归因理论研究推向高潮。仅在 20 世纪 70 年代期间,相关研究文献就多达 900 多种,成为社会心理学中的一个热门领域。

---

[1]乐国安主编:《社会心理学理论》,兰州大学出版社 1997 年版。

专栏 1-4

后现代主义思潮对社会心理学的影响

　　"现代主义"（modernism）和"后现代主义"（postmodernism）不是用时间划分出来的两个概念，它们代表着两种不同的研究取向和研究方法论。

　　从冯特以来的西方心理学流派大多数属于现代主义心理学的范畴，坚持"科学主义"的研究方法。而社会心理学研究，从一开始就秉承了科学主义的原则，形成了西方社会心理学的主流。在20世纪80年代，当学者们反思社会心理学危机时，就有人指出社会心理学的"现代特征"是：方法论上的机械主义、研究手段上的实验主义、研究取向上的个人主义和研究理念上的普遍主义。可以说，现代社会心理学的实质在于它的实证主义特征，它坚信存在着客观、普遍的真理，坚信实证方法的科学性，坚持价值中立的原则。

　　后现代主义社会心理学思潮的哲学基础是后现代主义。"后现代主义"一词最早出现在20世纪60年代的建筑学中，此后在艺术、文学和社会学领域中得到越来越广泛的使用和研究。后现代主义的出现，从哲学方面看源于实证主义根基的动摇。作为近代知识文化的特定产物，实证主义认为"只有在合理性的行为方式和思维方式的支配之下，才会产生经过推理证明的数学和理性实验的实证自然科学"。现象学哲学早在后现代主义思潮兴起之前，就对实证主义科学方法提出了质疑，胡塞尔（E. Husserl）在《欧洲科学的危机和先验现象学》中指出，实证主义采用理想化的数学形式对世界进行描述的缺陷在于：首先，这种科学发现"只是归功于严格的逻辑和科学发现的程序，而与世界本身的自然属性没有任何联系"；其次，描述的数学形式掩盖了先于科学描述而存在的世界（生活世界或日常生活世界）。库恩（M. Kuhn）在《科学革命的结构》（1962）一书中，向科学的真理性提出了挑战，他指出科学知识并不能简单地从自然中"读取"，它总是以历史上特定的和具有一定文化背景的范式作为中介，理论或范式污染着观察和实验。[①]后现代主义思潮不只是一个哲学命题，同时也是对后现代社会生产、生活方式的反映。它是对历史和现实的比较与反思，对科学与文明的审视，对人生价值的重新评估。

　　后现代主义思潮之所以对社会心理学产生重要的影响，主要在于社会心理学内部的研究危机：由于一贯地以方法为中心，而不是以问题为中心，导致许多实际生活中的问题没有研究甚至不能研究，严格的定量分析难以解释许多现

---

①车文博：《后现代主义思潮与人本心理学》，载《心理行为科学》2003年第2期。

实问题。

1988 年，在澳大利亚悉尼举行的国际心理学会议上，美国社会心理学家格根（K. J. Gergen）应邀作了题为"走向后现代心理学"的专题报告，提出了构建"后现代社会心理学"的概念和具体设想。1989 年，美国另一位社会心理学家帕克（I. Parker）出版《现代社会心理学的危机》一书，回应了格根的观点。1991 年，格根出版《饱和的自我：当代生活中的身份困境》一书，对后现代社会心理学的具体内容作了描述，用一项具体的研究进一步落实和展示了他最初对后现代社会心理学的构想。

在 1988 年的报告中，格根为后现代时期的社会心理学作了如下设计：首先，后现代时期的社会心理学没有一个基本的研究领域，我们对周围世界所作的论述，只是在特定的社会常规中动作的结果；其次，我们无法在自己的研究领域中找到所谓"普遍性"的特征；再次，后现代时期的社会心理学家不再把方法视为神圣的追求，相反，他们认为方法是会误导他人认可自己、把自己的想法合理化的工具；最后，后现代学者对真理的看法完全不同于从前，他们开始对"实证研究是获得真理的必须途径"这一信念发生怀疑，甚至有人认为，所谓的"科学进步"观念不过是由科学的文字及叙事特点所制造出来的产物。[1]

进入后现代时期的社会心理学，研究重心发生转移，它注重探讨人的社会性（人性），注重语言的研究，注意心理投射现象的研究，提倡超个体主义的研究。后现代主义社会心理学的基本思想是：第一，反对机械论和实证主义，提倡经验论和相对主义；第二，蔑视低级心理的研究，重视高级心理的研究，强调社会心理学的研究应该尽快与伦理学、艺术、社会学接轨；第三，反对还原论、简约论和拟兽论，提倡从整体论和文化历史的角度来研究人的心理。[2]

后现代主义社会心理学强调研究社会实际生活中的心理学问题，强调以人为本，对我们来说是非常具有借鉴意义的。它强调研究方法的多元化，符合社会心理学研究对象多样化的需要。应该说，社会心理学中的后现代主义思潮目前还不是一个学派，只能称其为"思潮"。后现代主义社会心理学思潮虽然没有成为社会心理学的主流，但是，应当是建构社会心理学理论大厦的一部分。

---

① 王小章：《社会心理学：从"现代"到"后现代"》，载《社会心理研究》1996 年第 4 期。
② 方俊明：《评后现代主义心理学思潮》，载《陕西师范大学学报》1997 年第 1 期。

本章小结

　　社会心理学是对人的社会心理和社会行为规律进行系统研究的科学。该定义论述了三个问题：首先，社会心理学主要关注的是人类的社会行为和社会心理。包括有他人在场时个体的行动、两者或两者以上社会互动的过程、个人与他们所属群体之间的关系等等。其次，这个定义还说明了社会行为的原因。社会心理学家试图寻找导致各种社会行为的先决条件。各变量间的因果关系对理论建设很重要；同样的，理论对于预测和控制社会行为也很重要。最后，定义还说明社会心理学家是使用科学的方法，系统地对人类的社会心理和社会行为进行研究的。社会心理学与社会学、心理学、文化人类学等学科之间存在着千丝万缕的关系。社会心理学既要借鉴这些学科的研究方法和成果，又要明确与它们之间的差别。社会心理学的具体研究对象包括个体的心理及行为、社会交往和互动的心理及行为、群体心理及行为以及社会心理学的应用研究四个主要的方面。

　　社会心理学有一个很长的过去，但作为独立学科的历史并不长。通常的观点是把 1908 年视为社会心理学科的诞生之年。从古希腊时期到 19 世纪上半叶是社会心理学发展过程的第一阶段，可以称之为社会心理学的孕育时期，在这一阶段中论及社会心理学的思想主要有两条线索，其一是以苏格拉底和柏拉图为代表的社会决定论，其二是以亚里士多德为代表的自然决定论；从 19 世纪下半叶到 20 世纪初属于社会心理学形成的第二阶段，可以称之为社会心理学的形成时期，这一时期主要有德国民族心理学、法国群众心理学、英国本能心理学；从 1908 年到第二次世界大战爆发前是社会心理学发展过程的第三阶段，可以称之为社会心理学的确立时期，随着实验方法被越来越广泛地应用，社会心理学实现了向科学主义范式的转变；从第二次世界大战开始到现在，社会心理学经历了深刻的危机之后进入了扩展时期。

　　社会心理学形成之后，一直存在着两种不同的研究取向。其一是心理学取向的社会心理学，这种研究取向在研究方法上坚持以实验法为主，侧重于对个体心理现象的研究，主要流派有精神分析理论、社会学习理论和社会认知理论等；其二是社会学取向的社会心理学，这种研究取向在研究方法上借鉴了社会学的研究方法，使用调查法、观察法和访谈法等多种研究方法，以社会与个体之间的互相影响作为主要的研究对象，产生了符号互动理论和社会交换理论等学派。这两种取向之间虽然存在分歧，但也逐渐表现出整合的趋势。

思考题

1. 社会心理学的定义是什么？
2. 社会心理学的研究范围是什么？
3. 社会心理学有哪些具体研究方法？
4. 各不同研究方法的优缺点是什么？
5. 社会心理学研究中可能会出现哪些偏向？
6. 为什么在社会心理学研究中应注意伦理问题？
7. 社会心理学的形成过程可以分为哪几个阶段？
8. 社会心理学中的精神分析理论的要点是什么？
9. 社会心理学中的符号互动理论的要点是什么？
10. 社会心理学中的社会学习理论的要点是什么？
11. 社会心理学中的认知理论的要点是什么？

推荐阅读书目

1. 乐国安主编：《20 世纪 80 年代以来西方社会心理学新进展》，暨南大学出版社 2004 年版。

2. 乐国安主编：《社会心理学理论》，兰州大学出版社 1997 年版。

3. [美]克特·W. 巴克主编：《社会心理学》，南开大学出版社 1984 年版，第一章。

4. [美]G. 林德泽、E. 阿伦森：《社会心理学大全》，1985 年英文版第 1 卷，第一、二章。

5. 安德列耶娃：《社会心理学》，南开大学出版社 1984 年版，第一、三章。

6. 李美枝：《社会心理学》，大洋出版社（台北）1994 年版，第一、二章。

7. Gergen, K. J. (1991). The Saturated Self: Dilemma of Identity in Contemporary Life. New York: Basic Books.

8. Michener, H. A. & Delamater, J. D. Social Psychology. New York: Harcourt Brace College Publisher. 1999: 1-45.

第二章　社会化

本章学习目标

　　掌握社会化的定义
　　了解社会化的历程
　　熟悉社会化的主要内容
　　了解社会化的影响因素
　　理解主要的社会化理论

第一节　社会化的内涵

　　人是社会性动物，不能离开社会而孤立地生活。刚刚出生的婴儿懵懂无知，是一个毫无自助能力的有机体，必须经过父母的抚养和他人的帮助与引导，才能转变成一名能够适应一定的社会文化、有效地参与社会生活、为社会所接受的合格成员。而这一转变过程就是由社会化来实现的。

一、社会化的定义

　　西方著名的社会心理学家 E. 弗洛姆（E. Fromm）把社会化（socialization）定义为"社会化诱导社会成员去做那些要使社会正常延续就必须做的事"，是"使社会和文化得以延续的手段"[①]。苏联社会心理学家安德列耶娃（Г. М. Андреева）认为，社会化是一个两方面的过程，一方面是个体通过加入

---

　　①［美］弗洛姆：《精神分析个性学及在理解文化中的应用》，见萨金特、史密斯主编：《文化与个性》，1949年英文版，第 1～10 页。

社会环境、社会关系系统进而掌握社会经验的过程，另一方面是个体对社会关系系统的积极再现的过程。从上述相关定义中可以推论出社会化的两个任务：第一，是使个体知道社会或所属群体对他有哪些期待，规定了哪些行为规范；第二，是使个体逐步具备实现这些期待的条件，自觉地以社会或群体的行为规范来指导和约束自己的行为。

　　本书把社会化定义为：社会化是自然人发展为社会人的过程，是个体通过与社会交互作用，适应并吸收社会文化，成为一名合格社会成员的过程。在正常情况下，当婴儿出生以后，其社会化进程就开始了，在其后的发展历程中他需要不断地吸收社会文化，学习不同的社会规范，而所有这些活动的最终目标是帮助个体适应社会生活。从这个角度而言，社会化是动态的适应过程，它不会因为个体的成年或者发展到某个阶段而结束，而是在每个生命阶段中都有不同的社会化任务。

　　二、社会化的历程

　　个体的社会化是持续一生的过程。根据人的发展周期以及各个发展阶段的特点，可以把这一历程分为儿童期社会化、青春期社会化、青年期社会化、成人期社会化。在每个发展周期中，社会化的任务及其表现都有迥异的特点。发生在儿童期的社会化对个体的社会行为具有非常重要的影响力，而其后的社会化进程大多数时候只是对儿童期社会化的调整和改变。

　　（一）儿童期社会化

　　从父母最初怀抱婴儿的那一刻起，社会化就已经开始了。新生婴儿的生理机能（特别是高级神经系统组织）还不完备，心理活动处于萌芽阶段。但父母对新生儿的基本生物需要的满足也能刺激其情感需求。大约在 3 个月左右，婴儿能辨认出人的面貌，此时他开始能够发出并接受强烈的情感信息，到了 12～18 个月时，幼儿就能够将注意力转向外部世界。随着语言的发展和对符号的理解，幼儿的自我概念开始发展，此时社会化的作用较之前的阶段更加明显。在3～6 岁阶段，儿童开始形成最初的人格倾向，这一时期的儿童的心理活动带有明显的具体形象性，抽象概括能力还比较差。而到了学龄初期，学龄儿童的社会化能够发生质的转变，学校教育使得儿童的社会化更有目的、更系统，学龄儿童的思维向更加抽象的逻辑思维阶段过渡。

　　（二）青春期社会化

　　青春期是一个敏感期，由于青少年在生理和心理方面都会发生戏剧性的变化，因此他们需要适应许多新的问题。这个时期的个体更多受到同辈群体的影响，能够在更大程度上采纳别人的意见，逐渐学会评价自身的人格特点，自我意识也得到进一步发展。青春期是世界观形成的萌芽时期，青少年可能会过分关注他人对自己的评价，容易在自我中心与自卑之间徘徊。青春期也是个体发展抽象思维能力的时期。青少年期的社会化是以预期社会化（anticipatory socialization）的形式出现的，预期社会化是为未来角色做准备的社会学习过程。尽管预期社会化跨越了整个生命周期，但"预演"未来的成人角色在青少年身上表现得特别明显。①

（三）青年期社会化

青年期是指界于青春期和成人期之间的较模糊的阶段。此时的个体在生理方面已经开始成熟；在心理方面，世界观初步形成，人格发展接近定型，各方面的知识与技能也日趋完善，个体生活的范围更加扩大。青年期社会化是个体开始独立社会生活的重要准备与演习，青年们可能刚刚离开学校开始工作，或者进入大学接受更进一步的工作技能训练。有研究表明，现代社会的青年可能会推迟其在经济上与心理上的独立时间。在传统社会中，13年左右的少年人很可能已经结婚并独立从事生产活动，而现代社会中有相当比例的青年还在学校中接受高等教育。

（四）成年期社会化

进入成年期，个体的初级社会化（指在个体的早期阶段为各种成年人角色所做的基本准备）已经完成。②成人的自我概念已经基本定型，他们不断地尝试、选择、学习各种社会角色，对现行角色进行重新定义与再创造，生活与事业趋于稳定，心理上也更加成熟。而到了成年晚期，个体必须调整自己，以面对声望的降低、身体的衰老以及失败与死亡。这一时期的老年个体必须调适自己与他人的关系、再完善自己的人格、适应新的社会角色，度过生命的最后阶段。可见，成人期社会化比前面三个阶段的社会化具有更长的时间跨度，其社会内容可能更加丰富，但成年期社会化的方向与进程在很大程度上受到此前社会化的影响。

三、社会化的类型

在社会化历程分析中，主要依据个体生命发展的不同阶段探索了不同时期的社会化特点。但是，根据发展阶段来划分的社会化历程，有时却不能反映不

---

①［美］戴维·波普诺：《社会学（第十版）》，中国人民大学出版社1999年版，第163～164页。
②同上。

同类型社会化的基本特点。下面将介绍几种重要的社会化类型，虽然它们并非来自同一分类标志之下，然而每种社会化类型都有自身鲜明的内涵。

（一）初级社会化

初级社会化（primary socialization）又称为基本社会化。由于初级社会化主要发生在个体生命的早期，所以有时也称为早期社会化（early socialization），主要是指从新生儿至青少年时期的社会化过程。对个体而言，初级社会化是至关重要的，初级社会化对个体其后一生发展都打下了深深的烙印。在此阶段中，个体主要学习和掌握作为社会成员必须具备的交际语言、认知技能和行为规范等，并将社会文化和价值观内化，学会扮演相关角色，并初步形成自己的人格特质。初级社会化发生在社会化的关键期内，S. 弗洛伊德曾经提出：不存在初级社会化以外的其他社会化类型，换言之，他认为度过青少年时期以后个体便停止了社会化，因此从这个角度上看，"儿童是成人的父亲"。虽然这种观点目前已经被抛弃，然而几乎没有学者否认过初级社会化的重要性。

（二）继续社会化

继续社会化是指发生在成年期的社会化。继续社会化是相对于初级社会化而提出的。到了成年期以后，个体的人格系统依然在发展变化，同时为了适应不断发展的生活环境，个体也需要继续学习社会知识、价值观念与行为规范，而所有这些内容都是发生在成年期的继续社会化。成年的个体会随着环境变化和自身状态的变化而承担新的社会角色，实践新的社会角色要求成年人去学习新的行为规范。继续社会化很好地说明了社会化是持续终生的过程。

（三）再社会化

再社会化（resocialization），也称重新社会化，是指有意改变原有的价值观念与行为模式，重新建立新的价值观念与行为模式的过程。它是青少年与成人都有可能经历的社会化，当个体从前的社会化内容不能适应当前环境要求时，就有必要进行重新社会化。一般来讲，重新社会化有两种不同性质的基本形式：一种是主动的，一种是被动的。主动的再社会化通常是非强制性的，是个体自身为了更好地适应社会文化与生活方式的改变而主动选择的，例如：移民通常需要进行主动的再社会化；而被动的再社会化往往具有强制性，例如：监狱对罪犯的改造就发生在国家暴力机器之中，强制地对罪犯实施重新社会化。当然，主动的再社会化与被动的再社会化往往不能截然分开，例如：对于刚刚入伍的新兵来说，他们所接受的某些社会化内容（如军事知识的学习与技能的培训）具有强制性，但还有一些社会化内容则是他们主动接受的，不具有强制性（如对军人身份的认同）。

四、社会化的基本内容

社会化所涵盖的内容相当广泛，基本的社会化内容是所有社会成员都要经历的，例如语言社会化、性别角色社会化、道德社会化、政治社会化和职业社会化。以职业社会化为例，无论个体选择何种职业，都必然要经历职业社会化过程，在这一过程中学习相关的职业知识、形成职业角色认同、培养必要的职业技能等。虽然不同种类的职业社会化过程与内容不同，但职业角色社会化本身却是每个正常个体都会经历的。下面将主要介绍三种社会化内容：性别角色社会化、道德社会化和政治社会化。

（一）性别角色社会化

在社会心理学研究中，性被定义为男女两性在生理上的差异；性别被定义为男女两性在心理与行为方式上的差异；性别角色是指社会公众对不同性别在行为方式上的期待，或者社会文化为不同性别所规定的行为模式；而性别角色社会化（gender socialization）是指个体学习并接受社会文化所规定的性别角色过程。

男女两性的差异不仅表现为生理特征，同时还表现在社会特征上。男性和女性的生理差异是天赋的，但是，性别差异是天赋的还是文化所塑造的呢？在20世纪30年代，M.米德（M. Mead）对新几内亚三个邻近的原始部落进行研究后指出：性别差异在很大程度上是由社会文化所塑造的，在不同的社会和文化背景下，人们对不同性别的个体有着不同的角色期待。

米德通过实地考察发现：在阿拉佩什部落中，男性和女性都有一种西方人看起来是属于女性特征的个性，他们性格温和，待人热情，强烈反对侵犯、竞争和占有欲，男女都照看孩子；与此相反，与阿拉佩什邻近的蒙杜古莫部落则是一个有吃人肉习俗的部落，这个部落里的男女都富有攻击性，女人们很少表现出母亲的特征，她们害怕怀孕，不喜欢带孩子；而昌布部落又与前两个部落不同，这个部落里的男女性别角色差异明显，但与西方社会的性别角色截然相反。这里女人专横跋扈，不戴饰物，精力旺盛，是家庭经济的主要支柱；男人却喜爱艺术，喜欢饶舌，富于情感，并照顾孩子。由此米德提出：男女的人格特征与生理特征没有必然联系，性别角色特征不是天生注定的，而是通过各种文化中的性别行为模式的学习、模仿和认同后形成的。

对于男女两性的性别角色分化以及性别角色社会化问题的解释，人类学家一般是用功能主义的观点来加以解释。他们认为，性别角色的社会化是为了保持某种特定的生活方式所不可缺少的。但心理学家则提出以"能动性"和"合群性"来解释性别角色社会化。① "能动性"和"合群性"这两种基本形式能代表所有的生存形态。"能动性"将有机体描述为一个在自我保护、自作主张和自我扩张下表现自己的个体。"合群性"则指在与更大的集团关系中，在与别人的合作产生的感情中表现自己的单个有机体。"合群性"是女性的特征，"能动性"则成了男性的特征。性别角色的分化就是迫使男孩子培养能动性品质，鼓励女孩子培养合群性品质。当然这种角色分化不是水火不容的，他提出一个全面发展、成熟的个性将同时具备这两方面的品质。

以行为主义为基础的"性别定型说"（Sex Typing Theory）和以发生认识论为基础的"自我归类说"（Self-Categorizational Theory）则认为，对男女两性的差异对待以及个体本身对符合自己的性别角色模式的归类认同，是性别角色社会化的关键所在。有趣的是，一项综合资料显示，尝试以无性别化的方式养育子女并没有降低他们在行为与态度方面的性别类型特征。为此，J. 哈里斯（J. Harris）提出的群体社会化理论（Group Socialization Theory）认为，自我归类成为两个二分群体使得男女两性在生物学上的差异进一步扩大，男孩与女孩发展了对比的群体基本框架与对比的同辈文化，性别分隔群体在性别角色社会化中发挥着至关重要的作用。

（二）道德社会化

道德是一定社会调整人们之间以及个人与社会之间关系的行为规范的总和，将特定社会所肯定的道德规范逐渐内化的过程就是道德社会化（moral socialization）。美国学者 R. 赫什（R. Hirsh）等人提出：人的道德性并不是由一些抽象的道德原则体现的，它一般表现为三个方面：第一是关心他人，愿意帮助和保护别人。这种关心是自觉自愿、发自内心的。第二是对道德问题做出判断。社会中的道德准则时常是相互冲突的，对道德问题做出的不同判断会导致不同的行为。第三是行动，即在个人关心他人和做出道德判断的基础上采取行动。②

J. 皮亚杰（J. Piaget）认为，个体的道德发展与认知发展相适应。他最早对儿童的道德判断能力发展进行了研究，指出儿童的道德判断会经历两个不同的发展阶段。首先是他律阶段，那些刚刚学习道德判断的幼儿通常以成人的道德观点作为道德判断标准，他们在道德判断上明显地表现出服从权威的倾向，他们尚未形成自己的道德原则，而是以重要他人的观点作为自己的道德判断依据。

---

① [美]珍尼西·希伯雷·海登、B. G. 罗森伯格：《妇女心理学》，云南人民出版社 1986 年版，第 328～329 页。
② [美]R. 赫什：《道德教育的模式》，美国朗曼出版社 1980 年英文版，第 25 页。

处于他律阶段的幼儿经常根据行为的现实后果来判断道德与否,从这个角度来看他们是道德上的功利主义者。当儿童的认知能力发展到一定程度后,开始进入道德判断的自律阶段,他们能够以自己的观点作为道德判断的标准,学会了分析行为背后的真正意图,并借此来判断其行为的道德性。

L.科尔伯格(L. Kohlberg)对道德发展的研究,是当前西方最有影响力的道德发展学说之一。他将个体的道德发展分为三个水平:前习俗水平、习俗水平、后习俗水平。显然,这种分法是以习俗水平作为中间阶段,道德发展的习俗水平是重要他人、所属群体及社会的期望作为道德判断的依据。而前习俗水平的道德发展未达到一般的世俗水平,后习俗水平的道德发展则超越了一般的世俗水平。

处于前习俗水平者还未领悟重要他人与所属群体的期待,他们所做的道德判断是出于服从成人的意见,或者取决于行为的后果。前习俗水平又可以分为两个阶段:服从与惩罚定向阶段、工具性目的与交换阶段。处于服从与惩罚定向阶段的人,是根据行为的有形结果来判断道德与否。如果一种行为能够带来奖赏,那么他们就认为这种行为是好的、是道德的;如果一种行为不能带来奖赏或者导致惩罚的出现,那么他们就认为这种行为是不道德的。处于工具性目的与交换阶段的人开始有了一些道德原则的观念,不仅看具体行为的实际效果,但是,他们只遵守那些符合自身利益的规定和原则,即道德判断还是为了满足自己的需要。

进入习俗水平之后,个体在做道德判断时开始关注家庭与社会的期望,而不再主要基于自身需要,这是判断道德标准从自己向他人的重要转移。习俗水平又可以分为两个阶段。好孩子定向阶段注重他人评价,尤其是重要他人的评价,例如父母。发展到这一阶段的儿童,往往希望自己在他人心目中是一个好孩子,为了得到他人认可而按照好人的形象行事。维护社会秩序与权威的定向阶段则更进一步,从关注重要他人的评价转向关注能够代表普遍他人意见的法律,处于这一阶段的人尊重法律的要求,认为维护社会秩序的行为才符合道德标准。

后习俗水平代表了道德判断的高级水平,其超越了一般的他人评价、社会期望和法律秩序,开始关注社会、法律与秩序的目标,以及作为个体的基本权利,即公正道德观。科尔伯格的道德发展观非常强调公正原则,这种公正原则是以维护个体的基本权利作为出发点。帮助他人并非公正道德观赋予个体的基本权利与义务,而不妨碍他人正当权益的个体自由,才是公正道德观的价值核心。后习俗水平同样可以分为两个阶段,处于社会制度与良心定向阶段的个体认为法律与秩序应该能让人获得幸福，也能使人们和谐相处，如果法律与秩序无法实现这一目标，就应该通过民主程序来改变它。处于普遍的道德原则定向的个体认为存在某种抽象、超越法律的普遍原则，包括人性的尊严、人的价值、人类的正义，他们认同社会秩序的重要性，但也知道不是所有的社会秩序都能符合完美的原则。

科尔伯格指出，上述六个阶段依照次序发展，不能超越。并非所有的人都能达到道德发展的最高水平。他认为，道德判断能力的发展除了生理成熟的因素以外，还有赖于智力的发展和社会经验的获得。科尔伯格所提出的公正道德观和道德发展理论，已经成为美国学校进行道德教育的依据，后来的研究者分别从不同的角度探索了学校对学生的道德教育模式问题。

（三）政治社会化

政治社会化（political socialization）是个体逐步接受与获取被现有政治制度所肯定和实行的政治行为取向与行为模式的发展过程，或者说是个体的政治态度和政治信念形成的过程。政治社会化的目的是将个人培养和训练成为遵守政府规定、服从国家法律、行使正当公民权利、承担应尽的社会义务、促进政治稳定的合格公民。

任何一个社会或政府，其成员政治社会化的程度关系着这个社会或政府的稳定、巩固与发展。正由于政治社会化有着如此重要的作用，社会心理学、社会学、政治学均对此十分关注，其中心理学家比较注重人的政治意识形成的心理过程，人的发展与政治行为之间的重要联系等。

国家意识或爱国情操的培养是公民的政治态度与政治意识发展的重要部分。美国心理学家曾经对 1.2 万个美国小学生进行调查研究，发现儿童的国家意识依三个连续阶段逐渐发展。首先是国家象征期。早期儿童以国旗、国歌或国家领袖为具体的国家象征。儿童对国家的依恋或热爱表现在尊敬国家象征的言行之中，升国旗、唱国歌与悬挂领袖肖像是培养儿童国家意识的途径。其次是抽象国家观念期。此时儿童以有关国家、政治群体的抽象观念作为爱国的根据。青少年通过他们自己或家庭所享有的公民权利、履行的社会责任、参加的各种社会活动来培养国家意识。最后是国际组织系统期。随着年龄增长，个体逐渐知道世界由许多国家所组成，他们所在的国家是国际关系中的一员。国家既然不是孤立存在的，对她的忠诚也就是对自己的国家在国际舞台上所扮演角色的忠诚。因此，个体的爱国观念扩展到自己所在国家在国际上所承担的职责中，不再局限于自己所在的国家了。

政治社会化的过程是双向的。个体在政治社会化的过程中会通过自己的主观能动作用，整合社会的各种政治观点，接受社会的政治改造，同时反作用于社会政治，这也是政治社会化的实质所在。

第二节　社会化的影响因素

从社会心理学的孕育时期开始，柏拉图与亚里士多德就揭开了关于个体发展的社会决定论与自然决定论之争。社会化的关键因素到底是人的天性还是后天教育的问题，直到今天一直都是社会心理学界最重要的争论之一。尽管这场争论至今尚无定论，但人们已经开始意识到：具有一定生物遗传特征又生活于具体社会文化条件下的个体，受到的是生物遗传因素与社会文化因素的双重影响，而两者的具体作用机制则是需要学者们不断探索的问题。

一、遗传因素

遗传意指父母的生理、心理特征经过受精作用传递给子女的一种生理变化的过程。遗传对个体的发展决定了以下三件事：首先是基本的生理特征。在生理方面，遗传决定个体的身高、体型、肤色、血型等；在心理方面，遗传的决定作用不如在生理特征上表现得那样明显，但一般认为个人的智力、知觉、动作等行为特征均与遗传有密切关系。人格中也具有伴随个体终生的遗传部分，有研究表明成人人格特征大约有40%～50%的差异可归结于共享基因。其次是男女性别。最后是单胎还是多胎。

有关遗传对个体成长的影响，学者们在智力方面开展了较多的研究。现有研究结果显示：即使按照保守估计，智力的遗传因素也有70%左右的影响。有学者收集前人的52项重要研究结果，经分析归纳了不同血缘关系者智力相关情况（如表2-1所示）。从表中可以看出：遗传关系越接近，则智力水平越相似。另一方面该研究也表明，即使是在遗传关系接近的情况下，如果生长环境不同，那么其智力相似性也会因此降低。

尽管现在已经很少有科学家认为，人类的行为完全由遗传基因单独决定。但是，许多社会生物学家却依然坚信，大量的人类行为是有机体基因设定的后果，人类基因中包含了大量的信息，这些信息包含了行为程序，规定了人类的社会行为表现。毋庸置疑，遗传因素是人社会化的潜在基础和自然前提。从生物学的意义上讲，正是由于有一种由上代为下代提供的有利于人类从事社会活动的特殊遗传素质，才为人的社会化奠定了生物学上的基础。但是，只有这种生物学的基础，人是不能完成社会化的。

表 2-1　不同关系者的智力相关情况

关 系 与 类 别	相 关 系 数
无血缘关系、在不同环境中长大	0.00
无血缘关系、自幼在同一环境长大	0.20
养父母与养子女	0.30
亲生父母与亲生子女（生活在一起）	0.50
同胞兄弟姐妹、出生后在不同环境长大	0.35
同胞兄弟姐妹、出生后在相同环境长大	0.50
不同性别的异卵双生子、在同一环境中长大	0.50
同性别异卵双生子、在同一环境长大	0.60
同卵双生子、出生后在不同环境长大	0.75
同卵双生子、出生后在相同环境长大	0.88

　　虽然行为遗传学的相关研究支持了遗传对于智力发展具有至关重要的影响，但是也有相当多的证据表明：仅靠遗传因素是无法完成社会化的。根据相关报道，到目前为止发现了多起具有正常遗传素质的人类婴儿被野生的熊、豹或狼等哺育长大的案例，当这些人重回人类社会时，即使其遗传素质是完全正常的，但是由于在生命早期缺乏社会化的必要环境，其后无论如何努力，也难以完成作为人类成员的社会化程度。在类似案例中，印度狼孩卡玛拉的案例最为人所熟悉：当狼孩卡玛拉被人发现并回到人类社会时，大约有七八岁，当时她的行为与狼相近，用四肢走路，不会说话，食生肉，用舌头舔饮生水。此后经过十年左右社会教养，卡玛拉只学会了一些最简单的词汇，学会了用手拿东西吃，用杯子喝水，但始终无法真正融入人类社会，直到 17 岁去世，其智力水平仅相当于 4 岁儿童。由此可见，环境在人的社会化过程中发挥着不可或缺的作用。如果只具备人的遗传素质，而缺乏适当的社会条件，个人的社会化也无法实现。

二、社会环境因素

（一）社会文化

　　社会心理学所讲的文化，一般是指广义的文化概念，不仅包括文学、艺术、教育、科学等精神产品，而且包括社会的政治、经济、宗教、风俗、习惯、传统及生产力水平等方面。各个社会的文化是社会整体性的产物。它一经产生就浸润着每一个社会成员，使他们的思维方式、观念、心理、行为与生活实践符合它的要求与准则，并以价值观念形态积淀于民族心理意识之中，得以世代相传。不同社会文化中的许多内容在带有普遍性的同时，也具有自身的独特之处，正是这些独特之处对个体的社会化、对不同民族成员的共同人格与社会行为起着决定性作用。①例如：注重个体主义价值观的美国文化和注重群体协调的日本文化，造就了两种文化中儿童的社会化与行为模式的差别。

（二）家庭

家庭是个体社会化的起点，也是一个极为重要的社会化环境因素。家庭对社会化的重要作用源于三个方面：第一，童年期是人一生社会化的关键期，处于这一时期儿童的绝大部分时间是在家庭中度过的。童年期的智力水平、个性特征、社会品质的形成和发展对后来的社会化有着举足轻重的影响。第二，童年期儿童在生理和心理上对家庭的依赖是最强烈的。父母对儿童有着足够的权威和影响力。第三，家庭是社会结构中的一个基本单位，各种社会关系与社会因素一般都通过家庭这个中介投射到儿童身上。

家庭中影响个体社会化的因素有多种途径，其中父母的教养方式和家庭氛围尤为重要。研究者非常关注家长教养方式对子女人格与行为发展的影响，相关研究通常将家庭教养方式分为四种类型：宠爱型、放任型、专制型和民主型。大多数研究表明，民主型教养方式对子女社会化具有更积极的作用，而宠爱型、放任型和专制型教养方式则可能会导致子女在社会化过程出现各种各样的行为问题。

家庭的完整性对儿童的社会化也具有很大影响，由于父母一方去世而形成的单亲家庭，由于离婚而形成的重组家庭，都会对未成年子女的社会化进程构成重要的影响。另外，虽然还存在争论，但子女在家庭中的出生顺序与其社会化也具有某种联系。多数观点认为：出生顺序本身对个体发展不具有什么差异性影响，而由于出生顺序而导致的父母差异化抚养策略，以及子女由于出生顺序不同而获得的不同角色地位，对其社会化发展进程产生了一定的解释力。

虽然家庭在个体最初社会化过程中占据着主导地位，然而并不是所有的家庭都是有效的社会化载体，父母很少经过规范训练而对子女实施有计划的社会化教育，家庭中父母的某些社会化榜样可能是负面的，或者对子女没有很大的吸引力，再加上现代社会中的父母与子女之间日常接触大为减少，因此隔代长辈与家庭以外的社会化载体开始变得越来越重要了。

---

①周晓虹：《现代社会心理学》，上海人民出版社 1997 年版，第 132 页。

（三）学校

学校是能够有计划、有组织、有目的地向社会成员传授知识、技能、价值标准和社会规范的社会化专门机构。当儿童进入学龄期以后，学校的影响逐渐上升到首要地位，取代家庭成为最重要的社会化环境。从进入学校开始，个体才算真正接触社会。学校能够提供社会最希望个体掌握的知识与技能，能够通过各种教育活动培养学生的必要政治意识和政治态度。

作为社会化机构的学校具有非常特殊的作用。首先，学校无可取代的作用是进行系统教育。其次，学校的重要作用还表现为它具有独特的结构。在入学以前，儿童主要是与家人交往。步入学校后，儿童才真正初步接触到社会。因为每个学校实际上是一个小社会，有其相对独立的社会地位、文化规范和价值标准等。儿童在学校中学习的社会角色，要比在家庭中所学更直接面向社会的要求。儿童在学校里扮演着学生、同学、朋友等社会角色，接受学校纪律的约束，学习各种规范，参加学习上的竞争，所有这些都为他们将来进入成人世界奠定了基础。最后，学生在学校不仅学习知识，还能学习大量"无形的课程"。学生们在学校里与那些同龄的他人进行比较与系统交往，在家庭中的亲子交往通常并不遵守一般的社交规范，学生开始服从非个人化的规则，这些对儿童的自我发展以及社会行为模式的塑造都具有潜移默化的作用。

（四）同辈群体

同辈群体是指由地位、年龄、兴趣、爱好、价值观等方面大体相同或相近的若干个体所组成的具有参照作用的非正式群体。同辈群体是一个独特的、极其重要的社会化载体，尤其在个体进入青春期之后，同辈群体对社会化的影响日趋重要，甚至在某些方面远超过父母或家庭其他成员的影响，这乃是由同辈群体以及此时个体身心变化的特点所决定的。

同辈群体作为一种特殊的社会化载体具有以下几个特点：首先，同辈群体是一种非正式群体，个体可以自由选择、自由组合，并在平等基础上与同伴交往。这容易使其成员产生较高的认同感。其次，同辈群体成员之间在兴趣、爱好上相近，并根据自己的意愿来安排活动内容，极少带有强制的性质；再次，同辈群体有自己的一套行为规范、价值准则，群体成员有自己心目中的英雄、榜样，甚至在发式、服装上都有一致或相近的要求。由于同辈群体成员的年龄、兴趣、爱好相近，成员间的地位平等，他们可以相互倾吐不愿向成年人暴露的思想、看法、情感，有共同的语言。另外，每个成员在群体中可自由充分地表现自己。这些都使儿童在心理上得到极大的满足。

同辈群体给青少年提供了一个新的活动天地，以及适合他们心理适应及发展的小环境。同辈群体的特征与青春期的身心发展特点的契合，决定了其在社会化中的特殊影响。关于同辈群体对儿童期与青春期个体的特殊影响，将在后一节"社会化理论"中的"群体社会化理论"中进行进一步的具体阐述。

青少年可以在同辈群体中从事脱离成人控制的独立性活动，此时成人所设定好的规范对于同辈群体内的青少年成员来说不一定适用。在同辈群体中的行为规范主要是通过参照与比较而形成的。所谓参照，是指同辈群体成员通过日常互动而建构出一套基本的行为规范框架，其成员只需要去参照这套框架就能判断出行为的适当性。所谓比较是对参照的进一步补充。因为同辈群体属于非正式群体，其行为规范框架相当粗略，只规定了同辈群体成员共同关注的最主要方面，对于那些没有明确规定的行为领域，成员在判断自身行为适当性时，通常需要把自己与其他重要的成员进行比较，根据比较的结果来判断行为能否得到同辈群体的认同。

（五）大众传播媒介

大众传播媒介是指以报刊、图书、电影、广播、电视和互联网等作为主要载体、面向大众传播信息的各类平台。我们所生活的时代与以往相比最显著的特征就是大众传播的普及。大众传播媒介能够迅速向现代人提供有关社会事件和社会变革的丰富信息，还向人们提供各种不同的角色模式、角色评价、价值标准、行为规范等，对现代人的社会化起着潜移默化的巨大作用。

大众传媒尤其是电视对个体的社会化有着积极作用。首先，它使个体有效地了解社会、增长知识、开阔视野，丰富了个体的想象，强化了其他社会化主题所倡导的价值。其次，大众传媒已成为全体社会成员（特别是儿童）的"第二学校"，是一种十分重要的教育途径。有研究表明：在电视普及之前，美国农村儿童的智商显著低于城市儿童，这种智力差异的主要原因在于城市生活中信息量更大，这对于儿童的智力发育具有积极的影响。然而在电视普及之后，美国农村儿童与城市儿童的智力差异却消失了。学者们对此的解释是：3～16岁的美国人坐在电视机前的时间已经超过了在学校的时间。美国学生在高中毕业之前看电视的时间总计可达 2.4 万个小时，而上课的时间只有 1.2 万个小时。电视所提供的丰富信息，弥补了农村生活方式中信息量较小的不足，大大提升了农村儿童的智力发育水平。可见，以电视为代表的大众传播媒介对于人的社会化影响非常之大。今天的儿童由于处于更加丰富的传媒环境中，他们所获得的信息量远超过 30 年前的普遍水平。

另外一方面，社会心理学家也注意到了大众传媒对社会化可能产生的消极作用。有关传播效果的社会心理学研究已经形成一种共识，某些传播内容对于儿童的社会化将会产生负面影响，例如：电视中的暴力与色情内容将直接影响到青少年（这对成年人也同样适用）的侵犯倾向与侵犯行为；随着各种大众传播媒介的出现，政府对信息管理的作用日益削弱，各类传播内容呈现出爆炸式增长，其中很多内容是背离传统，甚至颠覆传统的，各类信息的广泛传播会削弱以往的权威作用，会带来多元价值观念的冲突，对传统的社会秩序与理论产生解构作用。当然目前还不能说这是消极还是积极的影响，但肯定的是，大众传媒将改变传统的社会化模式，家庭与学校对社会化的影响将面临来自大众传媒的挑战。

除了电视以外，还有一种特殊的大众传播媒介在高度信息化的时代影响着社会成员的社会化过程，它就是互联网。有学者发现：互联网使用已经改变了人类的学习方式，当个体认为一种知识可以从互联网上检索到时，他会记住搜索这一知识所需要的关键词（即知识的位置）；当个体认为一种知识无法从互联网上检索到时，他会记忆这种知识的内容。互联网与电视相比能够提供更加丰富的信息与知识，而且互联网与个体的交互性更好，互联网用户可以轻松获取他想要的各类信息，而且接入方式不受电视、电脑甚至手机的限制，互联网的广泛性、开放性与即时性对教育、生活方式与价值观念产生了深刻影响，迅速拓展了原有社会化的环境空间。

互联网对个体社会化（主要是青少年社会化）的影响主要表现在：第一，个体可通过网络学习文化知识，掌握生活技能，尤其是网校的开设更加促进了个体知识技能的提高。第二，互联网所创设的虚拟世界为青少年提供了扮演多种社会角色的实践空间，有助于其对不同社会角色的领悟与理解。第三，互联网的匿名性提高了个体接受社会化的自主性，有助于个体个性的培养以及独立自主意识的提高。第四，互联网中充斥着暴力与色情的垃圾信息，也会对青少年社会化产生极大威胁。第五，网络世界的非现实性会造成青少年对现实社会的认同危机，网络传播信息的异质性容易导致他们的认知偏差，不利于青少年健康人格的培养。[①]

第三节　社会化的理论

在社会心理学对社会化问题提出的众多理论中，概括起来大致可分为四大

①魏宏歆：《网络与青少年社会化》，载《公安大学学报》2001年第5期，第95~97页。

派别：一是从本能与动机着手的精神分析学说；二是从认知发展着手的认识发展论；三是强调环境作用的行为主义观点；四是强调先天遗传的生物因素的影响，其主要包括正常成熟理论和群体社会化理论。

一、精神分析学说观点

（一）古典精神分析理论

弗洛伊德（S. Freud）所代表的古典精神分析理论，关于社会化的看法强调个体与社会之间的冲突，强调生理基础与情感在个体社会化过程中的作用。按照古典精神分析理论，人格是由本我、自我、超我三个部分组成的整体，而人的社会化过程就是由这三部分的交互作用所决定的。社会化过程就是促使人格的三个部分平衡发展。弗洛伊德认为，婴幼儿期的生活经验是构成个人人格的主要因素，也是社会化的最重要阶段。童年期的社会化奠定了个人一生发展的基础。

弗洛伊德认为，社会化与人格发展的主要动力是潜意识中所蕴含的"力比多"。本我是人生而具有的生物属性，它提供了个体社会化的基本动力；在本我与环境互动的过程中，自我从本我中分离出来，其主要负责协调本我与现实环境、超我之间的关系；超我是个体在社会化过程中将社会规范、道德标准、价值判断等内化的结果，即"良心"和"自我理想"，良心告诉个体什么行为是不应该做的，一旦做了不该做的行为，个体的良心就会受到谴责。而自我理想告诉个体什么行为是应该做的。超我遵循的是道德原则，能够评价是非善恶。超我的功能主要有三：一是管制被社会所不容的原始冲动；二是诱导自我，使其能用合乎社会化要求的目标代表不符合社会化要求的目标；三是促使个人向理想人格发展，即实现满足社会要求的社会化。

古典精神分析关于社会化与人格发展的理论解释体系比较完整，从社会化的动力源泉到其发展的一般程序，再到人格各部分对社会化的功能，都给予了较为全面的解释。从理论建构的角度来看，其不足之处在于没有获得全面的实证支持，但这并不影响古典精神分析相关学说成为最有启发性的社会化理论之一。

（二）心理社会发展理论

E. H. 埃里克森（E. H. Erikson）发展并修正了弗洛伊德关于社会化的理论。埃里克森主要关心的是个体心理的终身发展，在古典精神分析那里，个体到了成年以后社会化就停止了，埃里克森提出的心理社会发展理论进一步拓展了社会化研究内容，摆脱了力比多是社会化唯一动力的观念桎梏，分析了不同年龄阶段中心理发展与社会要求所形成的主要矛盾，将个体的心理发展分为八个阶段，认为每一阶段都需要克服一个主要的矛盾或危机，只有在个体与外界环境的交互作用下积极解决这些主要矛盾或危机，才能完善人格的发展。

（1）基本信任与不信任的危机。从出生到1岁左右，婴儿所面临的主要危机是信任或不信任。如果父母给予婴儿适当的照顾，关心他，爱护他，则婴儿与父母之间能产生真挚的感情，婴儿会感到世界是一个安全、可信任的地方，并因而发展对他人信任的人格。反之，如果父母对婴儿照顾不周，在抚养过程中对婴儿的态度焦虑多变，那么婴儿就会形成对周围世界的不信任感，并发展不信任他人的人格。当然，所谓信任与不信任主要表现为信任程度的差异。在心理社会发展的第一阶段中，婴儿与父母的关系是决定其发展的关键，婴儿对抚养者的信任态度最终会投射到他人与社会上。

（2）自主与怀疑的危机。2～3岁的幼儿不仅开始学会说话，还能做出推、拉、开、关、走路、攀登、跳跃等动作。与第一阶段相比，幼儿开始有了自主探索的愿望，这一时期的儿童什么都想自己动手尝试，不愿意受到他人的干涉。此时幼儿的自主性与抚养者对他们的保护、抑制所形成的矛盾构成了他们所面临的主要危机，如果父母允许幼儿去做其想做的事，并且按照其希望的方式去探索，则幼儿将逐渐体验到自己的能力，养成自主性的人格特质。反之，如果父母过分溺爱和保护，事事为其代劳，又或者态度非常急躁，对其自主行为进行过多的干涉，则幼儿容易发展出缺乏自主性的人格特征。

（3）主动性与内疚感的危机。4～5岁的儿童开始对发展其想象力与自由参加活动感兴趣，具体表现为他开始对"事物为什么会这样"的问题感兴趣。如果父母对儿童提出的问题耐心倾听并做出回答，对他的想法给予适当的鼓励和妥善处理，儿童的主动性品质可以得到加强。反之，如果父母对儿童提出的问题感到厌烦，对儿童提出的想法不是禁止便是讽刺，儿童将发展出拘谨、被动或内疚的人格特质。在这一时期，儿童的新奇想法与父母的态度成为决定其发展的焦点问题，儿童能否解决其发展中的危机，受到父母对其新奇想法与行为的态度影响。

（4）勤奋与自卑危机。6～11岁的儿童开始进入学校，此时所面临的主要危机是能否顺利地完成学业，由此得到父母、教师或重要他人的认可与赞扬。如果成年人对他的努力给予鼓励，儿童也从教师那里学到学习的技巧，并经常获得各种肯定，则有助于培养儿童进取与奋发的人格特质。反之，如果对儿童教育不当，或者儿童在学校生活中屡遭失败，或者其努力表现不但没有得到认可，还受到成人的指责，又或其学业成就受到冷漠的对待，则会使儿童觉得自己不如他人，发展自卑的人格特质。

（5）自我认同与角色混乱的危机。12～18岁这一阶段在心理社会发展理论中占有重要地位，此时的青少年在生理、心理上都发生了重要的变化，同时他们也更加关注自己的社会特征，对周围世界有自己的判断，并对他人对自己的评价非常敏感，希望自己能够得到所属群体的认同。如何形成得到他人认可的自我认同是这一阶段的关键任务，如果家人、朋友、同辈群体能够给予合理的引导与帮助，提供适当的参与社会活动的机会，将有助于他们建立和谐的自我认同。相反个体的自我意识有偏差，既对他人与社会缺乏必要的了解，又得不到他人与群体的认可，则会使思想、情感和角色处于混乱的冲突之中。

（6）亲密与孤独的危机。在这一阶段中，个体需要与其他个体建立亲密关系，既包括亲密的友谊，也包括恋爱关系。能够与他人建立亲密关系，会使个体得到最大程度的社会认可，也有助于形成亲密感；反之，如果无法与人建立亲密关系，则会使个体陷于孤独的情感之中，形成孤独的特质。解决这一阶段危机需要与他人进行必要的交往，对他人付出情感并得到他人的情感呼应。不过此前阶段能否建立自我认同，对于此时危机的解决也有重要的影响，如果缺乏统一的自我意识，则很难与他人建立情感或心理上的共鸣。

（7）创造力与自我关注的危机。成年期个体通常会生儿育女，为他人、组织和社会做出自己的贡献，这是个体创造力最为旺盛的时期，也是个体对他人与社会承担责任的阶段，如果个体具有强烈的事业心与责任感，在工作中取得应有成就，建立了自己的家庭并对其承担了重要责任，同时也关心所属组织、社区和国家，那么就会获得创造力感。相反，如果个体未能承担对家庭、对社会的必要责任，而会陷入一种自我专注的状态。

（8）完满感与绝望感的危机。进入老年期以后，个体开始逐步退出原有的社会角色，把一些重要的社会职责让位于他人，开始直面死亡所带来的威胁。此时的老年人常常回顾一生，如果其对自己的生命历程感到满意和欣慰，就会产生完满感。反之，如果感到一生蹉跎、对已经超过的生命历程充满了惆怅与悔恨的情感，则会陷入绝望感的状态之中。

与弗洛伊德的社会化观点相比，埃里克森的心理社会发展理论有着重要的发展。首先，他认为人格的发展持续于人的一生，批判了弗洛伊德所提出的童年经验决定了其后人生阶段的观点。其次，在人的发展历程中注意了主体的自我与社会文化之间的相互影响。最后，对人格发展的每一阶段都提出了一个具体的心理社会命题，对学校教育中人格培养、对精神病的预防与治疗都具有现实意义。不过与古典精神分析观点相似的是，心理社会发展理论基本上是从观察经验而来，很多观点都缺乏实证资料的支持。

二、认知发展观点

（一）皮亚杰的道德发展理论

皮亚杰（J. Piaget）提出的认知发展理论，主要是从认知发展的角度来研究人的社会化问题。皮亚杰强调个体在认知过程中具有一定的认知结构，在认知活动中表现出同化和顺应两种功能。同化是把环境因素加以过滤和改变，进而纳入现有的认知结构之中；顺应则是在现有认知结构不能同化客体时，改变或调整原有认知结构再去吸收、融合新的经验。因此，认识的发展就表现为主体和环境积极互动的过程。个体也是他所在社会的道德法则的积极加工者，社会规范与价值不是从上一代向下一代进行简单的传递。

皮亚杰也同样重视儿童的道德发展。他认为儿童的道德发展与认知发展水平是平行的，即儿童的道德判断能力随着认知结构的变化和认知水平的提高而提高。皮亚杰把人的认知发展水平划分为四个阶段：感知运动阶段、前操作阶段、具体操作阶段、形式操作阶段。在具体操作阶段之前，儿童的思维活动不能脱离眼前的现实。到了具体操作阶段，特别是到了形式操作阶段以后，儿童就能超越眼前具体的现实而进行想象，进行抽象的和逻辑的推理了。

与认知发展相应，皮亚杰认为儿童的道德判断要经历两个发展阶段。在他律阶段中，儿童根据行为的现实后果来判断是非，道德判断服从权威，以成年人的观点为标准；在自律阶段中，儿童根据行为者的意图来判断行为的是非，并且以自己的观点为道德判断的标准。例如：对于自律阶段的儿童来说，一个小孩为了帮助妈妈做事打破了 15 只杯子，和一个小孩企图偷吃果汁时打破了 1 只杯子相比，第一个小孩的行为会被评价为更不好，因为此时儿童的道德判断只能考虑到后果；而发展到第二阶段的儿童才能结合行为者的意图，做出更加符合成人要求的道德判断。皮亚杰对社会化的主要贡献在于，他描述了儿童在不同发展阶段中能够加工哪些信息以及如何加工这些信息。

（二）科尔伯格的道德发展理论

科尔伯格（L. Kohlberg）所提出的道德发展学说及其公正道德观是该领域最有影响力的学说之一。他进一步发展了皮亚杰的道德发生理论，把人的道德发展过程分为前习俗水平、习俗水平和后习俗水平。科尔伯格设计了一些两难故事来测定儿童的道德判断水平。一个较为经典的两难故事情节大体是：海因兹的妻子患了癌症病危，但是握有特效药的医生索价太高，海因兹没有能力支付如此高额的药费，所以为了救妻子他只能去偷药。故事讲完后，科尔伯格会问听众：海因兹去偷药是对是错？为什么对，或者为什么错？研究者真正关心的是听众所做道德判断背后的理由是什么。

三、社会学习理论

班杜拉（A. Bandura）是当代社会学习理论最著名的代表人物。他认为儿童学会的许多行为模式都不是按照早期行为主义提出的强化—惩罚方式学到的，而是通过模仿学会的。模仿背后的观察学习有四个过程：首先是注意过程，某一形式只有引起人们的注意时，人们才会去效仿。电视之所以在生活中有巨大影响，关键在于电视的形式和内容成功地引起了人们的普遍注意。其次是保持过程，经过一段时间的反复模仿学习，人们必须采用符号的形式记住动作的某些方面。再次是行为再现过程，观察学习者必须具有一定的运动技能，才能重复再现模仿的动作。例如：儿童观察其父亲使用锯子，但他力不胜任，单凭观察只获得一个新的反应模式，只有到一定年龄才能再现这些动作。最后是动机过程，人们能够通过观察获得新知识，但不一定对这些模式进行操作，行为的表现是受到强化的控制。例如：当儿童听到别人讲脏话时，能学会一些新词，但他是否表现出相似的行为，取决于讲脏话的人是得到奖励还是受到惩罚。

社会学习理论认为：对模仿的操作（表现出已经学习到的行为）除了受到强化的影响，还受到个体的自我调整的控制，即人们为了达到目的，除了强化的作用外，人们还会自己奖励自己，对成绩的满足或者不满也可能成为人们努力的动因。这种以个体内在的行为标准和期望结果来改变行为方式与目标的现象，被称为自我调整。社会学习理论把模仿的概念引进社会化研究，认为社会化过程是个体与环境的交互作用。该理论强调强化只能影响行为的表现，而不能影响行为的学习。通过模仿进行学习是儿童的一种本能。

四、正常成熟论

正常成熟论认为，个体的社会化是一种相对独立的自然成熟过程，而不单纯是由社会规范、社会压力等外部力量塑造的。所谓成熟，是指由基因引起并指导的器官形成与动作模式有序扩展的过程。人类的生命开始于单个的极小细胞，最终发展为极为复杂的有机体，其遵循了一种有秩序的发展规则，而这种发展规则来自基因对正常成熟过程的自然设定。例如：人类胚胎的心脏总是第一个形成并发生机能的器官，随后是中枢神经系统，例如脑和脊髓；脑和头的发育发生在四肢发育之前。

正常成熟论并没有完全否定环境的作用。儿童需要一个好的环境以保证其天赋的顺利实现，不过，当"环境因素支持、改变和控制"成长时，"它并不导致发展的根本进步"，这些进步来自内部。儿童的发展是"按阶段和自然的程序成熟的。坐先于站；喃喃自语先于说话；先说假话，后说真话；先画圆圈，后画方形；先利己然后利他；先依靠别人然后依靠自己。他的所有能力包括道德都受成长规律支配"①。

五、群体社会化理论

群体社会化理论是一种较为新颖的社会化解释理论，其受行为遗传学的影响很大，甚至可以说是自然天性论的代表理论之一。与多数社会心理学解释理论一样，群体社会化理论也认为影响个体发展的因素可以简化为"遗传＋环境"，遗传因素可以解释成人之间人格差异的 50％左右，而环境因素主要是指家庭外的群体环境，即同辈群体。群体社会化理论强调，儿童与青少年强烈地认同于他们的同辈群体。比起家庭内获得而言，孩子更倾向于偏爱家庭外的行为体系。同辈之间结成联盟是一种对自然选择的适应，是人类漫长进化过程中自然选择的结果。

群体社会化理论的一个中心假设是：社会化是一种高度依赖背景的学习形式，儿童分别学习家庭内与家庭外的不同行为表现。生活在双文化背景下的儿童的社会化过程很好地说明了这一点。家庭外社会化主要是一种群体过程。它发生于儿童与青春期的同辈群体中。群体内的同化作用传递了文化规范，使孩子与他们的同辈更加相似；同时，群体内的分化作用又使得个体间的差异增长。根据群体社会化理论模型，不仅孩子之间互相影响，成人之间也互相影响，文化传递的模式不是个人对个人，而是群体对群体，即从父母的群体传递到孩子的群体。群体社会化理论给理解人类社会化过程提供了一种崭新的审视角度。

专栏 2-1

论濡化

"濡化"是英语 enculturation 一词的中文翻译，该词在英语中有"在文化之中"或"进入文化之中"的含义。最早在社会科学中应用这个词的是美国文化人类学家赫斯科维茨（M.J.Herskovits，1895—1963）。他把"濡化"定义为：

①威廉·C.格莱因：《儿童心理发展的理论》，湖南教育出版社 1983 年版，第 33 页。

"人区别于其他动物的学习经历,人在生命开始和延续中借此获得适应自己文化的能力。"有的学者把它定义为:"个人适应其文化并学会完成与其地位和角色相应的职责的过程。"濡化常常作为"社会化"的同义语使用,在社会学、社会心理学、发展心理学中用得很多。濡化和社会化两词有稍微不同的地方,即前者更着重于文化。人在社会中的相处,更重要的是在社会文化环境中的相处。社会包括许多类型的组织,例如学校和各种文化团体,其对人们精神上的感染是潜移默化的,其力量是巨大的。

　　社会化机构对社会化起了作用,但不是直接的,还要有一个中介。这个中介发挥更直接的作用。这个中介就是人类长期积累下来的文化。文化熏陶是形成人们的性格和人格的最重要的因素。性格和人格的社会化,是通过文化而达到的。所以,"社会化"的严格的意义是"文化化",只有通过"文化化",才能化民成俗,化民成性。"濡化"一词就是由"文化"一词蜕变而来的,它含有"文化化"的意义。文化对于人格和性格的影响是潜移默化的,是长期的,是微观的,只要你是社会的一个成员,就必须生活在社会的文化环境中,文化是通过教育、科学技术、文学艺术、道德与法、意识形态、政治经济、宗教信仰及风俗习惯来影响人性和人格的,并且是人的性格和人格形成的条件。社会与人的心理状态发生联系并互相作用于对方,是要通过文化这一中介,或者更确切地说,文化是人的心理活动的客观基础,它是与高级神经活动结合起来,形成人的心理的两根柱石。

　　要把文化的概念引进社会心理学,要用濡化的概念代替一般所用的社会化概念,虽然它们可以互换使用.但毕竟有上述的一些差别。濡化一词更形象化,更着重社会中的文化关系。

　　濡化是"文化化"。人类的精神境界,是在人类进化的历史长河中流演形成的。人类的发展在相当程度上是受生物因素支配的,但文化因素与生物因素孰轻孰重?天平偏向哪一边呢?还是生物因素这一边的砝码比文化因素的一边重呢?文化因素在塑造人类的精神面貌和行为模式方面是否可以与生物因素抗衡,或者是两者平衡不分轻重?应该是:文化使人类区别于其他灵长目,文化使现代人区别于元谋猿人、北京猿人或山顶洞人。但近代人类学家有些人却把人类的遗传模式放在首要地位、领导地位。他们指出:人类学习到的和可学习的事物,包括人类的语言,可能都受到遗传模式的引导,其程度可能比大多数文化人类学家过去所知道的要大得多。生物化学、遗传学和神经生理学等惊人的进展,使人们看到了遗传、学习、思维生物性机制的错综复杂,这不能不引起文化人类学家的重视。解决这些新问题,提高人类学家的认识水平,还必须从人类发展的历史长河中去考察。从历史上看，"文化"使人成为人，使人成为真人，使人成为现代的文明人。如果说，生物性机制控制一切，那么没有文化的人类的组织经验、控制经验猩猩就可以生出有文化的人了，只要猩猩的大脑发达就可以了。人类组织经验、控制经验，是通过人类的想象和思维达到的。这一切都要建立在语言的基础之上。语言和思维是大脑的产物，但又是社会的产物、文化的产物，是通过濡化而获得的。心理上的濡化与生理上的进化一样重要。在人类发展的某些阶段，有时濡化的重要性超过生理的演化，速度也超过演化；但有时演化的重要性突出，组织和控制经验，要等待大脑的发展成熟。进化具有年龄特征，同样，濡化也有它的年龄特征。进化和濡化是相互促进的。人类之所以能适应生存环境就在于既有生物性又有文化性，而有了高度发展的文化，更能以各种方式弥补大自然所留下的种种缺憾，这就使文化高人一等，故濡化对社会文明的发展更重要。

人类学家要研究进化，同时也要研究濡化。研究前者属于体质人类学家，研究后者属于文化人类学家。

心理学家要研究进化，同时也要研究濡化。研究前者属于生理心理学家，研究后者属于社会心理学家。在研究濡化问题时，社会心理学家要取得文化人类学家的合作。

资料来源：摘自《陈元晖文集》（下卷），福建教育出版社 1992 年版，第735～745 页。

本章小结

社会化是个体通过与社会的交互作用，通过适应并吸收社会文化而成为合格的社会成员的过程。社会化包括的内容非常广泛，本章主要介绍了政治社会化、道德社会化和性别角色社会化等方面。个体的社会化是持续终身的过程。根据人的发展周期以及各个发展阶段的特点，我们可以把这一历程分为童年期社会化、青春期社会化、青年期社会化和成年期社会化。此外，在某些特殊情况下，还存在再社会化等特殊形式。

在个体社会化过程中，生物遗传因素以及社会文化环境具有重要的影响力。遗传因素是个体社会化的潜在基础和自然前提，没有这种生物学的基础，人是不能完成社会化的。但个体后天接触的社会文化，所处的家庭环境、学校环境，以及个体的同辈群体等同样是个体社会化的重要因素。社会文化为人们营造了一种普遍的社会环境，对人们的社会思想和社会行为产生影响。家庭是人类最重要的社会化群体，个体社会化的关键时期——儿童期就是在家庭中度过的，家庭氛围、教养方式等会对个体的人格特征和行为方式产生深远的影响。学校是家庭以外非常重要的学龄儿童社会化载体，学校所提供的系统教育使儿童获得与该社会和文化传统相适应的技能和态度。学校的独特结构也为个体接触社会、了解社会期望、认识自我等提供了可能性。同辈群体是一个由地位、年龄、兴趣、爱好、价值观等大体相同或相近的人组成的关系亲密的非正式群体。同辈群体的互动是自愿的，它为个体提供了一个新的活动天地，以及适合他们心理适应及发展的小环境，对个体身份多样化的发展、个体的独立性等有着积极的作用。此外，大众传媒因为能够迅速向人们提供有关社会事件和社会变革的信息，还向人们提供各种不同的角色模式、角色评价、价值标准、行为规范等，对个体社会化起着潜移默化的作用。由于个体对大众传媒所提供的信息存在反应和吸收上的个体差别，故其对个体发展也会产生正反两方面的影响。

本章主要介绍了五种社会化的理论：一是精神分析学说观点，二是认知发展论观点，三是社会学习理论，四是正常成熟论，五是群体社会化理论。

思考题

1. 什么是社会化？其主要任务是什么？
2. 根据社会化历程可将社会化划分为哪几种类型？
3. 根据社会化内容可将社会化划分为哪几种类型？
4. 影响社会化的社会环境因素有哪些？
5. 有关社会化的理论观点有哪些？你支持哪种理论，为什么？

推荐阅读书目

1. 周晓虹：《现代社会心理学》，上海人民出版社 1997 年版。
2. [美]玛格丽特·米德：《三个原始部落的性别与气质》，浙江人民出版社 1988 年版。
3. 乐国安主编：《中国社会心理学研究进展》，天津人民出版社 2004 年版，第二章。

第三章　社会角色

本章学习目标

理解角色的含义
了解角色理论的相关内容
熟悉角色的行为模式
理解角色学习
理解角色扮演
理解角色冲突
理解角色偏差
了解性别角色差异

在现代社会中，个体是以何种方式融入社会结构的呢？可以说，社会角色是个体参与现代社会生活的基本形式，角色分析也是社会心理学研究从个体过渡到群体，或者更宏观分析水平的基本桥梁之一。在现代社会心理学中，社会角色是一个十分流行的概念。初学者可以将社会角色视为个体在群体或社会中所发挥的功能，这样更能帮助初学者理解人的社会行为模式；初学者还可以把社会角色视为一种人格状态，或者完整人格的一个侧面，从这个意义上说，一个人在社会化过程中养成各种行为习惯、掌握各种人格品质，也就是学习并获得其社会角色的过程。社会角色对应着一套相对固定的行为模式与规范，所以社会心理学研究者可以将角色作为分析框架，来解释或预测处于不同角色中个体的行为。此外，男女两性的社会角色是由社会文化所规定的，现有理论可以从特定视角出发解释两性差异及其性别角色差异。

第一节　社会角色概述

一、角色的含义

role（角色）是从拉丁语 rotula（车轮）派生出来的，后来成为戏剧舞台中的专门用语，专指演员在戏剧舞台上按照剧本的规定所扮演的某一特定人物。人们逐步发现现实社会和戏剧舞台之间是有内在联系的，即舞台上上演的戏剧是人类现实社会的缩影。莎士比亚在《皆大欢喜》中这样写道："全世界是一个舞台，所有的男男女女不过是一些演员；他们都有下场的时候，也都有上场的时候，一个人一生中扮演着好几个角色。"角色概念最早进入行为研究是在社会学家 G. 齐美尔（G. Simmel）的《论表演哲学》一书中。20 世纪 20 年代，齐美尔就开始探讨"角色扮演"的问题。而美国社会学家 R. H. 米德（R. H. Mead）和人类学家 R. 林顿（R. Linton）则把这个概念正式引入到社会心理学研究中来，角色理论也成为社会心理学理论中的一个组成部分。

那么，什么是社会角色呢？不少社会学家和社会心理学家都对这个问题进行过专门研究，并提出了各自的看法，早期一些学者非常关注角色与行为之间的关系。T. M. 纽科姆（T. M. Newcomb）在其《社会心理学》一书中，将角色理解为行为本身，他认为"角色是个人作为一定地位占有者所做的行为"；角色理论研究者彼德尔（B. J. Biddle）将角色视为行为或行为的特点，他在《角色理论：期望、同一性和行为》的著述中强调，"角色是一定背景中一个或多个人的行为特点"；台湾的社会心理学家李长贵把社会角色定义为"个人行动的规范、自我意识、认知世界、责任和义务等的社会行为"①。

前述观点强调了角色与行为之间的关系，还有学者关注角色背后的社会地位。M. J. 莱威（M. J. Levy）将角色等同为社会地位，他在《社会结构》一书中将角色定义为"由特定社会结构来分化的社会地位"②；日本社会心理学家森冈清美根据群体中的地位把角色分为两种，一类是"群体性角色"，还有一类是"关系性角色"。以家庭为例，所谓群体性角色，是观察家庭内的每个（个体）置与家庭群体的整体关系时才有的概念，就像户主、主妇、家庭成员之间的区

---

①李长贵：《社会心理学》，中华书局（台北）1973 年版，第 186 页。
②金盛华：《社会心理学》，高等教育出版社 2005 年版，第 32 页。

别那样；所谓关系性角色，是从家庭关系角度来观察各个（个体）位置之间关系时才有的概念，例如妻子与丈夫、儿子与母亲。如果把家庭成员数作为 n 的话，一个（个体）位置就会伴随（n-1）个关系性角色[①]。简言之，群体性角色是特定个体在群体中的社会地位，而关系性角色是两个个体之间的相对地位。

　　R. 林顿在其《个性的文化背景》一书中将角色理解为行为期望或规范，与此同时，他也认为"角色是地位的动力方面。个体在社会中占有与他人地位相联系的一定地位。当个体根据他在社会中所处的地位而实现自己的权利和义务时，他就扮演着相应的角色"。安德列耶娃把角色分解为如下要素：地位、行为与行为期待。即社会角色是社会中存在的对个体行为的期待系统，这个个体在与其他个体的相互作用中占有一定的地位；角色是占有一定地位的个体对自身的特殊期待系统，也就是说，角色是个体与其他个体相互作用的一种特殊的行为方式；角色是占有一定地位的个体的外显行为[②]；我国有学者认为：社会角色包含了角色扮演者、社会关系体系、社会地位、社会期望和行为模式五种要素，因此社会角色可以定义为"个人在社会关系体系中处于特定社会地位，并符合社会要素的一套个人行为模式"[③]。

　　正如彼德尔所说，上述存在差异的角色定义无所谓对错，它们都从一种或多种视角强调了角色现象的某种侧面而已。本书认为，科学的角色定义应该包含三种社会心理学要素：首先，角色是一套社会行为模式；其次，角色是由人的社会地位和身份所决定，而非自我认定的；最后，角色是符合社会期望（社会规范、责任、义务等）的。因此，对于任何一种行为，只要符合上述三点特征，都可以被认为是角色行为。角色是与特定社会地位相联系的行为模式与行为期待系统。

二、角色的分类

　　社会生活中的角色多种多样、千万变化，人们在某一时期可能同时扮演着许多角色。能否对如此纷繁复杂的角色进行分类呢？国内外许多学者分别从不同角度，根据不同的分类标准对社会角色进行了多种有意义的划分。

（一）理想角色、领悟角色和实践角色

　　在个体角色扮演的过程中存在三种状态的角色。理想角色也可以称为期望角色，是指社会或团体对某一特定社会角色所设定的理想规范，以及公认的行

[①] [日]青井和夫著，刘振英译：《社会学原理》，华夏出版社 2002 年版，第 66 页。
[②] 安德列耶娃：《西方现代社会心理学》，人民教育出版社 1987 年版，第 170 页。
[③] 奚从清、俞国良：《角色理论研究》，杭州大学出版社 1997 年版，第 6 页。

为模式。理想角色是完美的，它是一种特定角色的应然状态。例如：作为教师的理想角色是关爱学生、为人师表、身教重于言教；作为医生的理想角色是救死扶伤、具有人道主义精神等。理想角色可以是明文规定的，许多规章制度都体现了理想角色的本质及其要求；理想角色也可以是不成文的、约定俗成的，表现于社会公德、社会习俗和社会传统等对特定地位者的各种要求和期待之中。

领悟角色，是指个体对其所扮演的社会角色的行为模式的理解。如果说理想角色是社会观念的角色形态，那么领悟角色就是存在于个体观念中的角色形态。理想角色是领悟角色的基础，但是，由于个体所处的环境不同、认识水平不同、价值观念不同、思想方法不同等原因，不同的角色承担者对同一个角色的规范、行为模式的理解是不同的。例如：对于领导角色的理解与领悟，有些人认为领导应该是民主型的，应该以高度关心员工为工作重点；而有的领导者认为领导应该是专制型的，应该以高度关心工作为工作重点。

实践角色，是指个体根据自己对角色的理解，在执行角色规范的过程中所表现出来的实际角色行为。理想角色和领悟角色是实践角色的前提和基础。角色承担者根据理想角色来理解并建构自己的角色模式，角色扮演行为直接受到实践角色的影响。但是，由于每个人的自身条件和所处环境条件都不相同，即使对角色有较为一致的理解，落实到具体行为上也未必相同。与观念中的角色形态不同，实践角色属于角色的客观现实形态。

（二）先赋角色和自致角色

根据角色扮演者获得角色方式的不同，可以把角色分为先赋角色和自致角色。先赋角色（ascriptive role）是指个人与生俱来，或者在成长过程中自然获得的角色，它通常建立在遗传、血缘等先天或生物学基础之上，例如性别角色，以及由血缘关系所产生的父子角色与母子角色等。现代社会中的国籍、亲缘关系、地域身份等角色，都是较为常见的先赋角色。为什么某些中国内地的孕妇愿意到香港生下孩子？这种现象与先赋角色具有密切关系，香港特别行政区居民的身份可以通过在香港出生而获得，而这种身份又对应着一系列相应的社会福利。

自致角色（achieving role）是指个体通过自身努力和活动而获得的角色。自致角色体现了个人的自主选择性。在现代社会中，一个人一生中扮演的多数角色都是自致角色，包括个人职业的选择、婚姻的缔结、职位成就等方面，这些都应该是个人凭借自己的努力而达到的，如果有人的职业角色、婚姻角色和职位成就不是依靠自身努力而取得的，那么他就可能会受到来自社会期待的质疑。学生、教师、战士、农民等职业角色也都属于自致角色，自致角色的获得需要具备独特的素质、才能、技巧和特殊训练。

（三）规定性角色和开放性角色

根据角色扮演者受角色规范的制约程度不同，可以将角色分为规定性角色和开放性角色。规定性角色也可以称为正式角色（formal role），是指角色扮演者的行为方式与规范都有明确规定，角色扮演者不能按照自己的理解自行其是。他们在正式场合下的言谈举止、责任、权利、义务以及办事的程序，都有明确的规定，应该做什么和不应该做什么都应该按照规定来执行。例如政府外交官、法官、议员、教师、警察和心理咨询师都属于此类。规定性角色要求理想角色和实践角色具有较高的一致性，一旦实践角色违背了理想角色的要求，角色扮演者就会受到公众或特定机构的指责与批评。

开放性角色也称为非正式角色（informal role），是指个人可以根据对自身社会地位及其外在期望的理解，自由地履行角色行为。规定性角色多存在于正式组织中，而开放性角色多数存在于非正式群体中，例如父亲、朋友、非正式群体的自然领袖等都属于开放性角色。这类角色扮演者具有很大的行为自由度，有利于适应不断变化发展的社会生活，多数情况下开放性角色更受个体欢迎，这种角色所受限制没有规定性角色那么多，因此也更有吸引力。

无论是正式角色还是非正式角色，其角色行为都可以观察或测量，大多数研究者侧重于研究表现更为主观的非正式角色，他们一般采取三种研究方法：观察群体成员；要求群体成员描述他们在群体中的角色和确认谁会与他们一起扮演相应的角色；研究者要求每一个群体成员概括出自己所扮演的角色。[1]

（四）支配角色和受支配角色

根据角色和角色之间的权力和地位关系，可把角色分为支配角色和受支配角色，这两种角色是德国社会学家达伦多夫（R. Dahrendorf）关于冲突理论的两个基本概念。他认为，只要人们聚在一起组成一个群体或社会，并在其中发生互动，则必然有一部分人拥有支配力，而另一部分人则被支配。具有支配他人权力的角色就是支配角色，而受他人支配的即是受支配角色。达伦多夫认为，在现实社会中，这两种角色具有下述两种特征。

在每一个受权力关系支配的群体内，作为支配角色的人和作为被支配角色的人必然会形成针锋相对的非正式阵营。一般来说，作为支配角色的人总是极力维持现状以维护其既得的权力，而作为受支配角色的人必将设法改善受人约束和限制的现状，以便能够获得更多的支配权力。在这样的背景下，支配角色与被支配角色之间的冲突是无法避免的。

---

①乐国安主编：《20世纪80年代以来西方社会心理学新进展》，暨南大学出版社2004年版，第110页。

这两种角色必然要建立符合自己利益的群体或组织，各有自己的方针、计划和目标。就像企业家们会寻求成立企业家俱乐部，而工人要组成自己的工会一样，如果不建立角色内部的联盟，那么这种角色的权利就难以最大程度地实现，甚至无法保证其权宜。总之，这两种角色始终处于动态变化发展的关系之中。

（五）功利性角色和表现性角色

根据角色扮演者的最终意图，可把角色分为功利性角色和表现性角色。功利性角色，是指该角色行为是计算成本、讲究报酬、注重实际效益的。这种角色的价值在于利益的获得，在于行为的经济效果。生产行为和商业行为就属于此类。一个公司经理的角色在于其能够为这个公司带来经济效益，而农民的职业角色的基础在于其能够创造满足自身与他人需要的农产品。从这个角度来说，功利性角色对社会的发展有重要的意义，任何社会都无法脱离功利性角色而存在。

表现性角色，是指该角色行为是不计报酬的，或者虽有报酬但不是从获得报酬出发而采取的行为模式。表现性角色的最终目的不是获得报酬，而是表现或追求特定社会价值的实现，或者满足个体内在价值的需要。例如行为艺术家的表演，可能是强烈的"自我实现"的愿望所驱使的角色行为，对于真正的艺术家来说，观众的掌声比收入更能使他获得成就感，表演行为是为了满足内在价值观或对艺术的追求；而医生与教师等角色则主要表现特定社会的价值观念，以心理咨询师为例，这种角色反映了社会关注并帮助那些产生心理问题的弱势群体的价值理念，虽然心理咨询师也收取咨询费用，但其最终目标却是帮助来访者实现自我成长，这种职业角色产生的价值基础是社会主流承认每个人都有可能产生心理问题并且应当获得帮助。

（六）参与程度低的角色和参与程度高的角色

在 T. 萨宾（T. Sarbin）和 V. I. 艾伦（V. I. Allen）出版的《角色理论》中，两位角色理论家根据角色参与的程度，将角色分为七种类型（见表 3-1）。

表 3-1　萨宾的角色参与分类

参与程度与角色类型	角色实例
1. 0 度参与	街上行人、电影院观众
2. 漫不经心参与	游览商品的顾客
3. 传统仪式性参与	婚丧仪式中参与的亲友
4. 生物性参与	母亲对子女、专心致志的科学家、虔诚的教徒
5. 神经质型深度参与	职业赌徒（倾家荡产都在所不惜）
6. 情迷意乱的参与	深恋的情侣
7. 精神与外物合一的参与	神灵附体的道士

第二节 角色理论

所谓角色理论，并非一种完整严密的理论体系，而是泛指一系列与角色概念相关的理论内容，这些理论可能来自不同的知识领域，但都建立在角色这一核心概念基础之上。大多数角色理论受到了符号互动论的影响，米德提出的角色领会概念是该理论领域最为重要的基础概念之一，虽然各种角色理论之间存在意见分歧，然而他们的理论取向具有一致性。目前角色理论已经发展成为具有重要贡献的社会心理学理论。

一、角色理论的概念与来源

角色理论（role theory）是一种试图从人的社会角色属性解释社会心理和行为的产生、发展、变化的社会心理学理论取向。由于角色理论的概念体系比较接近真实生活，因而具有良好的解释能力，它不仅受到社会心理学的重视，也受到社会学、人类学、管理学、教育学等多领域研究者的高度重视。从其发展渊源上看，它的概念演化、发展和完善是多种来源共同作用的结果，大约在20世纪20年代到60年代期间逐步发展并确立起来。社会心理学中角色理论的形成主要受到社会学取向的符号互动论影响，来自心理学取向的角色扮演技术、来自人类学的结构功能论也有相应的贡献。

二、角色理论的两种取向

如果把出自不同知识背景的角色理论体系做一下归纳，不难发现，它们大体上可以分为两种取向：一种取向对角色理论持结构性观点，另一种取向则采用过程研究策略。前者可以称为结构角色论，主要代表人物是 R. 林顿；后者可以称为过程角色论，主要代表人物是 J. 特纳。

（一）结构角色论

R. 林顿是结构角色论的最重要的代表人物之一，他认为角色概念是用于构造其关于社会结构、社会组织理论体系的基石。"结构角色理论家认为，社会是一个由各种各样的相互联系的位置或地位组成的网络，其中个体在这个系统中扮演各自的角色。对于每一种、每一群、每一类地位，都能区分出各种不同的有关如何承担义务的期望。因此，社会组织最终是由各种不同地位和期望的网络组成的。"①简言之，地位和相应的一系列期望组成了潜在的社会结构，这些期望又通过角色承担者个体自我的角色理解能力和角色扮演能力来传递，最后又通过个体的具体角色行为来实现。显然，结构角色论强调了社会过程的既定的、结构化的一面，即强调了围绕社会关系系统中的地位的、代表社会结构因素的期望对于角色扮演者的行动起制约作用。

（二）过程角色论

以 J. 特纳（J. Turner）为代表的过程角色论者则以社会互动作为基本出发点，围绕互动中的角色扮演过程展开对角色扮演、角色期望、角色冲突与角色紧张等问题的研究。特纳对结构角色论提出了一些批评：首先，由于早期的结构角色理论强调规范、社会地位和规范预期的设定，它对于社会世界的看法是结构泛化的；其次，结构角色理论倾向于把大量研究和理论建构的努力集中在"失范"的社会过程，例如角色冲突和角色紧张，因而忽视了对人类互动常态过程的分析；再次，结构角色理论与其说是理论，还不如说是一系列前后不相联系、彼此没有关联的命题和经验概括；最后，结构角色论没有把米德的角色领会概念当作核心概念。②

正是出于对这些问题的修正，特纳提出了强调日常互动过程而不是受社会结构支配的角色论述。特纳用米德的角色领会的概念来描述社会行动的本质，他假定把现象世界形塑成角色的互动，这是作为互动中心过程的角色领会的关键所在。特纳强调行动者在互动时做出一定的姿态和暗示，例如话语、身体姿势、语音的抑扬顿挫等，以将自己置于他人角色之上，这样调适自己的行为以利于合作。

特纳还对米德所提出的相关概念作了发展。他认为，角色的文化定义往往模糊不清，甚至自相矛盾，这种定义最多也不过是提供了一个个体行动者从中建立行动路线的总体框架。因此，行动者建构角色，并在与他人的交往中告知对方自己在扮演何种角色。特纳指出，人们就是在这样的假设（好像环境中的他人也进行着明确的角色扮演一样）的基础上行动的。这一假设给了互动一个共同的基础。运用这一假设，人们能够有效解读他人的姿态和暗示，以便明确他人正在扮演什么角色。这种努力因他人建构和固化其角色的行为而变得容易，这样，个体就可以主动向他人暗示自己正在扮演的角色。

对特纳的过程角色理论而言，角色领会就是角色建构。人们在三种意义上

①[美]乔纳森·H. 特纳：《社会学理论的结构》，浙江人民出版社 1987 年版，第 428 页。
②[美]乔纳森·H. 特纳：《社会学理论的结构》，华夏出版社 2001 年版，第 49 页。

建构角色：第一，人们通常面临着一个松散的文化结构，这时他们必须建构一个角色作为行动的依据；第二，人们假定他人也在进行角色扮演，所以努力去理解隐藏在他人行为背后的角色；第三，在所有的社会情境中，人们都试图寻求为自己建构一个角色，主要是通过向他人发出暗示，进而确认正在扮演的角色能够得到自己和他人的认同来实现。这样，互动就成了角色领会和角色扮演过程的连接点，使他们彼此受益。①

　　结构角色论和过程角色论看似针锋相对，实际上则是互补的。许多学者都认识到了这一点，并努力融合二者，以期建立一个统一的角色理论。他们努力把互动过程看成是在结构框架之下具有角色规定的，而角色扮演者同时又发挥着创造性作用的辩证过程。例如：S. 斯特里克（S. Stryker）在 1980 年提出的用于分析个体和社会通过角色而相关联的过程的理论框架，便是一个比较典型的融合方案：

　　（1）行为依赖于一个被命名、被规划为某一等级类别的物理和社会环境。名称或者说分类语表明了在互动中产生和形成的共享的行为期望，通过和其他人的互动，个体学会了分别和互动有关的对象。并且在这个过程中，个体学会了如何向这些对象做出反应。

　　（2）互动中习得的分类语标明了位置，即社会结构的相对稳定的、形态化的一面。共享的行为期望或者说角色，即附着于这些位置。

　　（3）位置和角色部分地构成了社会结构，在这一结构的关系网中行动的人们，彼此以位置的占有者命名和称呼对方。借助于此，他们实践着关于彼此的行为的期望。

　　（4）在这样的关系网中行动的人们也同样以位置的占有者看待自己。这样，本来用作位置标示的名称便又成了自我概念的一部分，并建立起关于个体自身行为的内在期望。

　　（5）在情境中，人们利用对情境、对他们自己、对其他参与者以及与互动有关的情境特点的分类语来定义情境，进而利用该定义来组织自己在情境中的行为。

　　（6）由于互动牵涉到许多人对情境的定义，也由于先前的定义可能会限制后来的定义，因而，社会行为不是由这些定义所给定的，而是角色塑造过程的产物。角色塑造过程虽然由对情境的初始定义形成的期望所发动，但却是在互动者之间那些敏感、微妙的探试性交流中逐渐展开的。在这种交流中，互动双

———————————

①［美］乔纳森·H. 特纳：《社会学理论的结构》，华夏出版社 2001 年版，第 49～50 页。

方可以随时调整和更改互动的形态。

（7）围绕着互动情境的更广阔的社会结构背景将影响角色塑造的弹性，就像它制约进入被设定的角色的因素一样。结构对于角色和角色扮演的变异都有不同程度的开放性。所有的社会结构对于情境定义的种类也有一定的限制，从而也相应地制约互动的可能性。

（8）情境定义、用于定义的分类语、互动发生的可能性等等的变化是在角色塑造的弹性内发生的。这种变化反过来也能导致互动在其中发生更广阔的社会结构的变迁。[①]

显然，斯特里克的这一分析框架在处理互动中个体和结构之间的关系上要灵活得多，也更贴近现实。总之，角色理论家认为人就像演员在一场戏剧中扮演一个角色一样，人在实际生活中的角色行为是整个行为系统的产物。人作为社会结构中的一员，社会环境和周围人群与其发生直接和间接的、外显和内隐的、真实和想象的联系，会在个人态度和行为习惯的各个层面发生相互作用。而且在现实社会结构中占据一定社会地位或身份的个人的行为是由客观的行为环境、社会的要求与规范、他人在各自地位上的角色表演以及自身对于角色的理解、个性和能力等因素共同决定的。角色理论强调，社会环境对行为的定向作用，同时也重视个人进行角色创造的可能性，因而也可以被认为是有限社会决定论。

第三节　角色的行为模式

角色是处于一定社会地位的个体，依据社会的客观期望，借助自己的主观能力适应社会环境所表现出来的行为模式。角色行为模式一方面取决于个体所处的社会地位的性质，另一方面又受到个体的心理特征和主观表演能力的影响。如果我们仔细探讨这种行为模式的形成便能够发现：个体进入或占据一定的社会位置的过程，其实就是社会角色的学习、扮演或者冲突的过程。

一、角色学习

角色学习（role learning）是角色扮演的基础和前提，它包括两个方面，一是形成角色观念，二是学习角色技能。角色观念是指个体在特定的社会关系中

---

①[美]E. Aronson 等著：《社会心理学》，中国轻工业出版社 2007 年版，第 344～345 页。

对自己所扮演的角色的认识、态度和情感的总和。角色观念的内容包括四个方面：一是角色地位观念，这是指个体对自己所处地位的认识。二是角色义务观念，这是指个体对自己所应履行的角色义务职责的认识。个体扮演一种角色，就要履行一定的权利和义务，角色义务观念集中地体现了角色的社会价值。一般来说，谁能较好地履行自身角色义务，谁就是合格的角色；谁能履行自己的义务角色，谁就是优秀的角色。三是角色行为观念，这是指个体对自己所扮演的角色的行为模式的认识。任何角色都是按照不同的行为模式去行动的。例如教师的行为应端庄而有教养，法官的行为应当严肃公正等。角色应按某一行为模式行动而角色扮演者却错误地按另一模式行动，就会发生角色混乱。四是角色形象观念。这是指个人对自己所扮演的角色所应具有的思想、品格和风格方面的认识，也就是说在与别人的互动中，应以什么样的形象出现。

关于角色观念的形成过程，有人借用纽科姆关于自我概念形成的自闭阶段、绝对观念阶段和相互并存阶段这三个阶段划分的观点，把角色观念形成过程分为拒绝角色阶段、承认角色阶段和接受角色阶段三个阶段。[①]本书认为这种观点把个人形成角色观念的过程描述得过于被动了。事实上个人形成角色观念的过程也是个人角色学习的过程。在多数情形下，这是一个主动的过程，而不是被动或被迫的过程。只是个人的角色学习除了形成角色观念之外，还包括学习角色技能，即学习顺利完成角色扮演任务，履行角色义务和权利，塑造良好角色形象所必备的知识、智慧、能力和经验等。

事实上，对于角色学习，从总体上可以这样来理解。首先，角色学习是综合性学习，而不是零碎片段的学习，因为角色是根据它所处的地位而由各种行为方式组合起来的一个整体。其次，角色学习是在互动中进行的学习。没有相应的角色互动，没有参照个体或参照群体作为角色学习的榜样和楷模，也就很难体会角色的权利、义务和情感。因此，角色学习是在社会交往活动中实现的。最后，角色学习是随着个人角色的改变而进行的学习。在一个人的一生中，不断随着自己本身和社会环境的变化而变换着自己的角色，这就需要不断调整和学习，以适应新的角色的要求。

二、角色扮演

角色扮演（role taking），是指人们按照其特定的地位和所处的情境而表现出来的行为。从社会学和社会心理学的历史来看，许多著名的角色理论家都曾

---

①奚从清、俞国良：《角色理论研究》，杭州大学出版社 1991 年版，第 103 页。

把角色作为一个十分重要的内容进行深入的探讨和研究。

（一）社会学视角：互动与表演

第一个需要论述的当属米德。米德认为，角色扮演是互动得以进行的基本
条件。人与人之间之所以能够进行互动，就是因为人们能够辨认和理解他人所
使用的交往符号的意义，并且通过角色而预知对方的反应。米德把这些基本能
力称为"扮演他人角色"的能力，这是一种能够洞悉他人态度和行为意向的能
力。在米德的理论体系中，这种角色扮演能力称为"心灵"，它包括：理解常规
姿态的能力、运用这一姿态去扮演他人角色的能力、想象演习各种行动方案的能
力。这种被称为"心灵"的心理功能是在"社会过程之中、在社会互动的经验母
体之中产生和发展的"①。如果个体具备了这些能力，他便具备了与他人进行互
动的基本条件。

在心灵基础上发展起来的自我，是能否成功进行角色扮演的关键条件，因
为自我能够传递对角色期望的认识以及角色扮演的方式。在一定程度上说，角
色扮演的技巧取决于人们在互动中的自我形象。这种在互动中形成又影响着互
动进行的自我形象，就是我们通常所说的角色意识。米德强调指出，正如人们
能够用符号标示环境中的其他成员一样，他们也能够像对待客体一样用符号表
示自己。个体在与具体他人的互动中产生的是一种暂时的自我形象，随着这种自
我形象不断发展，最后进入将自己确定为某一类客体的"自我观念"阶段。这时
便意味着"自我"的真正形成。正是这种自我左右着个体的角色扮演。

在米德看来，不仅心灵和自我是人际互动的产物，社会结构本身也是角色
扮演和角色间互动的产物。因为这种关系，社会自然也依赖于人们"心灵"和
"自我"的发展，因为没有这种由心灵和自我支配的角色扮演能力，人们便无法
协调他们的行动，社会也就无法有秩序地存在和发展。考虑到这一点，米德指
出："角色扮演的直接效果，反映在个体对于他自己反应的控制之中。只要个体
能够扮演他人的角色，那么，他就能自动控制他自己在合作过程中的行动。正
是因为具有扮演他人角色，从而实现对个体自身反应的控制，才使得这种沟通
对群体中的行为组织具有了价值。"②

社会心理学的经典实验之一——斯坦福监狱实验，向人们展示了角色扮演
所带来的惊人后果。实验主试从加州志愿者中抽取 16 名人，利用抽签决定他们
将在模拟监狱中扮演的角色，一组扮演囚犯角色，另一组扮演看守角色，他们

①[美]J.米德：《心灵、自我与社会》，桂冠图书公司（台北）1995年版，第133页。
②[美]J.米德：《心灵、自我与社会》，桂冠图书公司（台北）1995年版，第245页。

将在模拟监狱中度过为期两周的时间。作为囚犯的一方被蒙上眼睛，送入监狱，脱光衣服，喷洒消毒剂，穿上囚徒制服。而看守一方则轮流值班。这些实验被试一旦接受了随机分配给他们的角色之后，其行为越来越符合其特定角色的要求。

扮演看守角色的被试逐渐变得盛气凌人，有时称得上残酷。看守们要求囚犯无条件地遵守规则，否则剥夺其看书、写字或交谈的权利。到了后来即使囚犯有了一点小错，也要被关禁闭或者被罚用手清洁厕所等，看守总是构思新花招使囚犯感到自己的卑微无力，这样几天后，扮演囚犯的被试明显感到情绪抑郁，思维混乱。到了第六天，实验主试被迫终止了原本计划进行两周的实验，他们承认自己也沉浸在"监狱管理者"的角色中并忽视了被试们的基本权利。

斯坦福监狱实验表明：角色创造了在监狱情境中行之有效的地位和权利的差别，没有人告诉他们应该如何扮演角色，所有参与者都没有参观过真正的监狱，他们完全凭借自己的想象在扮演着角色，并进行角色之间的互动。在斯坦福监狱实验中，随机分派的囚犯和看守角色彻底影响了参与者的行为。6 天的互动观察记录表明，在 25 个观察记录阶段中，囚犯多表现出被动抵抗，与此同时看守则变得比较专横、充满敌意。

米德关于角色扮演的论述出现较早，然而他只是抽象地论述了角色扮演的一般情况，而未触及角色扮演的具体情形。米德之后，虽然 R. 帕克（R. Park）、R. 林顿、H. 布卢默（H. Blumer）等人沿着米德的理论方向进行了一系列深入的研究。但有关角色扮演的具体而完整的论述直到 E. 戈夫曼（E. Goffman）的《日常生活中的自我表演》一书出版才真正出现。戈夫曼对角色扮演进行了非常具体的研究，他的理论特色就是从角色概念出发，将社会与舞台进行了广泛的比较，从而提出了他的"戏剧理论"。他几乎把现实生活的情境完全比作戏剧表演，把社会成员看作是演员，着重研究角色行为的符号形式。他的研究引入了"观众""门面""前台""后台"等一系列舞台术语。"观众"是对角色扮演发生影响的其他人，"门面"由周围环境、角色扮演者的个人外貌以及行为方式组成，"前台"与"后台"是根据角色在与"观众"互动中所处的位置而区分的，在"前台"，角色与"观众"发生直接互动，而在"后台"，角色所表现出来的行为虽然可能与角色的扮演有关，但通常不为"观众"所直接感知，因而可以看成是角色与"观众"进行的间接互动。对于角色扮演者来说，在"前台"要求他严格按照角色行动，而在"后台"则没有这种要求。戈夫曼的这种分析对于角色扮演显然具有较大的操作价值，但是将丰富多彩的社会生活还原为舞台上的表演，过于重视了个体的主观能力在角色扮演中的作用，而且有可能造成对社会生活本质的歪曲。从这样的意义上说，现有的社会学或社会心理学理论对"角色扮演"的论述距离真实的社会生活情形仍有相当的距离。

（二）社会心理学视角：技术与手段

在社会心理学中，角色扮演被认为是一种技术手段，是指将个体暂时置于他人的社会位置上，并按照这一位置所要求的方式和态度行事，以增进个体对他人社会角色以及自身原有角色的理解，进而更有效地履行自己角色的一种社会心理学技术。这一技术最初是由社会心理学家 J. L. 莫里诺（J. L. Moreno）于 20 世纪 30 年代基于心理治疗的目的而提出的。[1]后来许多心理学家在该技术的原理分析和推广方面做了大量工作，使这一技术成为了社会心理学领域公认的有效的、应用范围最广、实施最为容易的方法之一。角色扮演使人们能够亲身实践他人角色，从而更好地正确理解他人处境，体验他人在各种情况下的内心情感。只有获得与他人相同或类似的体验，才知道在与别人发生相互联系时，应该怎样行动，采取怎样的态度。因此，角色扮演技术在发展人们的社会理解能力、改善人际关系方面有着非常重要的作用。而且，心理学家研究发现，较长时间的角色扮演，可以改变人们的心理结构，角色扮演中的直接情感体验、所扮演角色的某些特征，最终可以被固定在人们的心理结构中，使其个性发生实质的变化。因此，角色扮演技术被当作一种心理改变技术应用于心理咨询和心理治疗的实践中。

三、角色冲突

角色冲突（role conflict），是指占有一定地位的个体在角色之间或角色与不相符的角色期望之间发生冲突的情境，换言之，所谓角色冲突，是指角色扮演者在角色实践中出现的心理上、行为上的不适应、不协调的状态。角色冲突通常是指客观状态，由于角色冲突而导致的角色紧张则是指角色扮演者内心的主观状态。因此，角色冲突也就是角色扮演者不能执行角色或环境要求时所引起的客观冲突情境。角色冲突有两种表现形式，即角色内冲突和角色间冲突。

角色内冲突是指由于角色互动对象对同一角色抱有矛盾的角色期望而引起的冲突。角色内冲突既可来自不同类型的角色互动对象之间相互矛盾的角色期望，也可出自同一类型的角色互动对象具有矛盾特点的角色期望。例如对于教师这个角色，不同类型的学生可能会有不同的期望，追求更高学业成绩的学生希望老师能对学习纪律做严格要求，而不太关注学业成绩的学生则希望老师能够放松对学习的要求。同一类型甚至同一角色互动对象也可能对某一角色扮演者提出相互矛盾的角色期望，例如有的丈夫既希望妻子温柔体贴、操持家务，

[1]Moreno, J. L. (1960) The Concept of the Encounter. Journal of Existential Psychiatry, 1(1) : 144-154.

又希望她在事业上能够有所成就。

　　每个人都是一个角色丛，同一时间内可能扮演着多个角色。第一，当一个角色丛中的几个角色如果同时对其提出履行角色行为的要求时，就会发生角色间冲突。假设一个学生既担任班长的职务同时又是校学生会主席，当两个角色都要求他履行该角色义务时，例如在同一个时间，他既需要复习考试，又需要组织班级活动，还要去学生会主持会议，就会发生角色冲突。第二，当两个角色同时对一个人提出两种相反的角色行为要求时，也会引起角色间的冲突，这需要角色扮演者在这两种相反的角色行为之间做出痛苦的选择。

　　角色冲突的强度取决于两个因素，其一是角色之间的共同性。角色冲突的强度与角色之间的共同性成反比例关系，角色之间的共同性越大，冲突越小；共同性越小，则冲突越大。其二是角色自身的限定性，角色的限定性越大，规定也就越严格，角色执行者就越难于偏离这些要求。因此，角色冲突的强度与角色限定性成正比例关系，限定性越大，出现冲突时其强度也越大；限定性越小，冲突时强度也越小。

　　不论是哪一类型的角色冲突，都可能会影响到个体的角色实践。虽然人们不能完全消除角色冲突，但是可以通过角色协调而使角色冲突降至最低限度，例如下述方法可以在一定程度上缓解角色冲突。

　　（1）角色规范化。不同社会群体和组织对不同地位的角色的权利和义务都有较明确的规定，这是现代社会体系中保护角色和避免角色冲突的有效手段。当社会体系中的角色权利和义务被清楚地加以划分时，角色冲突就会减少到最低程度，这种对角色权利、义务的明确划分就是角色的规范化。经过规范化的角色，就会要求角色按照更加清楚的规范去履行社会的角色期待，可以在较大程度上避免角色期待之间的矛盾现象。

　　（2）角色合并法。当一个人同时扮演的两个以上角色之间发生冲突时，在有些情况下，此人可以将两个相矛盾的角色合二为一，发展为一个具有新观念的新角色。当一中年妇女发生职业女性和家庭主妇的角色冲突时，她可以加上一个经济因素的新观念，弥合这两个角色间的冲突，发展为一个既参加社会工作、获得经济收益又兼顾家庭生活的新型妇女角色，例如：自己开设家政公司，让发生冲突的两种角色和谐地统一起来。

　　（3）角色层次法。此方法是要求角色持有者将两个以上相互冲突的角色的"价值"进行分层与排序，也就是将这些角色按其重要程度进行排列，将最有价值的角色排在首位，第二次之……依次做出角色重要性的心理分类，一旦发生角色冲突时，首先需要满足那些更重要的角色要求。此分类依据是按个人需要的结构和他人期待的重要程度而定的。这种方法类似于社会心理学家 W. G. 古德（W. G. Good）提出的角色选择法，古德认为个体首先应该从许多角色中挣脱出来，把时间和精力用到那些对其更有价值的角色上，而取舍角色的标准有三个方面：一是该角色对个体的意义；二是不扮演某些角色可能产生的积极的和消极的后果；三是周围的人对个体做出角色取舍的反应。[①]

四、角色偏差

角色偏差（role deviance）是指一个人行为和心理准备长时间偏离社会期望，形成与自己社会身份不相适应的行为和心态结构。社会心理学家在通过实验研究探讨角色偏差原因的过程中发现：角色偏差现象十分复杂，行为偏离社会期望只是表面现象，其背后的实质是个人的整个行为动力系统的各个环节（包括其所受到的外部对待、评价与角色期望、其内在的自我概念系统、动机机制以及表现于外的行为模式和行为后果）都偏离了特定社会身份要求的一般模型。现有研究表明，个人行为动力系统中的各个方面构成了一个协同活动、倾向一致的整体，系统中的内外动因与行为作为整个系统的不同环节，总是彼此相互影响、相互适应、和谐一致。这样一个人的行为动力系统是否能够产生积极的行为和效果，不是取决于系统中的某一因素，而是取决于整个系统的运动状态，取决于运动的倾向性。

第四节　性别角色差异

角色理论的一个不可忽视的部分就是角色差异。目前有些地区对角色差异理论的研究十分盛行，而对角色差异的研究又形成了社会心理学的一个重要分支——差异社会心理学。在这一分支中研究最多的主要是国别差异、年龄差异和性别差异。本节将简要介绍一下性别角色差异的研究。

一、两性差异

（一）生理差别

两性的人体差别首先表现在生殖器官的不同，"男女之间的不可改变的差别

---

①W. G. 古德：《角色紧张理论》，载《美国社会学评论》1955 年英文版，第 20 卷。

是男人不能怀孕，而女人有月经、妊娠和乳汁分泌"①。除此之外，两性的身高和体重、头发的疏密、脂肪分布和肌肉比例都或多或少存在差别。

两性的生理差别来源于各自染色体结构的不同。人类有 23 对染色体，其中第 23 对为性染色体。对于女性，这对染色体由两个相同的 XX 染色体组成；对于男性，这对染色体由一个 X 染色体和一个 Y 染色体组成。精子和卵子结合时，如果卵子的 X 染色体和精子的 Y 染色体结合，形成的受精卵发育成为男孩；如果卵子的 X 染色体和精子的 X 染色体结合，形成的受精卵发育成为女孩。

两性之间还存在着性激素的差别。性激素即荷尔蒙，是性器官形成后出现的，它能发起和抑制对生长和身体功能起重要作用的生物过程的化学物质。性激素主要有三种：孕激素、雄性激素和雌性激素。男女两性生殖器官都可能产生这三种激素，三种激素不同的结合方式刺激胎儿长出男性或女性外生殖器，从生理层面上分化出男女两性。一般青春期的激素分泌常能带来第二性特征的出现和生育能力的发展，以及心理状态的巨大变化。

（二）心理差异

男女两性的心理差异长时期以来一直是学者非常关注的重要课题。有的学者认为："心理差异是指人们的行为、脑力和个性的差异。"②从生物学的基础来看，它们属于性别上的差异，但从社会原因来看，它们又属于性角色差异。有大量的资料表明，"女孩比男孩更多愁善感，更愿寻求他人的帮助，而且女孩相对更具有养育和忍受的天性。另一方面，男孩比女孩敢出风头，争强好胜，容易产生侵犯行为"③。

美国斯坦福大学的两位心理学家 E. E. 麦考比（E. E. Maccoby）和 C. N. 杰克林（C. N. Jacklin）系统地考察了大量有关性别心理差异的研究资料后出版了《性别差异心理学》一书。他们申明，和男女之间的心理差异性相比，男女两性的心理类似性更为显著。

二、性别角色差异

"男性"和"女性"的角色是性别角色，这是指由于人们的性别不同而产生的符合一定社会期待的品质特征，包括男女两性的个性和行为方面的差异、智能方面的差异和成就方面的差异。

---

①恩·罗伯逊：《现代西方社会学》，河南人民出版社 1985 年版，第 110 页。

②[美]戴维·波普诺：《社会学》，辽宁人民出版社 1987 年版，第 101 页。

③[美]戴维·波普诺：《社会学》，辽宁人民出版社 1987 年版，第 101 页。

（一）个性和行为方面的性别差异

（1）侵犯行为。男性的侵犯性强于女性。原因有两个，一是生物学因素，侵犯行为受先天生理因素的影响最深，这种影响主要来自雄性激素的作用。男性的雄性激素是女性的 6 倍；二是社会因素，在传统文化中，侵犯好斗被认为是男性角色的重要特征，而柔弱温顺是女性角色的重要特征。

（2）支配行为。一是支配他人，以获得别人的顺从并以此为满足；二是个人对他人所施予的影响予以抗拒，这种抗拒实际上是从相反的方向体现了一个人的自我支配感。很多研究证实，男性和女性相比支配力更强。这主要是由社会地位的高低决定的。由于历史的原因，男性一般在社会上处于较高的地位，女性则是处于顺从、服从的较低地位。

（3）自信心。一般认为女孩的自信心低于男孩，与此相应，她们的自我评价也低于男性，因此女孩往往表现出胆小、怯懦、多虑；而男孩则表现出自负、勇敢、富有竞争力。造成这种情况的原因是多方面的，既有生理原因又有社会原因。

（4）交际。有人认为女性比男性更爱交际，但也有观点相反。如果说有差异的话，主要表现在交往的方式和交谈时的空间距离方面。一般来讲，女性的交际圈子小，感情色彩较浓，而男性交际圈子大，感情色彩较淡；女孩在与密友交往时空间距离小，而与一般朋友交往时的空间距离大，但是男性在交往时，在这方面并无明显差别。

（二）智能方面的差异

智能可以分为一般能力和特殊能力。一般能力又称为智力，是指在人们所从事的不同类的活动中表现出来的通用能力。它是个体有效地掌握知识和顺利地完成各项活动所不可缺少的心理条件。特殊能力是指从事具体活动所需具备的能力，如数学能力、语言能力等。两性在智能方面的差异主要有：

（1）智力。男女两性在智力方面表现出来的性别差异在 20 世纪 30 年代就有人开始研究，其结果发现：男女两性的智商在统计学上并无明显差异。男孩的平均智商为 100.51，女孩的平均智商为 99.7。以后的研究也都没有证实男女在智力上存在着性别差异。

（2）语言能力。女性的语言能力强于男性，这是一个得到多数研究普遍支持的结论，女性的语言能力比男性发育得更好，发展水平也更高。

（3）运动技能。男性的运动技能要优于女性，这一方面是由于激素的作用使男孩的体魄迅速雄健起来；另一方面由于社会文化因素，传统的看法一直认为剧烈的体育运动对女孩不合适。

（4）空间能力。在空间能力上男性优于女性，这与生理因素有关。进化研究表明空间能力对于男性的生存与适应有着非常重要的意义，在人类漫长的进化过程中，男性更多从事狩猎活动，而女性更多从事采集活动，这种分化导致男性进化出更强的空间能力。

（5）数学能力。儿童到了十一二岁后在数学能力上会出现差异，表现为男孩在数学推理方面优于女孩，但在数学计算方面并无大的差异。

（6）知觉速度。知觉速度是指能准确地把握细节，并能迅速将注意力从一个注意客体上转移到另一个注意客体上的速度。在知觉速度方面，女性明显优于男性，这可能是由于生物因素造成的。

（7）艺术和音乐能力。有研究表明，女性在艺术和音乐能力方面优于男性，也有人指出在音乐能力方面并不存在性别差异。

对特殊能力领域所作的分析说明，在不同领域中男女两性的优劣各不相同，这些差异可能会使男女两性在解决问题的方式上有所不同，但却不能说明在智能方面的水平高低。有观点认为，男女两性在特殊能力方面的差异并没有想象的那么大，真正能够得到充分验证的性别差异主要表现在空间能力和语言能力上，其他方面的特殊能力之所以会呈现出性别分化与测量方式有关，或者是社会化的结果。

（三）成就方面的性别差异

现代社会的主要成就可以分为学业成就和职业成就。学业成就标志着一个人接受学校教育时所取得的成绩，而职业成就则标志着一个人在职业领域所取得社会成就的高低。从智能和成就的关系来看，智能的高低和学业成绩的联系较为密切，但职业成就则在更大程度上取决于诸多社会、经济与个体因素的共同作用。

大量研究表明，在学业成就上并不存在着明显的性别差异，女孩的平均学习成绩并不低于男孩，有时甚至比男孩略强。但是在职业成就方面，男性远远高于女性，结果就出现了女性的学业成就与职业成就并不相符，甚至差距巨大的现象，这主要是由于性别角色的刻板印象、性别歧视以及性别角色社会化等种种社会因素共同作用造成的。

专栏 3-1

性别与人格之间是否有差异？

在兴趣和爱好的差异研究中，李绍斌将男女个性的差异简要概括为兴趣和爱好、性格与气质、自我意识等方面的差异。他认为，在兴趣的指向上，早在婴幼儿时期，男孩和女孩就表现出很大不同。男孩多喜欢刀枪剑戟、汽车、坦克之类的玩具，女孩更爱摆弄布娃娃、小动物，及至长大成人，在布置房间的时候，她们也总是忘不了在醒目的地方摆上憨态可掬的洋娃娃或神气活现的小动物。①据我国心理学工作者研究，大学生的文科兴趣，除音乐更易引起女孩的兴趣外，其余无明显差异；中学生的兴趣分化渐趋明朗，男性明显热爱数、理、化等学科，热衷于机械制作、物体操作等方面，女性的兴趣多表现于文学、外语、艺术等学科；活动上，男性爱好科技、体育，女性更喜欢文娱。这种兴趣爱好的倾向反映在理想上，男的大多想当科技人员，而女的更乐意选择文艺工作。因而，在职业选择上，男性更乐于从事具有一定社会责任、多少有点冒险精神的事业，女性则对那些室内的、不需要冒险、相对安全的事业感兴趣。在兴趣的广度上，女性明显比男性狭窄，但在兴趣持久性上，女性则比男性专注，男性往往表现出见异思迁、激情容易耗尽的弱点。

在性格差异上，一般认为，男性的性格特点多表现为豁达、自信、勇敢、刚毅、沉着、果断，进取心、自制力都较强，外倾型的多，但男性比较粗心，也多有粗暴、攻击行为，进取和自信很容易发展成为刚愎自用。女性则多亲切、温柔、贤善、勤劳、细致，内倾型的多，但女性一般优柔寡断、窄狭、保守，由于自卑而又显得依赖性过强。男女性格的差异在学前期即有表露。在 5～7 岁儿童期间，女孩在依赖性和友好性行为方面显著高于男孩，男孩在独立性和攻击性行为方面又大大超过女孩。由于女性的依赖性强，故而更易受暗示的影响，而减弱自制力。依赖与顺从，导致女孩比男孩更"易受暗示"，更倾向于依从成人的要求和指导。

章竞思和梁丽萍应用"艾森克个性问卷"对 600 名初中男女学生进行了个性差异的研究，发现在初中生内部，男女学生个性存在较大差异，男生基本是外倾的，情绪是稳定的、不加掩饰的，但倔强、固执、不善交际；而女生基本上是内倾、合群、文雅、虚饰、情绪不稳定的。男生多性格开朗、勇敢刚强、不拘小节，但稍嫌粗暴骄横、任性倔强；女生多文静、怯懦、合群守规、拘泥小事、优柔寡断、情感脆弱。②

在性格的社会倾向性方面：女性有很强的社会指向性，即希望别人对自己有好感，能为社会所承认，怕变动，好安定，通常比男性多恐惧、羞怯和焦虑，故在学校期间成绩好；男性则具有较高的权力指向性，即喜新奇，好追求，爱名利，且攻击性强，有好支配他人的欲望等，因而独立性偏高，职业成就欲望强。

---

①李绍斌：《男女心理性差试探》，载人大报刊复印资料《心理学》1988 年第 10 期，第 62～66 页。
②章竞思、梁丽萍：《初中男女个性差异的 EPQ 测查分析》，载人大报刊复印资料《心理学》，1994 年第 4 期，第 52～55 页。

陈欣银等在对 476 名 9～12 岁儿童的"同伴关系与社会行为"进行调查后认为：女孩比男孩更具有亲社会性（P<0.001）和羞怯—敏感性（P<0.001）；而男孩比女孩具有攻击性（P<0.001）；女孩比男孩更具有同伴亲密感（P<0.01），男孩更易产生孤独感（P<0.01）和抑郁症（P<0.01）。

在老师眼里，女孩比男孩社会能力更强（P<0.001），破坏性和攻击性更小（P<0.001），更少学习问题，更可能担任班级和学校的社会工作，语文成绩也比男孩好。[①]

三、性别差异理论

（一）精神分析理论

弗洛伊德（S. Freud）在解释性别自认和两性差异时认为，在性心理发展的前两个阶段，即口腔阶段和肛门阶段，男孩与女孩的发展方式相同，表现为对母亲的依恋。到了性蕾阶段，儿童的注意力便转移到了生殖器，性别意识与角色开始分化。男孩形成恋母情结，即男孩渴求独占母亲的欲望，以及对父亲抱有敌意，形成了一种复杂的精神状态。男孩同时开始对父亲认同，逐渐获得性别自认，继承父亲的角色规范。女孩形成恋父情结，因为当女孩发现自己并不具有外显的男性生殖器时，她感到自己被阉割过，她因此责怪母亲，而转向父亲，女孩便以母亲的角色自居。

在性蕾期，男孩与女孩逐渐形成各自的"自我"与"超我"，但是女孩的恋父情结不如男孩的恋母情结那样解脱得彻底，所以，女性的超我发展不成熟。女孩的人格有被动性、受虐性和自恋性三个特征。弗洛伊德这种特殊的性别观念与其所在社会文化对男女差别的一般看法有关。当时有一种观念认为：女性是残缺的男性，从生理上讲女性是不健全的。正是这种观点让弗洛伊德认为女性的人格发展会比男性面临更多的问题与障碍。弗洛伊德所持有的这种性别角色差异观点受到了来自霍妮等人的激烈批评，她们认为男女性别的角色差异不是生理因素决定的，而是社会文化通过家庭抚养方式和父母的性别角色期待而实现的。

（二）文化人类学理论

20 世纪 30 年代，人类学家 M. 米德从人类学角度考察了处于相对原始状态

---

①陈欣银、李正云、李伯黍：《同伴关系与社会行为：社会测量学分类方法在中国儿童中的适用性研究》，载《心理科学》1994 年第 4 期，第 198～200 页。

下的人的活动特点，即分别居住在三个原始部落中的新几内亚人的性别角色分化的情形。虽然这三个原始部落都生活在方圆100平方公里的区域内，但是由于地理环境、部落文化、传统与习俗的差异，导致他们的两性角色截然不同，并且与当时西方社会所认同的男女性别角色也不一样（参见第二章社会化关于性别角色社会化的论述）。米德由此得出结论：性别、气质和性格是在社会条件的作用下形成的。性别差异也取决于社会文化。每一社会都会选择一些建立在生物性性别基础上的男女心理特点并加以肯定和强化，选择另一些加以否定和惩罚。总之，男女心理上形成的特点是他们学习了根据社会传统继承下来的文化模式的结果，即学习了以男人应该这样，女人应该那样的习惯为基础的行为模式，男人才成了男人，女人也才成了女人。

（三）社会学习理论

社会学习理论的主要创始人是班杜拉（A. Bardura），他认为直接强化、模仿和观察学习是性别角色定型的基础。通过社会化才能学习到性别角色。父母按照自己的性别角色规则，对男孩与女孩有区别地施加直接或间接的压力。当儿童做出与性别相符的行为时，便给予奖励；当儿童性别行为不符合父母期待时，便给予惩罚，从而使儿童形成了特定的性别角色行为模式。儿童通过观察学习和模仿得到性别角色行为，父亲或母亲最可能成为儿童模仿的榜样，而且把这一认同的趋势泛化到其他与自己性别相同的人，从而就把与自己性别相同的人作为模仿的榜样，如此儿童获得了某些性别角色。

（四）认知社会化理论

认知社会化理论是科尔伯格（L. Kohlberg）提出的一种性别角色差异理论。他认为：儿童在4～6岁时就具备了性别恒常性和性别自认（即知道自己永远是男性或女性，并主动地与同性榜样认同），这是获得性别角色的关键和基础。随着认知能力的发展，儿童逐渐形成了"男性特征"和"女性特征"的观念，并且当他了解自己的性别及其含义后，会努力使自身行为与其性别角色观念相符。儿童的性别角色观念可能只有很少一部分是来自对父母的观察。他做出的概括不是指模仿的行为，而是对从许多来源中归纳出来的信息的概括。儿童有关性别角色的观念是受其认知水平制约的，所以，儿童对性别角色的观念随其年龄的增长、认知的发展而改变，其所采取的符合性别角色的行为也随之改变。

总之，科尔伯格把性别角色的获得理解为内部的认知过程，理解为主要由自我推动的主动过程。由于智力的成熟和发展，儿童可以达到自我的社会化，主动选择与自身生物性别相适应的行为。在这一意义上，这一理论的确比强调环境绝对重要的社会学习理论有所进步。

（五）性别发展阶段论

C. H. 布洛克（C. H. Block）发展了科尔伯格的道德发展阶段论，使之适用于解释个体的性别发展过程。布洛克认为，性别角色的发展有三个不同的阶段，这些阶段与儿童的道德发展阶段相平行。

（1）前习俗阶段，这也是道德发展的第一阶段。这个阶段儿童不清楚自己的性别，即还没有稳定的性别自认和性别常识。不过，父母对于儿童的性别角色期待已经开始潜移默化地发挥作用，儿童逐渐去理解父母所传递的性别角色期待并且开始了一些性别角色行为的探索。

（2）习俗阶段，这也是道德发展的第二阶段。这个阶段儿童了解了性别角色的规则，并自觉地遵守这些规则，而且还监督别人是否也遵守这些规则。这一阶段始于童年，在青春期达到顶峰，这一阶段对性别角色的遵从最为强烈，性别角色成为此阶段个体的重要的社会身份之一。

（3）后习俗阶段，这也是道德发展的第三阶段。个体在内心自愿原则的基础上，而不是在外力作用下建立了性别角色的价值标准。个体灵活地运用性别角色的原则，并设法超越为社会所约定的性别角色的局限。达到这一阶段的人，开始具备两性角色的优点，能够对自己的内在需要和价值做出合适的反应。与道德发展的情况一样，多数人不能发展到第三阶段，他们终生都被性别角色的种种局限所束缚。

以上五种理论从不同的角度论述了性别差异形成的基础。它们有各自的理论前提：精神分析理论强调自然遗传的因素，社会学习理论和文化人类理论强调社会环境的重要性，认知社会化理论强调有机体的认知过程和文化因素之间的交互作用，性别发展阶段论注重考察性别角色的开端、发展和成熟的过程。

本章小结

1. 科学的角色定义包含三种社会心理学要素：角色是一套社会行为模式；角色是由人的社会地位和身份所决定，而非自定的；角色是符合社会期望（社会规范、责任、义务等）的。因此，对于任何一种角色行为，只要符合上述三点特征，都可以被认为是角色。

2. 根据角色存在形态的不同，可把角色分为理想角色、领悟角色和实践角色；根据角色扮演者获得角色的方式不同，可以把角色分为先赋角色和自致角色；根据角色扮演者受角色规范的制约程度的不同，可将角色分为规定性角色和开放性角色；根据角色和角色之间的权力和地位关系，可把角色分为支配角色和受支配角色；根据角色扮演者的最终意图，可把角色分为功利性角色和表现性角色；根据角色的参与程度，可把角色分为参与程度低的角色和参与程度高的角色。

3. 角色理论是一种试图从人的社会角色属性解释社会心理和行为的产生、变化的社会心理学理论取向。由于角色理论概念体系本身接近真实生活，因而具有良好的解释能力，它不仅受到社会心理学的重视，也受到社会学、人类学、管理学、教育学等多领域研究者的高度重视。

4. 结构角色论和过程角色论是角色理论的两种取向。前者认为角色概念是用作构造其关于社会结构、社会组织理论体系的基石。后者以社会互动作为基本出发点，围绕互动中的角色扮演过程展开对角色扮演、角色期望、角色冲突与角色紧张等问题的研究。

5. 角色行为模式一方面取决于个体所处的社会地位的性质，另一方面又受到个体的心理特征和主观表演能力的影响。个体进入或占据一定的社会位置的过程，其实就是相应的社会角色学习、角色扮演和角色冲突的过程。

6. 角色偏差是指一个人行为和心理准备长时间偏离社会期望，形成与自己社会身份不相适应的行为和心态结构。社会心理学家在通过实验研究探讨角色偏差原因的过程中发现，角色偏差现象十分复杂，行为偏离社会期望只是表面现象，其背后的实质是个人的整个行为动力系统的各个环节，包括其所受到的外部对待、评价与角色期望，其内在的自我概念系统、动机机制以及表现于外的行为模式和行为后果，都偏离了特定社会身份要求的一般模型。

7. 两性差异既有生理差异也有心理差异和性别角色的差异。性别差异理论中包括精神分析理论、文化人类学理论、社会学习理论、认知社会化理论和性别发展阶段论，这五种理论从不同的角度论述了性别差异形成的基础。它们各自有自己的理论前提：精神分析理论强调自然遗传的因素，社会学习理论和文化人类理论强调社会环境的重要性，认知社会化理论强调有机体的认知过程和文化因素之间的交互作用，性别发展阶段论注重考察性别角色的开端、发展和成熟的过程。

思考题

1. 什么是社会角色？社会角色的本质是什么？
2. 社会角色是如何形成的？
3. 社会角色有哪些分类的方式？

4. 何为角色冲突？造成角色冲突的原因及其解决方法有哪些？

5. 一个人怎样才能成功地扮演好某一社会角色？

推荐阅读书目

1. 周晓虹：《西方现代社会心理学流派》，南京大学出版社 1990 年版。

2. 金盛华：《社会心理学》，高等教育出版社 2005 年版。

3. 侯玉波编著：《社会心理学》，北京大学出版社 2003 年版。

4. ［美］S.E.Taylor 等著：《社会心理学（第 11 版）》，北京大学出版社 2004 年版。

5. ［美］格里格、津巴多著：《心理学与生活》，人民邮电出版社 2003 年版。

6. ［美］E. Aronson 等著：《社会心理学》，中国轻工业出版社 2007 年版。

第四章　自我意识

本章学习目标

熟悉自我意识的内涵
了解自我意识的内容
理解自我意识的产生
掌握自我增强
熟悉自我图式

个体社会化的结果之一是形成自我意识。自我意识是人类特有的高级心理活动形式。自 1890 年 W. 詹姆士（W. James）在《心理学原理》中首次提出自我意识概念以来，自我意识在西方一直受到心理学研究者的关注。他们对其概念、结构、发展因素等一系列问题进行了探讨。进入 20 世纪 80 年代，学者将更多的注意力集中在一些具体问题的研究上，自我意识的研究范围也开始逐渐得到了拓宽。

第一节　自我意识的一般内涵

一、自我意识的定义

自我意识（self consciousness）是人类所具有的一种重要的意识形式。在最一般的意义上，自我意识指个人对自己存在的意识、对自己以及自己与周围事物关系的意识。社会心理学意义上的自我意识通常指个人对自己身心状况、人—我关系的认知、情感以及由此而产生的意向（有关自己的各种思想倾向和行为倾向）。换言之，自我意识包含三种成分：自我认知，即对自己各种身心状况、人—我关系的认知；自我情感，即伴随自我认知而产生的情感体验；自我意向，即伴随自我认知、自我情感而产生的各种思想倾向和行为倾向，自我意向常常表现于对个体思想和行为的发动、支配、维持和定向，因而又称自我调节或自我控制。自我意识的三种成分紧密联系，共同作用于个体的思想和行为。例如：对自己健康状况不佳的认知可以产生焦虑、苦恼的情绪体验，进而产生加强锻炼、提高健康水平的意向，发动、支配、调节自己的行为去实现这种意向。又例如：对自己人际关系紧张的认知使自己产生焦虑不安的情绪体验，进而产生要加强个人修养或学习人际交往技能，做一个受人尊重、讨人喜欢的人的意向。

二、自我意识的内容

自我意识具有非常丰富的内涵。W. 詹姆斯在 1890 年出版的《心理学原理》中将自我划分为主我与客我，在他看来，主我是流动的意识，是个体认知能力的动态表现，主我可以把自己作为认识对象，从而获得关于自我的知识，即客我。客我反过来又会制约主我的活动。詹姆斯关于主我与客我的划分，是最早探索自我意识内容的卓有成效的尝试。库利与米德关于镜我的提出进一步丰富了自我意识的内涵。此外本书还将从如下不同角度来分析自我意识的内容。

（一）生理（物质）自我、社会自我和心理自我

詹姆斯将自我意识分为生理（物质）自我、社会自我与心理自我。

（1）生理（物质）自我（material self）。指个体对自己躯体、性别、体形、容貌、年龄、健康状况等生理物质的意识。有时也将个体对某些与身体物质密切相关的衣着、打扮以及外部物质世界中与个体紧密联系并属于"我的"人和物（如家属和所有物）的意识和生理自我一起统称为物质自我。生理（物质）自我在情感体验上表现为自豪或自卑；在意向上表现为对身体健康、外貌美的追求，物质欲望的满足，对自己所有物的维护等。

（2）社会自我（social self）。在宏观方面指个体对隶属于某一时代、国家、民族、阶级、阶层的意识；在微观方面指对自己在群体中的地位、名望，受人尊敬、接纳的程度，拥有的家庭、亲友及其经济、政治地位的意识。在情感体验上也表现为自豪或自卑。在意向上表现为追求名誉地位、与人交往、与人竞争、争取得到他人的好感等。

（3）心理自我（psychological self）。指个体对自己智能、兴趣、爱好、气质、性格诸方面心理特点的意识。在情感体验上表现为自豪、自尊或自卑、自贱。在意向上表现为追求智慧、能力的发展和追求理想、信仰，注意行为符合

社会规范等。

生理（物质）自我、社会自我和心理自我既相互区别又相互联系，是个体自我意识的有机组成部分。特质自我是其他自我的载体，如果没有自身的生理载体，其他自我也不会出现；社会自我是自我概念的核心，自我不是随着生理发展而自然形成的，而是在社会运动与个体参与社会生活的过程中形成的，它是个体参与社会生活的基本形式与特征；心理自我则决定了个体与他人进行互动的内容与形式，它既有可能促进个体的社会参与，也有可能限制个体的社会活动。

（二）现实自我和理想自我

罗杰斯（C. Rogers）根据自己的临床实践，提出了现实自我与理想自我的概念。现实自我（actual self）是指个人对自己受环境熏陶炼铸，在与环境相互作用中所表现出的综合的现实状况和实际行为的意识。它是对自己现实的社会存在的真实反映。理想自我（ideal self）指个体经由理想或为满足内心需要而在意念中建立起来的有关自己的理想化形象。[①]理想自我的内容尽管也是客观社会现实的反映，包括对来自他人和社会规范要求以及它们是否满足个体需要的反映，但由这些内容整合而成的理想自我却是观念的、非实际存在的东西。

现实自我和理想自我的形成与社会环境的影响密切相关。现实自我产生于自我同社会环境的相互作用，理想自我则产生于这种相互作用中他人和社会规范的要求被内化后在个体头脑中整合形成的自我的理想形象。

在正常情况下，当理想自我的形成建立在理智认识或对他人和社会规范的自觉内化（不存在价值强求）之上时，理想自我可以在现实自我和社会环境之间起积极的调节作用，指导现实自我积极地适应和作用于社会环境。这时，理想自我、现实自我和社会环境的要求可以在新的水平和方向上达到协调一致，自我得到健康发展。

在非正常情况下，当理想自我的形成是基于焦虑（因自我抒发的方式或形成受阻抑且不能疏导而致）时，理想自我和现实自我以及社会环境要求之间可能产生尖锐的矛盾冲突。在这种情况下，焦虑将导致过度的攻击、自卑、依赖或逃避、退却等脱离现实的错误的理想自我心理倾向。[②]用这种心理倾向指导现实的社会人际交往，必然会与现实自我、社会现实发生矛盾冲突，引发个体内心的混乱，从而造成生活适应上的困难，严重的可能引发心理疾患。

---

①参见荷妮：《自我的挣扎》，中国民间文艺出版社 1986 年版，第 108 页。
②参见荷妮：《自我的挣扎》，中国民间文艺出版社 1986 年版，第 12 页。

（三）公我意识与私我意识

有些学者认为，某些自我的方面是个体不想被他人所了解或获知的隐秘内容，即私我（private self）；而另外一些自我的方面则可以是公开的，或者是与他人密切相关的内容，即公我（public self）。对这两者的不同注意而产生的意识为私我意识（private self-consciousness）和公我意识（public self- consciousness）。

私我意识高的人对群体中社会压力的敏感度低，比较注意信念、价值、情感等个人的内在方面，较少考虑他人的意见与期望。而公我意识高的人会避免不合群，对他人的意见非常敏感，会针对其所期待的社会交往而调整自身意见的表达。[①]

（四）当前自我与可能自我

H. 马库斯（H. Markus）等人提出的自我意识概念不仅包括当前自我（the now selves），还包括可能自我（possible selves）。可能自我指个体觉得自己某一方面有潜力的自我构想，是自我意识系统中有关未来取向的成分，它既是未来行为的诱因，通过认知、情感与身体三个方面对行为产生影响，又为当前自我提供了一个评价和解释的情境。这一切后果都取决于被激活的自我成分的性质（比如消极的或积极的），是被激活的可能的自我决定了个体如何感受以及应该如何采取行动。[②]此外，M. 施耐德（M. Snyder）与 B. H. 坎贝尔（B. H. Cambell）还提出实用自我（pragmatic self）与原则自我（principled self）的概念。

三、自我觉知与自我意识

如前所述，自我意识一般指对自我存在的意识，既可将其看作活动过程，又可将其视为活动结果产生的自我意识内容。作为活动过程的自我意识必须依赖一定的条件去发动和维持，这个条件就是自我觉知。自我觉知（self awareness），是指发动并维持自我意识活动过程的高度集中的自我注意状态。在自我觉知状态下，个体特别关注自己的思想和情感，关注别人对自己的反应，个体更能觉察到有关自我的信息。当个体将注意力转向内部，着眼于自我的内容、成分时，那么他就处于自我觉知状态。没有自我觉知，个体将永远无法形成自我意识的观念，无法规范自己的行为。

社会心理学的研究表明，影响自我觉知的因素包括环境因素和个性因素两方面。首先，就环境因素而言，环境因素通常作为一种竞争信息影响自我觉知。

---

①参见徐瑞青：《国外社会心理学中自我意识理论的发展》，载《中国人民大学学报》1994 年第 6 期，第 73～74 页。

②参见李晓冬：《Markus 等人的自我概念理论述评》，载《社会心理研究》1997 年第 4 期，第 59～61 页。

例如听收音机时，人们专注于环境刺激而不进行自我觉知。另一方面，也存在一类迫使个体不得不关注于与自我有关的环境刺激因素。例如当某人在课堂上被提问，或者被其他同学注视，或者被问到自己的私事，或者正被摄像机录像时，在这些环境刺激之下，个体很有可能进入自我觉知状态。

其次，个性也会影响自我觉知。无论是否存在环境刺激，有些人都自然地倾向于关注自我而非环境。这种更易使人处于自我觉知状态的个性特质可称为自我意识倾向（用程度高低表示）。一般说来，环境因素引起的自我觉知常会使个体产生紧张或窘迫感，而自我意识倾向导致的自我觉知不一定会如此。

第二节　自我意识的发生与发展

个体的自我意识是在个体生理和心理能力达到一定成熟程度的基础上发生及发展的，它也是在与社会环境长期的相互作用过程中形成和发展的，许多社会因素对自我意识的形成和发展起着重要作用。

一、生理和心理能力的发展与自我意识的发生

（一）自我意识发生的标志

自我意识的发生或形成主要有物—我知觉分化、人—我知觉分化和有关自我的词的掌握三个标志。

（1）物—我知觉分化

物—我知觉分化又可以分为三个过程，最初出现的是物—我感觉分化。初生婴儿不知道自己身体的存在，其吮吸自己手指、触摸自己身体部位时就像吮吸、触摸别的东西一样。随着触觉的发展，当婴儿逐渐能够感觉到两者的区别（触及自身能够带来躯体感觉，而触及外物不能带来躯体感觉），婴儿就出现了物—我感觉分化。此时，可以说是婴儿出现了主体（自我）感觉。

到1岁末时，幼儿开始能将自己的动作和动作的对象区别开来，在感觉上对自己的动作与动作的对象或结果产生了分化。例如：推球导致球的滚动；拉床单导致床单挪位，而床单上的小猫被吓跑了。这是在物—我感觉分化基础上形成的、对自己动作和与动作相联系的外物的分化知觉。

在进一步的发展中，幼儿开始能将自己和自己的动作区分开来，出现最初的随意性动作。幼儿开始知觉到他所做的动作是自己发动的，自己是活动的主体。这标志着儿童出现了最初的（相对于客体，尤其是物理性客体）主体意识。

（2）人—我知觉分化

人—我知觉分化可分为两个发展阶段。其一是对人微笑。3 个月的婴儿开始对他人微笑，表明婴儿对他人刺激发生了反应，这是一种最初的人际相互作用反应。其二是从形象上区分他人和自己。婴儿认识他人的形象比认识自己的形象出现得更早。6 个月以前的婴儿已能对不同的他人做出不同的反应，从镜中认识父母的形象。七八个月的婴儿开始关注镜中的自我像，10 个月时出现与镜中自我像玩耍的倾向，1 岁零 8 个月开始能区分同伴（包括从照片上区分）。2 岁零 2 个月的幼儿能准确认识镜中或照片上的自我形象，这标志着儿童出现了最初的（相对于他人的）自我意识——自我知觉。

（3）有关自我的词的掌握

1 岁以后，幼儿开始能将自己同表示自己的语词（名字）联系起来。例如，成人叫他"军军"，他能知道是叫自己。接着，他学会使用自己的名字代表自己，称自己为"军军"，同时发展起对自己躯体的认识和对自己身体感觉的意识，如主述"这是军军的鼻子""军军饿了"等等。在有关自己的这种表象性认识的基础上，约在 2 岁末幼儿开始能使用物主代词"我的"，直到最后能使用人称代词"我"。"我"的使用具有相对性，例如，当成人问儿童："你饿不饿？"儿童应该回答："我不饿。"而不应该回答："你不饿。"这与对"军军饿不饿"的回答"军军不饿"是根本不同的，它需要抽象和概括能力，没有这种能力，自我意识就不可能出现。因此，"我"的掌握在儿童自我意识的形成上是一个质的变化。儿童从把自己当作客体的人转变为把自己当作主体的人来认识，最终形成了自我意识。由此出发，儿童进一步发展起自我评价，产生自我情感，到 3 岁时出现明显的自尊心和羞耻感等。

值得指出的是，在最初的意识发生和发展中，主体意识是先于自我意识而发展的，主体意识是自我意识发生和发展的基础。婴儿必须首先在自己和客体间做出区分，才有可能在客体中区分出物理客体和他人，进而在自我和他人之间做出区分，形成自我意识。但在 3 个月以后，当婴儿能对他人微笑时，主体意识和自我意识的发展就开始相互作用、共同发展了。特别是当后来随意性动作与言语的掌握相结合，婴儿能逐步意识到活动本身的进程和结果，能够意识到自己的主观力量时，主体意识就同自我意识完全融为一体了。

（二）生理和心理能力的发展与自我意识的发展

自我意识的发生、发展与生理的发展密切相关，离开了生理及其相应的心理能力的发展，自我意识就不可能发生、发展。

第一，物—我知觉的分化依赖于感知觉和动作的发展以及它们的协调发展。

就物—我知觉分化而言，它依赖于相应的皮肤感觉分析器的成熟；对动作和动作对象的区分依赖于皮肤感觉分析器、视觉分析器以及与拖、拉、投、掷等动作的协调活动；对主体和动作的区分的重要条件是随意性动作的出现，它依赖于大脑皮质感觉区和运动区的分析综合活动。这一切都是以人脑结构和机能的一定成熟为前提的。而我们知道，新生儿的大脑结构还很简单，沟回浅显，神经纤维细短，大部分尚未髓鞘化，在重量、体积、机能上均处于原始状况。直到出生第1月末至第2月初，听觉分析器、前庭分析器、视觉分析器才先后开始具有初步功能。从3个月起，婴儿才从不随意性动作基础上发展起一定程度的随意性动作。因此，新生儿必须经历一个生理成熟过程，随大脑生理结构成熟后发展起一定的心智机能，才有可能出现物—我知觉分化。

第二，人—我知觉分化依赖于注意的发生和发展以及视觉表象及其记忆能力的出现。研究表明，从3个月起婴儿才开始能稍微注意新奇事物，6个月才能比较稳定地短时注意事物，出现再认能力。这些能力的出现都依赖于大脑皮质结构和机能的进一步发展、完善。

第三，有关自我的词的掌握需要复杂的抽象、概括能力，而这又是以大脑皮质尤其是各语言代表区以及大脑额叶的成熟发展及其机能的更为复杂化为前提的。

第四，从完全缺损的极端情况分析，无脑畸形儿由于不存在大脑皮质这一生理基础，所以也不可能出现自我意识。

综上所述，生理及其相应的心理能力的发展是自我意识发生、发展的前提。

二、自我意识在社会互动中形成和发展

生理的成熟和发展只是形成自我意识的前提，并不能必然保证自我意识的形成和发展。例如，狼孩就没有出现人类个体的自我意识。社会心理学的研究表明，个体自我概念发展的核心机制，是其在认知能力不断提高的同时存在着与他人的相互作用；儿童的社会自我的发展与他们对别人知觉能力的发展有着紧密联系。由此可见，自我意识的形成和发展还依赖于个体参与社会生活、与他人相互作用。

早在1902年，心理学家库利（C. H. Cooley）就指出，自我观念是在与他人交往过程中，个体根据他人对本人的反应和评价而发展的，由此产生的自我观念称为"镜中我"（looking glass self）。他说："正像我们从镜中观察自己的脸、手指和衣着，因它们属于我们自己而感兴趣一样……我们也从他人的思想中认识我们的面貌、风格、目标、行动、特征、朋友等等，而且从多方面受其

影响。"①这就意味着他人对于个体的态度与对待，不仅影响着个体自我意识的发展，而且影响着个体的成长，塑造着个体的实际自我。

米德（G. H. Mead）进一步发展了库利的思想。他指出，我们所属的社会群体是我们观察自己的一面镜子。他对社会互动（相互作用）中自我意识产生的机制和过程作了深入研究，认为自我意识是在社会互动中通过扮演他人的角色，把自己置于互动对方的位置上而逐步形成的。他指出，通过角色扮演，个体在社会互动中将自己视为一个被评价的客体。这不仅有助于人际间的适应，更重要的是在与具体他人的互动中个体产生了暂时的自我形象，这种自我形象逐渐定型，就形成了一种稳定的将自己确定为某一类客体的"自我观念"，即形成把自己确定为某一类人的自我意识。

米德还将自我意识的发展分为三个阶段：首先是玩耍（模仿）阶段。这是个体获得自我形象的角色的最初阶段，只涉及一两个他人的角色的模仿或者扮演。其次是游戏阶段。个体在组织活动中扮演多人的角色，从进行协作活动的群体中获得多重自我形象。最后是博弈阶段。这也是个体自我意识发展的最高阶段。个体具有了扮演"一般他人"的能力。总之，个体在社会互动中发展扮演不同角色的能力而使自我意识得到发展，随着个体角色扮演能力的逐步提高，扮演角色范围的不断扩大，自我意识就进入了不同的发展阶段。②

三、影响自我意识形成和发展的社会因素

尽管对具体制约因素的看法不尽相同，许多研究者还是认为自我意识更多地是受外界因素的影响。

（一）社会经济地位

社会经济地位是由社会经济关系决定的个人的社会身份和地位，在多数情况下，它与社会政治关系所决定的社会政治地位密切相关，在自我意识的形成和发展中具有重要地位。通常社会经济地位对自我意识有两方面作用。一是影响有关自我隶属于某一阶级、阶层的社会自我意识，从而决定自我的政治意识和政治态度。二是影响个体心理自我意识的发展水平，例如自我成就、自我实现欲求的高低等。这些自我意识成分在情绪体验上表现为自豪、自重或自卑、自贱，对个体从事社会实践活动的自觉性、主动性、能动性产生重大影响。

---

①转引自唐奈尔森·R. 福赛斯：《社会心理学》，1987 年英文版，第 64 页。
②参见 [美] 乔纳森·H. 特纳：《社会学理论的结构》，浙江人民出版社 1987 年版，第 377～378 页；沈杰：《试论社会学"互动理论"对社会心理学的贡献》，《社会学与现代化》1989 年第 1 期。

（二）社会文化环境

社会文化包括政治、经济、国家的宣传体系、宗教团体、风俗、习惯传统以及生产力发展水平等。在同一文化背景下生活的人们，可能形成共同的自我意识成分。马库斯（H. Markus）等通过对不同文化背景下自我图式的差异性研究发现，文化价值观的差异是东西方文化背景下自我图式差异的根本原因，东方文化造成了依赖型的自我，西方文化造就了独立型的自我，这在一定程度上揭示了文化对自我意识的影响作用。

专栏 4-1

我是谁？——自我的文化边界

自我的跨文化研究使用经典的测量工具——二十句测验（twenty statements test），即对"我是谁"这个问题给出 20 个不同的答案。跨文化的二十句测验表明，东西方文化背景中的被试对自我的认知、理解和表达都不尽相同，自我概念具有浓厚的文化色彩。

在"个体主义"与"集体主义"两种文化维度的划分下，西方学者比如马库斯（Markus）等人认为自我概念也表现出明显的文化差异，继而提出了"独立性自我"和"互赖性自我"的分析构架。他们认为西方人（以美国人为代表）和东方人（以日本人、中国人为代表）对自我的理解是完全不同的。西方的个体主义文化鼓励个体对自我作独立的解释，个体应是指以自己的特性与他人相互区别的、自主的实体，个体的能力、态度、价值观、动机和人格特质等个体特性必然影响和导致个体的某些与众不同的行为。而东方的集体主义文化则鼓励个体对自我作相互依赖的解释。许多东方文化中具有保持个体之间相互依赖的机制，在这种文化的影响下，个体的自我特点在于与他人的相互依赖。

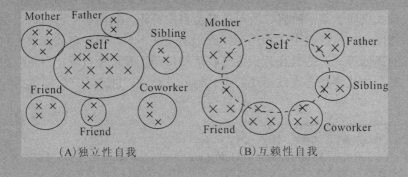

(A)独立性自我   (B)互赖性自我

杨宜音认为：Markus 等人对自我概念的文化分类用来解释中国人的自我内涵与边界时并不具有包涵性。这种"互赖性自我"的简单分类并不能反映出中国人的自我所具有的选择性和动力性等具有中国文化特征的内容。尽管"互赖性自我"已经不是西方人的那种自我，但也不是中国人的自我。"互赖"一词无法表达自我概念中不同成分的主从关系，从而掩盖了中国人自我所具有的自我中心特征。

杨中芳根据中国文化特点对自我概念进行了新的界定。她提出中国自我概念中的两个层面即"个己"与"自己"，以示与西方"自我"概念的区别。"个己"表示将自己与别人的界限以个人身体为标志，这在西方心理学中称为"自我"；"自己"则代表一种不但包括个体的身体实体，而且还包括了一些具有特别意义的其他人（即自己人），而中国人的"我"属于后者。这种自我概念区别于西方学者对文化维度简单、笼统的划分，在本质上更符合中国文化的特点。

资料来源：杨宜音：《自我与他人：四种关于自我边界的社会心理学研究述要》，载《心理学动态》，1999 年第 3 期。

（三）家庭

家庭是在个体早期生活阶段中影响最大的社会环境，其对个体自我意识的形成与发展起着关键性作用。许多研究者认为，儿童对自己的看法是他们父母如何看待他们的反映，因为在这一过程中，父母属于"重要他人"，是文化的传递者，通过对儿童行为的奖励与惩罚来影响其自我意识的形成。经常受到父母肯定与奖赏的儿童倾向于形成肯定的自我；相反，苛刻的父母所给予的否定评价则易使儿童形成否定的自我，严重时甚至会导致自我分裂。

（四）角色扮演

角色扮演对自我意识形成的作用从前述米德的研究已看出，这里着重从角色意识冲突的角度讨论其对自我意识的影响。角色指与某种社会身份相称的行为规范的集合。角色扮演则指个体依据这种行为规范集合去行使自己的权利，履行自己的义务。扮演父亲这一角色就是要行使做父亲的权利，履行父亲的义务。社会角色是相互联系的，例如父亲角色就与子女角色互相关联，与母亲角色通常也有联系。因此，角色扮演必然是在社会互动中进行的。在这种互动中，某一角色扮演的成功与否，既与个体对该角色行为的理解有关，又与相关角色对该角色的角色行为期望密切相关。换言之，角色扮演受到二者组成的期望系统的制约。当系统内两种期望成分协调一致时，个体的角色扮演成功，易于形成自信、自尊的自我意识，能促使更高的成就意识的发展，形成熟练地扮演"一般人"的能力，使自己更能适应社会环境。反之，角色扮演者就会常常经历理想自我与现实自我的冲突，体验到焦虑、紧张，使自我意识的同一性受损，或导致社会适应不良，引发心理疾患。

（五）他人的评价

我们的大多数有关自己的信息都来源于他人，是对他人评价的反映。他人评价对自我意识形成具有重要作用。早期社会心理学家（尤其是 G. H. 米德）对这种作用机制作过深入研究，认为自我意识随他人评价的改变而改变。国内学者研究发现，小学三年级以上的学生已经形成十分清晰的自我意识，他们对自己多方面的评价都高度接近教师与同伴对他们所作的评价，与他们的实际状况也具有高度的一致性。

（六）参照群体

参照群体指目标、规范、价值被个体作为行动指南，用以约束、调整自己行为的群体。研究表明，参照群体的信念和价值观是个体自我观念的重要来源。个体常常根据参照群体的价值取向定义自己，形成自我观念；将参照群体的价值倾向理解为一种期望，约束自己的思想、行为，融入自己的意识之中；与参照群体比较以进行自身地位的评价。因此，谢里夫（M. Sherif）把参照群体的规范看作个体的社会目标、自我评价、社会评价乃至世界观形成的基准线。

参照群体与同辈群体的区别在于，参照群体可以是同辈群体，也可以不是同辈群体，关键是能够给个体的行为提供参照与比较。很多时候，同辈群体就是个体的参照群体，然而在例外的情况下，个体可能并没有把同辈群体作为参照群体。同辈群体强调的是与个体的年龄相若、交往机会较多的群体，而参照群体强调的是能够为个体提供行为参照与比较的群体。

第三节　自我过程

自我过程指影响自我意识形成、影响自我意识的方向或目标的心理加工过程。个体作为社会生活的积极参与者，为着不同的目的，追求着不同的目标。例如：人们寻求有关自我的准确信息以了解自己，建立自尊，寻求能支持原有自我观念的信息，有意识地表现某些社会行为，以建立、维持、加强、澄清他人对自己的印象……这一切都涉及自我过程。本节将讨论四种重要的自我过程。

一、自我评价

自我评价（self evaluation）指个体对自身状况所作的肯定与否定的判断，它常常发生在个体希望准确地、客观地描述自我的时候。自我评价最终决定一个人的自尊以及与此相关的自我表现。自我评价通常依赖社会比较和自我估价来实现。

（一）社会比较

社会比较指通过将自己与他人比较以获取有关自我的重要信息的过程。费斯汀格（L. Festinger）提出的"社会比较过程理论"认为，当个体为了准确地对自己进行认知评价或失去判断的客观标准时，往往同社会上与自己地位、职业、年龄等相类似的人进行对比。例如：当学生做作业遇到困难时，常常通过了解其他同学作业的情况以确定是老师未讲清、作业题太难，还是自己能力太差。社会比较常发生在我们对自己或环境的某些方面没有把握的时候。研究发现，被试处于模棱两可的情境下，常将自己与其他被试比较，以减小自己的焦虑。

在 J. 休（J. Suls）与 B. 穆勒（B. Muller）建立的自我评价的发展模式中，他们通过对个体一生社会比较的阶段性变化的分析，将其大致分为四个阶段：儿童期主要是一种时序比较；青春期前后的个体主要追求独特的自我；成年期主要与和自己相似的他人进行比较；老年期的个体不仅与各类人群进行比较，同时也进行时序比较。在他们的理论中，社会比较成为自我评价变化的标志。

（二）自我估价

虽然个体常根据社会比较或他人对自己的评价来进行自我评价，但这并不排除个体对自己的心理活动及其行为表现进行主观分析，有时个体就是通过这种自己对自己的分析、观察来进行自我评价的。自我估价指通过完成能够提供有关自己能力或品质的准确信息的任务，以检验自己的自我观念的过程。例如：通过自学以检验自己对自己学习能力的看法，通过操作车床以检验自己对操作技能的掌握程度。当人们对自己的能力或特质没有把握时，常常趋向于通过完成任务对自己进行检验性评价。

二、自我增强

当个体接收的信息对其自我概念构成威胁时，个体的情感状态就会发生紊乱。在这种情况下，最明显的选择就是重新认识自我，促使能够支持自我概念的表征开始运作，此时的个体往往喜欢自我增强。自我增强（self enhancement）是指个体以一种有利于对自己做正面评价的方式收集和解释有关自我的信息，通过自我增强，个体的自尊得以建立或受到提升。人们常用六种方式进行自我增强。

（一）向下的社会比较

当个体力图达到自我价值的目标时，常常会出现向下的社会比较。社会比较是生活中常见的社会心理现象。个体为了获取有关自己的准确信息常常做向上的或至少是同自己类似的人的比较，弄清自己在群体中的价值与位置。但是，当个体既定的自我价值目标落空时，向上的社会比较或者与自己类似的人进行比较就会大大挫伤其自尊心，这时个体就转而进行向下的自我增强的社会比较。向下的社会比较可以避免自信心的降低和妒忌心的上升。当个体无法进行向下的社会比较时，为应对社会比较的痛苦，常常会贬低他人的能力或品性。

（二）选择性遗忘

当回忆的事件有损于个体的自尊时，常常出现对回忆事件的选择性遗忘。个体对消极事件（除车祸和葬礼）尤其是失败事件比对积极、成功的事件遗忘得更快。值得注意的是，虽然遗忘失败或缺陷可以使自我得到保护，但当个体相信自己随时间推移而有所进步时，却常常记起以往的失败或缺陷。例如：希望自己苗条而未达目的的姑娘可能会说："我虽然还不苗条，但比过去瘦多了。"

（三）有选择地接受反馈

当对行为结果的评价性反馈有损于或有利于自尊时，个体常常有选择地接受反馈信息。人们趋向于贬低消极的、否定的反馈评价的可靠性而夸张积极的、肯定的反馈评价的可靠性，常常全盘接受积极评价的反馈信息而拒绝接受消极评价的反馈信息。例如，考试失败的学生说："这是一次不能准确测试学生能力的考试。"而得了 100 分的学生则说："这次考试真考水平。"

专栏 4-2

能力胜任感——自我效能理论

美国社会心理学家班杜拉提出的自我效能理论是 20 世纪后期心理学界对于自我研究的重要突破。20 世纪 80 年代之后，班杜拉对自我效能的关注和研究成为他晚年时期的学术兴趣中心，提供给自我领域一种新鲜的研究视角，成为自我现象领域内一道独特的风景。

在人们对影响自身的生活事件进行自我控制的时候，最关键的是自我对自身能力的认知和评价，也就是个体对自身能否完成某种行为的一种预期，对自我能够完成某种任务的能力的自我把握，这在个体的心理机能和潜能发挥中起到重要的作用，也决定着人们的行为表现。班杜拉在自我效能研究的不同时期，提出了三个不同的概念，即自我效能预期、自我效能感以及自我效能信念。自我效能预期是个体对自己能否成功完成某种行为的能力预期，自我效能感则是指对成功达到某个目标所需能力的知觉，当自我效能感内化到个体的价值系统中时，就成为个体的自我效能信念。一般意义上讲，自我效能实际上是指个体对成功地实施达成特定目标所需行动过程的能力的预期、感知、信心或信念，而不是行为本身或能力本身。

班杜拉认为，自我效能具有普遍性和具体性。自我效能并不是一种较为稳定的心理特质，而是具体的，是由活动、任务或情境的性质而决定的。也就是说，个体可能会对能否完成某项具体任务具有自我效能感，也可能会对某个任务领域内的行为产生自我效能，还可能会具有应付生活中多个领域的一般自我效能。自我效能具有认知性，与个人能力评价有关的任何信息，无论是亲身经历的还是替代性的，只有通过认知加工才具有作用。自我效能具有动机性，虽然自我效能不完全是一种动机，但它能直接影响到个体执行活动的动力心理过程的功能发挥，从而具有动机性功能。自我效能具有情感性，自我效能的高低不仅受到个体情绪状态的影响，而且它也反过来影响着个体面对要处理和应对的情境、任务的情绪状态。自我效能本质上是一种自我生成能力，个体将认知的、行为的、社会的各种技能整合成实际的行动过程，服务于多种目的。同时，自我效能还具有个体性与集体性特点，也就是说，个体除了对自我能否完成某些任务具有知觉判断的能力，同时也在集体层面上具有集体效能信念，用以对集体能否顺利完成某项任务或活动的总体能力进行预期，从而预测团体的行为水平。

班杜拉在各个层次上对自我效能展开了研究，这包括自我效能的内涵与特点、结构与测量、自我效能的信息来源以及自我效能的发展性分析等，取得了显著的理论成果。另外，自我效能理论受到了众多心理学家们的重视，被广泛应用于社会领域，比如学校教育、临床心理学、健康心理学、职业领域、体育运动领域等，应用性研究成为目前自我效能理论最主要的研究方向。

资料来源：郭本禹主编：《当代心理学的新进展》，山东教育出版社 2003年版。

（四）缺陷补偿

个体在扮演社会角色时，不可能事事成功，当自我角色目标失败时，常常可能会对相关的社会角色的重要性做出重新评价，以此进行自我定义进而补偿自己的角色缺陷。例如，婚姻不成功者常说："职业成就对我来说，比成功的婚姻更重要。"个体常常强调自己的积极品质的重要性，同时贬低消极品质的重要性来补偿自己的缺陷或不足。缺陷补偿有助于个体度过困境，在困境中强调自我的"优势"有助于增强自信心。

（五）自我防御性归因

归因指对行为与事件原因的推论。尽管归因理论强调按照有关自我环境的真实情况进行推论的重要性，但自我归因却经常是自我防御性的，它通过强调个体对积极的合乎期望的好结果的作用，缩小对消极的不合乎期望的坏结果的责任来保护自尊。例如，考试失败者强调试题难度和考场上的运气，而成功者却强调自己的能力和高水平的成就动机；考试作弊者强调客观环境压力，而未作弊者强调自己的道德品质；当决策导致坏结果时，人们总是强调环境所迫没有选择余地，而得到好结果时却强调决策时自己选择的英明。自我防御性归因可以帮助个体确认自我价值，对自己的成功事件做出内归因，对自己的失败事件做出外归因，可以避免自我价值受到威胁时所造成的焦虑。

（六）自我设障

尽管个体常常将失败归于外因，但有时也积极主动、预先设置障碍，以其作为后来失败的归因，达到保护自尊的目的。例如：赛期临近而恐惧比赛的运动员可能蓄意中断训练，以便能在失败时将失败归于缺少训练；有的学生在重要考试来临之前，就会莫名其妙地感到身体不舒服，甚至是发烧拉肚子；这些都有可能是自我设障的具体表现。自我设障是指人们感到失败不可避免时，积极地寻找甚至制造影响其成效的不利因素的过程。自我设障可以理解为一种极端的自我防御行为，当个体认为失败无法避免或者成功的可能性很小时，他就有可能自觉或不自觉地为自己的努力设障，这种障碍日后会成为失败的借口，例如"考试失败或者成绩不好是因为我身体不舒服"。

三、自我表现

自我表现（self presentation）指个体通过自己社会行为的显示以形成、维持、加强或澄清他人对自己的印象的过程。

（一）自我表现的原因

在某些情况下，自我表现是出于策略性的考虑。个体总是处心积虑地去形成或控制他人对自己的知觉印象。例如：竞选者总是用许愿或恭维来取悦选民，提高其吸引力，扬长避短地进行自我宣传，强调成绩而隐瞒失误，等等。但在很多情况下，个体的公开形象和自我的实际情况也是相当一致的。因为一般人都希望别人了解一个"真实的自己"，力图通过自我表现给人留下一个与自己真实情况相一致的公开形象；而且，当认为他人对自己形成了错误印象时，个体也会努力去影响他人以澄清对自己的知觉印象。

研究发现：自我监控（self monitor）与自我表现具有一定的关系。低自我监控者不善于自我表现，他们不看重情境与他人的影响，他们关心的是如何保持自身的一致性，表达的是自己的真实态度与感受。高自我监控者则善于自我表现，他们关心的是如何与情境保持一致，能根据情境和他人的需要来塑造自己的行为。

（二）自我表现对社会互动的意义

多数社会心理学家认为，自我表现无所谓好坏。尽管有时自我表现被用作欺骗他人的策略性手段，但它对于社会交往与互动是重要的。没有它，人们难以形成对周围人的印象，难以向他人展示自己的公开形象，也难以平息一些可能引起社会行为冲突的风波。当你无意踩了别人一脚而说声"对不起"时，这并不会贬损你的自我形象，而是在平滑的社会互动中剔去一根刺。正如戈夫曼所解释的，自我表现是社会互动的润滑剂。

自我表现与上述讨论过的其他自我过程是相互联系的。首先，正像我们在社会比较、自我评估获取自我特征的信息时力求准确一样，在进行真实的自我表现时，我们也力求准确。其次，在许多情况下，策略性的自我表现能增进我们的公众形象与自我观念的一致性。例如，自我设障作为一种自我表现是为了维护个体偏爱的公众形象并且保护自尊。又如，当个体成功地建立了一种公众形象时，这种形象可能被纳入自我观念中，以良好的自我描述博取他人赞誉的人，在其后的经历中更好维护自我价值。

第四节　自我的认知表征

表征（Representation），又称心理表征，《心理学词典》对其所作的解释是："心理表象，根据理论倾向，它可指作是刺激的直接图示，刺激的精炼，刺激的心理编码，或刺激的抽象特征。"①因此，它一方面是客观事物在思维中的替代物，另一方面又是心理活动进一步加工的对象。

自我的认知结构在人们加工信息的方式及如何与周围世界互动方面起着重要作用。人的自我意识和人格的其他方面一样，长期处于比较稳定的状态。于是，每个人在个体发展早期就形成了有关"我是谁"的心理表征。

一、自我图式

认知心理学认为对于信息的选择、组织和加工是由个体内在的认知结构决定的，这些认知结构可以称为图式（schemas）。自我图式（self-schema）是对自我的认知结构，它"来自过去的经验并对个体社会经验中与自我有关的信息加工进行组织和指导"②。个体通过自我图式将自己加以分类和描述，它是形成自我认知和自我评价的基础。自我图式由那些对个体而言最重要的行为方面组成。因为每个人生活中的每一部分并不是同样重要的，所以不是我们做的每一件事情都能成为自我图式的一部分。而每个人的图式间关系和每个人加工与自我图式有关的信息的方式也是不同的。因此，每个个体的自我图式也是不同的。反过来，已形成了的自我图式又强烈地影响个人的行为。

通常，关于我们自己的基本信息组成了自我图式的核心，包括姓名、外貌、亲朋好友等。尽管每个人的自我图式各不相同，但这些基本元素几乎可以在每个人中找到。人格心理学家最感兴趣的是自我图式中的独特特性。自我图式一旦建立，就会起到选择机制的作用，从而影响到与自我有关的信息输入和输出，决定了个体是否关注信息、如何建构信息、信息的重要性程度以及随后对信息的处理。因为人和人之间组成自我图式的元素各不相同，所以对自我信息的加工也各不相同。正是有了这些自我图式方面的个体差异，才产生了个体的不同行为。

那么，如何判断个体自我图式的结构呢？社会心理学家假定，在做选择或回答时，个体觉得很容易的问题，就是因为已经有了相应的、定义很好的图式。例如，当个体被问及自己是不是一个有竞争意识的人时，那些立即做出肯定回答的人，便有一个很强的竞争图式，并且这个图式已经成为他们自我图式的一部分；图式的存在使得他们能够理解问题，立即回答问题。而没有明确"竞争意识"图式的人就缺少快速信息加工的能力。有关自我图式的早期研究多数都

①雷伯：《心理学词典》，上海译文出版社1996年版，第725页。

②Markus, H., 1977, Self-schemata and Processing Information about the Self, Journal of Personality and Social Psychology.35,63-78.

是建立在上述推理的基础上。马库斯（H. Markus）以"独立—依赖"维度实验为例，把被试分为有很强独立图式的、很强依赖图式的和中间型三组，然后让他们坐在电脑前，根据屏幕上呈现的形容词选择两个按钮，一个表明"是我"，另一个表明"不是我"。被试的任务就是判断这个词是否可以描述自己，并按下相应的按钮。研究指出：独立自我图式组做出的独立行为频率高，依赖行为频率低；依赖图式组刚好相反；而中间型组在两种对立行为维度上的频率分布则是一条水平线，做出独立和依赖行为的频率没有差别。具有某种图式的个体，在不同情境下依然会呈现出类似的行为，因此，被试在一个特质维度上是否会随情境而改变行为，就成为是否存在图式的必要条件。如果行为会随着情境而改变，则不具有稳定的图式；如果不随情境而改变，则说明个体具备了某种自我图式。

　　自我图式的功能还在于为个体提供一个组织和储存相关信息的框架。当个体关于某一主题的自我图式很强时，理论上讲从其记忆中提取相关信息要比从零散储存的信息中提取要容易得多。为了验证这个假设，研究者选取大学生为被试，在计算机屏幕上呈现一套40个问题的问卷，被试以按"是"或"否"的方式尽快做出回答。其中，30个问题不需要借助自我图式加工信息就可以容易地回答。其余的10个问题，则需要用自我图式来加工有关信息。结果显示，被试更有可能记住那些他们回答过的、有关自己的信息。[①]研究者指出这一发现正是存在自我图式的证据。"当被问及某一词是否可以描述他们自己，被试需要通过自我图式加工这个问题。因为自我图式中的信息更容易获得，所以，自我指向的词比那些不通过自我图式加工的词更容易被记住。"[②]自我图式的信息处理对涉及自我的刺激具有高度敏感性，并且对涉及自我的刺激能产生较好的回忆和再认。

二、可能自我

　　自我认知中有一类是与个体的潜能和未来相关的，即本章前面提及的"可能自我"（possible selves）。"可能自我是对我们认为自己可能会成为什么样的人的认知表象。"[③]它们包括我们渴望成为的自我，比如健康的自我、成功的自我、快乐的自我；也包括我们不希望成为的自我，比如疾病缠身的自我、贫穷

---

①Rogers,T.B., Kuiper, N.A.& Kirker, W.S.,1977, Self-reference and the Encoding of Personal Information. Journal of Personality and Social Psychology.35, 677-688.

②J. M. Burger 著：《人格心理学（第六版）》，中国轻工业出版社 2004 年版，第 314 页。

③同上。

的自我、抑郁的自我。可能自我还包括人们希望将来具有的品质，比如热情善良、忠诚。可能自我不单是一些想象的状态或品质，在某种意义上，它们表征着希望和梦想，也表征着恐惧和焦虑。作为人格建构的一部分，可能自我也具有跨时间维度的相对稳定性。

可能自我有两项重要功能。其首要功能是激励未来的行为。由于自我图式包含了可能的成分，因此具有动机的功能。在行动前，我们会考虑这种选择是否能让我们达到将来的自我？"可能自我是行动取向的表征，它使个体的内部结构和外显行为之间建立起更明显的联系。任何可能自我都能对行为产生一定的影响，但要切实有效地调节行为则必须转化为运作的自我概念。当个体趋向于一个目标时，'积极的可能自我'（positive possible self）主导作用并成为运作的自我概念。如果这些积极的可能自我能保持一定的水平，并且与之竞争或相左的可能自我能够受到抑制，那么这些积极的可能自我将对个体的行为进行组织、指导和激励。反之，个体所恐惧的可能自我占据了运作的自我概念，行为表现就会杂乱无章且受到损害，直到一个积极自我战胜这个消极的自我。"[1]可能自我的第二个功能就是评价与解释的功能，即为当前自我（the now self）提供了评价和解释的情境。

相关青少年犯罪的研究揭示了可能自我与潜在问题行为之间的关系。1990年的一项调查显示，超过三分之一的青少年罪犯建立起的可能自我与犯罪行为或罪犯相关，在这些青少年罪犯中，把社会期望的目标作为可能自我的人非常少。[2]当这些青少年犯罪把成为罪犯的可能自我看成是自己的目标和期望时，那么他们长大后成为罪犯也就是顺理成章的事情。所以，对青少年来说，知道自己想成为什么样的人是至关重要的。

三、自我不一致

社会心理学家还探索了不同自我意识间的关系。希金斯（E. T. Higgins）在自我意识理论基础之上提出了"自我不一致理论"（self-discrepancy theory），认为个体的自我表征有两大认知范畴：主体自我和他观自我。其中，主体自我包括三种不同的自我认知表征：第一，每一个人都有一个"现实自我"（actual self），即对自己实际是什么人的看法。这与其他心理学家提出的自我概念相似。第二，

---

①Ruvolo, A.P., & Markus, H.R., 1992, Possible Selves and Performance: The Power of Self-relevant Imagery. Social Cognition, 10,95-124.

②Oyserman, D., & Markus, H.R., 1990, Possible Selves and Delinquency, Journal of Personality and Social Psychology , 59, 112-125.

还有一个"理想自我"（ideal self），即希望成为什么人，包括梦想、抱负和人生目标等。第三，还有"应然自我"（ought self），即认为自己应该成为什么样的人，包括自己的义务和责任。他观自我主要包括：他观的现实自我，即他人认为该个体实际是什么人；他观的理想自我，即他人希望该个体是什么人；他观的应然自我，即他人认为该个体应该有怎样的义务和责任。按照该理论，个体的自我表征就是通过上述六种形式体现出来的。

主观现实自我与他观现实自我反映的是自我概念，而其他自我表征的具体形式则构成"自我导向标准"或"自我指引"（self-guides）。"自我不一致"正是指个体的自我概念与自我导向之间出现矛盾或不协调，从而产生的内部冲突。理想自我与应然自我是个体自身评价的两个标准，也是个体完善自己时所努力的方向。如果现实自我不符合这两个标准，或者说当自我概念与自我指引之间出现不一致时，可能会引起心理和躯体的不适。根据研究，当现实自我与理想的自我之间不一致时会产生失望、不满、悲哀等与沮丧有关的情绪；当现实自我与应然自我之间不一致时则产生恐惧、烦躁、抑郁等与焦虑有关的情绪，它们之间出现不一致时往往会促使人们采取建设性的行动来减少差异。

此外，跨文化研究的结果还显示了不同文化下自我不一致可能导致的不同后果。有研究者比较美国文化和日本文化对自我的影响时发现，美国人倾向于自我批评，当体验到实际自我与理想自我之间的不一致，往往预示着抑郁。但是在日本，实际自我和理想自我之间的不一致更严重，却没有引起更高水平的抑郁。

专栏 4-3

挑战自我的传统形象——实体还是建构？

在古希腊的阿波罗神庙前有这样一道神谕："人，要认识自己。"这个问题时至今日仍然困扰着人们，对于"我是谁""我从哪里来"的争论仍然无休止地进行着。

在现代心理学领域内，自我是一个非常具有争议的研究领域。从某种意义上讲，自我这类现象都是隐藏在个体内部的，表现形式多样化，所以不容易研究。现代心理学对自我的研究是建立在一个关键的前提假设基础之上，从而构造出了一系列自我的形象。现代心理学的关键假设就是：自我跟其他的实体或者自然物体一样，是一个实体，它能够被明确地加以表述。虽然在这一个前提假设下提出了诸如自我的特质理论、角色理论、人本主义理论等多种形式的自我分析，但它们始终还是遵守着这个假设。比如，特质理论将自我实体等同于"人格"，包含着个体认知、情感、意志、性格、气质、能力、智力、自我意识、需要、态度等心理要素。每个人的内心结构都拥有独一无二的特质组合和独特构造。

现在看来，那些被我们曾经深信不疑的认识自我的传统观点，却深深陷于危机之中。传统的自我观点招致了来自不同潮流的质疑和抨击。首先对传统自我研究提出挑战的是格根（J. Gergen）的社会建构论心理学理论。社会建构论心理学首先质疑，在人内在的心理世界中是否真有这样一种稳定的、结构性的自我存在？社会建构论认为，内在心理结构的存在都是为了说明、解释人的行为而构想出来、对人的行为起制约作用的内在因素。人的"自我"正是这样一种为了揭示人类的行为而构想出来的"可能的存在"。社会建构论心理学认为，既然人类的自我是一种构想出来的可能存在，就应该允许对自我研究另作假设。于是，社会建构论提出，不存在一个固定不变的本质"自我"，内在心灵是一个流动的舞台，人的自我是被社会所"建构"的，而且永远处在被建构的过程中。问题是，自我建构是通过什么方式进行的？话语分析心理学解答了这个问题。

受到建构论的影响，话语分析学者彻底地解构了所谓"实体的"自我形象，运用话语分析的立场和方法对自我进行了重新分析。他们认为，并不存在脱离人们语言的客观实体，社会世界和个体是被言语实践不断加以建构的，语言是建构的积极媒介。语言并不是客观实在的反映，而具有行动的力量，对话语的关注就是分析话语如何不断建构社会世界。在自我研究领域体现在将关注点从实体的自我观转向建构的自我观，不再谈论自我是什么，而是谈论自我如何在话语中被建构和表现。实际上，并不存在一个存在于那里等待我们去发现的自我，而只能是在现在和过去所做的历史性经验与各种不同的语言表达中发现多种形式的自我形象。

资料来源：[英]乔纳森·波特等著：《话语和社会心理学》，中国人民大学出版社 2005 年版。

本章小结

社会心理学对于自我以及自我意识的研究已经有很长一段历史了，社会心理学家对于自我意识问题的探讨始终保持着浓厚的兴趣。本章主要介绍了自我意识的界定、内容、产生、发展以及自我研究的新进展即自我的认知表征理论。简单地讲，自我意识是指个体对自己存在、对自己及自己周围事物关系的意识。而对于自我意识包含的内容则存在着多种观点。詹姆斯认为，可以将人类的自我分成生理自我、社会自我和心理自我。罗杰斯认为，自我可以分成现实自我与理想自我两种。马库斯等人根据自我的认知特点，认为自我可以分成现在的自我与可能的自我两种形式。对自我的内容结构可谓是百家争鸣。

　　个体的自我意识发展有一个过程，是在个体生理和心理能力成熟到一定程度的基础上产生和发展的。通常认为，物—我知觉分化、人—我知觉分化以及自我词汇的掌握构成了人类自我意识产生的标志，生理以及相应的心理能力的发展构成了自我意识发生发展的前提条件，加之个体对社会生活的积极参与，自我意识便在与社会、他人的相互作用过程中得到不断发展和完善。

　　20世纪后期，对于自我的研究更加深入，研究者逐渐将自我研究的关注点转移到对自我内部认知、动机、情感的层面上，进而产生了自我控制、自我增强、可能自我、自我图式等理论，这些成果在一定程度上完善了人们对于自我的认识和了解，也促进了自我理论在社会各领域内的应用研究。

思考题

1. 什么是自我意识？
2. 社会心理学的不同理论对自我意识的内容是如何理解的？
3. 人类自我意识产生的标志是什么？
4. 试分析影响自我意识形成与发展的社会因素有哪些？
5. 什么是自我增强？个体自我增强的方式有哪些？
6. 什么是自我图式？自我图式对于自我发展具有怎样的影响？

推荐阅读书目

1. 乐国安主编：《20世纪80年代以来西方社会心理学新进展》，暨南大学出版社2004年版。
2. [美]乔治·H.米德著：《心灵、自我与社会》，上海译文出版社1992年版。
3. 荷妮：《自我的挣扎》，中国民间文艺出版社1986年版。
4. 朱智贤：《儿童心理学》（上册），人民教育出版社1979年版，第四、五章。

第五章　社会认知

本章学习目标

掌握社会认知的定义和特征
熟悉图式在社会认知中的作用
了解社会认知的基本范围
理解影响社会认知的因素
熟悉印象形成的一般规则和基本模式
了解社会认知的几种归因理论
掌握常见的归因偏差

社会认知（social cognitive），最初被称作社会知觉（social perception）。这一概念最初由美国心理学家 J. S. 布鲁纳（J. S. Bruner）于 1947 年提出，用以指受到知觉主体的兴趣、需要、动机、价值观等社会因素影响的对物的知觉。随着社会心理学对人际知觉领域研究热潮的兴起，社会知觉概念被等同于人际知觉（interpersonal perception），指关于他人或自我所具有的各种属性或特征的整体反映，其结果即形成关于他人或自我的印象。作为知觉的一种特殊形态，即以人为对象的知觉，社会知觉服从于一般知觉所具有的普遍规律性，又具有一般知觉所不具有的特点。

20 世纪 60 年代后，随着认知心理学的兴起及其对社会心理学的影响，社会知觉被社会认知一词所取代，指个人对他人的心理状态、行为动机和意向做出推测和判断的过程，属于人的思维活动的范畴。由此使社会知觉的内涵与性质更加明确，避免与传统心理学中作为感性认识活动一部分的知觉活动相混淆。

第一节　社会认知概述

一、社会认知的定义

社会认知是个体在与他人的交往过程中，观察、了解他人并形成判断的一种心理活动。由于社会心理学对于社会认知的研究着眼于对人及人与人关系的知觉感受，因而不少社会心理学文献称之为社会知觉或人际知觉。社会知觉的刺激来源于社会客体。社会客体的涵义十分广泛，既包括他人、群体、人际关系，也包括认知主体自身。社会心理学所感兴趣的是作为知觉主体的个人对他人、群体的人际关系的社会认知，以及与此相伴随的自我省察的过程。在这个过程中，认知客体不仅要了解对方的物理特征，如高矮、胖瘦、衣着、相貌等等，还需要对客体的许多内在特点，如对动机、能力、情感、意志等方面做出判断，形成完整的印象。因此准确地说，社会认知是个体通过人际交往，根据认知对象的外在特征，推测与判断其内在属性的过程。

二、社会认知的特征

作为一种特殊的社会心理过程，社会认知具有如下几个基本特性：

（一）选择性

每个人都要经常面临外界刺激，但是对于同样和同量的刺激，各人所做出的反应程度不尽相同。原因在于每个人都有独特的经验和认知结构，并据此做出自己的反应：选择某一部分的刺激信息，忽略或逃避其他信息。大致说来，人们的认知选择取决于两种因素：第一，以往对报偿和惩罚原则的体验。第二，刺激物的作用强度。如果某种刺激物能给主体带来愉悦，即带来报偿时，就会引发积极的认知倾向。相反，对于那些令人不快和压抑的人和事，个人将极力逃避或置之不理。另一方面，刺激的强度也影响着认知者。一般说来，刺激量越大，越易引起认知者的注意，而微弱的刺激作用则可能使人毫无知觉。

（二）互动性

在社会认知过程中，知觉者和被知觉者处于对等的主体地位，不仅被知觉者影响知觉者，而且知觉者也会影响被知觉者，从而使社会知觉过程的发生不是单向的，而是双向的。知觉者与被知觉者的地位经常交换，当一方接受另一方所发出信息并进行加工时，其就处于知觉者的位置上，所谓的知觉者与被知觉者，往往是在某一方面或层面上的称呼，主要是为了便于分析。

（三）防御性

个人为了与外界环境获得平衡，适应社会，从而运用认知机制抑制某些刺激物的作用就是认知的防御性。当代社会心理学家普遍认为社会认知和防卫机能息息相关。个体在情绪困扰的状态下对于社会客体的反应，与在中性情绪的作用下所产生的反应显然是不同的，换言之，情绪不同的人对于同一刺激会有不同的反应。因为个人是在特定的情绪状态下，根据已有的认知结构来辨明刺激物的意义和重要性，从而决定是否应该逃避。个人的认知防御主要目的在于维持自我的完整。

（四）认知的完形特性

人们在社会认知过程中，自觉或不自觉地贯彻了完形原则（或格式塔原则），即个人倾向于把有关认知客体的各方面特征材料加以规则化，形成完整的印象。这种倾向在判断一个人的时候表现得尤为突出。当我们看到一个人似乎既是好的又是坏的，既是诚实的又是虚伪的，既是热情的又是冷酷的时候，便觉得不可思议，认为自己还没有完全认识这个人，我们总是无法容忍自相矛盾的判断。E. E. 桑普森（E. E. Sampson）把这种自相矛盾判断的出现称为"认知分离"。他认为个人智力和知识的局限性构成认知的剥夺体验，造成个人认知和认知对象之间的分离。为了消除这种分离，个人一方面会加强其探求信息的欲望和动力，寻求更多的信息，摆脱认知剥夺。同时可能向幻想化的方向发展，即利用想当然的办法给认知对象添补细节，使认知带有浓厚的主观色彩。

三、社会认知的图式

图式（scheme）或曰基模（schema），是认知心理学的核心概念之一。在认知心理学观点看来，图式是组织信息的方式，是用来帮助人们认识世界和解释世界的。从 20 世纪六七十年代以来，社会心理学家越来越多地采用认知心理学的术语来说明认知过程，社会认知的图式就是这种研究的成果之一。

（一）图式的含义和分类

图式是有关某一概念或刺激的一组有组织、有结构的认知。它包括对某一概念或刺激的认知、相关的各种认知的关系及具体的例子，其内容可以是特定的人、社会角色、自我、对特定客体的态度、对群体的刻板印象或对共同事件的知觉。泰勒（S. E. Taylor）和克劳克（J. Crocker）区分了四种图式，即个体图式、自我图式、角色图式和社会事件图式。

个体图式（person schema）是一种心理上的认识类型，它描述了典型的或者特别的个体。例如，"愚蠢者图式"和"聪明者图式"等，就是典型的个体。人们的心目中对特定的认识对象存在典型的形象，即特定的图式，人们对认识对象的判断，通常是套用典型图式的结果。

自我图式（self schema），是指个体把自己加以分类和描述的方式。例如，我们关于自己的图式可能包括"聪明的""独立的""外向的"等特性。如果一个人把自己的行为归入某一个类别之后，就成了一个很"图式化"的个人。例如，当一个人认为自己很有男子气时，就会以男子气的图式办事。

角色图式（role schema），是一种描述范围较宽的社会群体和角色的心理类型。在某种意义上说，它们和社会生活中的固定模式很相似，每个人都有关于性别、社会阶层、专业群体的图式。例如，有人认为女人是"很有感情的""心肠软的"，亚洲人是"工作勤劳的""有技术的"等。

事件图式（event schema），是指社会事件的心理分类。事件图式包括社会事件在发生前后以及因果关系上的普遍特征。例如："约会"这一事件图式，典型地包括开始会见、到餐馆吃饭、看电影、送回家、道晚安等。事件图式主要即指社会事件发生的一定顺序和内容。

（二）图式在社会认知中的作用

图式对于社会认知有重要作用，人们利用图式加工信息、解释环境。当我们处于一个新环境时，我们并不是重新认识它，而是利用过去相似情境中的知识做出解释；只有当旧的图式不起作用时，人们才会考虑建立新的图式。图式的存在可以帮助人们节省社会认知的能量，所以处于新的环境中人们会感觉社会认知的压力更大，在熟悉环境中很多信息是可以自动化加工的，而在新环境中很多信息需要人们进行控制性信息加工，所需要的认知能量自然会更多。正是通过这样方式，图式帮助我们加工信息。

图式能帮助人们快速、有效地加工大量的信息。对某类知识、某种情景或某个人所具有的图式越丰富，那么相关信息的加工也就越快。例如：图式能帮助人们记忆信息、解释新信息、从信息中作推论；还能通过建立对未来可能发生的事件的期望来帮助人们为未来做准备。图式加工的优点已经在很多研究中得到证实。下面仅对图式加工的几个优点进行简要介绍：

（1）图式能帮助记忆

当我们对过去的人或事物形成图式化印象时，记忆效果最佳。在一项研究中，实验主试给被试呈现一个女人和她的丈夫坐在家中的录像，一半的被试被告知这个女人是个图书管理员，另一半的被试被告知她是个女招待。这个女人既有符合图书管理员的角色图式特征，例如戴眼镜、弹钢琴等；也有女招待的角色图式特征，例如房间里没有书架、吃巧克力蛋糕等。然后让被试回忆录像中的细节。结果发现：不论是马上回忆还是一周后再回忆，被试对那些与已知角色图式一致的细节记忆效果较好。

这并不意味着与图式不一致的信息通常就记忆得差。也有研究表明：与图式一致及不一致的信息都比与图式根本不相关的信息记忆得好。有时与图式矛盾的信息比一致的信息的回忆效果更好，这在图式相当完善或相当不完善时尤为明显。在相当完善的图式中，不一致的信息更有可能会带来认知失调，因此记忆效果可能会更好；在相当不完善的图式中，仅有的信息往往会被图式持有者更加关注，因此一旦出现不一致信息，就会留下深刻的印象，在其后认知过程中或者挑战现有的不完善图式，或者得到新的解释，使之与现有图式达到协调一致。

（2）图式帮助自动化信息加工

认知者无须任何有意识的努力就会自动产生一些与图式相关的自动化推论。假设你遇到一个极其友好的人，你可能会自动把与"友好"有关的其他特征赋予他，例如热情、善良、聪明等，即使你可能完全没有意识到这一自动化推论过程。当环境中的信息强烈暗示一个特定的图式时，或当图式涉及你极其关心的个体或生活领域时，这些自动化的效应最可能发生。已有图式信息越丰富，越容易推动个体进行自动化的信息加工，而且往往是在无意识的情况下进行的。当然图式加工也有缺点，借助于图式进行的自动化信息加工，可能产生错误的解释、不正确的期望和僵化的行为模式。

（3）图式能够增加信息

图式能帮助我们填补知识中的空缺。例如：当我们阅读一个有关医生的故事时，虽然不知道他穿什么样的衣服，但我们根据医生的图式，很可能会认为他穿着白大褂，认为他具有医生的标准职业特点。

（4）图式包含情感

特塞尔（Tesser）的一系列研究表明：仅在头脑中想象具有图式的客体，就能强化个体对客体的情感。例如：如果你认为老师对你在课堂上的发言不满意，那么你想这件事的时间越长，你的心情可能越低落。

（5）图式在社会认知中的启动效应

最近使用的图式在接下来的不相关情境中再次被使用的现象，就是启动效应。假设你刚听完一位教授批评当今的学生对知识的追求缺乏执着精神的讲座，走出教室后刚好遇到了你的好朋友，她告诉你，她刚刚参加了学校舞蹈队。在先前的讲座的情景下，你可能会将她的行为看作是与学习无关的、浅薄的；与此相反，假设你刚才听的是强调大学生全面发展的讲座，你可能会将她的行为看作兴趣广泛的表现。启动效应的前提是先前激活的图式应用在新信息中是有意义的；当新信息与激活的图式无关时，启动效应就不会发生。

启动效应显示了社会认知的一个要点——内隐性。在很多情况下，过去的经历的痕迹会影响个体对当前情境中社会客体的情感、思想和行为，而个体对这一影响又是无意识的，这一过程即是内隐社会认知，即在个体无意识的、自动激活的图式的指导下的判断、行为和决策过程。启动效应是内隐社会认知的一个例子。

第二节　社会认知的基本范围

从动态上看，社会认知是一个由表及里的过程。最初，认知者只能接收到有关对象外部特征的信息，然而在此基础上，认知者不断拓展认知范围，开始涉及对象的内在属性。与此同时，在认知过程中，人们总是有意无意地将认知对象与周围的人加以对照，试图了解他们之间的相互关系。另一方面，认知者并不忽略对自己的认知，他们往往把自己同一定的认知对象置于某种关系网之中，并形成对这种关系的判断。

社会认知基本上包括了如下几个方面：

一、对他人外部特征的认知

外部特征包括一个人的仪表、表情等肉眼可见的特性。其中表情一般可以分为面部表情、身段表情、眼神（合称非言语表情）和言语表情。

（一）仪表的认知

仪表（appearance）是人的各种特征的重要组成部分，构成了人的具体形象。初次和一个人接触，我们先看到的是这个人的衣着、高矮、胖瘦、肤色以及肢体是否有缺陷等等。将这些属于物理方面的特征加以整合，我们就能直截了当地对对方做出某些判断。仪表认知虽然以有关他人的感受材料为基础，却不只是凭感觉器官的活动来进行的。在这里个人固有的经验知识以及性格等等，同时掺入了认知活动。因此，认知者不仅仅把他人的仪表特征当作单纯的物理现象，而是把它们看作是他人向自己提供的有价值的认知信息，力图从中发现其意义。

（二）表情的认知

（1）面部表情（facial expression）。面部表情是以面部的肌肉变化为标志的。研究结果表明，通过观察面部各种肌肉的变化测定人的情绪是可能的。研究表明：人们能够比较准确地从面部表情上辨别出各种情绪，包括快活、悲哀、惊奇、恐惧、愤怒和懊恼等。不过，一个人的面部表情所能显示的情绪不止这 6 种；个人的情绪体验也往往不是其中单独的某一种，而是多种不同情绪的混合。此外，上述 6 种情绪还存在高低强弱的差异。

（2）身段表情（body expression）。身段表情又称姿势。个体的情绪状态可以在身体姿态的变化中流露出来，如点头、招手、鞠躬致意等等。社会心理学家发现，在身段表情中双手最富于表情，从双手动作上认知他人情绪，其准确率不亚于对于面部表情认知。

（3）眼神。眼神的情绪表达功能更是人人熟悉。把眼睛比作"心灵的窗口"是很恰当的。社会心理学家发现，几乎所有的内在体验都可以表达在眼神之中。人们在认知活动中，一般都不会忽略眼神的奥妙。

（4）言语表情（speech expression）。言语表情不是指言语本身，而是说话时的音量、声调、节奏等特征，专家们称之为一种辅助语言。日常生活中，我们常常通过别人说话的方式判断其内心状态。所谓"听话听音"就是这种经验的总结。研究也表明，言语表情所传达的信息比言语本身更为可靠。

二、对他人性格的认知

性格除了包括情绪反应的特征外，更主要的还包括意志反应的特征。了解一个人的性格，必须了解这个人对现实所采取的态度，以及与此相应的习惯化行为方式。从这里可以看出，通过仪表、表情判断出一个人的情绪不等于同时了解这个人的性格。在实际生活中，人们却经常从别人的情绪表露中，甚至从相貌上判定他的性格。这种认知方法当然是有其局限性的。在性格认知过程中，认知者需要更多有关对方各方面的信息资料，实际上人们对他人性格的认知，更多的是通过与他人的实际交往来实现的。长期的、认真的交往，才是实现性格认知的基本条件。

三、对人际关系的认知

这种认知包括认知者对自己与他人关系的认知和他人与他人关系的认知。实际上，对他人的认知包含着选择自己对他人的关系形式，如对某些人反感、疏远，对某些人喜欢、亲近。这种选择直接影响认知者的交往动机。研究证实，一个人更愿意和与自己性格相似的人接近。一个人在选择交往对象时，颇为注意对方与自己是否相似。因此，这种相似程度构成认知的重要项目。

人际关系认知的另一个方面是估量他人之间的关系状况，确认具体认知对象在群体中的位置。对此，在"人际关系"一章中将要介绍的莫列诺的社会测量法为我们提供了一种很好的认知方法。

第三节　影响社会认知的因素

一、认知者因素

（一）原有经验

人们的已有经验对认知过程产生着特殊的影响。个体在一定的基础上，形成某些概括对象特征的标准或原型，从而使认知判断更加简捷、明了。如果人们没有关于"聪明""大方"的原型，就无法很快地将对象认定为聪明、大方的人。更明显的是个体原有的经验能够制约其认知角度。对于同一座建筑物，建筑师可能更多地着眼于它的构造、轮廓，而木匠则可能更注重于它的木料的质地及工程的优劣。

有一种观点认为，人们之所以能够推论出对象所发出信息的更多意义，那是因为有关该对象的经验已形成了观念，这种观念参与了认知过程，才能建构出外在信息背后的更多意义内容。巴克（K. Back）称之为"概念应用"。[1]例如：一个学生的学习成绩好，人们可能判断他"有出息"，因为很多成功人士的学习成绩都很好。在这里原先所形成的有关"成功"和"出息"的概念帮助人们做出了判断。

（二）价值观念

个人如何评判社会事物在自己心目中的意义或重要性，直接受其价值观念影响，而事件的价值则能增强个人对该事件的敏感性。奥尔波特（F. H. Allport）等人做过一个实验，目的是检测各个背景不同的被试对理论、经济、艺术、宗教、社会和政治的兴趣。实验者将与这些领域有关的词汇呈现于被试面前，让他们识别。测验结果发现，不同的被试对这些词汇做出反应的敏感程度也不同；背景不同的被试由于对词汇价值的看法不同，识别能力显示出很大差异。

---

①［美］克特・W. 巴克主编：《社会心理学》，南开大学出版社 1984 年版，第 353 页。

（三）情感状态

个人的情感体验如何直接影响其认知活动的积极性？巴特利特（F. Bartlett）证明，已经应征入伍的人比未应征的人把军官的照片看得更可怕，并且还能根据照片的特点指出哪位军官有较强的指挥能力。莫瑞（H. A. Murray）证实，处于恐惧状态下的人，对恐惧更为敏感。在一次实验中，他先让一些女孩做一种很吓人的游戏，再让她们和其他女孩一起判断一些面部照片。结果发现：做过恐怖游戏的女孩比没做过游戏的人把面部照片判定得更为可怕。

日常生活中的许多现象也表明：情绪饱满的人，其活动领域也比较开阔，往往能收集、加工更多的信息；而当一个人情绪低落，则更容易把周围看得灰暗一片，对周围所存在的信息不感兴趣。此外，菲德勒（F. E. Fiedler）的研究还发现，好恶感会影响对他人个性的认识。当我们对某人怀有好感时，容易在对方身上看到与自己相似的个性特点。比如提到一个好朋友，我们往往说他和自己"志趣相投"；而对于那些和自己"格格不入"的人，我们便会觉得他处处与自己不同。

（四）认知偏差

在认知过程中，个体的信息加工习惯和某些偏见时常会影响社会认知的准确性，进而导致社会认知发生偏差。这种带有规律性的认知偏差现象在许多情况下是无意识发生的。可以说，每个人都经历过这些认知偏差现象，并且这些现象都具有一定的社会适应意义，然而之所以称这些现象为认知偏差，乃是因为它们会干扰到社会认知的准确性。

（1）光环作用（halo effect）。如果某人被认知者赋予了一个非常肯定或有价值的特征，那么就有可能被认知者赋予其他未知的积极特征，反之亦然。例如：认知者经常会相信一个外表迷人的人也是非常聪明的，或者相信一个人如果不诚实就不会体谅人等等，这种认知上的偏见就是所谓的光环作用。其实质在于：认知者倾向于把各种相互独立、没有必然联系的同类特性予以叠加，统统赋予认知的对象。尤其是在被认知对象具有某个方面突出特点时，光环作用更加容易发生。

（2）相似假定作用（similarity assumption）。在认知活动中，人们有一种强烈的倾向，即假定对方与自己在个性或态度上存在许多相同之处。初次接触一个陌生人，当我们了解到对方的年龄、职业或籍贯等方面与自己相同时，最容易做出这种假定。在社会生活中，背景相同的人并不一定有相似的个性和行为反应特征，然而人们总是根据一些外部的社会特征，判断自己和他人之间的相似程度。如果没有新的信息资料，人们就很可能用这种假定的结论代替实际的认知结果。

（3）类化原则（generalization）。认知者总是按一定的标准将他人分类，把他人归属于一些预设好的群体范畴之中。在认知具体个人时，一旦发现对方所属的群体类别，就会将群体的特性加诸对方身上。例如：假如我们认为日本人勤俭、聪明、注重礼仪，那么当我们见到一位日本人时，就会将这些特性赋予他，以为他一定是一个勤俭、聪明、讲礼仪的人。类化原则在人们接触认知对象的机会不多、认知不深入的时候更有可能影响人们的认知。类化原则是一种社会认知捷径，能够让认知者把对群体的有限了解推论到个体成员身上。

（4）积极偏见（positive prejudice）。在日常生活中，当认知者对认知对象做出评价时，认知者所表达的积极肯定的评价往往多于消极否定的评价，这种倾向又叫宽大效应。许多实验研究表明，无论对方是不是熟悉的人，在被试对他们的评价中肯定多于否定。有些学者解释说，肯定评价就像"奖金"一样，用于别人身上就可以指望获得报偿。每个人都期待着得到他人的承认和接受，因而经常会设身处地地考虑他人的意愿，放宽对待人的尺度。一些实验证实，积极性偏见只适用于对人的估价，当认知对象不是人格的物体时，它就不会出现。

（5）隐含人格理论（recessive personality theory）。每个人在成长过程中，都会发展出自己的人格理论，这是一套关乎个人各种特征是怎样相互适应的、未言明的假定。个体的人格理论之所以是隐含的，是因为它很少以成文的形式表述出来，甚至个人自己也没有意识到它的存在。伯曼（J. S. Berman）等人把这种理论又称作相关偏见。这种偏见为人们提供了一种方法：把认知到的各种特性有规则地联系起来。每个人都依照自己有关人格的假定，把他人的各种特性组织起来，成为一种总体形象。

罗森伯格（S. Rosenberg）等人发现，大学生在形容他们所认识的人时，最经常使用的词是自我中心、聪明、友好、雄心勃勃、懒惰等等。那些被形容为很聪明的人，同时还可能被形容成是友好的，但很少被形容成自我中心的。在这里隐含人格理论起了作用：聪明和友好应当并列，而聪明和自我中心则无法构成一个整体形象。在实际认知过程中，刚刚看到对方具有某些特点，人们就依照自己固有的人格模式推测他人必然具备另一些特性。假设发现对方交际广，便推断他口才好、讲义气、精力充沛、机敏、富有想象力等等。

（6）首因效应（primary effect）和近因效应（recency effect）。人们根据最初获得的信息所形成的印象不易改变，甚至会左右对后来获得的新信息的解释，这就是首因效应。卢钦斯（A. S. Luchins）的实验证明了首因效应的存在。他用两小段文章描述了一个叫吉姆的男孩一天中的部分行为。其中一段是写吉姆和朋友们一起上学去，他在路上晒太阳，在商店和一个熟人聊天，问候一个他最近才认识的姑娘。另一段写吉姆独自一人从学校走回家，在树荫下歇凉，在商店里默默地排队购物，没有去问候那个新近结识的姑娘。第一段（Extravert type）暗示吉姆是一个性格外向的人，而第二段（Introvert type）则使人觉得他是个性格内向的人。然后，卢钦斯以 E-I 或 I-E 的不同顺序将两段文章连接起来。他要求被试在读过这两段文章以后对吉姆做出评价。尽管文章的内容完全相同，但是假如被试首先读到段落 E 时，他们就会认为吉姆的性格较为外向，而假如首先读到段落 I，他们则会认为吉姆的性格较为内向。可见，在认知过程中，个人尽管可以获得多种信息，但最终决定他形成印象的却是最初信息，其余信息则被忽略。也就是说，第一印象是形成印象的基调，其比后续信息更加重要。

但是，卢钦斯也发现，如果事先提醒被试避免做出草率判断，并告知他们要考虑到全部有用信息，首因效应就可以减弱。如果在段落 E 和段落 I 之间加入一些附加描述，那么段落 I 所提供的信息对于被试形成印象就会有更强的作用。在这种情况下，近因效应就会发生，我们就可能注意对方的"当前"表现，而忘了他在过去给自己留下的印象。

二、认知对象因素

（一）魅力

构成个体魅力的因素既有外表特征和行为反应方式，又有内在的性格特点。人们说一个人有魅力，通常意味着他具有一系列积极属性，例如容貌美、有能力、正直、聪明、友好等。在现实的认知过程中，个人往往只需具备其中的一两个特性，就有可能被认为有吸引力，情况可参考前面所谈到的光环作用。因此，魅力本质上是被认知对象的某些方面对认知者具有强大的吸引力。

美貌是产生魅力的外在因素之一，它可以被观察者直接感知到，并能产生较强的吸引力，进而有可能导致光环作用的发生。戴恩（K. Dion）等人在实验中让被试通过外表上魅力不同的人物照片来推测每个人其他方面的特性。结果发现：在几乎所有的特性方面（如人格的社会合意性、维护婚姻能力、职业状况、幸福感等），有魅力的人得到的评分更高，而缺乏魅力的人得到的评分更低。

除了相貌之外，态度也能产生魅力。如前所述，对于认知者来说，对方的态度是否与自己接近，决定着其魅力的大小。人们把自己的态度作为判断别人是否和自己相似的重要参照系，同时还常常会观察别人对自己的态度。按照弱化理论的观点：人们喜欢那些喜欢自己的人而讨厌恨自己的人。在这个意义上，只要认知对象的态度和判断对自己有利，认知者就会把他看成是有魅力的对象，并对他持积极肯定的态度。

（二）知名度

一个人知名度的大小也影响着别人对他的认知。在一个人有一定知名度的情况下，人们通过某种社会传播媒介或周围其他人传递的有关他的信息，实际上已经开始了对个人的认知。这时，人们所依据的都是间接材料，受他人暗示的成分较大。无论是否相信这些材料，却已经形成了一定的判断，所以一旦真正接触到知名人士，认知者必须首先检验原有的看法。一般说来，知名度高、社会评价积极的人，对于认知者的心理有特殊的影响力。人们常常把这样的人先入为主地看成是有吸引力的人。

（三）自我表演

在多数情况下，认知对象并不是认知活动中完全被动的一方，而是"让"别人认知的一方。因此，认知对象的主观意图势必要影响他人对自己的判断。按照戈夫曼（E. Goffman）的理论，每个人都在通过"表演"，即强调自己许多属性中的某些属性而隐瞒其他的属性，试图控制别人对自己的印象。这种办法有时很成功，使得不同的认知者对同一个人形成完全不同的印象，或者使同一个认知者在不同的时间和场合下对同一个人得出不一致的看法。比如，对同一个人，有人觉得他心胸开阔、热情大方，有人则认为他固执、沉静。人们会根据环境表现自我的不同层面，有时使人感到深不可测，有时则使人觉得他诚挚、坦率。在这里，认知对象的自我表演对于认知者的作用是不可否认的。认知对象透过语言与非语言信息的表达，试图操纵、控制知觉者对他形成良好印象的过程被称作印象整饰或印象管理。

印象整饰在日常生活中有重要的作用，良好的印象整饰是人际关系的润滑剂。近些年来，人们对印象整饰的技巧加以研究和总结，出版了大量的有关"表演规则"的书籍。常见的印象整饰策略有按照社会常模管理自己、使自己的言行符合角色的社会规范、隐藏自己和投人所好等。

三、认知情境因素

（一）空间距离

空间距离显示交往双方的身体接近程度。在认知活动中，它构成一种情境因素。霍尔（E. Hull）认为人际空间距离可分为 4 种：亲昵区（约 46 厘米），表现在夫妇、恋人之间。个人区（46 厘米至 1.2 米），表现在朋友之间。社会区（1.2~3.6 米），表现在熟人之间。公众区（3.6 米以外），表现在陌生人之间或一般公开的正式交往场合。这些距离是人们在无意之中确定的，却能影响认知判断。比如，我们希望陌生人不要过于接近自己，但是如果他莫名其妙地一步一步地向自己靠近，就会感到窘迫、紧张甚至恐惧，同时我们会断定这个人缺乏教养，不懂礼貌或者有侵犯性。特别是在认知他人之间的关系时，空间尺度往往成为一种判断依据，看到两个人在低声交谈，我们就知道他们所说的事不愿意让别人听见，并推断他们可能有较深的私人关系，等等。

　　（二）背景参考

　　在认知活动中，对象所处的背景也常常成为判断的参考系统。巴克（K. Back）指出，对象周围的"环境"常常会引起我们对其一定行为的联想，从而影响我们的认知。人们往往以为，出现于特定环境背景下的人必然是从事某种行为的，他的个性特征也可以通过环境加以认定，例如一个人如果经常出现在博物馆或图书馆，那么观察者很可能会认为他非常好学或者知识丰富。

　　环境背景对于认知的这种影响可以在相关文献中得到充分支持。20 世纪20 年代以来的许多实验研究一致表明：如果让被试判断绘画作品中人物的特点，那么画中人所处的背景会强烈地影响到被试所做出的判断。被试做出何种判断以及判断的准确程度，受到画中人所处的周围景物和绘画色调的直接影响。科尔曼（H. C. Kelman）等人认为，背景可以提供非常重要的判断线索，观察者把从背景中所获知的感情归属于人物。例如假设画中人在笑，那么只有情景的线索才能显示出这种笑的动作究竟是源于高兴还是难堪。

第四节　印象的形成

　　在认知活动中，一旦我们能够对对象的某些属性做出判断也就形成了所谓印象。从本质上说，印象组织了人们关于对象各方面特性的认知成果，它所反映的是被认知对象的总体特征。但是在很多情况下，人们并不是等到把握了被认知对象的全部特性之后才形成对他的印象，印象的形成可以在较短的时间内完成。甚至只需要看一下某个人的照片，或者和某个人简短交谈几句话，就可以做出许多印象推论。这种情况是由社会认知本身的特点所导致的。

一、印象形成的一般规则

（一）一致性

在判断一个人的时候，人们趋向于把他作为协调一致的对象来观察。尤其是在评价这个人的时候，观察者不会做出相互矛盾的判断，一个被认知对象不会被看成既是好的又是坏的，既是诚实的又是虚伪的，既是热情的又是冷酷的。即使关于某个人的信息资料自相矛盾时，人们也极力消除或减小这种冲突，把被认知对象视为具有统一的整体（如图 5-1 所示）。

当然，对他人的认知并不总能达成一致性的印象，也有这样的时候，关于某人各方面的信息资料十分矛盾，使得大多数人无法按照一致性的原则加以把握。然而，人们不会彻底放弃一致性原则，依然有着把他人各种特性协调组织起来的强烈愿望。

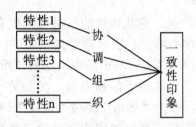

图 5-1　印象形成的一致性作用

（二）评价的中心性

奥斯古德（C. E. Osgood）等人在一项实验中发现，被试用于描述印象的形容词涉及三个基本范围，即评价（好—坏）、力量（强—弱）和活动（积极—消极）。也就是说，个体基本上是从评价、力量、活动三种角度来描述对一个人的印象的。这一发现揭示了印象的内涵。同时，他们还指出，在印象的三个方面中评价是最主要的，能够影响有关力量和活动特性的描述。一旦人们判断出一个人好坏来，对此人的印象也就基本上确定了。

罗森伯格等人进一步对评价范围加以区分。他们认为，人们是根据社会特性和智能特性来评价他人的。他们把最常被评价的特性列成表（如表 5-1 所示）。后来汉密尔顿（D. L. Hamilton）等人的实验证明，让被试看到更多关于社会特性的信息，一般会影响他们对别人的喜欢程度。如果让他们看到更多智能方面的特性，则会影响他们对别人的尊重程度。

表 5-1   用于评价他人的社会特性与智能特性

评价	社会特性	智能特性
好的评价	助人的 真诚的 宽容的 平易近人的 幽默的	科学的 果断的 有技能的 聪明的 不懈的
不好的评价	不幸福的 自负的 易怒的 令人讨厌的 不受欢迎的	愚蠢的 轻浮的 动摇不定的 不可靠的 笨拙的

（三）中心特性作用

在人们形成印象的时候，有些特性的信息常常更有分量，并能改变整个印象，这些特性就称为中心特性。在一项经典实验中，阿希（S. E. Asch）给被试呈现描述某个人的形容词表，对于其中一组被试所用的形容词包括聪明、灵巧、勤奋、热情、果断、注重实际和谨慎。又给另一些被试一张表，上面将形容词做了一点变动，即把"热情"换成"冷淡"。然后，让两组被试分别谈谈自己的印象。结果发现：两组被试所形成的印象很不相同。例如后一组被试中只有大约 10%的人相信表中所形容的人会是宽宏大量的或风趣的，大多数被试认为这个人斤斤计较、毫无同情心、势利；而前一组的被试中则有90%的人把他描绘成慷慨大方，77%的人认为他是风趣的。阿希指出，热情和冷淡这两种特性是印象形成的"中心特性"，这两个词的互相替换导致被试的印象出现显著的差别。相比之下，如果用"礼貌"和"粗鲁"代替"热情"和"冷淡"，它们各自所产生的结果却没有很大差别。因此，阿希推论说礼貌和粗鲁不是中心特性。

近年来的一些研究表明，中心特性的作用比原先阿希所说的要复杂。威西纳等人指出，一个具体的特性是否是中心特性，首先取决于描述一个人的其他信息，其次取决于他人做出的判断。换言之，如果关于其他特性的信息很多，"热情"和"冷淡"的具体作用就可能被削弱。同样，当要求一个人对运动技巧做出判断时，"热情"和"冷淡"可能就没有什么特殊的影响了。然而，尽管有这样那样的限制，中心特性对大多数印象的形成过程都有着重要影响。

二、印象形成的基本模式

（一）增加模式

增加模式的观点认为：人们在整合印象信息时，会将收集到的对象的全部特性加以单独评价，积极特性会得到正向的评分，消极评价会得到负向的评分，最后再综合全部评分的总和作为形成印象的依据。无论是积极评价还是消极评价，在增加模式中，其对印象形成的贡献都是累积的，即如果某个人的积极特性越多，那么人们对他的印象就会越好；相反，如果某个人的消极特性越多，那么人们对他的印象就可能越差。

（二）平均模式

平均模式的观点认为：在印象形成的过程中，人们不但要考虑各种特性的评价分值总和，还要根据所累积的特性数量的多少加以平均。印象信息整合的平均模式是以增加模式为基础的，但在后者基础上增加了计算平均分的过程。在增加模式中，通过两种特性而形成的印象与通过二十种特性而形成的印象，在得分上可能是相同的。然而，在这种相同印象得分的背后，认知者对于交往对象的了解程度是不一样的，生活常识也告诉我们：认识时间的长短、认识程度的深浅都会对总体印象有所影响。平均模式在一定程度上考虑到了这个问题，它可以区分出熟悉程度对印象形成的不同影响。

（三）加权平均模式

人们对自己形成印象有这样的常识性认识：在形成对他人印象时，不仅会考虑积极特征与消极特征的数量多少与强度大小，还会从逻辑上判断各种特征的重要性如何，即重要特性对印象形成的权重更大，次要特性对印象形成的权重较小。加权平均模式吸收了这种常识，进一步改进了平均模式，认为印象形成是人们首先根据每种特性在总体评价中的重要性，确定每种特性的权重数，然后将权重与每种特征的强度相乘，最后加以平均得出总体印象。

安德森（N. Anderson）通过一系列实验，得出了支持平均模式的有力证据。同时他考虑到：在影响人们的印象方面，一些特性往往比其他特性更为重要。由此，安德森曾经设想了一个加权平均模式。按照这种模式，人们除了看重影响力很大的极化特性之外，还通过平均所有特性去形成一种综合的印象。或者说，人们对他人身上极化特性会采取增加模式做出评价，而又依据平均模式去综合对方的所有特性。安德森将两种模式结合起来，能够比较有效地说明印象形成过程中的复杂情况。

然而哪些信息的权重更高呢？首先，最初获得的印象信息会有更高权重。

人们在形成印象时，并不是同等地看待对方所有的特性。那些最初被发现的特性，会影响人们对后来掌握的其他信息的解释方向。其次，有关被观察对象的消极否定信息会加重。认知者不会同等地看待对方所具有的好的特性和不好的特性。为了形成一致的印象，认知者会将看到的相互冲突的特性加以平均或抵消，但是，与好的特性相比，认知者更注重不好的特性。就是说，如果其他方面的条件相同，传达消极否定信息的特性比传达积极肯定信息的特性更能影响印象。安德森说，不管一个人具有其他什么样的特性，一种极端否定的特性会使人产生一种极端否定的印象。

（四）中心品质模式

上述三种关于普通人如何加工印象信息的观点之间存在一种拓展延续与不断改进的联系。然而，加权平均模式在吸纳了更多常识之后，其对印象形成的信息加工过程的解读，越来越不符合人类加工信息的模糊性特点，人不是精密的计算机，无法在精确地确定每种特性权重之后，再进行加减乘除的混合运算。因此，加权平均模式虽然对我们有所启发，却没有真正再现人类的印象信息加工与整合过程。

中心品质模式突破了信息精细加工思维的限制，重新关注了人类认知的模糊性特点。其认为在印象形成过程中，人们只重视那些意义重大的特性，即所谓的中心品质，而忽略那些次要的、对个体意义不大的特性；如果在短暂的接触中，未发现中心品质存在与否，人们会根据已经确认存在的特性来判断中心品质是否存在及其强度如何。要完成这一判断，需要借助于隐含人格理论，隐含人格理论中包含了各种特性之间如何组合的一系列假设，可以帮助人们通过已知的特性来判断其他特性的存在情况。

在印象整合过程中，哪些特性意义重大，是印象形成的中心品质呢？相关研究认为：真诚、热情是积极的中心品质；虚伪、冷酷是消极的中心品质。如果一个人既真诚又热情，那么，人们在形成关于他的印象时会忽略其他品质，产生良好的总体印象；相反，如果一个人被认为虚伪和冷酷的话，那么，就不会留给别人好的印象。如果接触时间短，没有发现上述中心品质的话，认知者就会借助于依据经验而形成的隐含人格理论，根据已经发现的特性去判断对象在中心品质上的表现如何，例如：人们经常会认为，幽默、外向、开朗的特性与热情、真诚联系更为密切，而刻板、内向、阴郁的特性与虚伪、冷酷联系更为密切。应该说，中心品质模型更接近日常生活中的印象信息整合的实际情况。

第五节　社会认知的归因理论

所谓归因（attribution）是指人们从可能导致行为发生的各种因素中，认定行为的原因并判断其性质的过程。归因理论是关于人们是如何解释自己或他人的行为以及这种解释如何影响他们的情绪、态度和行为的理论。它为说明、解释、预测和控制人类的心理与行为提供了一种独特的理论视角。本节所介绍的归因理论主要涉及有关人们是如何解释自己或他人的行为等内容。

一、海德的素朴心理学

海德（F. Heder）是归因理论（attribution theory）的创始人。他提出：在日常生活中，每个人都对行为背后的原因感兴趣，人们想知道别人行动的前因与后果，归因不仅是人们的心理活动，更是人的内在需要。通过归因，可以获得对周围人的理解，可以增强内心的控制感与安全感。普通人虽然缺乏科学训练，但他们却能遵循朴素的科学原则，利用理解和内省的方式去探索行为背后的因果联系，这一点或多或少有点像心理学家对人类行为所开展的研究，所以，海德把普通人称为朴素的心理学家，把普通人的归因活动称之为"常识心理学"。

海德区分了导致行为发生的两种因素：一是行为者的内在因素，包括能力、动机、努力程度等；二是来自外界的因素，例如环境特点、他人表现和任务的难易程度等。他认为行为观察者在对因果关系进行朴素分析时，试图评估这些因素的作用。如果把某项行为归因于行为者的内在状态，那么观察者将由此推测出行为者的许多特点。即使这种推测不总是很准确的，它也有助于观察者预测行为者在类似情况下如何行为的可能性。但是，假如某项行为被归因于外在力量，观察者就会推断说该行为是由外力引起的，那么以后能否再次发生则难以确定，因此，海德认为对行为的预测与对行为的归因是相互联系着的。

二、维纳的归因理论

维纳（B. Weiner）研究了人们对成功与失败的归因。他同意海德提出的尺度，即把原因分为内因和外因两种。但他还提出了另一种尺度，把原因区分为暂时的和稳定的两个方面。依照这两种尺度，维纳对成功行为的决定因素做了分类（如表5-2所示）。

表 5-2　　维纳的归因模型

归因尺度	内在的	外在的
稳定的	能力	任务难度
暂时的	努力	机遇

　　两种尺度上的因素在归因中都是很重要的，它们会导致不同的后果。在人们形成期望或者预言某人将来的行为时，暂时/稳定尺度是非常重要的。例如：假使人们相信某球队比赛成绩之所以好，是因为队员个人技术好，整体作战能力强，那么当这支球队再次与对手相遇时，人们就会预期这支球队的战绩会与上次一样好。如果人们断定这支球队获胜的原因纯属偶然，如士气高或分组有利，人们就不会对它下次取胜抱有信心。在解释失败的尝试中，暂时/稳定尺度也是适用的。如果把失败归因于稳定因素，人们就可以预测将来的失败；如果把失败归因于暂时性因素，就可以预测将来的改进。

　　归因的内在／外在尺度同对一种行为的奖赏或惩罚是联系在一起的。比如，如果我们认为某人的成功不是由于机遇或工作简易，而是凭他自己的能力经过一番努力获得的，人们就更可能会奖励他。而当他的失败被归因于能力低或懒惰，人们就更有可能会惩罚他。如果一个人的成功与失败被归结为外因，例如工作强度太大或者运气很不好，那么无论成功还是失败，人们一般情况下都不会奖励或惩罚他。

三、琼斯和戴维斯的对应推论说

　　海德虽然提出普通人偏爱内归因，却没有具体地说明人们在何种条件下会进行内归因，琼斯（E. E. Jones）和戴维斯（K. Davis）对这一问题做出了回答。将某人的行为归结于其内在特征的归因过程，可以称之为对应推论。对应推论是人们对行为进行归因的一种方式。当人们认为一个人的行为与其特有的内在属性（动机、品质、态度、能力等）相一致时，就是在进行对应推论。比如，看到某人喜欢做出承诺却经常违背诺言，如果人们断定这是由他不诚实的品性所导致的，那么这种归因就是对应推论。当然，推论恰当与否取决于事实上行为者的内在属性与其行为相互一致的程度。

　　琼斯与戴维斯揭示了对应推论的程序，即先判定行为者的动机，然后由此推定行为者的品性。他们认为，当他人有某种行为时，行为的观察者就要判定这种行为是不是他人有意做出的，以及这种行为所产生的效果中哪些是行为者所希求的。如果某种行为后果只是行为者无意造成的，就不能根据它来判断行为者的品性。

琼斯和戴维斯还提出几种可能影响对应推论的因素。第一个重要的因素是行为的社会合意程度。社会合意程度很高的行为符合社会规范，是大多数人都会采取的行为。如果行为者采取的是社会合意的行为，人们就无法从中推论其品性。相反，一般人所不愿意干的事，而某人却偏离了社会规范去做此事，人们就会很有信心地推断说该行为反映了这个人的独特个性。另一个因素是行为的自由选择性。如果观察到某种行为是行为者自由选择的结果，通过这种行为和未采取的行为的比较，人们就会假定该行为能够反映行为者的意图，据此就可以推论其品性。最后，如果观察者认为是外在力量迫使行为者这样做，就会以外力的作用来解释他的行为。因此，当行为者的选择自由没有受到限制时，观察者更可能进行对应推论。

四、凯利的归因理论

凯利（H. Kelly）的理论通常被叫作三度理论（cube theory）。他指出人们在试图解释某人的行为时可能用到三种形式：归因于行为者，归因于客观刺激物（行为者对之做出反应的事件或他人），归因于行为者所处的情境或关系（时间或形态）。例如，某人连续几次看了一部电影，如果我们对他的行为进行归因，就会有三种解释：①他喜欢这部影片，②这部电影很有趣，③这几天他闲着没事。三种解释都可能是正确的，问题是确定哪一种解释是正确的。凯利指出，为了确认这一点，人们使用了三种基本信息，即区别性信息、一致性信息和一贯性信息。

区别性信息告诉人们行为者在对待不同刺激物时，其行为表现是否有差别。某人看了几次影片甲，是否还看过电影院同期播放过的其他影片乙、丙、丁？如果他只看电影甲，而不看其他片子，就说明他对不同刺激物的反应有高区别性。

一致性信息向人们显示关于周围其他人的行为方式与行为者的行为表现之间是否一致。某人看了影片甲，他周围的人是否也看了？如果周围不少人也看了影片甲，则表明某人与其他人的行为之间有高一致性。如果情况不是这样，那么这个人的行为将是独特的，同别人的行为之间只具有低一致性。

一贯性信息是人们所要了解的关于行为者在其他场合的表现情况。某人对影片甲是否总是喜欢的？是不是看的时候有兴趣，而看完了就说不好？如果兴趣始终如一，则说明他在不同场合对于同一个刺激物的反应有高一贯性，相反，这些反应则只有低一贯性。

上述三类信息的使用情况，决定了人们对行为归因的可靠程度。通过这些信息的组合，人们就可以断定引发某种具体行为的原因究竟是来自行为者本身，还是来自客观刺激物或情境。社会心理学家麦克阿瑟（McAuthur）以实验对凯利的理论进行了较为系统的研究，揭示了三种信息的状况和内外因归属的关系。试验者给被试一个假设的事件——玛丽昨晚观看表演。当一位喜剧演员登场的时候，玛丽笑得前仰后合。实验者系统地呈现不同的区别性、一致性和一贯性信息，然后测定被试的归因方向。结果如表 5-3 所示：

表 5-3 不同信息呈现与归因类别

序号	提供的信息资料			归因
	一致性	区别性	一贯性	
1	高——每个人都发笑	高——她对别的小丑没笑过	高——她总是对小丑发笑	刺激物（外因）小丑（61%）
2	低——别人很少发笑	低——她对所有的小丑都发笑	高——她总是对小丑发笑	行为者（内因）玛丽（86%）
3	低——别人很少发笑	高——她对所有的小丑都发笑	低——她以前几乎没对小丑发笑过	环境（外因）72%

由上表可见，在第一种情况下，在场的每一个人都笑了，玛丽也常对这位小丑演员笑，但未对其他小丑演员笑。因此，那个小丑扮演者一定是很滑稽的演员。此时，在被试中有 61%的人把玛丽的笑归因于该小丑演员，即做了外在原因的归属。在第二种情况中，玛丽经常对这位小丑演员的表演发笑，同时也对任何其他小丑演员发笑，而在场的其他观众并没有笑。由此可把玛丽看作是一个爱笑的人，即可进行内归因，此时有 86%的被试作了如此的判断。在第三种情况中，玛丽过去几乎未曾为这位小丑演员的表演笑过，也不对其他的演员发笑，在场的其他观众也都没有笑。因此，可能是该情境中的什么特别的情况引玛丽发笑了。在这种情况下，有 72%的被试将玛丽的情境因素，即进行外因的归属。这一实验结果在一定程度上支持了凯利的三度理论，因为普通人的归因可能被三度理论所预测。

专栏 5-1

课堂练习：为什么老板要对自己的员工张某大吼大叫？

假设你在一家商店里做兼职，看见你的老板对另外一名员工张某大吼大叫，并骂他是个笨蛋。于是你不由自主地就想到了一个问题：老板为什么要对张某这样大吼大叫？是老板自己的问题还是张某的问题？周围环境的什么因素影响了他？

试依据凯利（H. Kelly）三度归因理论回答这个问题：

你很可能做出内部归因（跟老板有关），具体依据是：	一致性如何？"低"或"高"？	区别性如何？"低"或"高"？	一贯性如何？"低"或"高"？
你很可能做出外部归因（跟员工张某有关），具体依据是：	一致性如何？"低"或"高"？	区别性如何？"低"或"高"？	一贯性如何？"低"或"高"？
你很可能认为这是特殊情况下的偶然现象，具体依据是：	一致性如何？"低"或"高"？	区别性如何？"低"或"高"？	一贯性如何？"低"或"高"？

为了保证归因的精确性，应像上面的实验一样，将三方面的信息，即区别性信息、一致性信息、一贯性信息综合起来进行分析考察。然而，在日常生活中，我们经常无法充分掌握各类信息。例如，我们可能不曾在从前的某些场合观察过这个人，或者我们可能不知道在同样的情形下其他人会怎样做。凯利认为，在这种情况下，我们有关因果关系的现成观念（即因果图式）起了作用。也就是说，在以往的观察中，我们对因果关系形成一定的图式，这些图式现在被用来解释他人的行为。

因果图式的种类很多，人们比较常用的有两种。一种是"多种充分原因模式"，它可以帮助人们从多种可能因素中判断何者是行为的原因。例如，看到某人去参观绘画展览，我们可能做出这样的解释：或者这个人爱好绘画，或者他是被朋友邀去的。在两种解释之中，有一个是可行的，选择哪一个是由我们所掌握的信息来决定的。如果我们了解这个人平时从来不关心绘画方面的事，就会判断他是应邀而去的；如果我们了解到他学过绘画，并想提高创作水平，就会断定是他自己想去的。

另一种是"多种必要原因模式"。按照这种模式，某种事件的原因至少有两个。人们经常用这种模式去解释那些极端事件。例如：甲突然和乙打起来了，到底是甲故意向乙挑衅，还是乙本来就好打架呢？在这种情况下，大多数人会认为这两种说法都有一定的道理。或者说，人们从两个人身上找原因去解释一个事件，正所谓"一个巴掌拍不响"。不管一个巴掌到底能不能拍得响，人们却经常按照多种必要原因模式进行归因。

五、归因偏差（attribution bias）

上述的归因理论，特别是凯利的模式基本上都假定归因是一种合理的有逻辑的过程。但学者们指出，人们在许多情况下对行为原因的解释是武断的、不合实际的偏见。

（一）过高估计内在因素

这种偏差主要是就观察者而言的，被称为基本归因错误（fundamental attribution error）。观察者倾向于把行为者本身看作是其行为的起因，而忽视了外在因素可能产生的影响。发生这种归因错误的原因在于：第一，人们有这样一种社会规范，即每个人都应该对自己行为的后果负责，故轻视外在因素的作用，重视内部因素的作用。第二，在一个环境中，行为者比环境中的其他因素更为突出，使得人们往往只注意行为者，而忽视了背景因素和社会关系。

（二）行为者和观察者的归因分歧

与观察者的倾向相比，行为者很容易过高估计外在因素对于自己行为的作用。也就是说，行为者相对于观察者来说，对自己的行为倾向更有可能做外在归因，而观察者对他人行为倾向更容易做内在归因。为什么两者之间在归因上会出现这种分歧呢？第一，因为二者的着眼点不同：观察者通常把注意力放在行为者身上，而行为者则可能更注意外在因素对于自己行为所造成的影响。第二，因为二者可用的信息不同：观察者通常很少掌握行为者以往行为的信息，只能注意他此时此地的行为表现；而行为者对自己的过去行为非常了解。

（三）忽视一致性信息

凯利曾假定人们在归因时同样重视区别性、一致性和一贯性三种信息。但是，事实上一致性信息所受重视的程度特别低。人们往往只注意行为者本人的种种表现，却不大注意行为者周围的其他人如何行动。目前有关这种现象的研究指出了这样几种原因：第一，人们习惯于注重具体的、生动的、独一无二的事情，往往忽视抽象、空洞和统计类型的信息。第二，人们可能觉得直接信息比间接信息更可靠，而一致性信息涉及行为者周围的其他人，这方面的材料相对分散，无法靠观察者自己一一获取，属于间接信息。第三，行为者周围的其他人与行为者本人相比处于较不突出的位置，往往只构成观察的背景，因而容易受到忽视。

（四）自我防御性归因

人们总是愿意获得成功，这种倾向也可能导致归因偏差。如果人们把成功看作加强自我的权威或保护自尊心的手段，就会对自己的失败行为做出歪曲的解释。人们往往把成功的原因归于自己的内在因素，如能力、努力工作或好品格等。与此相反，对于自己的败绩往往从外在环境中寻找原因为自己开脱。这种自我服务的偏差在行为者确信自己行为原因无人确知的情况下最容易发生。

另一方面，为了解释自己的失败，行为者还可能出现另一种防御偏差，即所谓自我贬损。在这种情形下，行为者用各种消极的办法如借助酒精、药物等来逃避个人的责任。史密斯（M. B. Smith）等人指出，自我贬损可以使失败者不必面对自己缺乏某种优良特质的难题，避免因个人真实能力被发现而难堪。

专栏 5-2

文化与归因

人们在现实生活中所做的归因是否存在文化上的差异？文化是否会造成一致性偏见？有证据显示的确会这样。例如乔安·米勒（Joan Miller, 1984）让两种文化中的人——生活在印度的印度教徒和生活在美国的美国人——思考他们的朋友所做出的各种行为，并解释那些行为为什么会发生。美国被试偏好从性格层面来解释这些行为。他们更有可能会说，朋友行为的原因在于他们就是某种类型的人，而不是这些行为产生的情境。相反，印度教徒被试偏好从情境角度出发解释他们朋友的行为，这使得与美国人相比，对印度教徒被试来说，情境信息更加显著和突出。

但是，你可能会想，也许是美国人和印度教徒想到了不同类型的例子，也许印度教徒想到的行为的确在很大程度上是由情境引起的，而美国人想到的行为的确在很大程度上是由性格引起的。为了检验这一可能的假设，米勒选取了一些由印度教徒被试想到的行为，并把它们交由美国人来解释。这时再次出现了内部和外部归因的差异，美国人仍然会找到行为的内部和性格起因，而这些行为被印度教徒认为是由情境引起的。

另一项研究发现了在一致性偏见中普遍存在的文化差异，它比较了中文和英文报纸上的文章。研究者将目标定为两起大规模的谋杀案，一起案件的罪犯是爱荷华州的一名中国研究生，另一起案件的罪犯是密歇根州的一名白人邮政工人（Morris & Peng, 1994）。他们编译了《纽约时报》和《环球期刊》（一份使用中文的美国报纸）上有关这两起犯罪的所有文章。结果显示，使用英文的记者所进行的性格归因显著地多于使用中文的记者。例如，美国记者将其中一名谋杀犯描述成"邪恶的、被黑暗蒙蔽心智的人"。中国记者在描述同一名谋杀犯时，更多地强调了情境原因，比如"与他的导师相处不快"以及"他与中国社团没有沟通"。

因此，西方文化中的个体看起来更像人格心理学家，从性格角度来看待行为。相反，东方文化中的人看起来更像社会心理学家，会考虑到行为的情境原因。

资料来源：[美]E. Aronson 等著：《社会心理学》，中国轻工业出版社2007年版，第107～108页。

本章小结

1. 社会认知是社会心理学研究的一个重要领域，它是指人对社会性客体及其相互关系的认知，以及对这种认知与人的社会行为之间的关系的理解和推断。作为一种特殊的社会心理过程，社会认知具有选择性、互动性、防御性、认知的完形特性等特征。

2. 从20世纪六七十年代以来，社会心理学家越来越多地采用认知心理学的术语来说明认知过程，社会认知的图式就是这种研究的成果之一。图式能帮助人们快速、经济地加工大量的信息，但是图式加工也有缺点，在它的参与下，可能产生错误的解释、不正确的期望和僵化的行为模式。此外，图式具有个体差异性。

3. 社会认知是一个由表及里、由点到面的动态过程。它的基本内容包括以下两大方面：个人知觉、对人际关系的认知。有很多因素影响社会认知，如认知者因素、认知情境因素和认知对象等。其中，认知者的认知偏差反映了社会认知的一个特性，有很强的规律性，也很难克服。

4. 在社会认知活动中，一旦人们能够对认知对象的某些属性做出判断也就形成了印象。社会心理学家发现了印象形成的一些规则和基本模式。

5. 归因是指人们从可能导致行为发生的各种因素中，认定行为的原因并判断其性质的过程。这种"归因"较多地涉及了人们的情感和动机因素，是一种主观性较强的活动。所以它并不完全遵循逻辑规则，经常会发生各种偏差。

思考题

1. 社会认知的特征有哪些?
2. 请举例说明图式在社会认知中的作用。
3. 社会认知的基本范围有哪些?
4. 常见的社会认知偏差有哪些?
5. 印象形成的一般规则是什么?
6. 常见的归因偏差有哪几种?

推荐阅读书目

1. 乐国安:《社会心理学》,广东高等教育出版社 2006 年版。
2. 刘永芳:《归因理论及其应用》,山东人民出版社 1998 年版。
3. [美]E. Aronson 等著:《社会心理学》,中国轻工业出版社 2007 年版。
4. [美]S. E. Taylor 等著:《社会心理学(第 11 版)》,北京大学出版社 2004 年版。

第六章　社会态度

本章学习目标

掌握态度的定义及其特性

掌握态度的构成要素

理解态度理论

熟悉态度改变三阶段理论

了解态度的测量

了解态度的形成

理解态度的改变

了解偏见

20 世纪初，随着美国学者开展移民研究以及实验社会心理学的兴起，关于态度的研究迅速发展起来。瑟斯顿（L. Thurstone）首先创立了态度量表的结构，并编制了第一份态度量表，他所创造的态度量表一般称为等距量表。李克特（R. Likert）在等距量表的基础上进行了简化，提出了态度测量的李克特量表，直到今天李克特量表依然被广泛使用。瑟斯顿与李克特等人的努力，使态度进入到可测量的时代，自 20 世纪 20 年代至今，逐渐成为社会心理学探索的核心领域，正如墨菲（G. Murphy）在《实验社会心理学》一书中所言：在社会心理学的全部领域中，也许没有一个概念比态度更接近该领域的核心位置。奥尔波特（G. W. Allport）在 1968 年也指出，态度的概念可能是美国社会心理学中最有特色、最不可缺少的概念。社会心理学的目的是解释、预测和控制人们的社会行为，而社会心理学家一直认为，态度是行为的决定因素，也是预测行为的最好途径。

第一节 态度概述

一、态度的定义及其特性

现代语言词汇中，"态度"（attitude）被用来指示一种社会生活中常见的社会心理现象，但在 19 世纪中叶以前这一词汇的概念含义是多重的。英语中的 attitude 源于拉丁语 Aptus，其含义一般包含两种：一是"适合"或"适应"，指行为的主观的或心理的准备状态。二是指在艺术领域中，雕塑或绘画中人物的外在和可见的姿态。前一种具有心理学上的含义。而在现代意义上使用态度含义的是赫伯特·斯宾塞（H. Spencer），他在《第一原理》中提出：在有争议的问题上的判断依赖于所具有的态度和保持正确的态度。在心理学中，涉及态度最早的实验是朗格（J. S. Lange）的有关反应时间的实验。20 世纪初，伴随着托马斯（R. U. Thomas）等人的移民研究和实验社会心理学的兴起，态度的研究迅速发展起来，并成为社会心理学中重要的研究领域。

（一）态度的定义

尽管对态度的研究在社会心理学的诸多研究领域中有着很长的历史，但态度的概念依然是众说纷纭。在社会心理学中有关态度的定义不下几十种，总的来说可分为这样几类：（1）将态度视为认知和评价组织或倾向，例如：罗佩奇（M. Rokeach）认为"态度是个人对于同一对象数个相关联的信念的组织"；（2）偏重于情绪情感的态度定义，例如爱德华（A. L. Edwards）将态度视为"与某个心理对象有联系的肯定或否定感情的程度"。这类观点把态度看作是情感的标志，衡量态度就是衡量赞成与不赞成、好与恶。（3）把态度看作是行为反应的准备状态，强调的是态度的行为意向方面，如奥尔波特（G. W. Allport）、格根（K. Gergen）等人。奥尔伯特认为，态度是这样一种心理的神经的准备状态，它由经验予以体制化，并对个人心理的所有反应过程起指导性的或动力性的影响作用。这是态度的经典定义。（4）把认知、情感和行为都平行地纳入态度中，试图包容上述三类定义的内容，如弗瑞德曼（G. Fridman）、梅尔斯（D. G. Myers）[1]、安德鲁（H. Andrew）[2]。弗里德曼等人指出："态度对任何给定的客观对象、思

---

[1]Dabid G.Myers. (1997). Social psychology. The McGraw Hill Companies. Inc.125-313.

[2]Andrew H., Micherer & D.Delamater(1999). Social psychology(4th). Harcourt / Brace & Company,12.

想或人，都是具有认识的成分、表达成分和行为倾向的持久体系。"这一定义为当前社会心理学界所主要采用的定义。

根据态度在实际生活中对人们的心理作用以及之前的社会心理学家们的研究，本书将态度定义为：所谓态度指个体自身对社会存在所持有的具有一定结构和比较稳定的内在心理状态。对此界定可以从以下几个方面进行理解。第一，态度的对象是社会存在。社会存在是指与个体有关联的他人、他事、他物以及个体自身等具有社会意义的存在物。第二，态度的构成具有一定结构。态度作为一种心理状态不仅由多种成分组成，而且呈一定的结构。正因为如此，态度才具有一定的职能，对人的内潜心理和外显行为起着动力作用。第三，态度具有比较持久的稳定性，能够持续一定的时间而不发生改变。态度的这种稳定性是相对而言的，指的是在一定的时间内和在一定的程度上态度是稳定的。第四，作为态度的心理状态是内在的，存在于个体自身内部的，是难以直接观察到的。人们通常所表露于外的意见、看法、观点、主张等，虽然反映和体现了个体所持有的对某事物的内在态度，但这只是态度的表达或态度外化的产物，而不是态度本身。

（二）态度的特性

作为一种重要的社会心理现象，态度具有如下几种特性：

（1）态度的社会性

态度不是生来就有的，而是个体在后天的社会生活中通过学习而获得的。个体在其后天长期的社会生活中，通过与他人的交往和相互作用，通过接受周围生活环境和社会文化的不断影响和习染而逐渐形成其对他人、他事、他物的一定态度。态度本身所包含的内容及其变化充分体现了态度的社会特性。

（2）态度的主观经验性

个体的意识世界可分为两种：一种是经验的世界，它是个体在与周围环境的直接相互作用中形成的，其中包括以一定的经验形态而存在的认识、判断、评价及各种体验和感受。另一种则是观念的世界，它是在后天社会生活中不断积累各种经验的基础上形成的，其中包括以一定的观念形态而存在的信仰、价值观、人生观及其他各种思想观念；态度则介于这两者之间，一方面它与个体的观念世界尤其是其中的信仰和价值观保持有密不可分的联系，常常反映个人所持有的各种思想观念；另一方面它又包含了相当大的经验成分。因此，态度本身就具有了主观经验性。

（3）态度的动力性

态度对个体自身内潜的心理活动和外现的行为表现都具有一种动力性的影

响，同时对个体与他人的相互作用和个体对社会生活环境的适应也具有同样的影响，表现为一种激发、维持、调整、协调的作用。

二、态度的构成要素

作为一种具有认知基础的心理反应倾向，态度兼具认知（Cognition）、情感（Affection）和行为倾向（Behavior tendency）三种成分，并且这三种成分是彼此相互关联的。这种关于态度构成要素的观点也可以称之为态度的 ABC 模型，态度的认知成分是指人们作为态度主体对于一定态度对象或态度客体的知识、意象或概念，以及在此基础上形成的具有倾向性的思维方式。充分理解是人们对一个事物、一个现象形成一定态度的一个前提，如果没有一个清晰的、全面的认知，那么态度的形成也会是模糊的，可信度较低。态度的认知成分具有倾向性和组织性，这种倾向性和组织性会成为一种头脑中的既定模式或刻板印象，使人倾向于按照类属思维的轨道类认识态度对象，并对其进行思考。因此，态度的认知成分区别于一般的事实认知，有时会带有偏见的性质。

态度的情感成分是指个体对态度对象所持有的一种情绪体验，如尊敬和鄙视、喜欢和厌恶、同情和嘲讽等。态度的情感成分与认知成分紧密相关，社会心理学家认可态度具有认知成分的观点，但同时他们又相信，通常人们以肯定或否定、赞成或反对、接受或拒绝、选择或不选择为典型的态度反应方式，并属于情感反应。不过，态度的反应或选择并不单纯是情感的反应，而是兼具认知和情感因素的综合性的态度反应。一切态度的反应即便是看起来是情感的反应，其也必定有认知成分的积极参与。

在态度的 ABC 模型看来，态度的三种成分通常是协调一致的。例如，当人们认为目标对象有益时（认知成分），就会对其产生积极情感，并在后继行为中对其持有积极的行动倾向，表现出乐于接近或者产生行动趋向。但有些时候，三种成分也可能存在不一致的情况，就像烟民对待烟的态度那样：认知层面上知道吸烟有害健康，但是在情感上又难以割舍，因为戒烟时的戒断反应会带来很难受的体验（情感反应），行为倾向上表现为既想吸烟又担心吸烟有损健康。

态度的行为倾向成分是指个体对态度对象所持有的一种内在反应倾向，是个体做出行为之前所保持的一种准备状态。一般地说，尤其是从理论上来看，态度构成中的这三种成分之间是协调一致的，如果出现了矛盾和不协调，则个体会采用一定的方法进行调整，重新恢复协调一致。当三种态度成分存在矛盾时，通常情感成分起主导作用，它能决定态度的整体性质以及其后的行为倾向。此外，认知、情感、行为倾向这三种成分相互之间的关联程度也不尽相同。研究结果表明，情感和行为倾向的相关程度高于认知与情感和认知与行为倾向的相关程度。由此可见，在三种成分中，认知成分的独立程度要更高些，与其他两种成分之间的相互影响也相应较小。

三、态度与相关概念辨析

个体所持有的态度与个体观念世界中的价值和信念有着密不可分的联系。一方面个体的态度往往反映和体现出个体的信念和价值观，另一方面个体的信念和价值观又影响和决定着个体所持有的态度。然而，这几个概念之间毕竟有着确定的不同之处，不能混为一谈。

（一）态度与价值观

价值观（value idea）是一较为宽泛和抽象的概念，缺乏具体的对象和明确的界域。它为人们提供了一种进行判断和决策的准则。这种准则就是事物或对象本身对人们所具有的意义，而一种事物或对象对人们所具有的意义也就是其本身所具有的价值。世间各种事物，概括地说具有如下几种价值：理论的价值、实用的价值、审美的价值、社会的价值、权力的价值和宗教的价值。态度的核心是价值，因而态度受价值的调节。人们对于某一事物或对象所具有的态度，取决于该事物或对象对人们所具有的意义，亦即该事物所具有的价值。而价值观是比态度更广泛、更抽象的内在倾向。相应地，人们的各种态度也会形成一个具有整体性的态度体系，越是接近价值系统中心的价值核心，越是接近态度体系中的核心态度，对行为的影响越大。同时，价值观和态度之间又是相互支持的，价值观会被用作防卫和证实个体已经形成的态度，而态度的诸多功能中，最重要的就是表达价值观。①

（二）态度与信念

信念（belief）指对人、对事、对物及对某种思想观念是非真假的认识，通常是以对某事某物的相信和怀疑的方式表现于外，而以观念的形式存在于人们的头脑之中。信念往往是高于价值之上并影响价值的，它为人们进行判断和决策提供了基本的依据。但在现实生活中，信念又常常受价值的调节和影响。信念可分为两种，一种是生活信念，即关于今生今世之中各种事物是非真假的认识，如"善有善报，恶有恶报"；一种是理想信念，又称信仰，是关于来生他世之中各种事物是非真假的认识，如"共产主义必将到来"等。这两种信念均与态度保持有密切的联系。信念对态度表现为一种定向的影响，规定态度的基本

---

① Eagly,A.H.& Chaiken,S. (1993). The Psychology of Attitudes. San Diego: Harcourt Brace Jovanovich, 22.

取向，受信念影响的态度往往能维持较长时间而不改变基本的取向。

第二节　态度理论

半个多世纪以来，有关态度的理论研究可以按照其基本理论观点和研究方法的不同，大致划分为几种类别。本书将主要介绍态度理论中的强化论观点、认知论观点、功能理论和态度改变的三阶段理论。

一、强化论观点

所谓强化论观点的态度研究，度布（L. W. Doob）认为态度是有关社会重大事件的某些特定刺激与具有动因性反应之间的强化联系而形成的行为倾向性，这种倾向性往往以对社会现象的好坏评价而表现出来。态度即是对于社会对象进行好坏评价的倾向性，它通过学习强化而获得，强化论观点的态度研究还可以进一步区分为三种。

（一）古典条件反射理论的研究

度布等人用古典条件反射学说解释态度的形成与变化过程。他们认为，如果把态度作为对于社会对象的评价或情感的话，那么以态度对象作为条件刺激，将其与人已经具有的肯定或否定性评价、情感等无条件刺激多次结合强化，则对于条件刺激的态度对象也就会形成与无条件刺激同样的评价和情感，即形成特定的态度。

斯戴兹（A. W. Staas）在对被试提示不同国家名称的幻灯片的同时，让其反复听带有肯定或否定性评价的单词（如快乐、痛苦等），然后测定被试对各个词语的态度。结果发现对于肯定性单词的态度多具肯定性，而对于否定性单词的态度则多具否定性。后来斯戴兹将作为无条件刺激的单词换成电击和噪声，也得到了同样的结果。其他类似性实验还有不少，虽然结果并非完全一致，但大多数研究支持斯戴兹等人的观点，即依靠古典条件反射可以形成特定的态度。

（二）操作性条件反射理论的研究

有观点认为：借助操作性条件反射机制可以有效地使态度发生改变。他们利用电话对大学生进行有关大学教育情况的采访，当学生的回答属于褒奖之类时，便立即给予鼓励性的言语报酬；反之，则给予批评性的言语惩罚或不作反应。结果发现：前者的肯定性发言有所增加而后者的否定性发言有所减少。英斯科（C. A. Insko）用类似的研究也得到了同样的结果，当然报酬不仅仅限于言语，只要加以及时强化，许多物质和精神手段都可以使特定的态度发生变化，例如得到巩固加强或削弱衰减。

（三）学习理论的研究

学习理论关于态度改变的基本观点认为：人们态度的改变过程实际上是一个学习的过程。这种学习的基本过程实质上是在强化原理的支配和控制下所进行的特定刺激与特定反应的联结过程。这一理论的另一个基本观点则是认为：在改变他人态度时，除要了解和掌握刺激与强化作用的特性外，还要对个体本身的情况有所了解，认为个体自身是介于刺激与反应之间的一个不可缺少的中介环节。因此，改变他人的态度首先要了解他人的原有态度，了解他人过去所经受过的强化经历，只有这样才能在改变他人态度的过程中充分有效地发挥刺激和强化的作用。在这种理论的指导下所进行的有关态度转变的实证研究，一般分为两大方面，一是注重对强化的研究，力求据此总结出一套精确的强化法则；二是注重对刺激和作为中介环节的个体的研究，具体探讨刺激自身的特征、刺激的来源、刺激过程及刺激接受者这几方面的因素对态度转变的影响。

总而言之，态度改变的学习理论其基本的原理及观点并未超越行为主义学习理论的范围。因此，与其说学习理论有关态度的观点是独立的，还不如说这一理论是行为主义学习理论应用到态度改变研究领域中的产物更为准确。

二、认知论观点

认知论观点的态度研究注重于"态度是对于社会对象的评价"，力图从评价的角度来探索态度的内部心理机制。其代表性的研究表现在如下几个方面。

（一）紧张减缓理论研究

该理论模型以认知统合倾向的态度形成与变化研究为核心。所谓认知统合倾向，是指人们具有一种使自己已有的认知关系结构保持相对平衡不变的倾向性。当这种倾向性受到干扰破坏时，人就会产生否定性的评价及其相应的情感态度（如不安、紧张、恐惧、不快等），并努力排除干扰维持认知结构关系的平衡稳定性，在达到目的以后便会产生肯定性评价及其相应的情感态度（如安定、轻松、愉快等）。这方面的研究很多，诸如平衡理论、认知失调理论等等。其中以认知失调理论对态度改变研究的影响最大。

认知失调理论是由费斯汀格（L. Festinger）于1957年提出来的。所谓认知失调，是指个体所持有的认知彼此矛盾冲突，处于相互对立的状态。这里所说的认知包括思想、态度、信念以及人们认知上所感知到的行为。因此说，人们所持有的认知是非常之多的。在费斯汀格看来，这些认知之间首先是存在着相关的和不相关的关系，如"我每天早上7点起床"和"我对足球很感兴趣"这两者之间就是不相关的关系，而"我是一个有头脑的人"和"我总是忘记给自己制定一个学习计划"这两者之间就是相关的关系。其次，在具有相关关系的各种认知之间才会存在矛盾的或一致的关系，才会产生协调或失调的状态。认知的失调有程度上的大小之分，这取决于以下两个条件：第一，失调的认知数量与协调的认知数量的相对比例；第二，每一种认知对个体具有的重要性。如果处于失调状态中的认知对于个体来说是无关紧要、影响不大的，则其所引起的心理紧张只能是微弱的；如果这种认知对于个体来说是意义深远、关系重大的话，则其所引起的心理紧张就会是强烈的，并驱使个体去努力减轻或消除紧张。这两个条件与认知失调程度之间的关系如下述公式所示：

$$失调程度＝\frac{（失调的认知数量×认知的重要性）}{（协调的认知数量×认知的重要性）}$$

根据这种理论的基本假设，当在认知上产生失调状态时就会引起个体心理上的不愉快和不舒适的感觉体验，造成心理上的紧张感，从而驱使个体去减轻或消除失调状态，使认知互相协调一致。通常消除失调状态的方法有如下几种。

首先是改变认知，使之与自己持有的其他认知保持一致。例如：持有"吸烟对身体健康有危害"和"自己每天都要吸烟"这样的认知的人，可以把前者改为"有许多吸烟的人身体仍很健康"，这样两个认知之间便协调一致了。发生失调的两种认知，都可以作为改变的对象，而在选择改变哪种认知的时候，认知者通常依据费力最小原则进行取舍，那些与信念或价值观相符的认知改变起来更加费力，因此人们通常会选择那些与信念或价值观联系不太密切的认知作为改变的对象。

其次是改变行为，进而使有关行为的认知与其他认知保持一致。例如在上述的例子中，那个吸烟的人只要将烟戒掉，以后不再吸烟，就能够使互相矛盾冲突的两个认知协调一致起来。认知可以引导后继行为，而改变行为其实意味着认知也会做出相应的改变。

最后是增加新的认知，以改变认知失调的状况，使原有认知之间的矛盾得以化解。例如：一个自称是有能力但却总是把事情弄糟的人，就可增加一些新的认知，例如事情本身太复杂、客观条件较差、各个方面不合作等等，作为把事情弄糟的原因，从而使原先的认知矛盾在得到合理解释后得以消除，失调的状况也能得到缓解或改变。

继费斯汀格之后，又有许多研究者对认知失调理论进行了大量的研究，以至于有关认知失调的研究被看作是 20 世纪 60 年代社会心理学蓬勃发展的一个重要标志。大多数研究发现，与认知不一致的行为如果是由个体自由选择做出的，不存在任何外来的压力和限制，则这种失调所引起的心理压力就非常强烈，从而会引发态度或行为的改变。但是，如果这一行为是在某种外来压力之下被迫做出的，则由此而引起的心理压力就不一定非常强烈，甚至可能不会产生任何心理上的不舒适感。再有，即使个体的认知失调，但如果个体在认知中的卷入程度较低的话，则这种失调并不会引起个体心理上的紧张和压力感。

（二）归因理论的研究

以归因理论来说明态度变化的心理机制称为自我知觉理论（self perception theory）。依据这个理论，人能够清楚地意识到自己的态度与情感，并常常积极主动地将当前的认识对象及其有关评价与过去的经验相比较。人们一般都能表述出自己为什么会具有这样或那样的态度，对态度形成与变化的心理原因也有一定的自知之明。虽然不排除潜意识的作用，但从总体上而论，态度的形成与变化建立在人们有意识的理性评价的基础之上。

（三）社会判断理论

这种理论是由谢里夫（M. Sherif）和霍夫兰德（C. I. Hovland）在 1961 年首次提出的，其理论基础来源于谢里夫等人在 1958 年根据心理物理学的原理和方法所进行的关于物体重量知觉判断的研究。在这项研究中，首先要求被试用一个 6 等级尺度来判断一些物体的重量，这些物体的重量分布在 55～141 克之间。6 等级尺度上的第 1 等级代表最轻的重量，第 6 等级代表最重的重量。结果表明：不管被判断的物体自身重量的实际分布如何，被试对这些物体重量做出的判断在 6 等级尺度上的分布都具有均等分布的倾向。

接着，谢里夫等人改变了实验中的判断的情境，即在被试进行判断之前就为被试提供一个帮助进行判断的参照物。一种做法是让被试在手中掂量一下重141 克的物体，并告知他们这一重量相应于尺度上的第 6 等级，然后让被试对所有物体的重量进行判断。结果发现，被试所做出的判断在尺度上的分布倾向于聚集在尺度等级较高的一端，即多数人判断该物体较重。对此，谢里夫称之为同化效应。

接下来的实验操作又做了修改：先让被试在手中掂量一下一个重 347 克的物体，这一物体的重量明显地重于被试在实验中真正要判断的所有物体的重量，并且告诉他们重量相应于尺度上的第 6 等级，然后让被试对与上述两次实验中判断过的相同物体的重量进行判断。结果发现：被试所做出的判断在尺度上的分布倾向于聚集在尺度等级较低的一端，即多数人判断该物体较轻。对此，谢里夫称之为对比效应。

　　从这项实验所得结果中可概括出这样一个原则，即人们在对他物进行判断时，如果他们自己已经持有某种判断的参照标准，或是拥有帮助进行判断的参照物，而在实际的判断过程中，被判断的事物如果与这种参照标准或参照物相差较大的话，则人们会倾向于将其判断为比实际上的要相差更大；被判断的事物如果与参照标准或参照物比较相似的话，则人们会倾向于将其判断为更加相似的。

　　谢里夫将这个结论用来解说态度改变。在他看来，个体所持态度是不能用量表测量尺度上的某一个点来代表的，而应该用一段区域来表示。这段区域是由三个部分组成的，即接受的区域、态度不明朗的区域和拒绝的区域。当个体遇到某一个劝说信息或新的观点和看法时，首先对此进行判断，弄清楚这些信息、观点是什么性质的，即弄清在个体自身的态度区域中位于哪一位置，然后才可能根据上述原则做出改变态度或拒绝不变的反应。如果个体通过判断发现新的观点主张是位于自己态度的接受区域之中，就会因此而接受这种新的观点主张，并相应改变原有的态度；如果是位于自己态度的拒绝区域中的话，就会拒绝改变原有的态度。此外，当新的观点和主张是位于个体态度的不明朗区域时，同样会引起个体原有态度的变化。

　　谢里夫还更深一步地研究了态度区域的大小与态度改变之间的关系和新的观点主张与原有态度观点相似或相异的程度与态度改变之间的关系。结果发现，拥有较狭窄的接受区域的个体，其态度的改变较为困难；而接受区域较为宽广的个体，其态度的改变也较为容易。此外，当一种新的观点主张与个体原有的观点主张极为相近或相似时，就会出现新的观点主张被原有的观点主张同化的情况，由此就不一定会引起态度的改变；而当新的观点主张与原有的观点主张相差极大时，就会遭到个体的拒绝，同样不能引起态度的改变。只有当其处于这两种极端的中间之处时，亦即位于态度区域的不明朗区域时，其所具有的劝说作用才最大，才会引起个体态度的明显改变。

　　社会判断理论具有较明显的认知色彩和个人主义的特征，它强调的是个体自身对刺激信息的知觉判断，并认为这种判断是态度发生改变的中介物，是先于态度改变而进行的。同时，这种理论还认为，每一个人对他自己所持有的态度是了解知晓的，对自己所愿接受的态度和不愿接受的态度也是知道的，由此个体才可拥有一个关于某一事物或对象的态度区域，并能够据此而进行判断。此外，根据这种理论对态度改变进行的分析可以发现，其所探讨的态度改变基本上是局限于强度改变的范围之内，而较少涉及态度方向改变的问题。

三、功能理论

功能理论认为人们之所以持有某种态度，是因为这种态度能够满足他们个人的某种需要，特别是心理上的需要。因此，要改变人们的态度，应首先了解态度所能够满足的需要是什么，通过改变人们内在的需要来改变人们所持有的态度。

功能理论又有两种，一是由卡茨（D. Katz）于 1960 年提出的，一是由史密斯等人于 1956 年提出的，两者在理论的基本观点上是极为相近的，但在对态度所具有的功能的论述方面则不尽相同。下面的阐述将以卡茨的理论为主。

四、态度的功能

社会心理学领域的功能论者认为，个体的态度既然如此丰富，那么其必然有着重要的心理功能。态度具有认知、情感和行为倾向三种成分，三者应各有其功能，态度的认知功能可以影响到个体对行为所造成后果的解释，态度的情感功能决定了个体的行为目标与期望，态度的行动功能则驱使个体趋向或逃避特定的客体。而卡茨（D. Katz）等人提出的态度功能观点得到了较为普遍的认可。

（一）功利性功能

功利性功能也可以称为适应性功能或工具性功能，是指态度可以用于衡量客体的价值，那些个体对其持有积极态度的对象，必然意味着它对态度主体更有价值，或者可以帮助个体解决某些类型的问题，或者能够给个体带来某种益处。就好像在成语"远亲不如近邻"中，人们对近邻的态度更为积极，那是因为在生活中，近邻能够提供的帮助比远亲更多，功利性功能更高。而远亲不如近邻的态度，正好反映了两者在功利性价值上的差异。

态度可以帮助人类适应社会生活，它能够标识出社会客体的不同功能与价值高低，并把这种功利性功能反映在行为倾向上，个体借此来实现趋利避害。把精力与资源投入到最有利的对象身上，无疑可以帮助人们适应社会生活，但值得注意的是，个体的态度并非完全理性，而是根据不同类型的直接或间接经验而形成，有时它的功利性功能可能会存在偏差。例如，那些经常指出你行为缺陷的朋友，与那些经常赞美你的朋友相比，个体通常对后者的态度会更为积极，因为这样可以维持自我价值感，这对于生活满意度来说非常重要。不过就个体的长远发展来看，前者的潜在作用与发展价值更大。然而多数时候，态度并不能反映出这种潜在的重要价值。

（二）自我防御功能

在生活中常有这样的现象：大学一年级新生刚入校时，常对自己的学校或专业不满意，他们可能会对学校与专业表达出消极的态度。但随着时间推移，个体对学校、对专业的态度开始转变，当他们毕业之后，对母校和所学专业的态度通常会变得相当积极，当别人批评其母校或所学专业时，他们会尽力为之辩护，这种态度变化很好地反映了其自我防御功能。当母校或者所学专业成为自我的重要标志时，积极的态度有利于树立良好的自我形象，而消极的态度则会减损自我价值。

已有态度通常会支持个体良好的自我形象，相反，如果已有态度不利于自我价值的确立，则有可能会引起内在焦虑。例如：当一个人认为自己的孩子很没有教养，而自己又没有办法改变时，或者认为自己所在的工作单位非常差，但是又没有能力找到别的单位时，往往会因此而感受到自我价值感受到严重威胁。这实际上也可以理解为态度的失调，人们为了消除态度失调所造成的不愉快体验，最简单的办法就是改变态度的某些成分，使各种态度成分之间能够和谐共存。当一种态度指向核心自我，又很难通过认知调整来达到态度协调时，个体就会陷入焦虑之中。因此，在态度的自我防御功能作用下，绝大多数时候我们的态度是协调一致并且能够支持自我价值的。

（三）价值表现功能

在态度体系中，相对抽象的态度居于态度体系的上位，越是上位（抽象）的态度越接近价值观。价值观是个体的核心信念体系，其与态度的区别在于：态度更为具体，与特定对象相联系；而价值观更为抽象，不指向特定对象，它是个体评价客体价值的基本准则；评价是态度认知成分的核心要素，而做出评价必须以价值观作为基础；价值观对行为的影响是间接的，必须通过影响态度来影响行为，而从根本上看，行为中所反映的态度，能够表现个体的价值观。

个体通过展示态度来表现价值观的行为，具有重要的社会功能。表达价值观是传播价值观的基础，只有社会成员具有相同或相似的价值观时，社会互动与社会关系才能和谐顺利；相反如果多元价值观相互冲突，被一些成员所重视的传统却被另外一群成员所鄙视的话，那么社会必然无法保持稳定与和谐。人们经常喜欢向别人表明自身态度，或者通过行为来展示态度，例如通过购买行为来体现对审美的追求或者对更强性能的追求等。这些态度背后体现了不同的价值观，通过显示态度将其表现出来，是态度非常重要的功能之一。

（四）认知引导功能

态度包含认知成分，同时也具有认知引导功能。一种态度一旦形成，就会引导个体选择性地理解并相信某些信息，同时选择性地怀疑或否定某些信息。例如一提起传销，人们经常会想起"洗脑"一词。那么，到底什么是洗脑呢？对于传销活动来说，所谓洗脑就是指让人形成一种稳定的态度：从认知方面相信传销是有益的、能够帮助自己发家致富；从情感层面让人形成对传销活动的积极体验；从行为倾向上，让人表现出进行传销活动的预备反应来。做到这些以后，就可以说完成了洗脑，被洗脑的人回到自己的生活中以后，会积极地开展传销活动。当有人试图说服他传销本质上是一种金字塔骗局时，被洗脑者通常不愿意接受这些说法。其根本原因在于，已有的稳定态度会让人怀疑甚至否定与原有信息不一致的事实。态度一旦形成，在未经改变的情况下，总是会引导个体选择性地相信与其态度相符的信息，同时让个体怀疑与已有态度不相符的信息。

专栏 6-1

态度转变的协同学模型

态度转变的协同学模型认为，假设在对待某一事件上存在两种态度，分别以 1 和 2 表示，相应的人数以 n1、n2 表示。当人们的态度会受到他人影响时，其态度转变的概率 P 就是 n1、n2 的函数，P 随时间演化的方程为①式：

$$dP(n; t)/dt = [\omega\downarrow(n+1)P(n+1; t) - \omega\downarrow(n)P(n; t)] + [\omega\uparrow(n+1)P(n-1; t) - \omega\uparrow(n)P(n; t)] \qquad ①$$

其中，n = (n1 - n2) / 2，$\omega\downarrow(n)$ 和 $\omega\uparrow(n)$ 表示一个人改变态度（从态度 1 转变为态度 2，或相反）的概率。

与①等价的方程是：

$$dP(i; t)/dt = \sum[W(i \leftarrow j)P(j; t) - W(j \leftarrow i)P(i; t)] \qquad ②$$

②式就是所谓的主方程，它表示在单位时间内状态 i（持有某一态度的人数）概率的净的变化。

方程①和②可以转化为连续函数的形式：

$$\partial P(\lambda; t)/\partial t = -\partial/\partial x[k(x)P(x; t)] + (2/\xi)(\partial^2/\partial x^2)[Q(x)P(x; t)] \ldots \qquad ③$$

③式是福克－普朗克方程，其中 k(x) 称为漂移因子，Q(x) 称为涨落因子。对③式，可以推导出它的定态解（$\partial P_t(x)/\partial x = 0$）和含时解。

为了得到态度思考概率 P 的具体形式，引入两个参数δ和 k，表示对某一种意见个体本身存在倾向性偏好，称为偏好参数；k 表示群体意见对个体的压力，称为顺从参数。最后，利用物理学中的伊辛模型，代入参数δ和 k，转移概率 P

的形式为:

$$P_{12}(n) = v \cdot \exp(\delta+kn) = v \cdot \exp(\delta+kx)$$

$$P_{21}(n) = v \cdot \exp[-(\delta+kn)] = v \cdot \exp[-(\delta+kx)] \cdots\cdots \quad ④$$

P_{12} 表示从态度 2 转变为态度 1 的概率, P_{21} 表示相反的过程。

④式中的 v 称为灵活参数, 它决定出现反转过程的频率。换言之, 它表示态度发生变化的时间尺度。通过δ、k、v, 可以进一步确定漂移因子 k(x) 和涨落因子 Q(x) 的形式。

态度转变的协同学模型对心理学的研究具有深刻的意义在于, 提供了一种模型, 该模型具有一定的普适性意义; 提供了一种方法, 即抓住影响系统演化的主要序参量, 通过查方程求得近似解; 提供了一种思想, 即在系统演化中引入随机因素, 为我们实现从传统的——对应的机械性因果关系向以概率论的方法研究统计性因果关系的转变提供了可能。

资料来源: 李小平:《态度转变的协同学模型及其意义》, 载《心理科学》1996 年第 2 期, 第 113~114 页。

五、态度改变三阶段理论

态度改变三阶段理论是由科尔曼（H. Kelman）于 1961 年提出来的, 他认为一个人态度的改变不是一蹴而就的, 而要经过服从、认同、内化三个阶段。

首先是服从（obedience）阶段。人们为了达到某种物质或精神的满足或者为了避免惩罚而表现出来的行为叫作服从。如刚进学校的儿童为了避免老师的惩罚而循规蹈矩就是一种服从行为。服从行为并非出于个体的内心意愿, 并且是暂时性的, 只是为了达到自己的目的而被迫表现出来的表面服从的行为。在服从阶段中, 态度的主体之所以会采取服从行为, 不是基于情感的认同, 也并非源于事实上的真假判断, 而是通过与榜样保持行为的相似, 借此获得重要他人的赞扬或物质方面奖励, 因此, 服从阶段的行为不是态度主体的真实意愿, 而是一种趋利避害的工具行为。在服从阶段中, 态度形成的主体会慢慢地培养出自己的行为习惯。

其次是认同（identification）阶段。认同是指个体自觉自愿地接受他人的观点、信念、态度和行为, 并有意无意地模仿他人, 使自己的态度和他人要求相一致。例如:当一个人被置身于一个特定的社会位置, 获得新的社会角色时, 他的自我同一性自然地需要与新的社会身份和社会角色相一致, 此时他就需要采纳新的态度。在认同阶段中，态度形成的主体开始在情感层面上认同榜样的行为，对态度对象也产生积极的情感认同。在认同阶段，态度主体不是被迫与他人保持一致，而是自愿地与他人保持一致。从行为服从到情感认同的转变中，态度对象的吸引力是非常关键的影响因素，只有态度主体能够感受到其吸引力时，才会产生情感的认同。

最后是内化（internalize）阶段。态度改变进入内化阶段以后，个体就完全地从内心里相信并接受了他人的观点，从而彻底改变自己的态度。内化意味着把他人的观点、态度完全纳入自己的价值体系中，成为自己人格的一个组成部分。如果说，在认同阶段个体还需要有意无意地把他人作为榜样的话，那么到了内化阶段，个体就不再需要具体的、外在的榜样来学习了，而他的举手投足又无不中规中矩，达到了"行之于心，应之于手"的境界。进入内化阶段以后，态度的改变也就算完成了。

第三节　态度的测量

态度是无法用肉眼直接观察的内潜的心理活动，对人们态度的了解和认识通常也是通过对人们的外显行为（如口头言语、书面言语以及行为表现）的观察和记录进行的，所以关于他人态度的了解和认识实际上是通过由外向内的间接推断而获得的。态度的测评即是对人们的外显行为进行观察、记录并据此进行间接推断的过程。态度测评的方法有许多种。经常使用的有：量表法（自我评断法）、问卷法（自我报告法）、投射法（测验法）、行为观察法和生理反应法。

一、量表法

量表法又称自我评断法，是运用根据一定的测量、统计原理而编制的态度量表来测评个体所持态度的一种方法。被人们广泛运用的态度量表有等距量表、总加量表和语义分化量表。

（一）等距量表

等距量表（equal interval scales）为瑟斯顿（L. L. Thrustone）在 1929 年首创，以后曾一度被广泛使用。编制这种量表时，编制者首先要收集有关所测问题、事物的各种态度的表述语。例如关于妇女解放的问题，"妇女解放是社会进步的标志"，"妇女未必非和男子一样不可"等这样一些包含有一定观点、看法的语句即是态度的表述语。表述语的收集一般是由编制者从有关的报刊上摘录，也可通过直接找人谈话将其观点、看法写下来的方式进行收集。这样做的目的在于保证收集到的态度表述语是客观真实的。编制量表时收集的表述语数目应比最后正式使用的数目多一倍以上，并请有关的专家学者做评断，根据每一表述语句所含观点的看法、赞成和反对的程度，将所有语句排放在一个11点的尺度上。然后根据全部评断者对每一态度表述语评断的结果，求出态度表述语在尺度11点上的累积评断次数，画出曲线图。用作图法以50%为基准确定每一态度表述语的量表值，再用作图法算出每一态度表述语的Q值（四分位差）。Q值是语句筛选的一个重要依据。

　　所有态度表述语的量表值和Q值都算出后，就可进行语句的筛选，剔除那些不合用的语句。用筛选合格的态度表述语编制成正式测量用的量表，测量时要求被试勾出自己所赞同的语句，算出这些语句量表分的中数，即为被试态度测量的得分。得分的意义可参照11点尺度而进行解释。瑟斯顿的"等距量表"特点在于侧重态度的认知维度，编制方法也较为严谨，不足之处则是过于繁琐、费时，所以近些年来已经较少有人采用。

　　（二）**总加量表**

　　总加量表（summated rating scales）为利克特（R. A. Likert）在1932年创制。这种量表的编制过程较为简单，编制者首先要收集或编写大量的有关所测问题或事物的态度表述语，将其编制成问卷，每句表述语之后附有一个5等级选择问答，如"人们应该顺其自然地进行生育"这一表述语后附回答"非常赞成、赞成、不置可否、不赞成、非常不赞成"，对于这5等级选择回答的分数最高为5分，最低为1分。将这样的问卷发给一些被试者填答，之后计算每个被试所得总分以及在每一态度语上的得分，根据这些分数进行态度表述语的筛选，以确定用于最后的正式量表中的语句。

　　通过上述的方法和步骤，即可编制出用于正式测量的量表，其形式基本上仍与上述问卷一样。通常每一量表所容纳的态度表述语为20句以上。被试填答完后，将其每句得分加在一起即为对被试测量所得分数。被试得分的意义则要参照量表中所有态度表述语的分数总和情况来定。例如：一个量表由20个态度语组成，则所有态度语的分数总和最高为100分，最低为20分，中间分为60分。如果一个被试对该量表的回答所得总分为85分，则说明该被试所持态度是赞成的，另一被试测量得25分，则说明被试是持非常不赞成的态度的。

　　总加量表的最大优点是其编制过程较为简单，分数的评定也简便易行，因此为人们广泛采用，以至于在一般的调查访问中也采用这种形式来编制问卷。总加量表的另一个特点是对态度的情感维度的侧重，即通过对被试所持观点、看法的情感强度进行测定来确定被试态度强度。这与瑟斯顿编制的强调认知成分的等距量表明显不同。

（三）语义分化量表

语义分化量表（semantic differential scales）由奥古德（C. E. Osgood）和苏西（G. J. Suci）在 1957 年创制，原用于测量某一概念或事物本身对人们所具有的意义，这种意义并不完全是由概念或事物本身的语词含义所决定，而是根据人们所具有的经验或对此的理解来定的。例如家庭这一概念，其语词含义是统一的、相对稳定的，但其对具体的每个人来说则可能具有不同的意义。有的人想到家庭时会产生温暖、舒适的感觉，有的人则可能会联想起悲伤或痛苦的经历，还有的人则可能会产生一种梦幻式的体验。

奥斯古德和苏西根据语义分化的测量，使用因素分析的方法分析出各种概念或事物对人们所具有的意义的三个维度，即评价维度、潜能维度和活动维度。他们又认为态度即是一种关于概念或事物的评价，因此使用有关评价维度的语义分化测量表只是语义分化的技术在态度测量中的应用而已，只是一种测量方法的应用，并不包括量表的编制方法在内。这一点是与等距量表和总加量表显著不同的。

实际测量时，研究者要求被试在一个 7 点尺度上评断自己对某事某物的看法。7 点尺度的两端是成对的形容词，尺度上的每一点均有相应的分数，被试只需根据自己的看法在尺度上选择出能够代表或表明自己这种看法的那一点，圈划出标记即可。研究者将对应于被试圈划的那一点上的分数加在一起，即得到被试态度测量的得分。对被试得分的解释方法类似于总加量表中运用的方法，即要参照量表容纳的所有尺度的分数总和情况。

二、问卷法

问卷法（questionaire method）是进行调查访问的一种重要方法，但也被用于态度的测评。由于这种方法是通过编写一些问句让被试填答，回答出自己的看法、观点、主张等，因而又被称为自我报告法。问卷法在问卷的编制上极为简单，无需根据什么严格的统计和测量原则，而只要注意问句中可能出现的语句问题即可：如问句的长度、结构，所提问题是否明确，语句有无暗示性及避免一问多题等。

根据问卷形式上的特点，可将问卷分为开放式和封闭式两种。开放式问卷是由研究者提出问题，但不提供任何可能的或供选择的答案，由被试自由回答，使之能够充分自由地表述出自己的态度。开放式问卷的长处就在于它为被试提供了充分的思考与表达空间，被试可以根据自己的所思所想做出充分详细的回答，在作答中，被试不会受到来自问卷自身的限制。通过开放式问卷所收集的资料能够为研究者提供较多的信息，使研究者对被试的态度有一较深刻、较全面的认识。其中不足之处则在于收集到的资料难以进行统计处理和定性、定量的分析，要求被试具有一定的文字表达能力，费时过多，容易使被试厌倦或草草作答等。

封闭式问卷是由研究者提出问题，同时提供可能的几种选择答案，由被试根据自己的看法和想法从几种选择答案中选择一个作为自己的回答。封闭式问卷的长处在于答案是由研究者按照统一的形式提出的，因而对不同被试的回答可以进行相互比较，用这种方式收集的资料也易于进行统计处理和分析，费时较少，被试易于作答等。其不足之处则在于所提供的几种选择答案未必能将所有可能存在的回答都包括在内，因而会使被试感到无从回答或被迫做出回答，被试做出的相同回答之中可能也存在一些不同之处，而封闭式问卷的作答则常常将这点忽略或掩盖了。再者，封闭式问卷也难以避免被试在无从回答或难以回答时凭借猜测或随机地选择答案进行回答的情况。

三、投射法

投射法（projective testing）实际上是一种心理测验方法，是间接了解人们内在的心理活动的一种方法。通常是向被试提供一种情境刺激，通过分析这一情境刺激在人们头脑中所引起的联想或想象来推测其所持有的态度。例如图画测验，让被试观看若干幅的图画，同时要求被试根据自己对图画内容的理解编一个故事，描述图中的人和事。在这个过程当中，被试就会不知不觉地将自己对某事某物所持有的态度投射进所讲故事内容之中。研究者根据测验本身的记分标准和算分方法即可对被试编的故事进行定量分析，并据此进行定性分析。另一种称之为画人测验，研究者如果要了解被试对某种人的态度，则可要求被试用笔在纸上画一个这样的人，研究者根据被试的图画分析被试的态度。这种测验也有一套记分、算分的方法。

语句完成法也是一种投射方法。研究者根据研究对象编写有关态度对象的未完成的描述语言，让被试把这些语句补充完整，由此来获取有关被试态度的资料，例如运用语句完成法来了解学生对教师的态度，可让学生完成类似下面的一些句子："教师是……""教师如同……""教师对于学生，犹如……"等。

语句可适当多些，语句的分析则视研究者及研究目的等方面的情况来考虑采用什么方法进行。

四、行为观察法

行为观察法（behavioral measure）是通过个体的外在行为表现来推测其内在态度，因而也是一种间接的态度测量方法。有社会心理学家采用过这种方法，以选择座位的距离作为观察指标，来研究白人学生对黑人学生的种族歧视态度，歧视态度较强则座位距离也较远；反之则较近。在现实生活中，行为受到多种因素的影响，所以这种研究方法应尽可能和其他方法一起使用，而避免单独使用。结合多种方法所获取的资料互相印证，这样才能保证所得结论具有更高的可靠性。

五、生理反应法

生理反应法（physiological measure）是根据被试生理反应的变化来确定其态度的一种方法，因而仍是一种间接的方法。通常采用的生理指标有皮肤电反应、脉搏速度等多项指标。这种测量方法的原理就在于态度中包含情感因素，情感在态度中起着重要作用。当态度发生或变化时，则总会伴有相应的情感变化，进而引起体内生理反应的变化，如呼吸急促，脉搏加快，瞳孔放大等。根据这些生理变化的测定，即可以推测人们的内在态度。在实际使用中，生理反应法也常常是与其他的方法一起使用的，例如和问卷法或访谈法一起使用，通常能够提高对态度测定的准确性。

专栏 6-2

态度决定行动，行动影响未来

态度决定行动，行动影响未来，在工作面前，往往更是如此。有这样一个小故事，在一定程度上反映了积极的态度对于行动结果的作用。

有三个工人正在砌一堵墙。有人过来问他们："你们在干什么？"

第一个人抬头苦笑着说："没看见吗？我们在砌墙！我正在搬运着那些重得要命的石块呢。这份工作可真是累人啊……"

第二个人说："我们在盖一栋高楼。不过这份工作还真是不轻松啊……"

第三个人则开心地说："我们正在建设一座新的城市。我们现在所盖的这幢大楼未来将成为城市的标致性建筑之一啊！想想能够参与这样一个工程，真是令人兴奋。"

十年后，第一个人依然在砌墙；第二个人坐在办公室里画图纸——他成了工程师；第三个人，则成了另外两个人的老板。

人们对生活、对工作的态度会决定其后的行动，而这种行动在很大程度上将会影响人们的未来。虽然"态度决定一切"的观点有失偏颇，但是主观的态度对人们的行动及其结果具有重要的意义。有的人态度悲观消极，看不到自身努力与未来成就的关系，其行动往往也不够主动，最终难以达到更高的个人成就或者实现更高的社会价值。态度具有行为动力成分，它所包含的认知、情感成分对个体的惯常行为具有非常重要的影响。

第四节　态度的形成与改变

一个人的态度是在后天社会化的过程中形成的，态度一旦形成便具有一定的稳定性。但这种稳定性是相对的，通常随着主客观因素的改变，个体的态度也会随之发生变化。本章的论述即以态度的形成和改变为主题。必须说明的是，在现实社会中，除新生儿之外，态度的形成与改变往往是紧密相联、不可分割的。旧态度的改变总带来新态度的形成，而新态度的形成总是以旧态度的改变为前导。只是为了研究和说明的方便，我们才把态度的形成和改变分别叙述。

一、态度的形成

个体所持有的各种态度都是在后天的社会生活环境中通过学习而逐渐形成的。因此，个体态度的形成一方面要受到社会生活环境中的各种因素的影响和制约，另一方面则是通过联想、强化和模仿等学习方式不断学习的结果。

（一）环境因素的影响

（1）社会环境的影响

社会环境对个体的影响自个体出生直至生命结束始终存在着。这种影响主要是通过社会规范、准则的要求和约束，各种思想观念的宣传和教育，风俗习惯的潜移默化和文化的熏陶等方式进行的。社会环境对个体态度形成的影响常常表现为一种有选择的影响，即只让个体了解或接触事物的某一方面、某一部分或某一种类，从而使个体形成符合社会要求的特定态度。社会环境对个体态度形成的影响也表现为一种浸润式的影响，即这种影响每时每刻都在不断地对个体产生着作用，而且这种影响是伴随个体一生的。社会环境对个体态度形成的影响还表现为一种多元化的影响，即社会环境的不同方面或不同因素对个体态度形成的影响往往是不完全一致的，甚至是相互矛盾的。社会环境的影响对个体态度的形成来说，本质上是一种宏观的影响，对人们的态度形成起着导向作用，因而对个体态度形成的要求和约束也往往是一般意义上的。

（2）家庭的影响

对于个体态度的形成，家庭及父母的影响也具有十分重要的作用。个体幼时在家庭生活中所受到的教育和抚养对其态度的形成及以后态度的变化和发展具有决定性的作用。早期形成的态度往往会一直保持到成人期，有些态度则可能会影响一生的发展。家庭的影响还通过家庭成员之间的人际关系以及家庭成员共同生活的氛围表现出来。家庭成员之间除了以血缘辈我分为基础的长幼先后的关系外，还包括互相之间的情感关系，而这一层关系对个体态度的形成具有较重要的作用。情感关系较融洽，则互相之间的影响就较大，在态度上也易趋于相近或相同。此外，家庭共同生活的方式也具有显著的影响。从小就生活在一个充满民主、平等气氛家庭中的孩子，容易形成良好的与人相处的态度，会采用平等的方式与人相处，用民主的方式解决问题。

（3）同伴的影响

随着个体年龄的增长，父母及家庭的影响作用会逐渐减小，而同伴的影响作用会越来越大。个体开始经常把自身所持有的态度、观点与同伴们的态度、观点做比较，并以同伴们的态度、观点为依据来调整自己原有的态度，使自己与同伴们保持一致。

（4）团体的影响

个体所参加的团体对其态度的形成也具有影响作用。每个团体都有自己的行为规范和准则，并要求团体成员共同遵守。当个体加入了某一团体之后，其一言一行就应当与团体保持一致，个人所持有的态度也应该与团体保持一致。由此，通过团体对个体的这种影响和约束作用也可以促进个体态度的形成和转变。团体对其成员所具有的影响力的大小主要取决于这样几方面的条件：第一，团体对其成员吸引力的大小。如果团体对成员具有较大的吸引力，那么，团体所具有的影响和约束力就较大；反之，则较小。第二，个体在团体中所处的地位。一般来说，个体在团体中的地位越高或越重要，则其感受到的团体规范的压力和约束力就越大；反之，则较小。

（二）**个体的学习**

个体态度的习得主要是通过联想学习、强化学习和观察学习而得以实现的。这三种形式的学习机制分别在古典条件作用、工具性条件作用和社会学习这三种理论中得以阐述。

（1）古典条件作用理论与联想学习

古典条件作用理论是由俄国生理学家巴甫洛夫（I. P. Pavlov）创立并完善的。在巴甫洛夫的动物实验中，一种无条件刺激（如食物）的呈现可以引起动物的本能反应，如唾液分泌。这种反应类型称为无条件反应，引起这种反应的刺激称为无条件刺激。当一种无条件刺激（如食物）的呈现反复多次伴随一种新的刺激（如铃声）后，以后当这种新的刺激单独出现时，也能引起动物与条件刺激相似的反应。这种新的刺激称作条件刺激，由其所引起的反应称作条件反应。动物之所以能够对条件刺激做出条件反应，就在于动物凭借了联想（association）过程，即在刺激之间建立了联系。

古典条件作用原理也可以用来解释和说明态度的习得过程。例如：人们通常对丑陋的、肮脏的、贪婪的之类品性具有一种厌恶和反感的情绪体验。当这类使人反感的品性总是与某个人或某群人稳定地联系在一起时，则原先和这类品性相联系的反感和厌恶等情绪就会和这个人或这群人联系在一起，此时只要这个人或这群人出现，就完全可以引起人们的厌恶和反感的情绪体验。换句话说，人们原先对不良品性所具有的情绪体验，在联想的作用下扩展到了另一事物或对象的上面，这就是态度的习得过程。

（2）工具性条件作用理论与强化学习

工具性条件作用原理是由斯金纳（B. F. Skinner）创建的。在斯金纳看来，行为结果对行为习得具有增强或削弱的作用，行为的习得是在强化或惩罚作用的基础上来进行的。因此，只要掌握了行为的强化或惩罚作用的内在规律，就能有效地控制人们的行为习得。在工具性条件作用原理中，对强化的重视远高于对惩罚的重视，斯金纳认为惩罚并不能消除行为，只能压抑行为的表现，一旦外在压力消失，已经习得的行为还是有可能表现出来，因此该理论更加强调强化的作用。

强化的原理也同样可用于解释人们态度的习得过程。有研究者曾经在实验中用言语的强化来研究态度的习得。结果发现：那些受到正强化的学生所表达出的态度不仅基本观点没变，而且在程度上更为强烈；而那些受到惩罚的学生所表现出的态度，虽然其基本观点也没有大的变动，但在程度上则明显不如受到正强化的学生强烈。

（3）模仿与观察学习

观察学习（observational learning）是指个体通过对他人言行的观察而进行的学习，这种学习同样可使个体学习到许多新的行为。个体在对他人进行观察时，将他人的动作序列在头脑中进行编码并存贮起来，在以后遇到相同或相似的场合时，再将头脑中所储存的这些言行方式通过行动表现出来。人们态度的习得同样也可以通过对他人的观察来进行。例如通过电影和电视，人们就可习得对某些事物、对象的态度。通过观察他人而进行的学习基本上是依靠在观察后对他人进行模仿而实现的，模仿得如何则首先取决于观察的结果；此外，模仿还受强化因素的影响，这种强化可以是外界施加于个体的直接强化，也可以是个体自身所持有的自我强化，还可以是从他人被强化的事实经验中获得的替代强化。个体在对学习对象有了较好的观察后，就能够较好地进行模仿而习得一种新的行为。随后一旦其受到了强化因素的激励，已经习得的行为就会表现出来。

上述三种不同形式的学习是态度习得和形成的主要途径，它们具有各自不同的特点和作用。一般地说，个体态度习得和形成是在这三种学习机制的共同影响和相互作用下进行的。

二、态度的改变

态度改变指的是个体已经形成或原先持有的态度发生了变化。这种变化包括两个方面：一方面是指方向上的改变，即质的改变。例如：某个人原先对抽烟持有赞成态度，认为抽烟可显示个人的成熟特征，后来却反对抽烟，认为抽烟有损身体健康。另一方面指程度上的改变，即量的改变。例如：某个人原先比较赞成清晨跑步，但后来在他人的带动下态度更加积极，赞成程度进一步提高并且每天都参加晨跑。方向和程度这两方面是互相联系的，甚至可以说，方向的改变是以程度的改变为基础的。改变态度的方法大致有：劝说宣传法、角色扮演法、团体影响法、活动参与法。

（一）劝说宣传法

这是一种借助直接的语言交流及报纸、杂志、书籍、广播、电视、电影、网络等各种媒介来传播信息影响人们，使其态度发生改变的方法，也是在公共领域中较为常见和广泛使用的态度改变方法。有关这方面的研究基本上是来自霍夫兰德及其领导的耶鲁学派。采用这一方法来改变他人的态度，是把整个劝说宣传过程看作一个信息的传递与沟通过程，分析的着眼点在于信息的传播者

（劝说者）、信息的传播过程、信息的接受者及传播情境四个方面。信息传播的最终目的则是要使被劝说者接受传播的信息。

（1）传播者的特性

传播者自身所具备的各种特点常常对劝说宣传有着极大的影响，一些重要特征本身就是一种有效的宣传和证明，仅此就足以使人们信服而不再猜疑。与劝说宣传有联系的这样一些个人特性包括如下几个方面。

首先是专家身份。这是指传播者受过相关的教育、专业训练，并从事相关的社会职业，具有一定的专业身份。研究表明，专家的身份更易使传播者在相关领域进行信息传播时比没有专家身份的人被大众所接受，所信服。不过，专家身份所具有的劝说效用只发生在特定的或有限的范围与领域内，一旦超出该范围或领域，则劝说作用就不会有多大的影响。

其次是社会身份。社会身份是指传播者所具有的社会地位、社会名望、知名度及年龄、经验等。事实表明，在一些不属于或不涉及专业性知识的问题上，具有较高社会身份的人比社会身份低微的人具有更大的影响和说服力。

再次是吸引力。吸引力指传播者自身的人格特征、仪表体态以及言谈举止所带来的吸引力。吸引力大，则会给他人带来好感和愉快的情感体验；吸引力小，则不易使他人产生好感，甚至有可能产生厌烦、不愉快的情感体验。对于传播者来说，吸引力大则会增加其影响力和说服力，改变他人的态度；而吸引力小则相对更难说服他人接受自己的观点。

然后是相似性。相似性是指传播者的身份、职业、背景及态度、观点等与被劝说者具有相似或相近的特征。一般说来，如果传播者与被劝说者在身份、职业、年龄、性别、出生地以及所参加的团体等方面相似或相近，那么这些因素往往会促进双方在态度上达成一致，从而导致被劝说者接受传播者的意见，改变自己的态度。例如：在日常生活中，青年人容易接受其同辈友人的劝说，与朋友取得一致的看法；有着共同的经历、职业、籍贯的人之间也易于互相劝说，达成一致的态度。

最后是可信赖性。可信赖性是指传播者自身被他人相信和信赖的程度。这种特性主要受被劝说者关于传播者的内心动机的社会认知过程的影响。如果传播者被认为是怀有个人目的，出于一己私利，并非公正无私进行劝说的话，那么其观点就难以被他人所信服，其说服力也会大大降低。如果被劝说者认为传播者是基于自我牺牲的立场而向他人传播信息时，被劝说者则容易接受传播者的影响，其态度也容易产生较为明显的改变。

（2）信息传播

信息在传播过程中的呈现和组织方式也是影响劝说效果的重要因素。同样的信息内容在采用了不同的传播方式和技巧后，所产生的劝说效果往往是很不相同的，通过对信息内容进行有效合理的组织编排，就有可能提高其劝说效果，增加其对被劝说者的影响。

首先是信息传播的倾向性。信息的传播方式具有单方面传播和双方面传播的区别。在劝说他人的过程中，劝说者往往只叙述能够证实自己的主张或者是赞同自己的主张的各种看法和论据，对与自己不同甚至是反对自己的其他各种观点和主张则闭口不谈，不予提及，或者是一味强调与自己对立一方的种种缺陷、漏洞和不足之处。这种向被劝说者传播劝说信息的方式即是单方面传播。与此相反，在详尽地阐述了自己的观点主张是合理的、有根据的、值得相信的同时，也对与自己对立的一方的观点主张加以介绍并进一步肯定其虽不可取但也不乏借鉴之处的传播方式就是双方面传播。双方面传播的另一种形式则是指在劝说中，不仅强调所主张观点的正确性与合理性，同时也指出自身的不足与缺陷，或者是在指出对立观点缺陷的同时，也指出其合理之处。

这两种传播方式在劝说他人改变态度的过程中所产生的作用是很不相同的。霍夫兰德等人在二次大战的后期曾就这个问题进行了研究。结果发现：两种传播方式的效果没有绝对的高低优劣之分，只有在考虑了其他有关因素的前提下，才能明确地区分两者的不同效果。在霍夫兰德的研究中，士兵本身受教育的程度是影响传播效果的一个重要因素。单方面的传播更易使受教育程度较低的士兵改变态度，而双方面的传播则易使受教育程度较高的士兵改变态度。

再者，士兵的原有态度也是一种重要因素。当原有态度与传播信息较为一致时，单方面的传播效果显著；当原有态度与传播信息矛盾时，则双方面传播更为有效。近期的一些研究还表明，当被劝说者可能自己获得不止一方面的信息时，劝说者采用双方面的信息传播较为妥当；当被劝说者是依靠劝说者来获取各方面信息时，则采用单方面的信息传播效果较显著。另外，当劝说者所需要的是短时的态度改变时，应采用单方面的信息传播；如果所期求的是长时的、较稳固的态度改变，则应采用双方面的信息传播。总起来说，在考虑究竟采用哪一种传播方式来改变他人的态度时，应视具体情况而定。

其次是信息传播的首因效应和近因效应。在采用单方面的信息传播方式劝说他人改变态度时，往往会遇到这样一个问题，即在劝说中是开门见山地提出自己的观点主张好，还是将自己的观点主张放在最后说好？而在双方面的信息传播时，则表现为，是在劝说的一开始就推荐并证实自己的观点主张好，还是将此放在后面说，首先陈述反对自己、与自己观点主张相矛盾的其他观点主张好？

所有这些都涉及在传播过程中信息呈现次序对信息劝说效果的影响问题。如同本书在介绍社会认知时已经指出的：在社会心理学中，将先呈现的信息所产生的较大影响称为首因效应，将后呈现的信息所产生的较大影响称为近因效应。在实际劝说中，究竟是应先叙述自己的观点，还是应后叙述自己的观点，要依自己所面临的具体情境条件而定，有时先讲有利，有时后讲有利。

单就两种效应而言，劝说者应该考虑的一个重要因素就是时间，即先后呈现的两种信息之间的时间间隔和信息呈现与态度测评之间的时间间隔。这两种时间因素会影响信息传播的首因效应或近因效应，从而影响信息的劝说效果。一般来说，如果在先后呈现的两种信息之间的时间间隔较为短暂，而在信息呈现与态度测评之间的时间间隔较长时，会产生首因效应。反之，则会产生近因效应。除此之外，一般都难以产生首因效应或者近因效应。

最后是信息传播的渠道。在信息传播的过程中，人们总是要借助于一定的手段或工具，如通过电台广播或电视来传播信息，或者是通过交谈、书写文章、书信来劝说他人。这些不同的方法、手段产生的劝说效果也各不相同。较早的研究曾表明：生动形象的视觉信息，如通过图片、录像所传播的信息，要比单调的听觉信息更有说服效果，而这种单调的听觉信息又比用书面文字所传播的信息更有劝说效力。近期相关研究则发现：事实并非如此简单，被劝说者在接受他人劝说信息的过程中实际上是经历了两个不同的阶段，即理解信息的阶段和根据信息做出行动的阶段。在前一个阶段，被劝说者要对信息进行分析，领会其含义，认识其基本要求和意图；在后一个阶段，被劝说者则根据自己对信息的理解及自己内心的态度观点来决定行动。由于这两个阶段有所不同，因而应有针对性地采用不同的传播方法。在第一阶段，用书面文字传播的信息具有较好的说服效果，尤其是涉及比较复杂、难以掌握的信息时更是如此。在第二阶段，用图片、录像等生动形象的视觉形式传播的信息则具有更好的说服效果。

（3）被劝说者因素

被劝说者本身所具有的某些特点对说服效果也具有相当的影响作用，或者是有助于劝说的有效进行，或者是妨碍和抵制劝说的进行。这些特点可大体分为两个方面：一是被劝说者的原有态度，一是被劝说者自身的人格特点。

首先是原有态度。人们自小形成并一直保持不变的态度难以改变。因为这种态度已经是一种内化了的态度，已经成为个体主观世界的一个不可缺少的组成部分，如成为观念系统中的一部分，或作为个人的某些信仰或价值观存在。而形成于一时一事的态度则容易改变。根据个体的亲身经历和直接经验而形成的态度难以改变；反之，依据道听途说或其他的间接经验而形成的态度则较易改变。出于无奈或者迫于某种压力而形成的态度容易改变，而自主选择或者自愿接受的态度则不易改变。与态度或信念体系协调一致、不存在矛盾冲突的态度不易改变，而与其他态度内容无法协调的态度则较易改变。这里所指既包括态度自身的组成成分之间的协调一致或矛盾对立联系，也包括态度与态度之间、态度与行为之间的关系。

其次是人格特点。一些研究结果表明，有的人依赖性较强，缺乏独立自主的判断能力，信服权威，因而较易接受他人的劝说而改变自己的态度；有的人则自主意识较强，不易接受他人的意见，故态度较难改变。自尊心较强、自我评价较高的人，过于相信自己和保护自己，因而不易接受他人的劝说和影响；自我评价较低、缺乏自信心的人，则常怀疑自己而相信他人，因而更容易接受他人的劝说并改变自己的态度。再有，个体所持有的社会赞许期望的高低也是一个重要的人格因素。期望高的个体易受他人和社会的影响，改变自己的态度，从而与他人和社会保持一致；期望低的个体则不在乎周围他人对自己的评价，故而其态度较不易改变。

最后是被劝说者的信息加工。在劝说中，除要考虑到被劝说者的原有态度及自身人格这两方面之外，还有一个重要的方面也是不可忽视的，这就是被劝说者是如何接受劝说信息的，即劝说信息在被劝说者的头脑中是怎样被加工、储存和提取的。这方面的研究是自 20 世纪 70 年代起随着认知社会心理学的发展而兴起的。已有的研究表明，个体对劝说信息的接受方式多种多样，有的信息可能是通过记忆产生影响，有的信息则可能是在最初的感知中就产生了影响。个体对信息进行加工处理的方式不同，自然会影响到信息的劝说效果，从而影响到态度的改变。

（4）情境因素

使态度改变的劝说过程并不是仅仅在劝说者和被劝说者之间孤立进行的，而总是在一定的情境条件下进行的。因此，情境条件也会对劝说效果产生影响。

首先看一下信息繁多的情境对劝说的影响。在现实生活中，几乎每一个人都会遇到各种信息交杂在一起的情况，都会同时看到或听到关于某一事物的种种相同或不同的观点、主张、看法。在这样的环境中，个体态度的变化和改变就不再是某一种劝说信息单独作用的结果，而是多种信息交互作用的结果。换言之，在此时某一劝说信息对个体态度改变所产生的影响，是与其他多种信息的影响交织在一起的，同时也是受其他信息的影响的。有研究者曾以学生为被试做实验，让被试们一次接受关于多种牌子的商品的 54 种劝说信息。在一种条件下，劝说信息对相类似的商品都给予了称赞；在另一种条件下，对各种产品的劝说信息则是有褒有贬。被试接受了这样的信息后，主试要求他们表达对这些产品的态度。结果发现：在第一种条件下，被试会将自己对某一种商品的态度泛化为对其他商品的态度，而且由这种泛化而得的态度保持得比较长久。在第二种条件下，被试对各种商品的态度则没有呈现这种泛化现象，而且被试在劝说信息的影响下所产生的态度改变也不易维持长久。由此可见，在信息繁多的情境中，单一信息的劝说效用是受其他信息影响和制约的，如各种信息之间的相似性或一致性越多、越明显，则其中的某一信息的劝说效用就会得到增强和提高。反过来，如果各种信息之间差异或矛盾越多、越大，则其中的每个单一信息的劝说效用也会因此而被降低和削弱。

其次，令人分心的情境对说服具有双重作用。他人在场和其他信息的同时呈现，都会引起人们对劝说信息注意力的分散，从而影响信息的劝说效果。对被劝说者进行单一倾向信息的传播，避免其注意力的分散，劝说的效果会好些。然而，注意力的分散并不总是导致信息说服效果的降低。有的时候，注意力的轻微分散反而会增强信息的劝说力。其原因就在于，思考的速度快于言语的速度，在轻微分心的情况下，信息接收者依然能够获得劝导信息，同时又没有更多的时间和精力去考虑对立的观点和主张。

最后是信息重复呈现。重复某一信息会加深人们对它的印象，巩固对它的记忆，从而增强这一信息对人们的影响，有助于人们态度的改变。但是，重复的作用也是有限度的，过度的重复则可能会引起相反的效果，原因可能在于人们通常对新信息更感兴趣，而对过度重复的已知信息则容易产生厌烦情绪。

（二）角色扮演法

这种方法是以角色理论为依据的。角色理论的核心原则即个体的行为应与其所承担的角色相一致，应该符合这一角色身份的要求。无论是什么角色，客观上都包含着标志这一角色的各种象征（如权力、地位、待遇）和符号（如称呼、头衔、级别），包含着为这一角色所特有的行为规范和准则以及他人对角色的期待。对于个体而言，担当起某一角色，也就意味着要使自我的内涵与角色的内涵相吻合，使自我与角色协调一致。这一方面意味着个体的变化和发展，另一方面则意味着个体被约束和受制约。

角色扮演法是通过角色对承担角色的个体所具有的约束和影响来改变个体

态度的，该方法在态度改变方面具有特殊作用。有研究发现：角色扮演是扭转人们日常生活中顽固态度与行为的良好方法。他们以吸烟女大学生为被试，用角色扮演的方法促使她们戒烟。具体操作是，让吸烟者扮演一名患者，由医生告诉她们说，你已经身患肺癌，必须马上进行手术。角色扮演实验之后，女性吸烟被试对吸烟的态度与行为有明显改变：实验前，被试平均每天抽烟24支，角色扮演后很快降到不足13支。18个月后，再调查这些被试，发现抽烟量继续下降到11支。没有参加角色扮演的控制组被试，在同样的时期内抽烟量没有发生任何变化。①

（三）团体影响法

利用团体对个体所具有的影响，也可以有效地改变人们的态度。团体的影响来自团体的规范和准则，这种规范和准则对团体成员具有一种无形的约束力，促使团体中每个人的一言一行与团体的规范准则保持一致。在这种情况下，一个成员的言行如果符合团体规范准则的要求，就会被团体所接受、承认和赞同、支持，被其他成员视为自己人，在团体中确立自己的位置；如果其言行违背了规范准则的要求，就会受到团体的拒绝、排斥、否定和打击，被其他成员视为离经叛道的异己分子，在团体中被孤立起来甚至被逐出团体。无论是正式团体还是非正式团体，抑或是所属团体或参照团体，其所具有的规范准则都具有这种约束力。正因为如此，通过将个体引入特定的团体，并告知相应的规范准则来影响和约束他们的一言一行，能够有效地改变他们的原有态度。

（四）活动参与法

这种方法是通过引导人们参加与态度改变有关的活动来改变人们的态度。例如：通过参加体育锻炼来改变不喜欢运动的态度。在通常情况下，人们所参与的活动或者是与所要改变的态度有着密切联系，或者就是所要改变的态度对象本身。此外，人们参与活动时的自愿程度或感受到的压力大小对人们态度的改变有很大影响。如果人们是自愿参加一项活动的，则其态度的改变就会大些；如果是迫于某种压力，比如考虑到相关奖励或惩罚，或者感受到来自外界如权威和团体的压力，那么即使其参加了活动，其态度也未必会发生改变。再有就是所参与的活动如果是经常性的、较长期的，那么相应地态度改变也较大、较持久；反之，如果只是一次性活动或短期活动，则态度改变的效果也不会明显或难以持久。

①金盛华：《社会心理学》，高等教育出版社2005年版，第31页。

第五节　偏见

偏见（prejudice）是对某一个人或团体所持有的一种不公平、不合理的消极否定的态度。由于偏见是社会生活中的一种独特的态度，因而也包括态度的三个主要成分，即情感、认知、行为意向。例如：大男子主义的拥护者对女性持有偏见，他们就认为"女人无才便是德"（认知），不喜欢她们独立自主（情感），从而经常以不公平的方式来对待她们（行为意向）。偏见常和歧视联系在一起，所不同的是，歧视偏重于因对某个体或其所属团体存有偏见而引起的不公平、不合理的行为方式。

偏见对和谐的社会互动往往具有破坏性结果，因此，社会心理学家对这个课题相当重视。一般情况下，社会心理学家在研究偏见时，往往把重点放在偏见产生的原因、偏见造成的后果以及如果消除偏见等方面。

一、产生偏见的原因

社会心理学对偏见产生的原因进行了大量的研究，提出了各种各样导致偏见的因素。而总括起来，不外乎以下几个方面：

（一）社会群体间的利害冲突

在现实社会生活中，社会的各个团体、阶层之间存在着利益上的冲突、地位上的不平等，这是产生偏见的重要因素。冲突导致敌视，敌视导致对对方的否定性情感和心理。社会心理学家谢里夫（C. W. Sherif）的实验说明了这一点。他让一群来自不同地区的男孩子参加一次暑期夏令营活动。到营地后，将其分为两组。开始两组成员彼此不相识，也不往来，各自从事自己组内的活动，逐步地在各组成员内部建立了认同感。此后，谢里夫安排两组进行各种竞赛活动。而竞赛活动的奖励方式为一方之所得必为另一方之所失。随着竞赛活动的进行，两个群体间的社会距离越来越大，而且产生了日益强烈的对自己有利而对对方不利的看法。例如认为自己的群体是勇敢的、坚强的、友善的，而对方是卑劣的、狡诈的、邪恶的等。即使双方的竞赛表现差不多，两者也倾向于高估自己而低估对方。而且，两群体的这种对立不仅仅限于实际竞赛活动中，而且还扩散到其他场合。

（二）社会化

谢里夫的实验证明了社会团体之间的竞争和冲突与偏见产生的关系。但是，团体间的这种竞争和冲突并非偏见产生的必要条件，即使消除了所有的群体冲突，偏见也不会从社会上彻底消失。偏见的产生还有其文化历史因素。文化传统有很牢固的性质，这使得最初的文化因素消失很久以后，文化传统还能持续存在。各类文化传统中都包含着偏见成分，通过社会化过程，个体吸收并内化文化传统的同时，也继承了偏见。

根据美国学者 G. 奥尔波特对历史上各种偏见发生和持续过程的研究发现：在一文化圈之内，许多偏见在最初之所以发生，主要是由于那些占支配地位的社会集团为了使自身对那些处于被支配地位的社会集团的剥削统治合理化而制造出来的。例如在欧洲工业革命后，资本家大肆散布工人缺乏独立人格、没有独立思考能力的观点，以便于对工人进行严格的管制监督。这种偏见一旦形成并传播开来之后，便融入了文化传统，在社会上形成一种偏见的氛围。在偏见的气氛中成长起来的儿童对于带有偏见的规范通常是服从的。首先是形式上的相符，后来就内化于心。

一般说来，儿童在社会化过程中习得偏见的具体途径可分为三种。第一种是直接学习。小孩子周围的人运用赏罚活动强化其偏见态度。例如父母可能不允许孩子同自己对其有成见的人的孩子一起玩，并灌输以"他们是一些肮脏、无教养的孩子"的思想观念。第二种是模仿学习。儿童经常看到、听到自己周围的人议论反对某一群体及成员，从而逐渐地认同于周围人的观念和行为。第三种是环境气氛的熏染。这是学习者对特殊环境气氛的一种认知了解。例如在种族歧视严重的国家或地区，白人、黑人分区而居，分校而读。黑人在的地方白人很少光顾，整个生活环境中弥漫着黑人劣等的偏见氛围，久居其间会潜移默化地受其感染。

（三）个体的人格和心理因素

在同一社会文化氛围中成长起来的个体，在偏见倾向上并非一致不二，而是存在着很大的个体差异。这是因为一些独特的人格和心理因素影响着偏见的产生。

首先，具有权威主义人格的人易产生并固守偏见。权威主义人格一般具有以下特点：（1）固守传统的等级观念，排斥、轻视违反传统价值的人；（2）对周围的事物偏好做两分法的简单判断；（3）顺从于所属群体的道德权威，以权威和地位为行事的依据；（4）敌视其他群体的人。有研究发现：具有这些特点的人是更容易产生偏见的。

其次，偏见和某些独特的心理作用与心理感受有关。弗洛伊德认为：偏见是一种人类倾向于投射的功能。投射有两种，第一种是相似性投射，即把自己不受社会赞许的欲望投射到他人身上的倾向，即想看别人做我们最害怕被抓住的事情。按照这种观点，具有将他人视为有敌意和侵犯品质的明显倾向的人往往暴露了他自己的敌视和侵犯品质。第二种是互补性投射，如资本家剥削工人，他们可能认为这样做不是因为他们贪婪，而是因为工人能力低。除了投射这种心理作用可能导致偏见之外，许多社会心理学家还认为，挫折感也会导致偏见。

二、偏见产生的结果

虽然偏见会给社会生活的协调和谐造成破坏性的后果，但在社会心理学的研究中，最能引起学者们重视的是偏见给当事人所带来的心理后果。

（一）自我实现预言

罗森塔尔效应（Rosenthal effect）可以用来说明偏见的这一后果。1968 年，美国心理学家罗伯特·罗森塔尔（R. Rosenthal）等人所做的实验证明：如果教师对某些学生持有积极的看法，那么这些学生的课堂表现就会有显著的进步，学习成绩也会提高，尽管教师的这种看法可能完全没有客观依据。既然积极的看法会导致积极的效果，那么消极的看法也可能导致消极的效果。如果学生知道老师看不起自己，或者认为自己愚蠢，那么这种消极的期望可能会变成他自我实现的预言。他的成绩可能会变得更差，并且还会带来自卑感，社会或公众对某些团体、个人的偏见通常具有这种效果。

（二）性别角色偏见

在社会中还存在着对女性的许多偏见，例如认为女人是依赖的、被动的、软弱的等等。这种偏见对于形成女性心理和女性性别角色有着很大的消极影响。例如西方心理学家们所说的"灰姑娘情结"（即女性通常认为自己是无力的、依赖性强的，需要"白马王子"来追求和保护），就和上述这种性别角色偏见紧密相关。此外，关于女性的偏见还造成了女性的逃避成就动机，在男性面前的自卑感等等。

（三）社会疏离

社会的隔离会导致并且强化偏见，而偏见又会反过来增加隔膜和社会疏离。例如在学校中，如果有的学生知道自己不受老师喜欢，就可能会避免见到老师，与老师疏远，并且进而与同学疏远。这种疏远有可能会导致受偏见的个体的人格失常，并对周围的人产生强烈的敌意感。

三、偏见的消除

在当代社会中，偏见仍是普遍存在的，并且产生着各种各样的消极后果。

但是，偏见并非是不可消除的。只要对症下药，便可达到预防和消除偏见的目的。社会心理学家们对此做了大量的研究，提出了各种解决措施。总括起来主要有以下几条。

（一）消除刻板印象

偏见和一般的态度一样，也具有认知、情感、行为意向三种成分。而偏见的认知成分往往是一种社会刻板印象。一般人对某些群体的成员常有一定的刻板印象，例如在美国白人认为黑人智力低下、不求上进；男人认为女人有依赖性和被动性等。根据研究发现：由偏见对象表现出与刻板印象相反的行为来，有助于偏见的消除。例如：如果黑人从事一些社会地位较高的工作，并在其中取得成功的话，就有助于削减人们对黑人持有的智力低下的偏见。

（二）增加平等的个体间接触

平等的接触和个人间的接触都是为了深入全面地了解接触双方的独特性。不平等的接触会妨碍双方间的深入、细致的了解，并且还易产生先入为主、刻板化的判断，这种判断往往是对地位低下者不利的。同样，非个人间的接触通常也只能导致接触双方之间肤浅的、形式化的认识。只有平等的、个人间的接触，才有利于真实地了解对方独特的能力、性格、爱好、抱负等，避免先入为主的判断，从而达到预防和消除偏见的目的。

（三）共同命运与合作奖励

社会心理学家谢里夫在其夏令营群体实验中发现，竞争可以引发两组原来互不相识的群体间的敌视和偏见。那么，如何消除这种敌视和偏见呢？在该实验中，谢里夫把营区的供水系统加以破坏，使两个群体都面临一个共同的问题，解决这个困难只有依靠两个群体全部成员的共同合作才能消除。结果发现：共同的命运与合作性的奖励（奖励的给予取决于所有人是否能够合作）是消解群体间的敌对情绪和偏见的重要途径。

（四）制定有助于消除偏见的社会规范

规范是社会生活中指导个体行为的重要制度条件，人们都有服从并认同社会规范的行为倾向。如果社会规范对外群体较为宽容，则生活在该规范下的人们对其他群体及其成员的偏见会减少。通过发现、辨别日常规范中对其他群体的偏见，然后通过制定新的规范来取代旧的规范，也有助于改变个体对其他群体及其成员的偏见。

本章小结

1. 所谓态度，是指个体自身对社会存在所持有的、具有一定结构和比较稳定的内在心理状态。

2. 作为一种重要的社会心理现象，态度具有如下几种特性：态度的社会性、态度的主观经验性和态度的动力性。

3. 作为一种具有认知基础的心理反应倾向，态度兼具认知、情感和行为意向三种成分，并且这三种成分是彼此相互关联的。

4. 个体所持有的态度与个体观念世界中的价值和信念有着密不可分的联系。一方面个体的态度往往反映和体现出个体的信念和价值观，另一方面个体的信念和价值观又影响和决定着个体所持有的态度。然而，这几个概念之间毕竟有着清楚的差异，注意不要混为一谈。

5. 有关态度的理论研究可以按照其基本理论观点和方法的不同而大致划分为如下三个类别：强化论观点的态度研究，这种倾向性往往以对社会现象的好坏评价而表现出来，它通过学习强化而获得，强化论观点的态度研究可区别为三种；认知论观点的态度研究注重于"态度是对于社会对象的评价"，力图从评价的角度来探索态度的内部心理机制；功能理论认为人们之所以持有某种态度，是因为这种态度能够满足他们个人的某种需要，特别是心理上的需要。因此，要改变人们的态度，应首先了解态度所能够满足的需要是什么，通过改变人们内在的需要来改变人们所持有的的态度。

6. 态度改变三阶段理论是由科尔曼于 1961 年提出来的，他认为一个人态度的改变不是一蹴而就的，而要经过服从、认同、内化三个阶段。

7. 态度是无法用肉眼直接观察的内潜的心理活动，对个体态度的了解和认识，通常也是通过对人们的个体行为（如口头言语、书面言语以及行为表现）的观察和记录而进行的，所以对于他人态度的了解和认识，实际上是通过由外向内的间接推断而获得的。态度的测评即是对人们的外显行为进行观察、记录并据此进行间接推断的过程。态度测评的方法有许多种。经常使用的方法有：量表法（自我评断法）、问卷法（自我报告法）、投射法（测验法）、行为观察法和生理反应法。

8．量表法又称自我评断法，是运用根据一定的测量、统计原理而编制的态度量表来测评个体所持态度的一种方法。被人们广泛运用的态度量表有等距量表、总加量表和语义分化量表。

9．个体所持有的各种态度都是在后天的社会生活环境中通过学习而逐渐形成的。因此，个体态度的形成一方面受到社会生活环境中的各种因素的影响和制约，另一方面则是自身通过联想、强化和模仿等学习机制不断丰富的结果。

10．态度改变指的是个体已经形成或原先持有的态度发生了变化。这种变化包括两个方面：一是指方向上的改变，即质的改变。二是指程度上的改变，即量的改变。改变态度的方法大致有这样几种：劝说宣传法、角色扮演法、团体影响法、活动参与法。

11．偏见是对某一个人或团体所持有的一种不公平、不合理的消极否定的态度。由于偏见是社会生活中的一种独特的态度，因而也包括态度的三个主要成分，即情感、认知、意向。社会心理学家们对偏见产生的原因进行了大量的研究，提出了各种各样导致偏见的因素。而总括起来，不外乎以下几个方面：社会群体间的利害冲突、社会化、个体的人格和心理因素。在我们社会中，偏见是普遍存在的，并且产生着各种各样的消极后果。但是，偏见并非是不可消除的。只要对症下药，便可达到预防和消除偏见的目的。社会心理学家们对此做了大量的研究，提出了各种解决措施。例如：消除刻板印象，增加平等的、个人间的接触，通过共同命运与合作奖励来消除偏见，以及制定有助于消除偏见的社会规范等。

思考题

1．什么是态度，其特点是什么？
2．设计一个测量某方面态度的总加量表。
3．评述态度的认知不协调和平衡理论。
4．举例说明现实社会中的某一种偏见，分析其原因，并考虑有哪些消除这种偏见的办法。

推荐阅读书目

1．[法]勒庞著：《乌合之众：大众心理研究》，中央编译出版社 2004 年版。
2．[美]E. Aronson 等著：《社会心理学》，中国轻工业出版社 2007 年版。
3．[美]巴伦、伯恩著：《社会心理学》，华东师范大学出版社 2004 年版。

4. ［美］哈克著：《改变心理学的 40 项研究：探索心理学研究的历史》，中国轻工业出版社 2004 年版。

5. ［英］波特、韦斯雷尔著：《话语和社会心理学：超越态度与行为》，中国人民大学出版社 2006 年版。

第七章　人际关系

本章学习目标

了解人际关系的特点
理解人际关系产生的原因
掌握人际关系状态及发展过程
熟识人际关系的基本理论
掌握人际吸引的影响因素
了解爱情的类型
掌握人际关系的改善途径

　　生活在一定社会文化环境中的个体，总是要和周围的人发生各种各样的交流和联系，形成各种形式的人际关系。从出生到死亡，关系一直是人生经验的核心部分。人一生的成功与失败、幸福与痛苦、快乐与悲伤、爱与恨等等，都与人际关系有密切关联。没有同别人的交往与关系，也就没有人生的悲欢离合，没有文学、艺术，没有科学，没有一切。可以说，人际关系是生活的基础。大量的心理学研究表明，人际关系对人的身心健康、事业成功与生活幸福有重要影响。

　　人际关系是人们在人际交往过程中所结成的心理关系，其基础是人与人之间感到亲近或疏远、吸引或排斥的情感关系，这种情感关系需要建立在人际互动活动之上，而且人际关系一旦形成，处于关系之中的个体能够直接感受到情感关系的存在。人际关系在现实生活中的重要地位引起人们的广泛关注，社会心理学家对此进行了专门研究，希望了解人际关系发展的特点及规律，以帮助人们建立和维持良好的人际关系。

第一节　人际关系概述

一、人际关系的含义

人际关系（interpersonal relationship）是人们在共同活动中彼此为寻求满足各种需要而建立起来的、相互间的心理关系。可以说，人际关系是与人类起源同步发生的一种极其古老的社会现象。

人际关系具有以下几方面的特征：

首先是个体性。人际关系的本质表现在具体个人的互动过程之中。在人际关系中，"教师"与"学生""上司"与"下属"等角色因素退居到次要地位，而对方是不是自己所喜欢或愿意亲近的人成为主要关注的问题。这就是人际关系的个体性特点的表现。

其次是直接性、可感性。人际关系是在人们直接的，甚至是面对面的交往过程中形成的，它反映出他人是否能满足其需要的心理状态，每个人都可以切实地感受到它的存在。一般来说，没有直接的交往和接触是不会产生人际关系的，而只要建立起某种人际关系，也一定能够被处于关系中的个体所直接体验到。

最后是情感性。人际关系的基础是人们彼此之间的情感活动。情感因素是人际关系的主要成分。人际间的情感倾向可以划分为两大类：一类是使人们互相接近或吸引的情感，即连属情感。第二，使人们互相排斥和反对的情感，即分离情感。

二、人际关系产生的社会心理学基础

人是社会性的动物，具有合群与群居的倾向。人们大部分时间都是与他人一起度过的。里德·拉尔森等（Read Larson）对人们的时间利用进行了研究。他们让一组成人样本和一组青少年样本中的每一位被试在一周内随身携带一台呼机。每天从清晨到夜晚的时间里，研究者随机呼叫被试若干次，被呼叫的被试需要填写一份简短的问卷，说明他们正在做什么，是独自一人还是与其他人在一起。结果表明：当被试在家的时候，约有 3/4 的时间与他人在一起，只有在做家务、洗澡、听音乐或在家学习时才独自一人；与此相对，当被试在学校或是工作的时候，更倾向于和其他人在一起。并且和其他人在一起时，个体表现得更快乐、警觉和兴奋。人们为什么倾向于与他人相伴呢？心理学家对此做出了各种解释。

（一）亲和需要

阿特金森（J. W. Atkinson）等人认为：影响人们的社会交往的动机有两种：一种是亲和需要（the need of affiliation），是一个人寻求和保持多种积极人际关系的愿望，即人们有需要和他人相伴的倾向；另一种是亲密需要（need of intimacy），是人们追求与特定个体建立温暖与亲密关系的愿望。

关于人的亲和需要，美国心理学家沙赫特（S. Schachter）有一个著名的实验。他设计了一个没有窗户但有空调的房间，里面除一张桌子、一把椅子、一张床、一个马桶、一盏灯外再无其他东西，一日三餐通过房门下面的小洞口送入。哪位被试能够在这样的房间待上一天，就能得到一笔可观的报酬，该实验的目的是想测量一下人在这样与世隔绝的情景下最长能待多久。5 名大学生充当了被试，结果其中一人只待了 20 分钟就受不了而放弃了实验，有两个人待了两天，最长的一个被试也只待了八天。这个探索性的研究表明：个体对孤独的忍耐力是有差异的，但很难有人能够无止境地生活在孤独的环境里。其后，社会心理学家对影响亲和需要的因素进行了深入研究，发现其与恐惧、焦虑等密切相关。

（1）恐惧与亲和需要

在 20 世纪 50 年代，沙赫特（S. Schachter）进行了一系列经典实验，试图了解哪些因素会增强个体的亲和需要。他提出了"面临恐惧的人具有更强烈的亲和行为倾向"这一假设。为了对此进行验证，他以女大学生为被试，进行了实验研究。该实验通过给予女性大学生被试不同的指导语，来操纵其恐惧的高低水平。研究者告诉被试说她要参加一项电击如何影响生理反应的实验。在"高恐惧"组，被试被告知电击非常痛苦，但不会造成永久性伤害；而"低恐惧"组的被试则被告知电击几乎不痛，最多有点儿痒或麻的感觉。实验者只是想让被试相信自己不久将会受到这样的电击，实际上被试最终都不会受到电击，实验操作完成之后，沙赫特告诉被试由于实验用的仪器还没有装配好，请她们等待 10 分钟，在等待时间里她们可以选择单独等待、与其他人一起等，或者接受实验者的安排（即无所谓）。

结果如图 7-1 所示：在高度恐惧的条件下，更多被试选择与他人一起等待。而在低度恐惧的条件下，被试们则更愿意独自等待。沙赫特用社会比较理论（social comparison theory）来解释这种现象，社会比较强调的是人们通过社会比较获得有关自己和周围世界的知识。因此，人们与他人结伴活动，是为了拿自己的感受与其他相同情境下的人比较。米勒（R. Miller）进一步提出：个体不仅通过社会比较来判断自己的能力和自我概念，而且通过它获取有关自己情绪甚至朋友选择方面的信息。

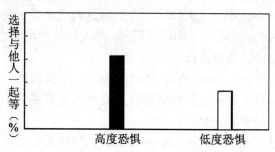

图 7-1　不同恐惧情况下人们的选择

改编自弗里德曼等编著：《社会心理学》，黑龙江人民出版社 1984 年版，第 62 页。

（2）焦虑与亲和需要

　　焦虑不同于恐惧，恐惧是因实际威胁情景存在或预期威胁将来临时所产生的情绪唤起状态；焦虑则是由非现实的、无法确定的原因所引起的。研究者发现恐惧感越强，亲和需要也越强。那么焦虑是否也和恐惧一样会增强人的亲和倾向？

　　有一项实验研究探讨了焦虑、恐惧与亲和倾向的关系：实验开始时，实验者向被试提出一些特殊的要求以操纵被试的焦虑反应。高焦虑组的被试被告知在实验过程中他们需要穿围兜、吮吸奶嘴；低焦虑组的被试被告知他们需要在实验中吹响口哨。实验结果表明：高焦虑的被试比低焦虑的被试更愿意单独一个人等待实验的开始。这表明恐惧会增加亲和需要，焦虑却会减少亲和需要。也就是说，当一个人感到焦虑时，与其他人在一起不仅不能得到安慰，反而会使他感到更加尴尬，因此他宁愿单独经历尴尬的情景。还有研究者通过测量被试的性亢奋程度来引发他们的焦虑感，也得到焦虑会降低亲和倾向的结论。

　　（二）人际关系的报酬

　　随着成长，个体的社会需要变得越来越复杂和多样。个体会与那些在一起有乐趣、能够获得帮助、强有力的或接受自己的人形成关系。这些关系能够给其带来好处。社会交换理论（social exchange theory）指出：人们通过社会交换获得心理与物质酬赏，因此人们会尽量寻求并维持酬赏大于付出的人际关系。人们从关系中获得的好处是人际关系形成与维持的一个重要原因，魏斯

（R. Weiss）确定了人际关系能提供给个体的 6 种重要报酬：

（1）依恋（attachment）。依恋是指亲密的人际关系提供给个体的安全感和舒适感，这种依恋关系在童年期指向父母，成人之后则指向配偶或亲密朋友。

（2）社会融合（social integration）。个体通过与一个群体交往，并与他们拥有相同的观点和态度，进而产生团体归属感。个人的社会融合感通常从与朋友、同事、队友、战友等关系中获得。

（3）可靠的同盟感（sense of reliable alliance）。个体通过与他人建立人际关系，让其在产生特定需要的时候相信会有人能够为其提供帮助，进而形成由于可靠的同盟关系而带来的安全感。

（4）得到指导（the obtaining of guidance）。与他人交往可以使个体从他人那里获得有价值的指导，比如从医生、朋友、老师以及有经验者那里获得重要信息。

（5）价值确定（reassurance of worth）。人际关系具有价值确立的功能，当人们在人际关系中得到他人的支持与肯定时，会产生自己有能力有价值的感受。

（6）照顾他人的机会（the opportunity of nurturance）。价值确定的功能是通过他人的肯定而实现的，而照顾他人的机会则让个体感到被他人所需要，进而觉得自己很重要，也能够由此而确立自我价值。

（三）摆脱寂寞

个体与他人交往的第三个原因是为了摆脱寂寞。寂寞（loneliness）指当个体的社会关系欠缺某种重要特征时所体验到的主观不适。这种缺陷可能是数量方面的，例如没有朋友或者朋友数量比期望的少；也可能是质量方面的，例如感到人际关系不能深入或者达不到期望的程度。

需要注意的是，寂寞与孤独（aloneness）不同，孤独是一种与他人隔离的客观状态，而寂寞是伴有痛苦情绪的主观体验。孤独既可以是愉快的也可以是不愉快的，例如宗教领袖与伟人，经常是处于孤独的状态，但是他们在孤独中探索精神的启示与世俗的进步，所以尽管孤独却并不感到寂寞，因此说，寂寞与孤独之间不存在必然的联系。

魏斯将寂寞分为情绪性寂寞（emotional loneliness）和社会性寂寞（social loneliness）。前者是由缺少亲密的依恋对象所引起的寂寞，后者则是指当个体缺乏社会融合感，或者缺乏由朋友或同事等所提供的团体归属感时产生的寂寞。个体可能单独体验到某一类型的寂寞，比如搬到异地的新婚夫妇可能不会体验到情绪寂寞，因为他们拥有彼此；但融入当地的生活还需要一段时间，因此，在他们结交新朋友，对新社区形成归属感之前，他们可能体验到社会性寂寞。而一个失去丈夫的寡妇可能会体验到强烈的情感寂寞，但是她仍拥有很多社会纽带，例如亲戚、朋友等，因此她的寂寞感不是社会性寂寞。

很多时候，寂寞是因生活变化使人们离开朋友或亲密伙伴而引起的。通常能够引起孤独感的情境包括搬到新的城市居住、离开学校、开始一份新工作、不能与朋友或心爱的人见面、结束一段重要的关系等等。虽然有些情形中摆脱寂寞很困难，但大多数人最终能从这些情境造成的寂寞中恢复过来，重新建立满意的社会生活。不过，当有些人长期受寂寞折磨，不受生活变化所影响时，这种寂寞感则被称为慢性寂寞（chronic loneliness），当事人的生理与心理健康都将会受到这种状态的消极影响。慢性寂寞与一系列个人问题相关，包括抑郁、酒精或毒品滥用、身体疾病、学业成绩差等，对老年人来说，还包括死亡的可能性升高。可以说，从出生到死亡，很少有人能够避开寂寞的困扰，这正反映了人们对社会关系的需要。摆脱寂寞的重要方法就是建立人际关系，以满足人类"联结"的基本心理需要。

三、人际关系的建立和发展

（一）人际关系的状态

日常生活中人们常说：A 跟 B 无话不说、亲密无间；而 A 跟 C 之间形同陌路。这些内容都是对人际关系状态的描述。莱文格和斯诺克（G. Levinger & G. Snoek）提出相互依赖模型（model of interdependence）来说明：随着相互依赖关系的逐渐加强，人际关系性质也发生了变化。他们以图解方式对人际关系的各种状态及其相互作用水平的递增关系做了直观描述（如图 7-2）。图中用圆圈表示人际关系涉及的双方，用共同心理领域和情感融合范围作为描述人际关系的指标。

良好人际关系需要经过一个从表面接触到亲密融合的发展过程。当两人彼此没有意识到对方存在时，双方关系处于零接触（zero contact）状态。此时双方是完全无关的，谈不上任何个人意义上的情感联系。只有一方开始注意到对方，或双方相互注意时，人们之间的相互交往才有可能开始，彼此之间都获得了初步印象，不过这种状态还没有情感的卷入。因为双方还没有进行直接的言语沟通，彼此之间还只能算是旁观者，处于知晓（awareness）状态。

表面接触（surface contact）才是人际关系的真正开始，从双方开始直接交谈的那一刻起，彼此就产生了直接接触。当然，这种接触是表面的，彼此之间还没有共同的心理领域。随着双方交往的深入和扩展，双方共同的心理领域也逐渐被发现。发现的共同心理领域的多少，与情感融合的程度相适应。

共同的心理领域越多，双方之间认同、接受和信任的程度就越高，情感融合
的程度也越高。

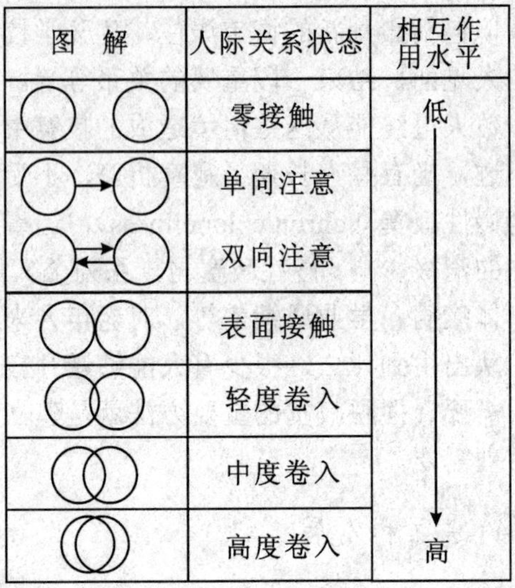

图 解	人际关系状态	相互作用水平
○ ○	零接触	低
○→○	单向注意	
○⇄○	双向注意	
◯◯	表面接触	
◯◯	轻度卷入	
◯◯	中度卷入	
◯◯	高度卷入	高

图 7-2　人际关系状态及其相互作用水平

资料来源：J.L.Freedman et al..Social Psychology.New York: Prentice-Hall, 1985, p.230

心理学家按照情感融合的程度，将人际关系分为轻度卷入、中度卷入和深
度卷入三种。轻度卷入阶段的特点是：交往双方所发现的共同心理领域较小，
双方的心理世界只有小部分重合，也仅仅在这一范围内，双方的情感是融合的。
中度卷入阶段的特点是：交往双方已发现较大的共同心理领域，双方的心理世
界也有较大的重合，彼此的情感融合范围也相应较大。在深度卷入的情况下，
双方已发现的共同心理领域大于相斥的心理领域，彼此的心理世界高度重合，
情感融合的范围覆盖了大多数的生活内容。不过，在现实生活中，只有少数人
能够达到这种人际关系状态，而且也只能与少数人达到这种状态。有的人则可
能从来没有与任何人达到这种状态，其一辈子与别人的关系都只处于比较肤浅
的水平上。

需要注意的是，从图中可以看出，人际关系双方心理世界并不存在完全重
合的情况。无论人们的关系多么密切，情感多么融洽，也无论人们主观上怎样
感受彼此之间的完全拥有，两个人的心理世界都不能达到完全的重合，每个人
都保留有自己最隐私的一面。人与人之间只存在多大程度上相一致的问题，而
不存在完全相一致的情况。

（二）人际关系的发展与自我暴露

（1）人际关系的发展过程

自我暴露（self-disclosure）是指个体把有关自己个人的信息告诉给他人，与他人共享自己内心的感受和信息。社会心理学家认为它是个体与他人发展亲密关系的重要途径之一。奥尔特曼和泰勒（I. Altman & D. A. Taylor）以自我暴露的程度作为衡量人际深度的参考指标，指出良好的人际关系的建立和发展，从交往由浅入深的角度来看，一般需要经过定向、情感探索、感情交流和稳定交往四个阶段。

第一阶段是定向阶段。定向阶段包括开始注意交往对象、做出交往决策和初步沟通等多方面的心理活动。大千世界，人与人之间发生关联的可能是无限的，由卡林蒂（F. Karinthy）最早提出的"六度间隔理论"（six degrees of separation），在社会心理学领域中得到了米尔格拉姆（S. Milgram）的小世界社交网络实验的支持（small world phenomenon）。在这个社会中，最多只需要通过6个人，就可以把任何两个人联系在一起。无论这两个人是否认识，生活在地球上任何偏僻的地方，他们之间都只有六度间隔。因此，人们几乎只需要通过简单的中介，就可以和任何一个没有联系的人就发生关联。但在现实生活中，人们并不是同任何一个与之相遇的人都要建立良好的人际关系，个体对于交往对象及交往深度具有高度的选择性。通常情况下，只有当对方的某些特征能引起其情感上的共鸣时，才会引起个体特别的注意。

选择交往对象的过程，反映了交往者的某种需求倾向、兴趣特征等个性心理特征。这种注意的选择是自发的、非理性的。当个体理性地思考哪些人可以作为交往对象，并且与之保持良好的人际关系时，就已经属于抉择过程了。只有那些在价值观念等方面与个体存在共识的人，才有可能成为进一步交往的对象。

初步沟通是人们在选定某一交往对象之后，试图与这一对象建立某种联系的实际行动，目的是希望对别人有初步的了解，以便使自己知道是否有必要与对方展开进一步的交往。同时，个体也希望给对方留下良好的第一印象，为可能形成的人际关系奠定良好的心理基础。人际关系的定向阶段，其时间跨度因情况而异。邂逅而相见恨晚的人，定向阶段会在第一次见面时就完成。而对于可能有很多接触机会但彼此防卫倾向较强的人来说，这一阶段要经过长时间沟通才能完成。

第二阶段是情感探索阶段。这一阶段主要是探讨彼此共同的情感领域。随着双方共同情感领域的发现，双方的沟通会越来越广泛，自我暴露的深度与广度也逐渐增加。但在这一阶段，人们的话题仍未进入对方的私密性领域或隐私敏感区，自我暴露也不涉及自我的深层方面。尽管在这一阶段中，双方已经开始有一定程度的情感卷入，但交往模式仍与定向阶段有些类似，彼此还都注意遵守交往规范，也没有强烈的吸引力，即使关系破裂也无所谓。

第三阶段是情感交流阶段。人际关系发展到这一阶段以后，双方关系的性质开始出现实质性变化。彼此的安全感和信任感已经建立起来，沟通和交往的内容开始广泛涉及自我的深层次内容，并有中度的情感卷入。如果关系在这一阶段破裂，将会给当事人带来相当大的心理压力。在这一阶段，正式交往模式的压力已经趋于消失，双方交往的行为表现已经超出正式交往的范围。此时，人们会相互提供真实的评价性反馈信息、提供建议，彼此进行真诚的赞赏和批评，因为在此阶段中，交往双方需要保持情感与认知系统的协调，如果双方态度不一致，则会让他们的关系处于失调状态，此时就可以通过批评来改善失调，通过赞赏来强化那些和谐一致的态度。

第四阶段是稳定交往阶段。随着交往双方接触次数的增加，人们在心理上的共同领域会进一步增大，并伴有深度的情感卷入，自我暴露也更深刻广泛。此时，一方已经允许另一方进入自己高度私密性的个人领域。但在实际生活中，很少有人达到这一情感层次的友谊关系。许多人仅仅是停留在第三阶段或此前的阶段上。

（2）自我暴露与自我分层

奥尔特曼和泰勒使用社会渗透理论（social penetration theory）来说明自我暴露对关系发展的影响。他们认为，亲密关系的形成是渗透一个人的表面，对此人的内在自我逐渐加深了解的过程。这种社会渗透在深度和广度两个维度上发生（如图7-3）。

随着人际关系的发展，处于关系中的个体会彼此暴露更多的个人信息；自我暴露的内容也会变得更宽，人们会谈论更广泛的话题，一起进行各种活动。关系发展的这些阶段在图7-3中表现为：一个人成为了解另一个人人格结构和生活经历的"楔子"。对于陌生的人，楔子是狭窄肤浅的；对于亲密朋友，在暴露的话题上，楔子是纵深（更亲密）宽广的。

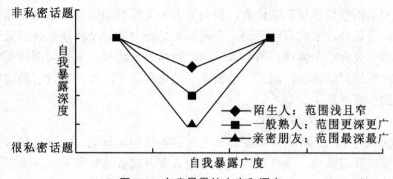

图 7-3　自我暴露的广度和深度

资料来源：J.L.Freedman et al..Social Psychology.New York: Prentice-Hall, 1985, p.246

与自我暴露程度相对应的是自我层次理论。鲁宾（Z. Rubin）及其同事把自我分为四个层次。第一层是自我的最表层水平，涉及兴趣、爱好等方面，例如饮食偏好、体育兴趣、日常情趣、消遣活动的选择。第二层是对事物的看法和态度，例如对某一政治事件的评价、对某个老师的看法等，此时开始涉及第三人或者其他事，相对于自我表面水平的第一层次来说无疑深入了一步。第三层是有关自我的人际关系或者是自我概念状况。例如自己与父母的关系、夫妻关系、亲子关系，自己的自卑情绪等。第四层是自我的最深层次，属于一个人的隐私部分，不会轻易向别人暴露。例如自己的某些不能为社会一般观念所接受的经验、想法或行为等（如自己曾经有过的偷窃念头、第一次性行为等等）。了解他人在何种层次上对自己进行暴露，可以了解他人对自己的信任和接纳的程度，了解其与自己的关系状况。当然，根据自己是否能够无所顾忌地向别人呈现哪一层次的信息，也能了解自己对别人的信任和接纳程度。

第二节　人际关系的理论

一、人际关系的三维理论

舒茨（W. C. Schuts）提出了人际关系的三维理论。他认为每个个体都有三种人际需要，他将之描述为：亲和需要、支配需要、情感需要。所谓亲和需要，是指个体需要与他人交流、合作，建立亲和关系。亲和需要的指向较为广泛，凡是可以发生人际接触的个体，都可以作为交往与亲和的对象。亲和需要是建立人际合作与友好联系的心理基础,但不要求与交往对象建立很深的情感关系。

支配需要是指个体希望影响他人，控制他人的人际倾向。舒茨认为个体都有支配需要，只是表现形式有所不同。亲密需要是指与特定个体建立亲密关系的倾向，在亲密关系中个体可以爱他人，同时也被他人所爱。亲密需要所要求的关系具有深度的情感卷入，因此，亲密需要的指向并不广泛，只针对特定的具有吸引力的个体而产生。

（一）六种人际关系取向

舒茨认为上述三种人际需要都有两种基本的满足方式，一种是积极主动地表现需要以获得满足，一种是被动等待他人对自己表达各种需要，也能间接满足自身的人际需要。三种基本的人际需要与两种满足方式相组合，就可以构成六种基本的人际关系取向。

其中主动型人际关系取向包括：主动亲和型，是指主动与他人进行交往，积极参与社会生活与群体活动；主动支配型，是指喜欢控制他人，愿意对他人发号施令，期望能够获得组织内的权力与地位；主动亲密型，是指愿意主动表达对他人的喜爱、友善、同情与亲密感，主动建设具有更深情感卷入的人际关系。而被动型人际关系取向也包括三种：被动亲和型，是指不主动参与群体活动，看似不太喜欢人际交往，但是，这种类型者也非常期望他人能够与自己交往，他们表现其亲和需要的方式是被动的；被动支配型，是指不愿意对他人发号施令，也不愿意掌握组织中的权力，但是，期待别人能够给予他引导，愿意追随权威的行动；被动亲密型，是指看起来很冷淡，似乎对他人没有情感要求，但是，这种类型的人也有亲密需要，强烈地期待他人对自己表示与爱有关的情感，其以被动的方式满足自己的亲密需要。

（二）人际关系取向的形成

为什么每个人都会形成不同风格的人际关系取向呢？例如：有人非常喜欢社交，他们总是寻求交往，并且在交往中长袖善舞；而有人却非常内向，内心向往着深厚的友谊关系，却在交往时退缩不前，无法向他人表达自己的喜爱之情。舒茨认为：人际关系取向的形成，与童年期亲子互动的经历具有重要的联系。童年期的亲子互动模式，对成人以后的人际关系取向和交往风格有着至关重要的影响。

（1）亲和需要方面

如果儿童与父母的交往少，亲子依恋程度不高，则会导致儿童的低社会行为模式，具体表现为：儿童不主动参与群体生活或者社交活动，总是与他人保持一定的距离，不敢或不愿意主动与他人交往，当没有人与他们主动交往时，他们倾向于进行自言自语式的自我交流。就目前我国情况而言，留守儿童面临这一问题的可能性更大，他们小的时候父母不在身边，爷爷奶奶与之代沟过于巨大因而交流较少，都有可能导致儿童形成低社会行为模式，长大之后会保持被动亲和型的人际交往风格。

如果儿童与父母交往过度，亲子依恋过强，则可能导致儿童出现高社会行为模式，具体表现为：儿童对于人际联系的需要过度，总是寻求与人接触，甚至在人多的时候表现得非常忙乱，得不到他人注意时会感受到痛苦，以各种方式获得他人的注意。在"六一"抚养模式背景下（即父母、爷爷奶奶、姥姥姥爷六个成人抚养一个独生子女），高社会行为模式更有可能出现，这种行为模式一旦形成，其在成人之后依然会表现出对交往的过度需要。

如果儿童与父母具有适宜的互动、交往、沟通与亲和，那么，更有可能形成理想的社会行为模式。这种模式具体表现为：儿童在有人互动的情况下，能够主动与之交往，既不会表现出怕生，也不会表现出过度寻求关注；当儿童独处时，也不会产生不安全感或者被抛弃的感觉。其在成人以后，无论是处于人际关系之中，还是自己孤身一人，都能根据情境选择适度的行为方式，人际关系状态较好。

（2）支配需要方面

儿童与主要抚养者在控制关系上的状态，会影响他们的支配风格，并塑造成人以后的人际支配类型。如果主要抚养者能够对儿童既有所要求，又能给予他们行为上的必要自由，使之能够在抚养者的指导下具有行动的自主权，那么，容易形成儿童民主式的行为方式，具体表现为：既愿意影响别人、命令别人，又愿意在必要的时候接受他人的影响。其在成人以后，当环境有所要求时，能够站出来发号施令，愿意掌握组织中的权力；当他人给予合理要求时，又能充分接受他人的支配。

但是，如果抚养者对儿童过分控制，则可能会产生多种不确定的后果：一是儿童形成专制式的行为方式，他习得了抚养者控制他的模式，对身边的人发号施令，长大之后也独断专行；二是儿童形成了顺从的行为模式，他只愿意接受他人的控制，不愿意支配或影响他人，长大以后面对他人的支配也非常顺从，而且不愿意对所在组织负起相应的责任。

（3）情感需要

情感需要主要与爱有关。如果儿童在小时候得不到双亲的爱，父母经常以冷淡的态度训斥他们，儿童容易形成低亲密行为模式，具体表现为：他们听话懂事，表面上非常友好，但是与人的情感距离大，内心经常担心自己不受欢迎，因为父母的冷淡留给了他们这样的担心。长大以后，他们对建立亲密关系不自信，一方面强烈地寻求爱以弥补爱的缺失感，另一方面又害怕亲密关系及其情感，担心对方不会爱真实的自己，或者真实的自己不可爱，有时以逃避的方式来避免焦虑。

如果儿童小时候生活在溺爱环境中，容易形成超亲密行为模式，具体表现为：强烈地寻求他人的爱，认为每个人都应该爱自己，希望周围的人能够与自己建立相当亲密的情感联系。长大以后，他们既容易向他人表达爱的情感，也有可能因为他人不够爱自己而感到生气。对他们而言，获得他人的爱是自然而然的事情，他们有可能不了解怎样做才能得到他人的亲密感。

如果儿童与父母的亲密关系适当，儿童既能得到父母的关心和爱护，这种亲密感又不过度，同时也知道应该如何爱父母，那么，容易形成理想的亲密行为模式，具体表现为：对父母爱自己这件事有很强的安全感，同时也知道自己应该如何回报父母的爱。其成人以后，不会因为被爱而受宠若惊，也不会因为暂时没有亲密关系而怀疑自己不可爱，或者由此产生爱的缺失感。总之，能够恰如其分地对待自己的情感。

就日常经验而言，人际关系取向理论在解释人际交往风格差异时很有说服力。但是，如果个体将自身的关系障碍或交往风格问题完全归结于父母的抚养方式，极有可能会阻碍个体的心理成长。个体无法选择自己的成长环境，父母对子女的抚养方式不仅受到社会经济条件限制，而且受到他们父母的抚养方式影响。如果个体对自身人际关系取向问题只做外归因的话，那么，对于未来改善人际关系的现实状态是不利的。

二、社会交换理论

根据霍曼斯（G. C. Homans）提出的社会交换理论：人与人之间的交往，本质上是一个社会交换。这种交换不仅涉及物质的交换，同时还包括非物质（例如情感、信息、服务等方面）的交换。人们如何看待自己与他人的关系，主要取决于人们对关系中回报与成本的评价和体验。社会交换理论认为，人们对一段关系所知觉到的积极或消极程度取决于：一是自己在关系中所得到的回报；二是自己在关系中所花费的成本；三是对自己应得到什么样的关系，以及与其他人建立一种更积极关系的可能性大小。总之，人们总是希望以最小的代价换取最大的回报。有关社会交换理论的具体内容，在第十一章关于群体规范的论述中还会进一步提到。

有研究者确定了人际关系的 6 种基本回报：爱、金钱、地位、信息、物品和服务。这些回报可被归为两个维度。一是特定性维度，即回报的价值在多大程度上依赖于提供者是谁。比如，爱是一种特指性的回报。相反，不管金钱来自谁，它都是有用的，因此金钱是通用性的回报。第二个维度是具体性维度，它区分了有形回报（看得见、摸得着、闻得到的物品）和无形回报（例如建议或社会赞许），无形回报有时也可以称为象征性回报。

回报是关系中令人愉悦的一面，它们让人觉得一段关系是值得的，并且应该加以巩固。成本则相反，因为交往需要大量时间、精力，还可能意味着大量的冲突。所有友谊和浪漫关系都会有自己的成本，例如忍受他人令人不悦的一些习惯和个性。人们对关系结果的评估是对成本和回报进行的直接比较，关注的是关系对自己是有盈余的（回报大于成本），还是亏损的（成本大于回报）。如果一段关系对某个人总是意味亏损，那么他很有可能会中止这种不平衡关系，反之亦然。

人际关系的价值不仅取决于自身的成本与收益分析，还受到不同的人际关系之间相互比较结果的影响。每个人在以往的人际交往中，会形成对人际关系价值的预期，如果一个人在以往关系经验基础上，形成了未来人际关系较高的预期的话，他会预期未来的人际关系能够付出较小的代价，同时却能获得较大的回报；相反，如果一个人对未来关系的预期价值较低，他更有可能在未来的交往中做出相对多付出的心理准备。因此，对人际关系价值的预期会成为判断后继人际关系价值大小的比较基线（comparison level）。另外一方面，关系的可替代性也会影响对当前关系价值的判断。如果一种关系无可替代，具有特定性维度，那么人们使用新关系替代旧关系的可能性就小；如果一种关系非常容易被取代，那么决策者更有可能通过新的关系，来替代当前令自己感到不满意的人际关系。

三、公平理论

有研究者指出：社会交换理论忽视了关系中的一个重要因素——公平。公平理论（equity theory）认为：人们并非简单地以最小代价换取最大利益，他们还要考虑关系中的公平性，即关系双方贡献的成本和得到的回报基本上是相同的，公平的关系才是最稳定、最快乐的关系。根据公平理论，过度受益和过度受损的关系中，交往双方都会对这种关系感到不安，并且双方都有在关系中重建公平的动机。根据日常经验，我们很容易理解过度受损的一方会不开心；但研究表明：过度受益的个体也会感到烦恼。研究者认为可能的原因是，公平是一个强有力的社会标准，因此利益不均衡会让人不舒服，甚至感到内疚。

不过，在长期的亲密关系中，交换理论和公平理论的解释都变得复杂起来。例如：你和你最好的朋友经常会在对方需要的时候提供帮助，但彼此都不会把付出与收益记得非常清楚。为此，克拉克（M. S. Clark）和米尔斯（J. Mills）区分了两种类型的关系：交换关系和共有关系。在两种关系中，交换过程都在发生，但是规范利益的付出和回报的规则却有显著差异。在交换关系（exchange relationship）中，人们受公平原则支配，付出利益的同时期望能在不久的将来回收同等的利益。交换关系经常发生在陌生人或偶然认识的人之间或业务关系上。身处交换关系中的人不会觉得自己对对方的幸福有特别的责任。相反，在共有关系（communal relationship）中，人们会切实感受到自己对对方的需要负有责任，人们最关注的是对他人需要做出回应，以表明自己对对方的关心，并不期望不久就得到对方同样的回报。共有关系通常发生在家庭成员、朋友和恋人之间。

阿隆（A. Aron）的自我延伸（self-expansion）概念可以解释亲密关系中这种复杂的互惠模式和交换规则。阿隆认为在亲密关系中一个人会逐渐把对方看成是自己的一部分，他和同事用研究证实了这一观点，他们向被试呈现了图7-4中的图案，让他们选择哪一幅图最能描述他们与约会对象、父母或其他人的关系。结果发现：人们很容易就能用这些图案来标识某种关系。处于某个关系中的自己和他人重叠越多，人们越有可能报告更多的亲密感和相互联系的行为，比如一起消磨时间。从这个角度看，在亲密关系中，他人是自我的一部分，因而让他人获益就是让自己获益。研究者认为这正是亲密关系借以超越简单社会交换行为的途径之一。

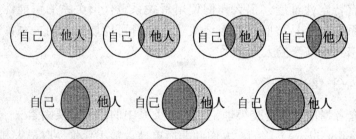

图 7-4   自我中包含他人量表（IOS）

资料来源：Aron, A., E.Aron & D.Smollan, 1992.Inclusicn of Other in the Self Scale and the Structure of Interpersonal Closeness. Journal of Personality and Social Psychology 63(4), 596-612.

近年来，中国社会心理学家对人际关系进行了广泛的研究（既有对人际关系特点的实证研究，也有对人际关系问题的系统分析，还有对中国本土人际关系理论模型的探讨和调查研究），取得了丰硕成果，推进了中国人际关系的理论建设和发展（见专栏7-1）。

专栏 7-1

中国人际关系理论

在人际关系的理论建设过程中，研究者在中国文化背景下对人际关系的分类和特点进行了深入探讨。

黄光国提出了华人社会人际交往理论模型，将中国人际关系分为三类：情感性关系主要用以满足关心、温情、安全感、归属感等情感方面的需要，像家庭、密友等原级团体中的人际关系。人们遵循的伦理约束符合"各尽所能，各取所需"的需求法则。工具性关系是个人为了获得所需要的某些物质利益而与他人建立的社会关系。这种关系短暂而不稳定，人们遵循的是"一视同仁，童叟无欺"的社会交换法则。混合型的人际关系主要包含亲戚、邻居、同学、师生等角色关系，由此构成了中国社会中一张张复杂的关系网。混合性关系中的交易法则是"以和为贵，礼尚往来"的人情法则。[①]

翟学伟认为中国人真实的人际关系是由"缘""情""伦"三者构成的三位一体关系，只有把握了这三者及其相互关系，才能认识中国人人际关系的本质。[②]由此他提出中国人人际关系的本土模式是人缘、人情和人伦构成的三位一体，它们彼此包含又各有自身的功能。一般来说，人情是其核心，它表现了传统中国人以亲情（家）为基础的心理和行为样式。人伦是这一基本模式的制度化，为这一样式提供了一套原则和规范，使人们在社会互动中遵守一定的秩序。而人缘是对这一模式的设定，它将人与人的一切关系都限定在一种表示最终本源而无须进一步探究的总体框架中。翟学伟还指出，天命观、家族主义和以儒家为中心的传统思想是中国人人际关系中最基本的文化思想。无论是儒家、道家还是佛教，各自都有不同程度的天命论思想。老百姓一般坚信有一种强大力量可以操纵人的行为、奖惩善恶、安排人生。家庭是构成不同人际关系的核心问题，更是中国人人生哲学的现实基点。中国的家族制度经历了从家庭向宗族、村落发展的趋向，最后导致中国人在纵向上对共同祖宗和家谱的认同，在横向上对各种亲属关系的重视。在儒家看来，只要能理解 3 种家庭成员关系，就能将其扩展到所有人际关系中去。其中，父子代表一切纵向关系，兄弟代表横向关系，夫妻意味着两性关系。

彭泗清针对中国人的人际关系特点提出了示范—回应模式理论。[③]他认为

①黄光国：《儒家思想与东亚现代化》，巨流图书公司（台北）1988 年版。
②翟学伟：《中国人行动的逻辑》，社会科学文献出版社 2001 年版。
③彭泗清：《示范与回应：中国人人际互动的本土模式》，载《社会心理研究》1998 年第 1 期，第 1～9 页。

最能反映中国人人际互动的动态特征是示范行为。要正确理解中国人人际互动的模式和特点，必须找准 3 个基点：价值支点、行为起点和行为控制点。同时，每个支点又可区分为文化理想模式和实际变式。人际互动的价值支点是指互动双方在处理人际关系时所持的基本价值观。这一支点的理想设计是普遍的仁义，贯彻到行为上就要求天下为公、克己复礼、尽心奉献、耻于索取。而它的实际变式是特殊性私德，在行为上表现为内外有别，对圈内人讲仁义、尽义务；对无关的圈外人则循礼而讲利。行为起点是指开始人际交往时的启动行为，各种文化都会倡导一种人际交往的启动机制。其理想模式是自足式范式（不求回报的主动奉献），实际变式是工具性示范（示范被工具化、物质化、形式化，成为投资行为或人情行为）。行为控制点则指人际互动中扮演主动的、主导的控制性角色的一方。其理想模式是互赖性控制，即互动双方并未完全分化，共同受人伦的控制，各尽自己的本分；实际变式是伸缩性控制，即控制点具有游离的特点，但核心还是在自己，可以根据对对方的诚、势、利的判断而伸缩自如，必要时转让控制点。

在人际互动中，个体对示范方式的选择首先取决于其社会经历。但是，大多数人对示范方式的选择会受互动对象的影响，通过不断的"反馈—调节"过程在交往中进行修正，交往双方也会随之而有所改变。同样，个体回应方式的选择既受个体道德发展水平影响，又受对方示范类型影响。

第三节　人际吸引

人际吸引（interpersonal attraction）是人与人之间的相互接纳和喜欢。人际吸引现象普遍存在于各种人际交往中。什么因素导致个体对他人的喜欢呢？怎样才能让自己获得别人的肯定和喜欢？这些都是学者们所关心的问题。

一、人际吸引的基本原则

（一）互惠原则

人们为什么喜欢一些人而不喜欢另外一些人呢？一个最普遍的答案是：人们喜欢那些喜欢他们的人。大量研究表明人类关系的基础是人与人之间的相互重视和相互支持，就像中国人常说的"礼尚往来，来而不往非礼也"。这种人际交往中的相互性在日常生活中随处可见。当一个人对另一个表示友好、热情时，如果对方也给予相应的回馈，那么他们之间就有可能形成良好的人际关系，甚至认为双方都有吸引力。相反，如果一方以冷漠、回避的方式对待另一方，这种消极性回馈就会影响到两人之间的继续交往，从而导致关系的破裂。

阿伦森（E. Aronson）和兰迪（D. Landy）通过实验对上述观点进行了验证。他们让自己的助手扮成被试与真被试进行一系列简单交往。每次交往后，故意让真被试"碰巧"听到实验助手与实验主试的谈话，谈话内容涉及实验助手对真被试进行评价。一种情况下，实验助手说自己喜欢真被试；而在另一组里，实验助手正在挑对方的毛病。实验结束后，实验者让真被试选择下一阶段实验的合作者，结果受到夸赞和喜欢的被试都倾向于选择原来的伙伴；而受到抱怨和拒绝的被试则倾向于拒绝选择原来的搭档。

（二）得失原则

喜欢的相互性要比我们想象的复杂，交往中别人对我们的评价有所改变时，更容易影响我们对那个人的喜欢与否。阿伦森等人通过研究发现了人际吸引的得失原则。

实验中，研究者巧妙地让被试可以很自然地被合作伙伴反复评价，同时让被试每次都可以听到这些评价。评价的情形有 4 种：第一种是肯定，被试始终得到好的评价；第二种是否定，评价始终是否定的；第三种是提高，前几次评价是否定的，后几次则由否定逐渐转向肯定，并最终达到第一种情况的肯定水平；第四种是降低，前几次评价是肯定的，后几次则从肯定水平逐渐下降，最后降到第二种情况的否定水平上。实验最后让被试评价自己喜欢合作伙伴的程度。

表 7-1　喜欢水平的增降趋势

条件	喜欢水平
肯定——否定	+0.87
否定——否定	+2.52
肯定——肯定	+6.42
否定——肯定	+7.67

注：表中得分是−10 到+10 等级评定量表上的得分。−10 为最厌恶，+10 为最喜欢。

　　结果表明（见表 7-1），人们对于原来否定自己而最终肯定自己的交往对象喜欢程度最高，明显高于一直肯定自己的交往对象。而对于从肯定到否定变化的交往对象喜欢程度最低，低于一直否定自己的交往对象。这一结果意味着，在人际交往上，我们对别人的喜欢不仅仅取决于别人喜欢我们的量，而且还取决于别人喜欢我们的水平的变化与性质。我们最喜欢的是那些对我们的喜欢水平不断增加的人，而最厌恶的是喜欢我们的水平不断减少的人。后来的相关实验研究也证明了这一点，并把这一现象称为人际吸引的增减原则或得失原则（gain-lost principle）。阿伦森等人的研究发现被幽默地称作"对婚姻不忠的定律"，意指从陌生人处所获得的赞许往往比配偶的赞许更有吸引力。因为配偶对自己的喜欢水平随着生活中出现的批评与冲突似乎在降低，而陌生人由淡漠突然转向赞许，会提升人们对其好感度。在友谊的破裂与婚姻的解体过程中，得失原则发挥着特殊的作用。

　　阿伦森等人认为：当一个人在遭到否定评价的情况下，会产生焦虑和自我怀疑，从而使人们更需要被他人所肯定。此时所获得的肯定性评价比通常的赞扬更有意义。弗里德曼（L. Freedman）则解释道：人们在归因判断上，会认为一直给予自己肯定评价的人，也会以同样的方式来评价别人，因此缺乏对人的区分或诚意，这种肯定性评价的意义不大。而对于那些原来持批评态度，但后来变得肯定自己的人，人们更倾向相信他们，因而更高估计了来自他们的肯定评价的价值，并回报以更高水平的喜欢。金盛华与章志光等人用自我价值定向理论对此做出解释：新出现的自我支持力量，再小也意味着自我价值的上升，是"得"。相反，对于向来就否定自己的力量，人们在自我价值概念中已将其置于一个特定的位置并适应它的存在，不用时刻对其设定心理上的防卫。而原来肯定我们的人转向否定我们，意味着我们正在丧失既有的自我价值的支持力量。因此，必定会激发起强烈的自我价值保护作用，使我们对其产生强烈否定和拒绝的态度。

（三）联结原则

　　人们喜欢那些与美好经验联结在一起的人，而厌恶那些与不愉快经验联结在一起的人。有一项研究支持了这种观点：通过以女大学生为被试，首先测定她们最喜欢和最不喜欢的音乐，然后请她们评定陌生男性的照片，在评定过程中播放着背景音乐。结果发现，当以她们喜欢的音乐作为背景音乐时，照片中的人物往往被评定为吸引人的；当用她们不喜欢的音乐作为背景音乐时，照片中的人往往被评定为不吸引人；而在没有音乐背景时，吸引力的评分介于上述两种情况之间。

二、人际吸引的影响因素

在上述普遍规律的基础上,研究者对影响人际吸引的特定因素进行了探讨。

(一) 熟悉性

人际关系由浅入深的发展,是从相互接触和初步交往开始的,通过不断接触与互动,彼此相互了解之后,容易引发喜欢。可见,熟悉对人际吸引会产生重要的影响,事实上,仅仅只是经常看到某人,就能增强我们对他的喜欢,这就是查荣克(R. S. Zajonc)通过实验提出的单纯接触效应(mere exposure effect),又称曝光效应。查荣克通过向大学生被试展示一些人像照片,有的图片被呈现了 25 次,有的只被呈现了一两次。然后,让被试指出他们对照片中的人物的喜爱程度。结果发现:被试看到照片次数越多,他们越喜欢这张照片和照片上的人(如图 7-5)。

曝光效应在面对面的接触中同样存在。莫兰德(R. Moreland)和比奇(S. R. Beach)招募了 4 名女性作为实验助手,先测的结果表明她们具有大体相似的面孔吸引力。研究者让每个女性以学生身份去听社会心理学课程,她们不会与教授或其他学生交谈,只是走进教室安静地坐在第一排,这个位置可以让所有人都能看见她们。每个女助手的出勤情况不同,在整个学期中分别上了 1 次、5 次、10 次和 15 次课。学期末,研究者给听这门课程的学生播放这些女助手的幻灯片,让他们对这些女性的面孔吸引力做出评分。结果发现:出勤次数对喜欢程度有显著影响,被看到次数越多的女性越受大家喜欢。

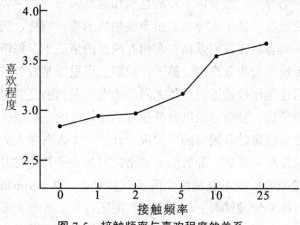

图 7-5　接触频率与喜欢程度的关系

资料来源: Zajonc, R.B.Attitudinal Effects of Mere Exposure. Journal of Personality and Social Psychology, 1968,9(2p2),1-27.

　　米塔（Mita）等人通过人们对自己脸孔的反应证明了熟悉效应。每个人的面孔都不是完全对称的，左脸与右脸可能存在一些细微的差异，这些差异人们能感觉得到，却很难细致地表达出来。身边的人经常看到的是我们客观的形象，而我们自己经常看到的则是镜中影像，如果说在朋友眼中我们的形象是客观像的话，那么我们在镜中看到的自己则是镜像。根据曝光效应的假设，既然人们喜欢熟悉的形象，那么朋友应该更喜欢我们的客观形象，而我们自己应该更喜欢镜像。米塔为一些女大学生的拍照，然后冲洗出正片和负片两种类型（正片即客观形象，负片为镜像），并把它们呈现给本人及其朋友来评价，结果发现：有68%的人喜欢自己的负片，而在朋友中间有61%的人喜欢正片。可见，人们更喜欢自己看到次数多的形象。

　　熟悉为什么能增加好感呢？伯恩斯坦（Bornstein）用进化论的观点加以解释：在进化过程中，人类经常以小心的方式去应付不熟悉的物体或情境，而这种针对不熟悉情境的谨慎又加强了我们的生物适应性。通过与这些环境不断地相互作用之后，给我们带来危险的不熟悉的事物逐渐为我们所适应，也就变得熟悉与安全了。随着戒心的解除和舒服性的上升，人们对该事物的正性情感也必然增加。

　　还有研究者从其他方面解释熟悉性的影响：第一，多次接触通常能提高再认，这是开始喜欢某人的第一步。第二，当人们变得越来越熟悉彼此时，他们也更能预测对方的行为。当我们非常清楚地知道某人如何行为以及如何对我们所做的事做出反应时，就不太容易做出令他烦恼的事。同样，当他了解我们的情况后，也就不太容易使我们烦恼。在相互熟悉的情况下，每个人都知道如何行动才能避免不愉快的相互作用。第三，我们会假设经常看到的人与自己更相似。只有那些居住地比较接近的个体之间，才有更多机会见到对方，而居住地相近则说明生活经历、社会地位以及其他方面比较接近或相似。

　　当然，曝光效应也是有限制的。如果一开始一个人对他人的态度是喜欢或至少是中性时，接触对增进人际吸引有效果；但如果一开始对对方的印象就是消极的，那么曝光效应就不能发挥作用了。波尔曼（D. Perlman）等人的研究支持了这一点。他们给被试看三种不同类型的照片，一种是正面人物，例如科学家、牧师；一种是中性人物，例如穿着运动T恤的人；还有一类是负面人物，例如在警察局排成一队的犯罪嫌疑人。研究者考察了照片呈现次数与被试喜欢照片人物程度之间的关系。结果表明，熟悉增加了被试对于正面与中性对象的喜欢水平，但对于负面人物，却没有表现出这种效应（见图7-6）。

　　另外，如果两个人在兴趣、需要或人格等方面有强烈的冲突时，彼此避不见面、减少接触也能把这种冲突最小化。相反，如果增加彼此之间的接触，冲突就有可能会恶化。可见，增进喜欢需要有一个最佳水平的曝光频率，这依赖于个体和情境条件。高于或低于这个曝光频率都会影响人际吸引的建立。

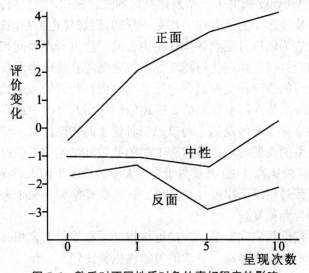

图 7-6　熟悉对不同性质对象的喜好程度的影响

资料来源：J.L.Freedman et al..Social Psychology.New York: Prentice-Hall, 1985.

（二）接近性

　　生活的时空性决定了人们只能与空间距离接近的人有密切来往（互联网可能创造了一种例外），距离越接近，交往频率有可能越高，也就越有可能建立良好的人际关系。费丝汀格（L. F. Festinger）对麻省理工学院的已婚学生进行过关于接近效应的经典研究。他们所在的住宅区有 17 栋独立的两层小楼，每栋楼有 10 个单元，每个单元样式几乎相同。居民不能决定住在哪里，哪时有空的公寓就被分配在哪里。一开始进来时，这些随机安排的住户彼此并不认识。一段时间后，研究者的调查结果表明：他们与住在附近的人交往更多，也更容易成为朋友。在同一层楼上被提到具有良好关系的人中，隔壁住户占了 41%；隔一个门的邻居占了 21%；而在走廊尽头的住户，只有 10% 被提到。

　　住在同一层的住户与住在不同楼层的住户相比，更容易成为朋友，虽然他们之间实际的物理距离是相等的。这可能是因为上下楼比起在同一走廊上行走需要花费更大的力气。所以，住在不同层的住户比起在同层居住的邻居心理距离会更远些。特殊位置的住户更有可能与其他人成为朋友，例如住在一楼楼梯旁边的人，或者是住在信箱旁边的人，住在这些位置的人有更多机会接触到其他人，研究者称此为功能性距离，指的是人们与他人交往的可能性既由实际距离决定，也由房屋的设计特点而决定。

怀特（W. Whyte）研究了一个新建社区的友谊模式，得到同样的研究结果。他所研究的新建社区中的所有住房都是一样的，而居民也都是同时来到这里的，因此可以视他们为随机分配到各个住宅中去的。经过一段时间相处之后，怀特对居民们的调查发现，那些住得越近的居民之间越容易成为朋友。

对接近效应的进一步支持来自一项名为"值得纪念的人际交往"研究。拉塔内（B. Latane）及其同事要求被试描述他们与别人交往中最难忘的事情，同时要其指出该事件中所涉及的人与自己当时住所的物理距离。结果证实了物理距离对人际吸引的重要影响。虽然有 10%的被试回忆起的"值得纪念的人际交往"中两人居住的距离在 80 公里以上，但大多数情况下两人都是近邻，或者住在同一住宅区或是相距不超过 1.6 公里。这项研究结果在三个来自美国和中国的不同样本中得到重复。

如何解释接近效应呢？第一，接近性增加了熟悉程度。相邻的人接触机会比较多，熟悉程度越来越高，喜欢的可能性也就比较大。第二，接近性也与相似性有关，居住在同一个地方的人，在生活方式上往往一样。另外，在有选择的情况下，人们往往选择与自己相似的人一起居住，地理位置的接近反过来又增强了人们的相似性。第三，从社会交换理论出发，人们能从居住接近的人身上以相对较少的代价获得社会性报酬。我们可以很方便地和邻居聊天来维持人际关系，在需要帮助时，从邻居那里能更方便地得到帮助。而那些居住距离远的人，要建立和维持包括友谊在内的关系，付出的代价要高得多，需要时间、金钱和计划。因此，人们倾向于和居住在周围的人发展和维持友谊。第四种解释建立在认知失调理论基础之上。人们努力维持态度间的和谐一致，以平衡、无冲突的方式组织他们的喜欢和不喜欢。如果和我们住在一起或一起工作的人是我们不喜欢的，会引起我们的焦虑，因此，认知一致的压力使我们从积极的方面去认识我们的邻居、室友或者其他与我们接近的人。

（三）相似性和互补性

（1）相似性

人们倾向于喜欢在态度、价值观、兴趣、背景及人格等方面与自己相似的人。正所谓"物以类聚，人以群分"。纽科姆（T. Newcomb）最早为相似性有助于友谊的建立提供了实验支持。他在密歇根大学附近租了一间很大的房子，给17名男性大学新生提供免费住宿，条件是参与他的研究。实验前对被试的态度和价值观进行测量，研究者根据测验结果控制房间的分配，使有些住在一起的学生态度相近，有些则相异。此后，研究者不再干扰这些被试的正常生活，直到一个学期快要结束的时候调查了每个人对自己室友的评价。结果发现：一起居住的态度相似的学生，倾向于彼此相互喜欢，并成为了好友；而一起居住但态度迥异的学生，则倾向于彼此讨厌，他们之间很难成为朋友。

伯恩（Byrne）在一系列实验中，探讨了态度相似性对人际吸引的影响，为了排除其他可能的影响因素（例如相貌或人格），他发展出虚构他人技术（phantom other technique）。在其中一个典型的研究中，被试在填写完一份态度问卷之后，研究者呈现给他据称是由陌生人填写的问卷。实际上并不存在这个人（即所谓的虚构他人）。研究者有意制造出一些和被试自己的答案十分相似，或中等相似，或十分不同的答案。然后要求被试说出他们认为自己可能会在多大程度上喜欢他们所读到问卷的填写者。研究结果显示，相似性极大影响了喜欢程度。态度越相近，预期的喜欢程度越高。这种效应在广泛的被试群体中都得到了验证，譬如儿童、大学生、住院病人、实习生和酗酒者。

心理学家在恋爱交往或婚姻方面也发现，人们往往倾向于选择与自己相似的异性为伴侣。伯斯奇德（Berscheid）把这种倾向称为"匹配原则"（matching principle）。希尔（Hill）对约会情侣的一项研究发现，这些正在约会的情侣在年龄、智力、宗教、外表吸引力甚至身高上都较为匹配。在研究中希尔还发现，那些背景越相似的情侣，一年以后分手可能性越小。

对于相似效应的解释有以下几种：第一，与我们观点相似的人使我们的观点得到了一种社会性证实，让我们产生了"我们是正确的"这种感觉，这是一种酬赏。因此，我们喜欢与我们意见一致的人。第二，海德的平衡理论认为个体有强烈的欲望要维持自己对他人或事物态度的协调一致性，而这种一致性可以通过喜欢或不喜欢来达到。喜欢一个人同时又在某个基本问题上不同意这个人的看法，会在心理上造成不适感。为了重建认知一致或态度的协调，我们会喜欢那些同意我们观点的人，讨厌那些观点与我们不同的人。第三，对于在重要问题上和我们意见相左的人，我们会做出一些负性的推论。我们会猜测这个人的意见表明他是不讨人喜欢、不道德的、轻率、软弱或愚蠢的人。

还有一种解释是人们有意选择在态度和社会欢迎性上与自己相似的人作为伙伴。我们可能都喜欢约会那些漂亮、富有、出名的人，不过到最后我们的伴侣通常是那些和我们相似的人。根据期望—效价理论：人们不仅仅考虑一个特定选择的回报价值（例如一位可能的约会伙伴的吸引力），还要考虑成功实现这个选择的可能性（成功和此人约会）。在现实生活中，社会欢迎程度最高的个体需求率也最高，他们拒绝他人的概率也很高。期望—效价理论认为人们倾向于接近他们真正有希望吸引到的，而且又是他们所希望的那些人。因此，人们倾向于选择那些在社会吸引力上与他们相似的人。

（2）互补性

在日常生活中，我们也经常见到互补性吸引的例子。依赖性强的人会被喜欢照顾别人的人所吸引，害羞的人会喜欢外向而好交际的人，等等。事实上，很少有人愿意和自己的"克隆体"来往。友谊的欢乐包括刺激和新奇，学习新的观点，学习欣赏丰富的人生经历。

交往的互补性是指具有不同特点的双方，在交往过程中获得相互满足的心理状态。例如：支配型的丈夫和服从型的妻子能相处得很好。但是，这种互补不是无条件的，它需要双方有近似的价值观和目标。比如在支配—服从型婚姻中，双方之所以能相互吸引，是因为他们对婚姻中男性和女性的作用有着一致的或者相似的认识。这种人格特征上的互补，正表明了态度和价值观上的相似或相同的重要性。

研究表明，人际吸引中的互补因素，主要发生在交往较深的朋友、恋人、夫妻间。克克霍夫（A. Kerckhoff）等人研究了那些已经建立恋爱关系的大学生之后发现：对短期恋爱关系来说，熟悉、外貌以及价值观念的相似，是形成人际吸引的主要因素；而对长期恋爱关系来说，互补是发展密切关系的一个非常重要的因素。

还有一种与互补性相似的现象是补偿作用，当别人所拥有的正是我们所缺少的时候，我们会增加对这个人的喜欢程度。例如对一个向往某大学而又无缘考入的人来说，该大学的学生对其就具有某种吸引力。

总之，相似性、熟悉性和接近性是影响人际吸引的重要因素。这些因素不仅是好感产生的原因，也是好感的后果。接近性引起好感，但是，一旦我们喜欢上了某人，就经常会想办法以后能和此人接近。第一年的室友可能是随机分配到的，但是一旦形成了友谊，他们就可能在此后想办法继续住在一起。相似性也是如此。巴蒂尼（G. Baldini）等对结婚 21 年的伴侣进了一项纵向研究后发现：在最开始的测验中，伴侣在年龄、教育、心智能力上表现类似；而随着时间的推移，他们在这几种测验中表现得更为相近。相关研究结果可以说明，相似性可能会促使两个人在一起，随着他们关系的发展，他们有更多机会分享观点和经验，这也使得他们越来越相似。

（四）**个人特征**

（1）能力

一般来说，人们都喜欢那些有能力的人。因为与能力非凡的人交往，我们可以学到许多知识和经验，获得更多的好处。但是，能力对于吸引力的影响具有两面性，没有能力的人往往没有什么吸引力，而才能过于突出的人，又会让我们感到一种比较的压力，导致我们敬而远之。这就不难理解为什么在一个群体中，最有才华、最有创造性的成员往往不是最受欢迎的人。所以，我们喜欢既有能力又不会构成比较压力的那些人，当能力超过一定限度的时候，人们便会转向拒绝交往。

阿伦森等人用实验支持了上述观点。研究者给大学生被试呈现了4种人的讲话录音：第一个是能力出众的人，第二个是能力出众但是犯了错误的人，第三个是能力平庸的人，第四个是能力平庸而又犯了错误的人。能力出众的人正确地回答了难度很大的许多问题，犯错误的表现是不小心把咖啡洒在了衣服上。然后让被试评价哪一种人最有吸引力，被喜欢的程度最高。结果发现：能力出众，但是犯了错误的人被评价为最有吸引力；才能平庸而犯了同样错误的人则被认为最缺乏吸引力；才能出众而没有出错的人的吸引力排在第二位；平庸但没有犯错误的人的吸引力排在第三位。可见，犯错误的表现导致人们对才能出众者更加喜欢，这一现象被称为"犯错误效应"。

进一步的研究揭示，犯错误效应直接受性别角色与自尊心的影响。在性别方面，男性更喜欢犯了错误的才能出众的男性；而女性则更喜欢能力出众而没有犯错误的人，对男女对象都是如此。在自尊心方面，中等水平自尊心的男性很喜欢能力出众而犯了错误的人，而低自尊的男性则更偏爱没有犯错的能力出众者。这种现象表明，人们对喜爱对象的选择会受其自我价值保护心理的影响。中等自尊心的被试，自觉才能与能力出众者相去不远，而才能出众者有错误，会使双方距离缩短。而对于低自尊者，能力出众者本已高高在上，双方的距离更大一些，反而不会把自己与之进行社会比较。

（2）外表吸引力

虽然我们都知道"人不可貌相，海水不可斗量"，但仍很难避免在外貌认知的基础上形成对他人的印象。当其他条件相同时，我们更喜欢漂亮的人。在一个经典研究中，沃尔斯特（E. Walster）和她的同事在大学的迎新活动中组织了一次舞会，所有参与者都被随机分配了一位舞伴。研究者事先对所有舞会参加者的外貌做出评定。舞会结束后，要求学生们评价他们对自己舞伴的喜欢程度。

结果显示，外貌被实验者打分为吸引力高的人，被舞伴所喜欢的程度也较高。

西格尔（H. Sigall）等人巧妙地通过实验研究了外貌对人的吸引力的影响，他发现有魅力的女性比无魅力的女性更能影响男性的交往行为。实验以公认有魅力和无魅力的女性作为实验助手，让她们扮作临床心理学研究生，给男性被试的个性特点作临床心理学评价。对被试的评价有肯定与否定之分。实验结果表明，在女性无魅力的条件下，男性被试不太看重评价的结果，他们事后对实验助手的喜欢程度都是中等水平。但是在实验助手有魅力的情况下，被试非常看重评价的结果。在他们得到肯定评价时，他们对实验助手的喜欢水平最高。而当他们得到否定性评价时，他们对实验助手的喜欢水平最低，但是当研究者询问他们是否愿意继续参与研究时，他们则非常愿意再与有魅力的实验助手发生交往。可见，来自有魅力女性的否定对被试非常重要，他们希望自己有机会修改其对自己的评价。

外貌之所以具有如此强的影响力，其中的一个原因是光环效应的存在，人们认为外表美的人也会有其他优秀品质，例如聪明、大方、活泼、更善于社交等等，即所谓"美即是好"这一刻板印象。而且，这一刻板印象具有跨文化的普遍性。艾格丽（A. Eagly）等人研究显示：韩国、美国、加拿大的男女被试，都认为有外表吸引力的人更友善，更善于社交，适应性也更强。不过实验结果也表现出文化差异来，对于美国和加拿大学生而言，他们生长在个人主义文化中，这样的文化认为独立性、个体性以及自信非常重要，而"美"的刻板印象就包括了个人力量的特质，但这些特质并不在韩国人关于"美"的刻板印象之中。对于生长在集体主义文化中的韩国学生而言，他们的文化强调和谐的群体关系，"美"的刻板印象包括正直和关心他人，而这些特质则不在北美被试关于"美"的刻板印象范围之内。

有意思的是，某些研究的确支持"漂亮的人在社会能力方面尤有天赋"这一刻板印象。与吸引力不高的人相比，高吸引力的人的确发展出更好的社交技能，并自我报告有更丰富的社会经验。原因很明显，那些漂亮的人从小就受到很多的社会关注，这样就会帮助他们发展出良好的社会技巧。这正是自我实现预言的作用：我们对待他人的方式影响他们的行为，并最终影响他们对自己的评价。

人们喜欢有外貌吸引力的人的第二个原因是"美丽的辐射效应"（radiating effect of beauty）：人们认为让别人看到自己和特别漂亮的人在一起，能提升自身的社会形象，就像其光环笼罩着自己一样。实际上，当我们看到有人与一位外表非常具有魅力的人在一起时，确实有可能会高估两者之间的相似性，表现出一种相似性推断：人们会认为在一起交往的两个人非常相似。有时候，人们也会自发地利用这种相似性推断来提升自己的形象，即选择外表漂亮的人作为自己的朋友。

有研究者推论认为：当人们和一个外表有吸引力的朋友在一起出现时，才会有这种魅力的辐射效应，与一个有吸引力的陌生人在一起则不会引起这种效应。为了验证这一观点，他们设计了一个实验室实验：被试看到两个人在一起，目标个体具有中等吸引力，而他旁边的人与之性别相同，并且吸引力或高于平均水平或低于平均水平；这两个人或者作为朋友出现，或者作为陌生人出现。正如研究者所预测的那样：朋友和陌生人这两种情况的结果是相反的。当两个人被认为是朋友时，就会出现美丽的辐射效应。如果看到目标个体和非常有吸引力的朋友在一起，那么对他自身吸引力的评价会有所提高。但是，当目标个体与一个非常有吸引力的陌生人在一起时，对他的评价反而会降低。

（3）个性品质

一般情况下，我们总是愿意与具有优秀品质的人进行交往。与这种人交往使我们具有安全感，同时可以得到恰当甚至更多的回报。具有良好个性者，其在人际交往中的吸引力是持久、稳定和深刻的。安德森（N. Anderson）收集了555个用来描述个性品质的形容词，让大学生评定他们会在多大程度上喜欢具有某项特质的个体。结果表明：得到人们评价最高的是与"真诚"相关的一些特质，包括真诚、诚实、理解、忠诚、真实等，而评价最低的则是说谎、虚伪、作假、邪恶、冷酷、不诚实等。可见，真诚是影响人际吸引的最重要个性品质。

此外，热情也是决定喜欢程度的一个个性品质。热情是影响我们对他人形成印象的主要特质之一，什么因素让人觉得热情呢？弗伊科斯（Foikes）指出，积极的看法是个重要因素。当人们喜欢外部事物、赞美它们时，他们看起来很热情。也就是说当人们对人或对物有积极的态度时，他们显得热情。相反，当人们不喜欢外部事物，蔑视它们，认为它们很可怕，并且十分挑剔时，他们就显得冷酷。

为了验证这一观点，研究者要求被试阅读或听一些采访内容。在采访中，被访问者需要对政治领袖、城市、电影和学校课程进行评估。有时被访问者对大部分项目表现出积极的态度，他们几乎喜欢所有的政治家、城市、电影和课程。在对比的条件下，受访者则表现出消极态度。正如研究者预测的那样，被试对那些态度积极的被访问者的好感要高于那些态度消极的被访问者。进一步的分析表明，这种较高的好感并不是通过观察到积极的被访问者具有更高的智力水平、知识或者态度相似而产生的。除了言语表现的积极外，人们也可以通过非言语行为，例如亲和的微笑、专注地观看或情感表达感受到他人的热情特质。

（4）致命吸引力

需要注意的是，最初吸引个体的某种个人品质，最终可能成为两者关系中最致命的缺陷，这样的个人品质也可以称之为致命吸引力。有研究者要求大学生回忆他们最近结束的浪漫关系，并要他们列出最初对方吸引他们的特点。把回答按照频率排序，由高到低为对方的外貌、和对方在一起感到愉快、对方体贴、有能力、两人兴趣相投。然后，研究者要求学生回忆他们最不喜欢的对方特点。研究结果显示，有时正是一些最初吸引彼此的特点最终导致了两人的分离。例如一个男生最初受前女友的吸引是因为她的聪明自信，但是后来却不喜欢女友过强的自信。在这些学生所回忆的分手原因中，大约有30%涉及了致命吸引力。研究还表明，当个体被另一个人所具有的独特的、极端的或者和自己很不相同的特点吸引时，就更容易出现这种致命吸引力的现象。

上述的个人特征：能力、外表吸引力、个性品质等在一系列社会关系中都会影响到人际吸引水平，这些因素也会影响到约会对象与伴侣的选择。有意思的是，学者们发现在伴侣选择中存在某些特别的性别差异（见专栏 7-2）。

第四节　爱情

人际吸引是人际关系发展的前提和基础，在人际吸引的基础上，人们之间的关系会从一般性的关系发展到亲密关系。朋友、恋人、夫妻以及家庭等关系都属于亲密关系，这些亲密关系对于每一个人来说都是必不可少的。爱情是一种特别的亲密关系，是人际吸引的最强烈形式。爱情也是人类生活中最美好的情感之一，是古今中外各种文学艺术作品所极力表现的永恒主题。心理学家对这一充满诱惑的领域进行了大量研究，从爱的内涵到爱的种类，从爱的模式到爱的测量都获得了富有启发性的成果。

一、爱情的含义

当人们说"我爱你"的时候，他们所指的意义可能完全不同，因为每个人对爱的理解不同。那"爱"到底是什么意思呢？社会心理学家指出，广义的爱情是指存在于各种亲近关系中的爱，意味着人际关系中的接近、悦纳、共存的需要及持续和深刻的同情，共鸣的亲密感情。狭义的爱情是指心理成熟到一定程度的异性个体之间的强烈的人际吸引。但显然，很难用某个定义来把握爱情的全貌，读者可以从以下几方面对其含义进行理解。

（一）爱情与喜欢的区别

有人认为爱情仅仅是喜欢的一种方式，即强烈的喜欢。这样看来，我们的积极情感是一个连续的变化体，从轻微喜欢到强烈喜欢，再从轻微的爱情到强烈的爱情。美国心理学家鲁宾（Z. Rubin）最早对爱情进行了科学的研究，对爱情与喜欢的关系与区别进行了系统研究。他认为爱情与喜欢是密切关联，但又各不相同的情感，它们分别代表了两个不同的维度。

鲁宾把爱情定义为：一个人对另外一个人的某种特殊的想法与态度，不仅包括审美、激情等心理因素，还包括生理唤醒与共同生活的愿望等复杂因素。在研究大学生爱情活动的基础之上，他确定了爱情的三个主题：（1）依恋：是指需要及渴望对方的感受，这种感受可以这样描述："我难以想象没有＿＿＿的生活"。（2）关怀与奉献：是指恋人之间会彼此高度关怀对方，愿意尽自己最大的努力使对方快乐和幸福，随时满足对方的需求。如"我愿意为＿＿＿做任何事情"。（3）信任：是愿意把自己的一切告诉对方。鲁宾根据这三个主题编制了爱情量表，用来测量爱情的强度。他指出：在三种成分中，判断某人是否恋爱，信任是最不重要的因素，而在评定"友情"时，信任则是最重要的因素，从中可以看出爱情和喜欢的区别。

专栏 7-2

男女择偶偏好——进化？文化？

大量对异性伴侣选择的研究发现：人们选择伴侣时所重视的特质有着稳定的性别差异。首先，许多研究表明虽然两性都喜欢伴侣具有外貌吸引力，但是男性对伴侣外貌吸引力的重视程度超过女性。其次，对年龄也有不同的要求，女性更喜欢比自己年龄大些的伴侣，而男性更喜欢年轻些的伴侣。最后，女性比男性更注重伴侣的经济情况。

对这些稳定的性别差异存在两种相反的解释。社会文化角度强调男性和女性有不同的社会角色，男性被认为是供养者，他们决定了家庭的经济和社会地位；女性则被认为是主妇，负责照顾家庭和孩子。此外，通常女性的经济地位低于男性，受教育机会也少于男性。理所当然的一个结果就是女性选择能够提供更多资源的丈夫，男性选择献身于家庭的年轻女性。此外，还有研究者认为，男性之所以看重伴侣的外表，是他们接受了几十年广告和媒体的宣传影响所致。

这些广告和媒体影像突出女性的美貌，并带有凸显其性意味的趋势。

与此相反，进化论理论家给出了完全不同的解释。大卫·巴斯（David Buss）和其同事认为，寻找（保持）一个配偶要求个体展示他的资源，即个体对可能配偶而言有吸引力的方面。他们强调，在不同的社会形态中，人类通过进化的选择，会重视异性的某些特征。

为了使繁衍后代的成功率变大，男性和女性发展出不同的择偶偏好。对女性而言，繁衍后代在时间、精力上的成本是非常高的：她们必须承受怀孕和分娩的不适，接着还要照顾后代直到他们成年。因此，她们更重视伴侣的经济状况和职业成就，因为这些变量代表了她们和后代能够享用的资源。而男性可以使许多女性怀孕，却不必在生育孩子问题上投入过多，所以对他们来说重要的是那些标志着女性繁殖后代能力的特征。他们喜欢年轻的、有吸引力的女性，因为这类女性往往意味着健康和较强的繁殖能力。

两种理论都获得了一定的研究支持。按照社会文化观点，由于经济地位较低，女性的年轻美貌被认为是与男性事业成就、经济实力进行交换的筹码。甘奇斯泰德在几个国家中进行比较，以女性对经济资源的获取程度和女性在选择配偶中报告男性外表吸引力这一变量的重要程度之间的相关来验证这一假设。结果发现两者之间存在相关，在特定文化中，女性经济实力越高，就会有更多的女性对男性的外表吸引力感兴趣。另一方面，从进化论角度看，男性偏好女性的外表吸引力是因为它代表了繁殖成功的可能性。所以，在那些流行疾病横行的地区外表吸引力就会格外受重视，因为外表吸引力不仅意味着健康，还可能意味着对当地疾病的抵抗力。甘奇斯泰德和巴斯发现，相比那些疾病低发区，在流行疾病横行的地区，当地人的确更重视外表吸引力。不过，当地人对于外表的偏好在两性之间没有差异。因此，这个研究虽然支持了进化论取向的基本观点，但同时也对该取向中关于两性配偶选择存在差异的观点提出了质疑。

事实上，如果社会文化的解释正确，我们可能会发现女性和男性的择偶偏好在当今社会有了一定的变化，因为两性的教育机会和工作能力都变得接近。如果进化论的解释正确，男女变化的社会角色对择偶偏好的影响则相对较小。

总之，当讨论人类的择偶偏好时，将"先天"（天生偏好）和"后天"（文化标准的性别角色）区分开来是十分困难的。进化论取向是一种十分有趣的理论，令人兴奋的同时不免有些争议；未来的理论构建和研究将会进一步解释生物特性在"爱"中扮演的角色。

　　比较一致的观点认为爱情与喜欢有四点不同：（1）爱情有较多的幻想，喜欢则不是由对他人的幻想唤起，而是由对他人的现实评价唤起；（2）喜欢是一种单纯的情感体验，并且比较平稳、宁静，而爱情则比较狂热、激烈，并且与许多相互冲突的情绪有联系；（3）爱情往往与性欲有关，而喜欢则不涉及这方面的需要；（4）爱情具有独占性和排他性，而喜欢则不如此。

　　虽然爱情与喜欢是不同的，但喜欢是爱情的基础。研究表明，影响喜欢的因素也影响爱情。前面所讲的影响喜欢的因素，如能力、外貌、报酬、相似与互补、邻近与熟悉等因素，也是决定一个人最终选择什么样的人做恋人或伴侣的重要条件。

（二）爱情的行为与体验

（1）爱情的行为

　　判断某人是不是爱自己，我们通常不仅仅依赖于语言，还要看对方的行动。如果一个人表达了爱意，但是却忘了对方的生日，和其他人约会；批评爱人的外表，从不信任爱人，那么对方一定会怀疑他的真诚。有研究者要求不同年龄的人回答什么样的行为和爱人的联系最紧密，区分出了 7 种爱情行为：一是爱情的口头描述，如说"我爱你"或其他表示爱情的话语；二是表达爱情的身体语言，如拥抱或接吻；三是言语上的自我暴露，把自己的秘密和感受告诉对方；四是以非言语的方式表达感情，比如当爱人出现时，尽管与对方并无直接交往，仍表现出轻松和快乐；五是有形的爱情表征，如送礼物给对方或帮对方做一些事情；六是无形的爱情表征，比如关注对方的活动，尊重对方的想法，并鼓励对方；七是愿意容忍对方的一些缺点，愿意为维持这种关系做出一些牺牲。

（2）爱情的体验

　　爱情与友情的一个重要区别就是生理上的特殊体验。很多流行歌曲中都描述过恋爱中的人心跳不规则、无法入眠、难以集中精力等。为了进一步研究处于爱情中的人的生理体验，卡宁（Kanin）等人让 679 名大学生评定他们在现在或最近爱情关系中体验到的不同感受及其强度，发现：79%的人有强烈的幸福感，37%的人注意力难以集中，29%的人有飘飘然的感觉，22%的人想狂奔、尖叫，22%的人在约会前感到紧张，20%的人"感到眩晕、无忧无虑"。还有一些强烈的躯体感受，例如 20%的学生报告说他们感到手发冷、心慌、脊背发麻，还有 12%的学生说他们有失眠体验。

　　爱情行为与体验还与性因素有关。满意的性生活是浪漫爱情的重要基础，希姆普森（Simpson）发现，性生活是爱情关系发展的一个强化剂，有性关系的恋爱要比没有性生活的恋爱持续时间更长。而布卢姆斯坦（Blumstein）则指出随着关系的发展，人们性生活的频率会逐渐下降。霍华德（Howard）和道斯（Dawes）甚至用交换理论来解释爱情生活中的满意感，他们给出了一个恋爱幸福感公式：恋爱关系中的幸福感＝性生活的频率－吵架的频率。可见，在恋爱关系中，性生活越频繁，吵架越少，满意度就越高。

二、爱情的类型

哈特菲尔德（E. Hatfield）把爱情区分为同伴式的爱情和激情式的爱情。同伴式的爱情（companionate love）被界定为个体指向他人的亲切和关爱的情感，不带有生理唤醒和激情。人们可以在非性关系，例如亲密关系中体验到同伴的爱，那些不再有狂热和激情的情侣在共享他们的亲密关系中也会体验到这种爱。激情式的爱情（passionate love）是指对爱侣的强烈渴望，伴随着生理唤醒的冲动，当所爱的人出现时会感到气短、心跳等。

哈特菲尔德和斯普雷彻（S. Sprecher）编制了激情式爱情量表，用来测量这种爱情类型体验的强度。其中的典型题目包括"有时，我觉得无法控制自己的思想，脑子完全被＿＿占据了""对我来说，＿＿是最理想的爱人"等。研究者认为体验激情式爱情的能力是普遍存在的，虽然文化因素可能会影响到激情式爱情的表达方式。

跨文化研究表明，个体主义文化下的美国伴侣认为，激情式爱情的重要程度更高，而集体主义文化下的中国伴侣则认为同伴式爱情更重要。相比较之下，东非肯尼亚的泰特人认为两者同样重要，他们把浪漫关系定义为同伴式爱情和激情式爱情的结合。

加拿大的社会学家李（Lee）根据人们在爱情中的不同行为表现，区分了6种不同的爱情类型。

（1）浪漫式爱情（romantic love）：这种爱是强烈的情绪体验，一见钟情是这种爱的典型代表，外表吸引力则是关键。浪漫爱情的人可能会同意下面的话："我和他（她）之间有那种奇妙的生物化学反应。"

（2）占有式爱情（possessive love）：对爱人有一份狂爱，容易紧张忌妒，完全被对方迷住。他（她）完全依赖于自己的伴侣，所以害怕被拒绝。他（她）可能同意下面的话："如果爱人不注意我的话，我会感到这个人没有活力。"

（3）好朋友式爱（best friends love）：这种爱是经由友谊、共同爱好及逐步自我展露而慢慢成长起来的令人愉快的亲密关系。这种爱是深思熟虑的、温暖的、富于同情心的。处于这种爱情中的人可能会认为"我最满意的爱情关系是从友谊中发展出来的"。

（4）实用式爱情（pragmatic love）：彼此都感到合适，并能满足对方的基本需求，追求满足而非刺激。他（她）可能认为"选择伴侣时可以考察对方如何看待自己的事业"。

（5）利他式爱情（altruistic love）：这种爱是无条件的关怀、付出及谅解。"如果我不把伴侣的幸福放在我自己的幸福之前考虑，我不会快活。"

（6）游戏式爱情（game-playing love）：这种人对爱情就像其他人打网球或下棋一样，享受"爱情游戏"并在其中取胜。这样的游戏者可能会认同"我喜欢与不同的人玩'爱情游戏'"。

许多研究证明了爱情中存在性别差异：男性喜欢浪漫式爱情（一见钟情）与游戏式爱情（追女人的快感）；女性喜欢好朋友式的爱情与实用式爱情。对这种差异的解释与社会及经济背景有关：当男人结婚的时候，他是在选择一位同伴及合作者，而女性则选择同伴和生活支柱。

三、爱情三角形理论

为了从理论上全面了解不同类型关系中的爱情，斯腾伯格（R. Sternberg）提出了爱情三角形理论（triangular theory of love）。他认为所有爱情体验都包括3 个基本组成成分：亲密（intimacy）、激情（passion）和承诺（commitment），这 3 个成分分别代表了爱情三角形的 3 个顶点。每对情侣的情况因三成分各自的比例不同而各不相同。

亲密指爱情关系中能让双方感到亲近、彼此关联的情感。包括对爱人的赞赏、照顾爱人的愿望、自我暴露和沟通内心感受、提供物质和精神上的支持等。激情指的是在爱情关系中带来强烈情绪体验的驱动力，外表吸引力和性需要是最典型的表现；其他动机，如自尊、支配、养育、亲和及自我实现等需要也可以是能引起激情体验的唤醒源。承诺指与对方相守的意愿及决定，包含两个含义：一是指在短期内爱一个人的决定；二是在长期关系中为维持这种爱而做出的承诺或担保。能传达承诺成分的行动有誓约、忠实、共渡难关、订婚、结婚等。在这三种成分中，亲密是爱情的情感成分，激情是爱情的动机成分，而承诺则是爱情的认知成分。

斯腾伯格根据这三种成分在爱情中所占的不同比例，区分了 7 种爱情形式，如图 7-7。

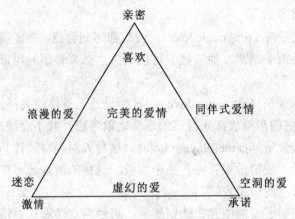

图 7-7 斯腾伯格的爱情三角形结构

资料来源：[美]S. E. Taylor 等著：《社会心理学（第 11 版）》，北京大学出版社，2004 年版。

（1）喜欢（liking）：只包括亲密，如友谊关系。

（2）迷恋的爱（infatuated love）：主要是激情，没有亲密和承诺，例如在少男少女的初恋中常见到这种爱。

（3）空洞的爱（empty love）：以承诺为主，缺乏亲密和激情，例如中国古代依媒妁之言而成的婚姻关系中的爱。

（4）浪漫式的爱（romantic love）：激情和亲密的组合，但没有承诺。情侣在身体和情感上相互吸引。

（5）同伴式爱情（companionate love）：有亲密和承诺，没有激情。爱人之间感情平淡、细水长流。如在激情过后的长久婚姻中看到的爱。

（6）虚幻的爱（fatuous love）：有激情和承诺，没有亲密。这种爱情从相识到坠入爱河快速短暂，因缺乏亲密要素维持，激情过后常使感情迅速消退。

（7）完美的爱（consummate love）：是爱情的最高体验，激情、承诺和亲密三种成分均衡，而且强度都很强。不过这种爱情却比较少见，文学作品里所颂扬的爱情基本都是这种类型。

到目前为止，本书讨论过的人际吸引和亲密关系的影响因素都是以"此时此地"为背景框架：伴侣的相似性、吸引力、对待彼此的方式等。进化论取向则采用长期进化的视角，认为人们今天的行动是根植于人类通过进化得来的行为模式。近些年来，社会心理学家采用中观的视角来看待成人之间的关系，认为人们成年关系中的行为根植于幼年时期与主要照顾者之间的互动经验，强调依恋方式（attachment styles）的重要影响（见专栏 7-3）。

第五节　人际关系的改善

一、对待不满的策略

当人们之间的亲密关系失去其价值的时候，人们往往采取四种不同的对待方式，这四种对策与人们对这种关系的满意与承诺水平有关，满意度越高，承诺越大，则这种关系越难以终止，这四种对策分别是：

（1）真诚（loyalty）：表现为以被动的方式弥合双方出现的裂痕，采用这种策略的人由于害怕对方的拒绝行为，所以很少说话，往往是耐心地等待、祈求，希望自己的真诚能使对方回心转意。

（2）忽视（neglect）：这是许多男性经常采用的一种消极策略，他们会故意忽略对方，或者与对方在一起的时候，经常挑剔对方的缺点，这种策略经常被那些不知如何处理自己的消极情绪，或不想改善但也不想终止这种关系的人所使用。

（3）退出（exit）：当人们认为没有必要挽回这种关系的时候，人们常常用这种方式。它是一种主动的、破坏性的策略。

（4）表达（voice）：双方讨论所遇到的问题，寻求妥协并尽力维持亲密关系，这是一种主动的、建设性的方式。

二、建设性争吵

世界上没有一种长久的亲密关系是长期和平的。分歧、争吵、区别而又融合是一切令人满意的人际关系的恒定特征。为此，处于人际关系之中的双方应懂得争吵是关系存在的一部分，为了维持双方融合的感情关系，双方必须学会建设性地应对必然会发生的冲突。

社会心理学家科尔比（Colby）等人向那些关系出现问题的人提出了争吵时应该注意的事项，他们把争吵分为破坏性争吵和建设性争吵，并指出争吵时不要：一味道歉而不区分谁对谁错；对所争吵的问题沉默或置之不理；或假借他人之口贬低对方；引出与争吵无关的问题；为了和谐违心地同意他人的观点；间接批评或攻击他人重视的事情；威胁他人将会遇到意外的麻烦。而应该：私下吵架，不要让孩子听到；弄清所争吵的事情，就事论事；表达出你积极或消极的情绪；说出你同意什么，反对什么；提出一些能使对方表达关心的问题；

等待自然的和解，而不要妥协；提出一些能增进双方关系的积极建议。

三、T 小组训练法

人际关系的改善不仅仅是一个理论问题，更重要的是一个实践问题。除去以上的一般理论原则之外，还有一些具体的操作技术，T 小组（T-group）训练法就是一种常见的改善人际关系的方法。

T 小组方法（又叫作"敏感性训练"）是美国社会心理学家勒温（K. Lewin）于 1946 年创造的。T 小组的主要目的是让接受训练者学会怎样有效地交流，细心地倾听，了解自己和别人的感情。其通常的训练方式是把十几名受训练者集中到实验室，或者是远离工作单位的地方，由心理学家来主持训练，训练时间一般在一到四周。在这个小组里，成员没有要解决任何特殊问题的意图，也不想控制任何人，人人赤诚相见，互相坦率地交谈，交谈的内容只限在"此时此地"发生的事情。这种限定在狭窄范围内的自由讨论，逐渐使受训者陷入不安、厌烦的情绪当中。所谓"此时此地"的事情，实际上就是人们的这些心理状态和心理活动。随着这种交谈的进行，人们逐渐地更多地注意自己的内心活动，开始更多地倾听自己讲话。同时，由于与他人赤诚坦率地交谈，也开始发现别人那些原来自己没有注意到的语言和行为上的差别。经过一段训练之后，人们慢慢地发现了自己的内心世界，发现了平时不易察觉到的或者不愿意承认的不安和愤怒的情绪。另外，由于细心倾听了别人的交谈，也能够逐渐地设身处地地体察别人、理解别人。

实践证明 T 小组法是一个有效地改善人际关系的方法。一些研究还发现，参加过 T 小组的高中生与没有参加过 T 小组的学生相比，在达到自己的目标方面取得了更大的进步。另外的一些研究则表明，参加过 T 小组的人种族偏见明显减少，参加过 T 小组的人比未参加 T 小组的人形成了更大的内部控制倾向，以及增加了对他人的信任感，等等。

专栏 7-3

成年人婚恋关系与依恋方式

哈赞（Hazan）和谢弗（Shaver）提出从依恋理论来理解成年人的爱情，这对爱情关系的研究产生了重要影响。根据依恋方式（attachment styles）理论，在生命早期建立的联结关系形态会影响到我们在成年时所建立关系的形态。

依恋是指婴儿和他们的主要照顾者（多数为父母）之间的一种强烈的情

感联系，这种联系为婴儿提供了重要的安全感。安斯沃思（M. Ainsworth）通过实验控制，观察母亲暂时离开，然后又返回情况下儿童的反应，确定了婴儿和父母之间 3 种主要的依恋类型：一是安全型（secure），父母对孩子的欢乐、悲伤以及要求等方面的信息很敏感，这种情感促使他们关爱孩子，从而使得父母与孩子之间的关系更加亲密，互相喜爱、重视，孩子不会产生被抛弃的感觉。第二种是回避型（avoidant），父母经常远离孩子，逃避孩子建立亲密关系的尝试，在这种情况下孩子也学会了逃避与父母接触，抑制自己的依恋需要。第三种是焦虑/矛盾型（anxious/ambivalent），父母对孩子的情感经常不一致，有时候很关心，有时候却不感兴趣。由于这种不一致性的爱，使得焦虑/矛盾型的孩子在自己的情感没有得到回报时显得暴躁和焦虑。哈赞和谢弗认为成年人的爱情关系在几个方面与婴儿的依恋很相似。两者通常都表现出对对方强烈的迷恋，在分别时感到痛苦，努力接近对方，尽量和对方在一起。研究显示，成年人的爱情依恋在形式上与婴儿类似，也可以分为安全型、回避型和焦虑/矛盾型。

依恋理论的核心假设是，人们在婴儿和儿童时期学会的特定依恋方式，成为其描述关系的工作关系模型（working model of relationship）。这一模式通常伴随个体一生，并扩展到个体与其他人的关系之中。因此，研究者认为孩子早期和父母的感情关系在他们成年后可能会影响其介入爱情的方式。比如，一个安全型依恋的孩子的工作关系模型可能是相信人们通常是可信的、体贴的，能够顾及回应自己的需要。作为成年人，这个人可能会表现出对伴侣同样的安全依恋，并与之形成长期的、令人满意的关系。与此相反，一个焦虑/矛盾型的孩子长大后，可能变得需要爱情但却怕被拒绝。回避型的孩子成年后可能害怕亲密关系，不能信任其他人。不过，当个体有新的人生体验后，依恋类型可能发生变化。如在青少年时期的一段有益的关系可能使非安全依恋的儿童发展出信任他人的关系模式。对依恋类型连续性发展的研究证据来自一个从 1 岁追踪到 21 岁的个体发展的纵向研究。如果没有和依恋相关重要事件发生，如父母死亡、离婚等，此研究中的大多数被试（72%）青年期的依恋类型与婴儿期一致。相反，经历了这些负性事件的个体只有 44%在以后的发展中表现出与婴儿期相同的依恋类型。

很多研究证实了依恋类型影响成年人的爱情关系。比如，哈赞等人要求成年人根据他们通常在浪漫关系中的感受选择自己的依恋方式，同时询问了有关他们现有浪漫关系的问题。结果证明安全型的人很容易和他人接近，信任他人，有满意的浪漫关系；回避型的人不易与他人形成亲密关系，他们不信任他人；焦虑/矛盾型的人也对自己的亲密关系不满，但与逃避型不同的是他们对自己的伴侣十分着迷。这项调查研究还得出了这三种依附在成人中的比例：安全型占56%，逃避型占25%，焦虑/矛盾型占19%。还有研究发现，安全型的人在三类人群中有最持久的浪漫关系，责任感和满意度最高。焦虑/矛盾型个体浪漫关系持续时间最短，最容易开始一段关系，得不到对方同程度的回应也最沮丧、愤怒。回避型个体最不可能开始一段浪漫关系，对关系责任感最低。还有研究发现依恋方式还会影响恋人对待彼此的方式。在焦虑状态下，安全型的人会向伴侣寻求支持和安慰或是安慰和鼓励伴侣，回避型的人则逃避伴侣。

　　大量研究结果表明依恋可能为成人关系（包括爱情关系）的研究提供了一个新的、有价值的视角。目前，对成人依恋的研究已成为社会心理学爱情研究中最活跃的部分。

本章小结

　　1. 人是社会性动物，人们大部分时间都是和其他人一起度过的。

　　2. 人际关系产生于人类的亲和需要，这种亲和需要与恐惧和焦虑有关；人际关系的产生还可能是为了获取社会报酬，摆脱寂寞。

　　3. 莱文格和斯诺克以图解方式对人际关系的各种状态及其相互作用水平的递增关系做了直观描述。良好的人际关系的建立和发展，一般需要经过定向、情感探索、感情交流和稳定交往4个阶段。

　　4. 自我暴露是人们与他人发展亲密关系的重要途径。自我暴露的程度可作为衡量人际深度的参考指标。

　　5. 舒茨提出了人际关系的三维理论，认为每个人都有3种最基本的人际需要：包容的需要、控制的需要和情感的需要。

　　6. 社会交换理论认为，人们对关系结果的评估是对成本和回报进行的直接比较，同时还会对关系进行两两比较。公平理论认为公平的关系才是最稳定、最快乐的关系。在长期的亲密关系中，交换理论和公平理论更加复杂。

　　7. 人际吸引的基本原则包括互惠原则、得失原则、联结原则和强化原则。

　　8. 人际吸引因为熟悉性、接近性和相似性而增强。能够增强吸引的个人因素包括能力、外表吸引力和某些个性品质，如真诚、热情等。

9. 爱情可以从爱的行为和感受上加以把握，研究者区分了不同的爱情类型。斯腾伯格所提出的爱情三角形理论，则从理论高度分析了不同类型关系中的爱情。

10. 人们在面对人际关系出现的问题时，可采取不同的策略。建设性争吵有利于关系的维持和改善。T 小组训练法是一种常见的改善人际关系的方法。

思考题

1. 人际关系的定义及特点？
2. 简述人际关系产生的原因。
3. 人际关系的发展经历了哪几个阶段？
4. 怎样理解自我暴露与人际关系的联系？
5. 社会交换理论和公平理论对人际关系的基本观点是什么？
6. 如何解释人际吸引中的得失现象？
7. 接触是否越多越好？如何理解熟悉性对人际吸引的作用？
8. 简述爱情三角形理论。
9. 什么是敏感性训练？

推荐阅读书目

1. 乐国安：《当前中国人际关系研究》，南开大学出版社 2002 年版。

2. 杨国枢、余安邦：《中国人的心理与行为——理念及方法篇》，桂冠图书股份有限公司（台北）1992 年版。

3. 郑全全、俞国良：《人际关系心理学》，人民教育出版社 1999 年版。

4. Altman, I. & Taylor, D. A. (1973). Social Penetration: The Development of Interpersonal Relationships. Holt, Rinehart & Winston.

5. Stephen L. Franzoi (1996). Social Psychology. Times Mirror Higher Education Group, Inc.

6. [美] S. E. Taylor 等著：《社会心理学（第 11 版）》，北京大学出版社 2004 年版。

第八章　人际沟通

本章学习目标

　　理解人际沟通的含义
　　了解人际沟通的工具
　　熟悉人际沟通的条件和影响因素
　　了解人际沟通的障碍
　　掌握人际沟通的功能
　　理解人际沟通主要类型
　　掌握人际沟通过程

第一节　人际沟通概述

　　当代著名哲学家理查德·麦基翁（R. McKeon）认为："未来的历史学家在记载我们这代人的言行的时候，恐怕难免会发现我们时代沟通的盛况，并将它置于历史的显著地位。其实沟通并不是当代新发现的问题，而是现在流行的一种思维方式和分析方法，我们时常用它来解释一切问题。"这段话以非常精辟的视角展现了沟通在当代的状况和地位。

　　人际沟通是个体与他人建立关系、维持关系的基本手段，它存在于人们生活的每一个阶段和方面。不会说话的孩子也可以向母亲用微笑、哭闹来表达要求和情感；在职场上，求职者通过面试寻找工作，如何才能让老板满意，都涉及如何进行有效沟通。调查显示：老年人退休后衰老加快的原因之一就是退休后失去了许多沟通机会。此外，沟通的频度与广度的下降，会影响人的安全感和智力发展。沟通在人们生活中如此重要，让我们先从了解人际沟通开始。研究人际沟通，首先需要弄清它的含义、特点、功能、必要条件和影响因素等问题。

一、人际沟通的含义

人际沟通（interpersonal communication）简称沟通，就是社会中人与人之间的联系过程，即人与人之间传递信息、沟通思想和交流情感的过程。假设甲和乙是进行人际沟通的双方，当甲发出一个信息给乙时，甲就是沟通的主体，乙则是沟通的客体；乙收到甲发来的信息后也会发出一个信息（反馈信息）给甲，此时乙就变成了沟通的主体，甲就变成了沟通的客体。由此可见，在人际沟通过程中，沟通的双方互为沟通的主体和客体。

有时候，乙接到甲的信息后，并不发出反馈信息。那些有反馈信息的人际沟通，常被人们称为双向沟通，例如两个人之间进行对话；只有一方发出信息，而另一方没有反馈信息的人际沟通，就被称为单向沟通，例如电视台播音员和观众之间的沟通。通常情况下双向沟通更有吸引力，所以电视台会利用电话或者其他平台与观众进行信息交换，让播音员能够收到观众的反馈，通过将单向沟通变成双向沟通，从而使电视台的信息传播变得更有吸引力。

二、人际沟通的工具

作为信息传递的过程，人际沟通必须借助于一定的符号系统才能实现，所以，符号系统是人际沟通的工具。作为人际沟通工具的符号系统划分为两类，即语言符号系统和非语言符号系统。

（一）语言符号系统

语言符号系统（verbal sign system），是利用语言进行的言语沟通。语言（verbal）是社会约定俗成的符号系统，而言语（speech）是人们运用语言符号进行沟通的过程。语言是人类最重要的沟通工具，也是信息传递的最有力的手段。

（1）语言的分类

语言可以分为口头语言（oral speech）和书面语言（written speech），即语音符号系统和文字符号系统。在面对面的沟通中，口头语言是最常用的，而且收效最快。例如：会谈、讨论、演讲及当面对话都可以直接、及时地交流信息，沟通意见。

在间接沟通中，一般采用书面语言。它不受时间和空间的限制，可以长时间地保存，可以远距离传递，发出信息者可以充分地考虑语词的恰当性。书面语言扩大了人们认识世界的范围。

（2）言语的社会功能

语言对我们的影响是巨大的，通过言语交流，我们实现了不同的目的。言语的社会功能主要包括：认知功能、行为功能、情感功能、人际功能和调节功能。

认知功能是言语最基本的社会功能，是指我们通过言语来传递某种知识、信念或观点。我们需要用清晰的表达来传达具体的信息，比如如何操作一台机器。行为功能是指我们通过言语去影响听话人的行为、态度，或改变听话人的状态等，以完成某项工作。比如老师对学生说："去把作业拿来！"这样就通过言语交流影响了学生的行为。情感功能是指我们用言语来表达情绪体验、联络情感。我们需要有力、生动的语言来表达自己的感情、感染听众、激励他人，比如我们熟知的马丁·路德·金的那篇著名的演讲《我有一个梦想》。人际功能即言语的交际被用来建立、保持和维护人际关系的功能。例如，见面时的打招呼和问候等。调节功能是指我们用言语来调节身心状态。我们都有过类似的经历，通过向信任的人诉说自己的苦恼来缓解心理压力。言语的表达有宣泄情绪、促进心理健康的作用。在心理咨询中，来访者的言语宣泄本身就有着治疗的功效。①

（3）语言的复杂性和策略性

不同的国家有不同的语言，不同的地区有不同的方言。在我国，现代汉语共有十大方言，语言使用状况比较复杂；不同的群体有不同的语言风格，医生、律师、科学家等群体都使用各自的专门术语。鉴于语言本身的这种复杂性和其在沟通中的作用，语言对人际沟通的影响是广泛而深入的。因此在沟通时，语言的运用要根据不同的对象和环境而改变，不然沟通就有可能在任何一个环节出现误会。

显然，在交往中，面对复杂多变的情境，人们表达同一意图的言语形式并不唯一。有大量的研究表明，人们对语言的运用，表现出明显的策略性。我们说话时依赖不同的文化背景下的社会约定俗成的规则、交际礼仪和契约；我们还会根据特定的情境和交际对象，话语时而直接，时而委婉；最后，我们采用的言语表达形式也体现了语言的策略性。

说话也是门艺术，虽然我们每天都在说话，但是没有几个人是真正的语言高手，作家、诗人和演讲者都是语言运用的高手，他们能用语言给我们打开一个世界，激发我们的感情、想象和行动，我们无法想象，如果没有这些美丽的语言，我们的生活该是如何枯燥乏味。语言的表达是如此重要，但制定在所有场合和情况下如何选择语言的规则是不可能的，语言的学习有赖于多年的学习和实践。

_____

① 俞国良著：《社会心理学》，北京师范大学出版社 2006 年版，第 274~275 页。

（二）非语言符号系统

非语言符号系统（non verbal sign system），是指在人际知觉和沟通过程中，凭借动作、表情、实物、环境等进行的信息传递。人们常常认为非语言符号系统是不重要的，数量较少的，但是事实并非如此。美国传播学家艾伯特·梅拉比安（Albert Mehrabian）通过实验把人的感情表达效果量化成了一个公式：信息传递的 100%＝7%的语言＋38%的语音＋55%的态势。从以上公式可以看出，非语言符号系统在沟通中具有重要的功能，它能补充、调整、代替或强调语言信息。通过非语言符号系统进行的沟通具有重要的功能，它能补充、调整、代替或强调语言信息。绝大多数的非语言信息具有特定的文化形态，在传达时是习惯性的和无意识的，它可能与语言信息相矛盾，以非常微妙的方式传递感情和态度。非语言符号系统一般有以下几种形式：

（1）视—动符号系统

手势、面部表情、体态变化等都属于这个系统。动态无声的皱眉、微笑、抚摸或静止无声的站立、依靠、坐态等都能在沟通中起作用。

图 8-1　各种身体姿势及含义

在人际交往中，视—动符号系统会给我们很多提示，通过了解一个人的行为语言，我们可以分析他人的状态，调整自己的谈话方向。比如，当对方双手抱在胸前和你讲话时，可能意味着对方有戒备心；微笑代表友好和赞同，但在美国人而言，微笑更多意味着友好，他微笑着听你说完你的提案，但并不代表他同意你的意见；手叩击桌子代表不耐烦；扬眉往往意味着怀疑；双手紧紧握住对方的臂肘代表很有诚意，而攀肩搂腰的一方，则暗示着其支配的地位。

心理学研究显示，对于早产的儿童，每天三次 15 分钟的抚摸可以使这些早产儿童茁壮成长。抚摸是感情传达非常有力的一种交往方式，抚摸可以以语言无法做到的方式感动我们，但也可以伤害我们，因此它是受一系列严格的社会规则支配的。

（2）时—空组织系统

人际空间距离可以表现出人与人之间关系的密切程度。个体空间的一般距离会因文化有异，也会因地位差异与性别有别，在社交环境里，人们都要遵守支配空间使用与运动的社交准则。有关人们在人际互动中如何使用空间和距离的研究，被称作空间关系学（proxemics），这是由霍尔（E. Hull）提出的概念，他将人际空间距离分为四种：亲密距离、个人距离、社会距离和公众距离。

亲密距离，0～46 厘米，属于亲爱的人、家庭成员、最好的朋友，在此区域中，可以有身体接触，如拥抱、爱抚、接吻等，话语富于情感，并排斥第三者加入。处于亲密距离的人们可能会不时相互触摸，或者依偎在一起，所沟通的信息更为直接，掩饰性更少；由于相互距离较近，也许看不清对方的每个动作，但是却能闻到对方身体上所散发出来的味道，这是一种非常隐私化的信息。所以，当两个人经常使用亲密距离进行人际沟通时，旁观者根据这种人际距离所传递的信息判断两人的关系非比寻常。

个人距离，46 厘米至 1.2 米，同学、同事、朋友、邻居等在此区域内交往，由于距离有限，在此区域内说话一般会避免高声以至于被别人听到。个人距离是朋友之间进行人际沟通的典型距离，这一空间距离是供去角色化的私人交往使用的，交往与沟通双方具有私人关系，而不是基于社会规范的角色化关系。在个人距离上，最容易获得对方所发出的身体语言的信息。

社会距离，1.2～3.6 米，在此区域人们相识但不熟悉，人们交往自然，进退也比较容易，既可发展友谊，又可彼此寒暄，纯粹应付。社会距离适用于角色之间的交往与沟通。例如：银行中设置的储户与出纳之间的距离便是社会距离，各类以角色为基础的商业交往、谈判都保持在社会距离上。角色之间的交往距离过小时，容易产生压迫感；如果角色交往时身体距离过远，又不利于信息的传递与交流，在社会距离上的角色交往最为适宜。

公共距离，3.6 米到目光所及，与陌生人的距离，表明不想有发展，在此区域人们难以单独交往，主要是公共活动，如作报告、等飞机等。这种距离通常是彼此不认识的人之间发生单向注意的距离，例如在演讲时，演讲者与听者之间应保持公众距离，听者把注意力集中在演讲者身上，但演讲者不会把注意放在任何一位听者身上。此时如果听者与演讲者的距离过近，可能会导致演讲者感到不舒服。①

人们每天随着交往环境的变化，使用不同的人际空间距离。在学校，你作演讲时，你和听众之间的距离最大，是公众距离；在和客户谈判时，你们之间的距离是社会距离；个人距离是你和朋友聊天的距离；等到你回到家，和孩子、爱人之间的亲密接触就是亲密距离。当人们违反了这些规则，就会引起对方不舒服的感觉。我们每个人都有自己的心理空间距离，这个距离太远或太近都会让自己不舒服。接近性的平衡理论认为，如果人际距离小到不合适的时候，人们就会减少其他途径的接近性，比如，减少注视、用倾斜的姿势等。典型事例是在电梯里或公交车上的行为，人们为了避免眼神直接接触的尴尬，会采取读书、看报或听音乐的方式。随着人口的增长和都市化进程的加快，人们在各种公众场合的个人空间越来越狭小。研究显示出，人们尝试去适应越来越狭小的个人空间。

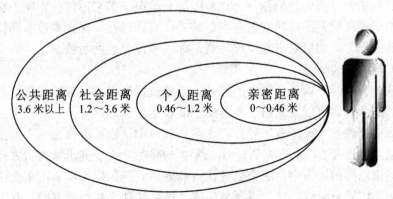

图 8-2　四种距离圈

另外，对于时间的概念也影响沟通过程。在约会中准确守时，能使对方感到言而有信，创造良好的交流情境。人们会根据交往者的时间观念作出推断，例如：认为经常守时的人是可靠的、专业的，而经常不守时者则是靠不住的，

①许静编：《传播学概论》，北京交通大学出版社 2007 年版，第 53 页。

等等。在人际交往中的时间概念具有跨文化差异，有些文化坚持一元时间观：特定时间只从事特定活动，休息时不工作，工作时间也不允许干私人事情；特定时间段内只安排一件事，待办事项需要预约。一元时间观对时间的概念要求非常精确，很看重守时的品质。然而还有一些文化中的时间观是多元的：一个时间段内可以安排多件事情，对守时的要求相对较低。有研究调查了美国被试与巴西被试对朋友之间约会"迟到多长时间算不守时"的看法之后发现：美国被试平均认为：迟到 19 分钟就算不守时，自己不会继续等下去；而巴西被试则认为迟到 34 分钟才算不守时。

（3）目光接触系统

目光接触（eye contact）即人际互动中视线交叉，是一种广泛的非语言交流形式，具有非常重要的作用。相互之间的目光接触，可以加强表达效果。在谈话中，迎合对方的目光，意味着你对谈话的专注和兴趣；但当对方回答问题故意避开和你的眼神接触时，也许意味着事实还另有内情。心理学的研究表明，人们在观察对方时，关注最集中的地方就是眼睛和嘴。一个人的语言可以修饰，但眼神信息却是很难掩盖的，我们甚至可常常透过一个人的眼神来归纳对方的品质，是温暖的、真诚的，还是凶残的、狡猾的。

眼神信息在许多文化中是有影响力的，意味着地位和权力，有句非洲名言说："眼睛是侵略的手段"；在印度，失去孩子的母亲是不允许以嫉妒的眼神看别人家的孩子的，因为他们相信，这种眼神会给孩子带来不好的影响。在我国古代，臣子朝拜时是不能对视皇帝的眼睛的；直到现在，在大多数非洲国家和世界的其他地方，如果对方地位比你高，你就不该看他的眼睛。

（4）辅助语言系统

音质、音幅、声调、言语中的停顿、语速快慢等因素，都能强化信息的语意分量。辅助语言可以表达语言本身所不能表达的意思。对于同样一个主题，不同的演讲者表达效果就有所差异，在这种差异中，辅助语言是一个很重要的影响因素。据非言语沟通专家估计，沟通中 39% 的含义受到声音表达方式的影响，在英语以外的语言中，这个百分比可能更高。例如研究显示：在交往中语速对于第一印象有重要影响。讲话急促表达的是激动兴奋，并可能具有表现力和说服力。但讲得太快会使对方神经紧张。

另外，辅助语言研究者迪保罗（B. M. DePaulo）的研究发现：鉴别他人说谎的最可靠的因素是声调。尽管老练的说谎者可以控制自己的语言和表情，但其说谎时提高声调却是不自觉的。同时，一句话的含义常常不是取决于表面意思，而是决定于它的弦外之音。语言表达方式的变化，尤其是语调的变化，可以使相同的词语表达不同的含义。例如"谢谢"一词，可以动情地说出，表示真诚的谢意；也可以冷冷地吐出，表达轻蔑的含义。

专栏 8-1

利用非言语线索识别欺骗

在一些影视作品中经常出现这样的情景：警察和罪犯之间明争暗斗，最后警察通过一个非言语的手势确认了罪犯的身份。在他们的对话中，犯罪者虽然表面上非常镇定，但是手指却在不自觉地敲击桌面，从而显示出她的紧张，暴露了她嫌疑的身份。

警察、法官经常努力从试图误导他们的人身上寻找真相，其中一个线索，就是利用言语和非言语线索中的冲突。由于非言语信息在传达时是习惯性的和无意识的，因此也是最难以控制的，例如，人们说谎时的微笑肌肉组织运动和不说谎时是不同的（Ekman, Friesen & O'Sullivan, 1998）。说谎时声调也比面部表情难以控制。因此当非言语与语言信息相矛盾时，就往往透露出表达者真实的心理状态。比如，当一个人演讲前说自己不紧张，但是他却不停地看表，眨眼次数也快于平常，这些动作就是紧张的表现。另外，当一个人做出譬如抬胳膊、歪头、愣神等看起来与情境不符合的动作时，观察者就更容易推断出这个人在说谎。

辅助语言的线索通常暗示了说谎者的紧张、焦虑和不安。一些研究表明声调是一个比较可靠的鉴别说谎的指标。一个人说谎时的平均音调要高于说真话时的平均音调，不过这个差异要用电子语音分析仪来比较判断，单用耳朵是难以判断的。此外，说谎的特征还包括：比正常情况简短的回答、在反应前更长的停顿、更多的言语错误、更紧张而不太严肃的回答。通常，一个成功的说谎者会和对方谈话时进行目光接触，并且在说谎时避免微笑。

事实上，即使当我们明确知道某人会说谎，我们密切关注像表情和声调这类非言语信息，也并不能更有效地帮助我们识别谎言。在一个研究中，被试参加一个模拟的面试。研究者要求被试在一些面试中表现诚实，而在另一些面试中表现出欺骗行为。部分面试人员被告知有些申请者可能会说谎，而另一些不给任何事前警告。结果显示，与没有得到警告的面试人员相比，对欺骗行为的警告只是让面试人员对所有的申请者都心存怀疑，而且在觉察真正的不诚实的申请者上没有表现出更高的准确性。对于自己的判断，得到警告的面试者表现出更少的自信。心理学的实验研究可能会高估人们在日常生活中觉察谎言的能力。

　　尽管如此，在观察者能够听到语言内容的情况下，非言语的线索还是有助于暴露潜在的说谎者的。一些特定的行为能帮我们有效鉴别谎言。比如说谎者表现出更高的眨眼次数，更犹豫，声调更高，说话犯的错误也更多。大量的研究显示，最有效的线索可能是欺骗动机。当人们有欺骗动机时，人们会更努力地控制自己的非言语行为和言语行为，观察者就容易观察到这些不自然的行为，从而发现欺骗的企图。

　　资料来源：［美］S.E.Taylor 等著：《社会心理学（第 11 版）》，北京大学出版社 2004 年版。

三、人际沟通的必要条件

　　前面讲过，人际沟通是人与人之间信息的传递、思想的沟通、情感的交流。其实，思想、情感也可以看作是信息的一种类型。因此，人际沟通就可以归结为信息的交流。因而，人际沟通服从于一般的信息沟通规律。信息沟通的一般模式如图 8-3 所示。

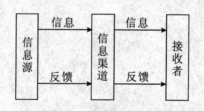

图 8-3　信息沟通模式

　　从这个模式中我们可以看出，实现人际沟通的必要条件是：

　　第一，要有发出信息的人——信息源（information source）。没有信息源，就无法进行人际沟通。

　　第二，要有信息。信息是沟通的内容，是信息源试图传递给他人的观念与情感。人们进行沟通，要是没有内容，沟通的必要性就不存在了。

　　第三，要有信息渠道（information channel）。信息渠道是信息的载体，即信息通过何种方式、用什么工具从信息源传递给接收者。信息一定要通过一种或几种信息渠道，才能到达目的地——接收者。常用的信息渠道有对话、动作、表情、广播、电视、电影、报刊、电话、电报、信件等。

第四，要有接收者。信息为接收者所接收，这是沟通的根本目的。如果没有接收者，沟通也不能实现。

第五，要有反馈。反馈是信息发出者和接受者相互间的反应。信息发送者发送一个信息，接收者回应信息，使其进一步调整沟通内容，因此沟通成为一个连续的相互的过程。沟通中及时反馈是很重要的，反馈可以减少沟通中的误会，让沟通双方知道思想和情感是否按他们各自的方式来分享。

第六，沟通必然会有障碍。障碍是沟通中阻止理解和准确解释信息的因素。比如环境中的噪声，沟通双方的情绪、信念和偏见以及跨文化沟通中对不同符号的解释等，都是沟通的障碍。

第七，要有沟通环境。沟通发生的环境影响到沟通的效果。比如在一个支持性小组中，圆形的座位排列方式能让小组成员之间交流更顺利；在心理咨询室中，环境的布置也能直接影响来访者的心情；著名职业经理人余世维说他办公室的门几乎都是不关的，这样的布置实际上显示了老板对员工更开放的态度。

四、影响人际沟通的因素

了解什么因素在影响沟通的进行，有利于我们提高沟通技巧，改进沟通的品质。信息传递的各个环节常会受到某些因素的作用，从而影响到人际沟通的进行。影响人际沟通的因素主要有以下几个方面：

（一）影响信息来源的因素

影响信息来源的因素主要有：

（1）信息源所使用的传播技术，包括信息源的语言文字表达能力、思考能力以及手势、表情等方面的表达优劣程度。

（2）信息源的态度，包括自信、尊重对方、竭力使对方对沟通感到兴趣等。

（3）信息源的知识程度，包括丰富的知识、社会经验、人情世故等。

（4）信息源的社会地位。人们获得信息的一个来源之一就是权威，当信息源处于较高社会地位时，人们倾向于更相信对方的话。

（二）影响信息的因素

影响信息的因素主要有：

（1）语言和其他符号的排列与组合次序。信息传递时有首因效应和近因效应，即先呈现的信息和最近呈现的信息容易被记住。

（2）信息的内容。信息的内容直接影响沟通双方，信息传递者力图通过信息的内容传达自己的信念、态度和知识，从而试图影响或改变对方。

（3）信息的处理情况。选择合适的语言和非言语行为来表达信息是非常重要的，同一个信息用不同的语词和语气来表达会有不同的效果。

（三）影响信息渠道的因素

同一信息经过不同的信息渠道传递，其效果大不一样。因此，要注意选择适当的信息渠道，使之与传播的信息相配合，并符合接收者的需要。例如教儿童数数时，借用实物时孩子的理解更容易；演讲时，使用投影仪或电脑展现的图表、图画等信息令人印象深刻。

我们的五种感官都可以接收信息，但日常生活中所发生的沟通主要是视听沟通。电视、广播、报纸、电话等都可以被用作沟通的媒介。但心理学家研究显示，面对面的沟通方式是各种沟通中影响力最大的。

（四）影响接收者的因素

影响接收者的因素主要有：

（1）接收者的心理选择性。例如：有些信息接收者乐意接收，而另一些信息接收者不喜欢接收。

（2）接收者当时的心理状态。例如：处于喜悦情绪状态的人容易接受他人所提出的要求。

在实际沟通过程中，上述四个方面的因素通常是联合发生作用的。

五、人际沟通的障碍

在现实生活中，某些影响人际沟通的因素会造成沟通的必要条件缺失，导致人际沟通受到阻碍。

（一）地位障碍

社会中每个个体都处在一定的社会地位上，由于社会地位各异，人通常具有不同的意识、价值观念和道德标准，从而造成沟通的困难。不同阶级的成员，对同一信息会有不同的、甚至截然相反的认识，他们对同一政治、经济事件往往持有不同的看法；宗教差别也会成为沟通障碍，不同宗教或教派的信徒，其观点和信仰各异；职业差别更有可能造成沟通的鸿沟，所谓"隔行如隔山"即是此意。

讲话适应理论认为，人们在人际互动过程中倾向于适应彼此的讲话风格（双方趋同）以改善沟通，并经过互惠和提高相似性来增强吸引。但是，具有较高威望讲话风格的人，就会强调他们的讲话风格的独特性表现。具有较低威望讲话风格的人，就会显示向高威望讲话风格靠拢的倾向，除非他们认为自身较低的地位是不稳定的和不合法的，在这种情况下，会坚持自己的讲话风格，于是就会产生沟通障碍。[①]

（二）组织结构障碍

有些组织庞大，层次重叠，信息传递的中间环节太多，从而造成信息的损耗和失真。也有一些组织结构不健全，沟通渠道堵塞，缺乏信息反馈，也会导致信息无法传递。另外，不同的组织氛围会影响沟通，鼓励表达不同意见的组织氛围促进沟通。组织内信息泛滥（overload）也会导致沟通不良。处于不同层次组织的成员，对沟通的积极性也不相同，也会造成沟通的障碍。

（三）文化障碍

文化背景的不同对沟通带来的障碍是不言而喻的。如语言的不通带来的沟通困难，此外还有社会风俗、规范的差异引起的误解等等，在社会生活中是屡见不鲜的。在下面图片的故事里，一个美国老师在一个中国家庭中当家庭教师，当孩子们很热情地请老师休息一下，吃些水果时，老师却会理解为："我是不是看起来很老，力不从心了？"

图 8-4 文化背景的障碍

（四）个性障碍

这主要指由于人们不同的个性倾向和个性心理特征所造成的沟通障碍。气质、性格、能力、兴趣等不同，会造成人们对同一信息的不同理解，为沟通带来困难。个性的缺陷，也会对沟通产生不良影响。一个虚伪、卑劣、欺骗成性的人传递的信息，往往难以为人接受。

---

①［德］K. F. Pawlik、［美］M. R. Rosenzweig 主编：《国际心理学手册》，华东师范大学出版社 2002 年版，第 457 页。

（五）社会心理障碍

人们随时随地都须与他人沟通，对人际沟通的恐惧在一定程度上伴随着人们。它表现为个人在与他人或群体沟通时所产生的害怕与焦虑。如果沟通个体存在沟通恐惧的心理，沟通将无法进行。对沟通有恐惧心理的人，轻者为了保护自己而表露有碍进一步沟通的信息，重者甚至无法与人交谈。这种沟通上的心理障碍除直接对沟通产生影响外，因为沟通者不能获得人际沟通所附带的积极意义，所以其社会功能必然要受到严重影响。比如说，在生活习惯上比较孤独封闭；在学习态度上会比较消极退缩；在人际接触中会逃避，因此减少了被认识与被赏识的机会，反而增加了被误解与被排斥的机会；沟通恐惧的长期经验会降低个人的自尊心；在现代服务业发达的社会中，沟通恐惧会造成个人丧失许多就业的机会等。

尽管沟通存在许多环节的障碍，但是可以通过学习一些沟通技巧，从而提高沟通能力，克服一些沟通障碍。在专栏 8-2 中我们对倾听的技巧作了简单的介绍。如果想进一步地学习倾听以及其他沟通技巧，可以查阅参考书目。

专栏 8-2

沟通中的倾听

当使用倾听技巧的英文 listening skills 在 google 上搜索时，得到的搜索结果数量是惊人的，由此可见，倾听在沟通中是很占分量的。和说话一样，每个人都在说话，也都在听别人讲话，但并不是每个人都会说、会听。人生来长着一张嘴，两只耳朵，似乎也在暗示我们多听少说。而实际上也确实如此，人们在每天的交流中，听是多于说的。但在听说读写的沟通技能中，倾听却是最容易被忽视的一项技能。

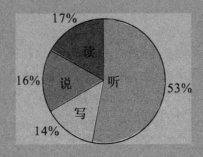

图 8-5　用在各种沟通技巧上的时间的百分比

任何不能被理解的沟通都不能算是成功，在有效的倾听中，人们用耳朵去理解别人，表达的是一种尊重的态度。相比较于说而言，听是较被动的，人们可以通过说来主动地表达自己的意见，但是当听的时候，就得得力图去理解他人的想法和感情，这就要求听者搁置自己的偏见和先见，所以倾听是很需要修养的一项沟通技巧。

先看看是什么影响了有效倾听，有12种具体的沟通障碍：

（1）对比。听者总是在评价谁更机敏、更聪明或者更能干。

（2）猜测。听者惯于猜测别人的心思，往往不相信别人的话。

（3）演练。别人说话时听者却总在构思自己的意见。

（4）过滤。听者只听到某些信息，对其他信息充耳不闻。

（5）先入为主。在倾听具体内容前就做出自己的判断了。

（6）心不在焉。对方的话题触动听者一连串的联想，没有专心听对方说话。

（7）自居。把别人说的细节抓住不放，并拿来和自己的经验相对照。

（8）好为人师。听者随时准备提供帮助和建议，还没有听对方讲多少，就开始搜索建议。

（9）争辩。当讲话者观点与自己不一致时，易激动，好争辩。

（10）刚愎自用。听者想尽办法（歪曲事实、百般辩解、责难、翻旧账）固执自己的意见。

（11）转移话题。在谈话过程中，突然转移话题。

（12）息事宁人。想讨人喜欢，什么都说好，似听非听，没有真正投入其中。

倾听方面的研究者迈克尔·普尔迪的调查显示了好的和差的倾听者的特性：

好的倾听者：

（1）适当地使用目光接触。

（2）对讲话者的语言和非语言行为保持注意和警觉。

（3）容忍且不打断（等待讲话者讲完）。

（4）使用语言和非语言表达表示回应。

（5）用不带威胁的语气来提问。

（6）解释、重申和概述讲话者所说的内容。

（7）提供建设性（语言和非语言）的反馈。

（8）移情（起理解讲话者的作用）。

（9）显示出对讲话者外貌的兴趣。

（10）展示关心的态度，并愿意听。

（11）不批评、不判断。

（12）敞开心扉。

差的倾听者：

（1）打断讲话者（不耐烦）。

（2）不保持目光接触（眼睛迷离）。

（3）心烦意乱（坐立不安），不注意讲话者。

（4）对讲话者不感兴趣（不关心，做白日梦）。

（5）很少给讲话者反馈或根本没有（语言或非语言）反馈。

（6）改变主题。

（7）做判断。

（8）思想封闭。

（9）谈论太多。

（10）自己抢先。

（11）给不必要的忠告。

（12）忙得顾不上听。

那么，你是好的倾听者，还是坏的倾听者？你在倾听过程中容易出现哪些问题呢？对照上面的内容，自己检验个人的倾听风格，并可以思考如何进一步提高自己的倾听技巧。如果想寻找更多倾听技巧方面的内容，可以参考推荐书目和进行网上搜索。

资料来源：

（1）[美]桑德拉·黑贝尔斯、[美]理查德·威沃尔二世著：《有效沟通（第7版）》，华夏出版社 2005 年版。

（2）[美]马修·麦凯、[美]玛莎·戴维斯、[美]帕特里克·范宁著：《人际沟通技巧》，上海社会科学院出版社 2005 年版。

六、人际沟通的功能

对于人际沟通的功能，学者们看法不一。美国学者费斯汀格（L. Festinger）认为，人际沟通有两种功能：第一，传递信息的功能；第二，满足个人心理需要的功能。也有学者认为，人际沟通有三种功能：第一，信息的沟通功能；第二，思想的沟通功能；第三，人际关系的沟通功能。其他学者还有不同的提法。本书综合各家的论述，认为人际沟通的功能可以归纳为以下三个方面：

（一）协调作用

人际沟通的协调作用体现在两个方面：其一，协调情感，即人际沟通可以使沟通者心理得到某些满足；其二，协调动作，即沟通者从沟通的信息中自动调节自己的行为。如果一个团体中人与人之间沟通阻塞，那么成员间的隔阂、误会、矛盾就会骤然上升。一旦这些阻塞被排除，沟通畅通了，那么隔阂、误会、矛盾就会逐渐消失。因此，人际沟通有利于提供信息，增进了解，起到提高情绪、增强团结、调整行为的作用，也即协调作用。

但是，苏联社会心理学家彼得罗夫斯基（A. B. Petarovski）注意到，并非所有的人际沟通都能起协调作用，有时候人际沟通则可以起破坏作用，例如某人打了别人一个耳光，或骂了一句难听的话，双方关系能协调吗？他认为，人际沟通可以起协调作用，也可以起不协调作用。

（二）保健作用

人际沟通是人类特有的需求。如果人的这种需求得不到满足，就会影响个人的身心健康。因此，人际沟通对于个人来说，也是个体生活中不能缺少的行为。保持人与人之间的充分的思想情感的交流，保持实现沟通行为所必需的条件，是保证个人心理健康成长所必需的，这就是沟通的保健功能。

人际沟通对老年人来说，更是不可忽视的动力源泉之一。如果老人之间缺乏信息的传递，个人就会感到空虚、抑郁，还会加速脑细胞萎缩。有学者对纽约州退休老人作调查后发现：凡是在人际关系方面保持较多来往，并且关系较为和谐的老人，比那种很少与人往来的老人，具有更高的幸福感。而后一种老人更多地体验到的是悲伤感和孤独感。为此，许多国家建立了各种老年中心、老人俱乐部等机构，以增进老年人之间的信息传递。

（三）形成和发展社会心理的作用

人的社会心理正是在同他人进行人际沟通过程中，逐渐形成和发展起来的。社会心理现象主要包括个体在社会、群体和他人的影响下心理发展变化的规律，个人对群体、群体对个人的相互影响和心理效应，以及群体间的相互影响和作用，而这些心理现象和规律又无一不是以交流信息为前提的。例如：社会态度的变化依赖于交流信息，群体的构成和维系离不开人际沟通，沟通信息量的多寡决定领导行为，权力模式和决策过程也依赖于信息交流。由此可见，没有人际的信息交流，就没有社会心理的产生。这在一定程度上也说明了为什么有的学者把人际沟通视为社会心理学这一学科的整个问题系统的逻辑中心。

第二节 人际沟通过程分析

人际沟通过程包括心理过程和动作过程两大部分，因而分析人际沟通过程可以从这两方面着手。

一、人际沟通心理分析

在人际沟通过程中，沟通的主体和客体都是人，他们都有心理活动。人际沟通过程中的心理活动主要体现在沟通动机、对信息的选择和理解方面。

（一）沟通动机

沟通是由信息源发出信息开始的。信息源为什么发出信息？向谁发送信息？这便是沟通的动机问题。

人际沟通往往是在下述两种情况下进行的：其一，沟通双方有着相似的态度和共同的语言，其沟通动机是为了同对方一起了解和共同占有信息，扩大共同的经验领域。其二，具有亲密关系的伙伴之间出现某种态度不一致。西方社会心理学家认为，后一种情况常是迫切需要进行沟通的典型状况。这种观点已经得到了实验研究的支持。

沙赫特（S. Schachter）认为，群体内的沟通主要是指和脱离群体准则的离异分子的沟通。他做了以下实验：在5～7人组成的大学生群体里，加进主试事先安排好的3个人。第一个人充当反对该群体大多数成员意见的离异分子，第二个人充当起初反对后来赞成群体立场的动摇分子，第三个人充当一直赞成群体立场的一般分子。结果，沟通集中于离异分子，目的是迫使他改变观点。而当离异分子接受群体的立场被认为已经不可能时，群体成员对他的沟通的念头就被打消，转换成把离异分子从群体内排斥出去的动机；对动摇分子，沟通集中于最初持反对立场的时候，当其立场转变后，沟通随之减少；对一般分子沟通的量是很少的，这种情况在内聚力大的群体中表现得更为明显。

那么有强大内聚力的群体，当态度或意见不一致的时候，为什么会活跃地沟通呢？纽科姆（T. Newcomb）的解释是沟通就是A-B-X模型中想要维持和恢复均衡的过程。如果A、B之间形成好感关系，但对X的态度却不一致，这时系统内产生紧张，为恢复平衡的动机所驱使，A、B之间便会展开使对方改变态度的沟通。

费斯汀格的解释是群体内的态度、意见不一致时，除容易招致群体活动的无效率外，由于社会实在性受到威胁，群体内便产生一致性的压力。所谓社会实在性，是指当自己的态度、意见的妥当性没有明显的判断标准时，以自己的态度、意见和周围的人保持一致作为妥当性的依据。态度、意见一致的对方，在提供社会实在性这点上是理想的存在。但是态度、意见一旦产生不一致，社会实在性就受到威胁。因此，不仅为了维持和发展有效率的群体活动，而且为了确保社会实在性，才使说服对方回心转意的沟通得以产生。

此外，成员希望改变在群体内的地位的愿望，也是沟通的动机之一。群体内地位低的成员具有提高地位的愿望，在获得信息之后，往往有一种倾向，即首先向地位高的成员传递。另外，地位低的成员在希望提高地位的愿望难以实现的时候，也往往想以同地位高的成员再进行沟通作为补偿和满足。

（二）对信息的选择

接收者对信息并不是一视同仁，而是有选择性的。人选择信息的倾向性大抵有下述四种情况：

第一，倾向于选择自己赞同的信息，排斥自己不赞同的信息。例如，有研究者曾研究过某人从 A 车和 B 车中进行二选一的行为，若他购买了 A 车，那么他就十分关心关于 A 车的广告而对 B 车的广告就没有多大兴趣。这类事例在日常生活中是很多的。

第二，对两种截然相反的信息并没有明显的选择性。有研究者做过以下的实验：实验主试给吸烟者和不吸烟者同样一个阅读文章的机会。文章有两篇，一篇说吸烟引起肺癌，一篇说吸烟与肺癌无关。只读论述吸烟致癌的文章，对于吸烟者来说，是非赞同性信息；对于不吸烟者来说，则是赞同性信息。但是，被试（吸烟者、不吸烟者）通读这两篇文章，则没有表现出明显的喜恶。

第三，喜欢选择反对自己观点的信息。例如：1968 年春天美国发生了反战大抗议，许多大学生在"我们不去"的反应征请愿书上签了字，其他许多学生也考虑了是否签字。1970 年，贾尼斯（I. Janis）等人在耶鲁大学中挑选了具有四种不同态度的学生，他们的态度分别是：马上拒绝签字、在仔细考虑后拒绝签字、同意这个誓言表示可以签字、已经签了字。贾尼斯测验了他们对相反信息的选择性。试验者给每个学生 8 篇关于战争的文章，其中 4 篇支持"我们不去"的誓言，其余 4 篇则反对这个誓言，然后统计学生们对这些文章的兴趣程度，结果是支持誓言的学生对支持誓言信息的兴趣低于对反对誓言的信息，即学生喜欢选择反对自己观点的信息。

第四，越是不让接触的信息，人们越想选择。例如：一个公开的报告会结束后，未听报告者中并没有多少人关心和打听报告会的内容；相反，一个只允许某一级领导干部参加的内容需要保密的报告会结束后，会有不少本来不该知道的人千方百计地打听报告的内容。再例如：老师对学生说某本书是毒草，这本书本来不受学生欢迎，甚至不为学生所知，然而经老师这么一讲，学生却争先恐后地看这本书。

由此可见，人们选择信息的心理是极其复杂的，很难确切地说某种信息人们乐意选择，某种信息人们不太愿意选择。影响人们信息选择心理的因素主要有：（1）经常可得性。凡经常的、容易得到的信息易为人所选择。（2）传递人的倾向性。传递信息的人对该信息的喜爱或厌恶的倾向性常可左右接收者对信息的选择与否。（3）有用性、可信性和趣味性。凡有用的、可信的和有趣味的信息容易为人们所选择。

（三）对信息的理解

接收者在理解信息的过程中，主要表现为求真意。接收者收到的信息并不都十分明确，有时即使言词明确，但在表面言词之下却可能有隐含的意义，这就不能不使接收者产生一定的心理紧张："他说的究竟是什么意思？"因此，在解释信息的时候要利用各种各样的线索，例如发出信息的表情、视线、姿势、动作、说话的声调等等。

影响一个人理解信息的主要因素有个人的知识、经验和个性心理特征等。在解释信息的时候，常常会出现个体根据自己的口味、既有的经验或常识来加以理解的情况。比如在黑板上画一个"〇"，数学家说它是一个圆，运动员说它是一个球，作家说它是一轮明月，儿童说它是一张饼，语言学家说它是句号。尤其在信息内容本身不明时，接收者更有可能根据以往的经验、当时的需要和社会情境来加以理解。

二、人际沟通动作分析

人际沟通往往要借助于沟通者的动作来实现，因而许多社会心理学家十分重视研究人际沟通动作。在这方面，美国学者贝尔斯（R. F. Bales）的研究尤为突出。贝尔斯通过在实验条件下对一个由 5 人构成的团体进行观察，发现团体内各成员间的沟通动作可以分为两大类：一类是以满足对方的交往需要和情感需要为目标的，另一类是以提供信息、方向或指示为目标的。在此基础上，贝尔斯进而把人际沟通的动作分为以下 12 种：

（1）追求团结一致，提高对方的地位，或表示支持对方的意见。

（2）镇静，与所有的人都容易相处并表现出毫无拘束，常面带笑容，显示满意的表情。

（3）表示同意、默认。

（4）给予指示，或发指示，但表现得彬彬有礼。

（5）提供意见，批评并分析意见，表示意图和感情。

（6）提供信息，介绍情况，解释清楚。

（7）需求信息，请求重复问题（采取强硬的办法或温和的态度）。

（8）询问意见，要求得到评价与分析，求得对方的明确表示，尤其关注对自身行动的评价。

（9）请求告诉各种可能的行动方式。

（10）消极地拒绝意见，不予帮助，表示不同意。

（11）显露紧张及不满情绪（受压抑、情绪不安、受挫折）。

（12）表现出攻击行为，贬低对方的地位，肯定自己。

贝尔斯（R. F. Bales）记录了团体内各个成员在谈话、讨论或辩论过程中的动作次数，发现团体内每一次交往过程中都包含有上述 12 种动作；他还发现在不同性质的团体中 12 种动作的分布有不同的特点。例如，在企业组织内协调性的动作较多，而在家庭生活中则沟通情感的动作较多。一般家庭内讨论问题总是经历着以下过程：第一阶段是提出问题，多半是采用第（7）、（8）、（9）三种动作；第二阶段是展开讨论或辩论，大都是属于第（10）、（11）、（12）三种动作，这一阶段最为紧张；第三阶段是解决问题，第（4）、（5）、（6）三种动作居多；第四阶段是结束阶段，以第（1）、（2）、（3）三种动作为多。贝尔斯的学生们进一步研究表明，美国的一切小群体都存在这一过程，即使是法院里的陪审小组，虽然他们互不认识，且与犯人亦无多大联系，但在讨论案子时也会同样出现上述过程。

贝尔斯所分析的人际沟通动作在现实生活中确实是客观存在着的，他的分析也较细致，对我们探索人际沟通过程有一定的参考意义。然而，他的研究是在实验室内进行的，带有很大的人为性。苏联学者彼得罗夫斯基认为，贝尔斯的动作分析只涉及动作本身，而没有考虑决定行为的动机。[①]

第三节　人际沟通的分类

按不同的分类标准，可将人际沟通进行不同的分类。

---

① 彼得罗夫斯基：《集体的社会心理学》，人民教育出版社 1984 年版，第 98 页。

（一）按照沟通线路的分类

（1）单向沟通和双向沟通

从发送信息者与接收信息者的地位是否变换的角度来看，可将沟通分为单向沟通和双向沟通。单向沟通是指发送者与接收者的地位不变，发送者只发出信息，接收者只接收信息而不作出反馈；双向沟通是指发送者与接收者的地位不断变换，双方互为发出信息的人和接收者（如图8-6所示）。发布命令、作报告、发表演说等是我们通常所见的单向沟通的形式，会谈、讨论等是我们常见的双向沟通的形式。[①]

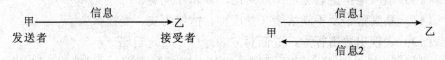

图 8-6　单向沟通与双向沟通

心理学家莱维特曾经作过关于单向沟通与双向沟通效率的比较研究。实验者用两种方式要求被试在纸上画一系列的长方形。采取单向沟通的方式时，被试背向实验者不准提问；采取双向沟通的方式，被试面对实验者可以提问。通过比较实验，莱维特得出了有关单向沟通和双向沟通的几个一般的特点：单向沟通的速度快，易失真，信息接受者对自己的判断无信心，信息发送者的心理压力较小；而双向沟通与此正好相反——其速度慢，准确度高，信息接受者对自己的判断有信心，信息发送者要承受较大的心理压力。

第一，因为双向沟通比单向沟通增加了反馈的过程，所以，单向沟通的速度比双向沟通快。因为双向沟通容易受到干扰，并缺乏条理性。第二，双向沟通比单向沟通准确。双向沟通的沟通双方可以不断地就不一致信息进行讨论。第三，双向沟通中可以增强信息接收者对自己判断的信心。通过双向沟通，信息接受者知道信息失真在哪里，然后不断修正。第四，双向沟通中，信息发出者感受到心理压力较大。因为随时可能会受到信息接收者的批评。

（2）上行沟通、下行沟通和平行沟通

在组织群体中，地位高低的差异使得组织里的人际沟通呈现上行、下行和平行的趋势。

上行沟通又称上沟通，是指组织中地位较低者主动向地位较高者的沟通，其沟通的信息常是向上级"诉苦"，报告工作情况，汇报某个成员的问题，向上

①全国13所高等院校《社会心理学》编写组：《社会心理学（第三版）》，南开大学出版社2003年版，第248页。

级提出要求等。

下行沟通又称下沟通，是指组织中地位较高者主动向地位较低者进行的沟通。一般是前者将工作指示、工作信息、工作程序、工作方法、工作评价和工作目标等传递给后者。

平行沟通，它是指组织中身份和地位相仿者之间的沟通。平行沟通可以协调人际关系，加强成员间的友谊，增强团体的凝聚力。

美国学者凯利（H. Kelley）等研究了团体里的人际沟通，发现地位较低的成员主动对地位较高的成员沟通多，即在群体中上行沟通多于下行沟通。

（二）按照沟通方式的分类

（1）假相倚、非对称性相倚、反应性相倚和彼此相倚

蒂博特（E. Depret）等人按照沟通者之间相互依靠、相互联系的情况，将人际沟通分为假相倚、非对称性相倚、反应性相倚和彼此相倚。

假相倚沟通是指在人际沟通过程中，沟通者只按照自己预先制定的计划，即按自己的意愿进行沟通，根本不顾及对方的反应，这就是假相倚。例如，在讨论场合中，有些发言者只根据自己事先拟好的稿子发言。在履行某种社会仪式过程中，人们常刻板地进行沟通，也属假相倚。

非对称性相倚沟通是指沟通的一方只按照自己预定计划进行沟通，而另一方则根据别人的行为作为反馈来调节自己的言行。例如，有的时候招聘者与应聘者之间的沟通就是如此，前者按照事先准备好的问题发问，后者只是根据这些问题答复。结构化的英语口试时，教师和学生之间的沟通也属非对称性相倚。

反应性相倚是指沟通双方都以对方的行为作为自己行动的依据，作出相应的反应，而并不按照原来的计划进行沟通。例如，顾客看到售货员的冷漠态度而发脾气，售货员则更以生硬态度对待顾客。

彼此相倚是指沟通双方一方面以自己的计划同对方沟通，另一方面又考虑对方的反应来调整自己的沟通行为。例如：朋友间的谈心就是彼此相倚型沟通。前三种相倚沟通在人际沟通中所占的比例较少，绝大多数的沟通都属彼此相倚，即沟通双方根据对方的信息反馈不断进行思路、情感等的调整作出信息上的回应。

（2）工具式沟通和感情式沟通

工具式沟通是指发送者将信息、知识、感情、想法与要求传给接收者，目的是想影响和改变接收者的行为，达到组织目的。感情式沟通是指沟通双方表达感情，获得同情、谅解与理解，获得精神上的需求，最终改善人与人之间的关系。

这是按沟通功能进行划分。一般的人际沟通这两方面的内容都会涵盖，很

少有单纯的工具式沟通或感情式沟通，但在具体沟通者的沟通中，会有工具式或感情式的侧重。

（3）正式沟通与非正式沟通

按组织里的沟通渠道，可以把沟通分为正式沟通和非正式沟通。正式沟通（formal communication）是指在一定的组织系统中通过明文规定的渠道，进行信息的传递与交流。即信息按企业规章制度的安排，以正式的渠道传递。例如，上级向下级下达指示，发送通知，下级向上级呈送材料，汇报工作，以及定期的会议制度等。

非正式沟通（informal communication）是指在正式组织系统以外进行的信息传递与交流，它以个人为信息的主要的传递渠道，非正式沟通传递的信息又被人们称为"小道消息"。非正式沟通的方式，包括组织员工间的非正式接触、交往，非正式的郊游、聚餐、闲谈及谣言、耳语的传播。非正式沟通建立在团体成员的社会关系上，乃是由成员交互行为而产生的伴随非正式组织而来的一种正常而自然的人类活动。

正式沟通往往受到组织的监督，信息源谨慎从事，接收者严肃认真，所以沟通的信息真实、准确；但因为这种沟通往往必须逐级进行，沟通速度较慢，有可能延误信息传递的时间。非正式沟通灵活方便，速度快，因为它不受组织系统的监督和限制自行选择沟通渠道，它可以提供正式沟通难以获得的某些消息，人们的真实思想和意见也往往能在非正式沟通中表露出来；但信息的可靠性无法保证，由于小道消息通常是不完整的，所以即使它的细节都是对的，也会产生极大的误解，组织里的沟通者虽试图通过非正式沟通传播事实，但很少传播事实的全貌，非正式沟通的这种不充分性在传播中还会不断累积，致使它整体上产生往往比其本身小部分错误信息可能引起的大得多的误解。

（4）口头沟通和书面沟通

人际沟通以凭借的沟通工具来划分，可分为语言沟通和非语言沟通两大类。其中语言是最常用的信息渠道。按语言的不同形式，人际沟通又可分为口头沟通和书面沟通。

口头沟通是以语言为媒介，借助口头言语进行的沟通，例如演讲、讨论、会谈、电话联系等。其优点是简便易行，灵活迅速，尤其可伴有手势、体态和表情，增强传递信息的效果；缺点是信息保留的时间较短，使用也受条件的局限。

书面沟通是以文字为媒介，借助于书面言语进行的沟通，例如布告、通知、书信等。其优点是信息可以长期保存，对一时辨别不清的信息可以反复研究；缺点是信息对语言文字的依赖性强，沟通效果受文化修养的影响很大，对情况变化的适应性较差。

戴尔（M. Daher）将口头沟通和书面沟通的效果进行了比较研究。他对某大公司员工从口头沟通、书面沟通、口头与书面混合沟通三种方式中获得的信息内容进行测验后发现：口头与书面混合沟通效果最好，单纯的口头沟通次之，单纯的书面沟通效果最差。[①]

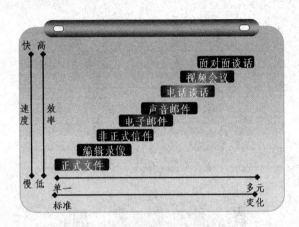

图 8-7　各种不同沟通方式效果比较

随着电子信息技术的广泛应用，从书面沟通发展出来一种新的沟通形式，即电子沟通。电子邮件、BBS（电子公告板）及许多及时网络聊天工具等都是电子沟通的表现形式，它以其快速高效和有强大的多媒体功能支撑等特点已在很大程度上取代了借助纸笔的书面沟通的某些重要人际沟通功能，甚至削弱了口头沟通的某些功能。但不要忽视，人是社会人，人的情感沟通的需要更需要人与人之间的口头沟通。

面对信息化的时代，沟通方式越趋向多元化。多媒体的技术可以实现不同地区的人们同一时间交换信息，其高效和便捷程度可以与面对面的交流相媲美。

（三）按照沟通网络的分类

沟通网络是根据人际沟通中信息传递的方向而形成的路线形态。根据群体组织里正式沟通和非正式沟通的情况，沟通网络又分为正式沟通网络与非正式沟通网络。美国管理心理学家莱维特（H. J. Leavitt）研究了小群体内的沟通网络，提出了几种固定形态。

---

①全国 13 所高等院校《社会心理学》编写组：《社会心理学（第三版）》，南开大学出版社 2003 年版，第 249 页。

（1）正式的沟通网络

20世纪50年代，巴维拉（A. Bavelas）提出小群体沟通网络的概念。他讲的沟通网络，是指一个小群体里成员之间较固定的沟通模式。后来莱维特以 5人小群体为研究对象，发现沟通网络有四种形态：Y型沟通、链型沟通、圆型沟通和轮型沟通（如图 8-8 所示）。

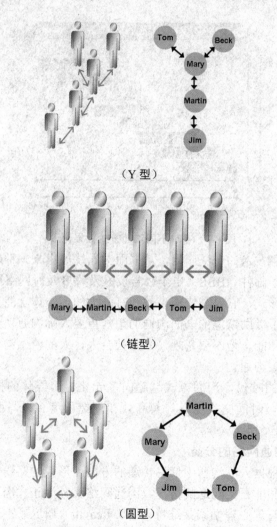

（Y 型）

（链型）

（圆型）

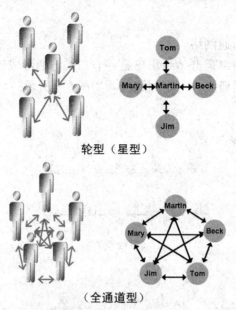

轮型（星型）

（全通道型）

图 8-8　正式的沟通网络

　　由于在轮型与 Y 型沟通中，沟通者之间的信息传递要受居于中心位置的人控制，称这种类型的沟通网络为中心化的沟通网络；在链型和圆型的沟通中，沟通者不必受居于中心位置的人控制，可与其他人进行直接沟通，故这种类型的沟通网络被称为非中心化的沟通网络。

　　莱维特研究的结论是：首先，从信息传递速度来看，Y 型沟通最快，圆型沟通其次，而链型沟通最慢。其次，在轮型沟通中，居中心位置者是该小群体的核心人物或领导者。最后，在 Y 型沟通中，中心位置是非常重要的，外界的信息必须经它才能到达，高层沟通者的信息也需经它才能传递给下面，因而这一特殊位置的人在某一组织中可能具有秘书身份。①

　　后又有学者研究了组织中常见的沟通网络，在莱维特研究的基础上加入全通道型，并将五种沟通网络相比较得出他们各自的特点。全通道型沟通网络也是一种中心化的沟通网络，除了处于中心位置的沟通者控制信息沟通外，其他沟通者也能通过其他通道彼此间传递信息，因此是一种全方位的沟通。就成员满意度而言，人们在非中心化的沟通网络比在中心化的沟通网络中更高些。但在非中心化的沟通网络中难以产生领导者，因此在领导控制力上不如中心化的

　　① 全国 13 所高等院校《社会心理学》编写组：《社会心理学（第三版）》，南开大学出版社 2003 年版，第252 页。

沟通网络。

（2）非正式的沟通网络

非正式的沟通网络是群体组织里进行非正式沟通形成的信息传递渠道。根据心理学家莱维特的研究，有下面四种，如图 8-9 所示：

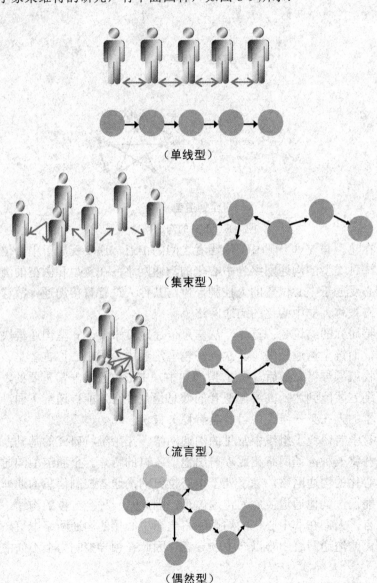

（单线型）

（集束型）

（流言型）

（偶然型）

图 8-9　非正式的沟通网络

　　非正式的沟通网络也就是我们通常所说的传播小道消息的渠道。集束型是指将小道信息有选择地告诉相关的人，这也是传播小道消息最普通的形式；流言型是一个人将小道消息传播给所有的人；单线型是通过一连串的人将小道消息传播给最终的接收者；偶然型是借偶然的机会传播小道消息给其他的人。

　　小道消息的一个重要特征是它的传播速度极快。由于它的灵活性和个人化，它传播信息的速度往往比绝大多数正式管理沟通系统快得多。有研究表明，上述四种小道消息的传播方式传播速度最快的是集束型，因为它是有目的的选择性的传播。小道消息还因它可穿越严密的组织保密屏障的不同寻常的能力而著称。它通常能够跨越组织防线而直接与知情人进行交流，所以小道消息也因其成为秘密信息的来源而闻名。

本章小结

　　人际沟通是人与人之间传递信息、沟通思想和交流情感的过程。沟通在现代社会的意义是非常重要的。

　　人们运用语言符号系统和非语言符号系统来进行沟通。语言符号系统是人类最重要的沟通工具，包括语音符号系统和文字符号系统，语言的运用需要学习和实践。非语言符号系统包括视—动符号系统、时—空组织系统、目光接触系统和辅助语言系统。非语言符号大多数具有文化形态，它们常常是习惯性的和无意识的。非语言沟通以微妙的方式传递比语言沟通更多的信息。

　　沟通过程包含几个必需的要素，包括信息源、信息、渠道、接收者、反馈、障碍和环境七个方面。每次人们在进行沟通时，这些因素都有所不同，信息传递的这七个环节常会受到某些因素的作用，从而影响沟通效果。

　　沟通之所以不顺畅，是因为有许多沟通障碍的存在，包括沟通双方所处的地位障碍、组织结构障碍、文化障碍、个性障碍和社会心理障碍。

　　人们通过人际沟通交流情感，协调自己的行为，从而保持身心的健康。同时，人的社会心理也是在同他人进行人际沟通过程中，逐渐形成和发展起来的。

　　沟通过程包括心理过程和动作过程两大部分。人际沟通过程中的心理活动主要体现在沟通动机、对信息的选择和理解方面。人际沟通的动作可以分为两大类：一类是以满足对方的交往需要和情感需要为目标的，另一类是以提供信息、方向或指示为目标的。在此基础上，贝尔斯进而把人际沟通的动作分为 12 种。

　　沟通按不同的分类标准可以分为不同的类型，包括：单向沟通和双向沟通，口头沟通和书面沟通，正式沟通和非正式沟通，上行沟通、下行沟通和平行沟通，假相倚、非对称性相倚、反应性相倚和彼此相倚沟通，Y 型沟通、链型沟通、圆型沟通和轮型沟通，以及语言沟通和非语言沟通。

思考题

　　1. 什么是沟通？说说沟通在日常生活中有哪些重要作用？

　　2. 沟通过程有哪几方面的要素？这些要素是如何影响沟通过程的？

　　3. 请论述语言是如何影响沟通的？

　　4. 非语言符号系统有哪些？分别举例说明它们各自在沟通中的作用。

　　5. 影响沟通的障碍有哪些？思考如何克服这些障碍从而达到更有效的沟通。

　　6. 人际沟通的分类有哪些？

推荐阅读书目

　　1. ［美］桑德拉·黑贝尔斯、［美］理查德·威沃尔二世著：《有效沟通（第7 版）》，华夏出版社 2005 年版。

　　2. 金盛华主编：《社会心理学》，高等教育出版社 2005 年版。

　　3. ［美］马修·麦凯、［美］玛莎·戴维斯、［美］帕特里克·范宁著：《人际沟通技巧》，上海社会科学院出版社 2005 年版。

　　4. Rudolph F.V.，Kathleen S.V. 著：《人际关系与沟通》，扬智文化事业股份有限公司（台北）2006 年版。

　　5. ［美］德博拉·坦嫩著：《你误会了我——交谈中的男人和女人》，北京大学出版社 2001 年版。

　　6. ［美］瓦尔纳著：《跨文化沟通》，机械工业出版社 2006 年版。

第九章　侵犯与利他

本章学习目标

　　了解什么是侵犯或利他行为
　　掌握侵犯与利他行为的类别
　　理解侵犯与利他行为产生的主要原因
　　熟悉有关侵犯与利他行为的理论解释
　　了解控制与消除侵犯行为的方法

　　在大多数社会生物学家看来，侵犯行为与利他行为都是由基因所设定的。威尔逊（E. O. Wilson）认为，侵犯行为是人类为了确保自身安全而形成的一种本能，这种本能是经过长期的进化而发展起来的，攻击性较强的个体往往具有更强的生存优势；而人类的利他行为在本质上与蜜蜂和白蚁等社会性昆虫一样，也是通过基因的进化而发展起来的，其强度和频率随着亲属关系的疏远而递降。[①]人类的侵犯行为与利他行为和遗传相关，这已经是不争的事实，现在的问题是这些行为在多大程度上受到遗传因素影响及其影响机制又如何。

　　科学社会心理学发展到今天，已经逐渐超越了社会生物学对于遗传因素的过分强调，其在侵犯与利他研究领域中已经取得了一些重要的成果，新的研究成果更乐意构建基于社会影响的理论解释，即在关注当事人特点的基础上着重分析社会情景特征。在本章的学习过程中，我们不难发现：侵犯与利他研究和其他社会心理学课题有着显著的区别，如自我意识、社会角色、社会认知、社会动机和社会态度等研究主要强调个体内在的认识、情感或意志过程，而侵犯与利他研究则更加关注个体的外在行为表现。正因为如此，多数有关侵犯与利他的研究结论可以用于指导日常实践或干预现实生活。

---

　　① [美]爱德华·O. 威尔逊著：《论人性》，浙江教育出版社 1998 年版，第 5 页。

第一节 侵犯行为

侵犯行为简称侵犯（aggression），有时也可以称之为攻击行为，从在校学生之间的欺负行为到球场上的球员斗殴，从办公室同事之间的相互中伤与诋毁到美国发动的两次伊拉克战争，都可以看作是侵犯的不同表现形式。

几乎每个人对侵犯行为都有一定的理解，不过要给它下一个较为准确的定义却不是件容易的事情。早期的社会心理学者由于受行为主义的影响，把侵犯看成是对其他人造成伤害性后果的行为。根据这种说法，只要一种行为伤害了别人，即可称之为侵犯行为。但在某些情况下，以行为或者行为的后果来界定侵犯很可能是不恰当的：假如一名足球运动员在比赛过程中一不小心把足球踢到了队友的脸上，给队友造成了较大的伤害，但此时人们并不会因此责备这名"侵犯者"；相反，一个蓄意杀害他人的人，在惊慌中未能将凶器刺中谋害对象的身体，尽管他没有伤害到别人，人们却有可能把他的行为看成是严重的侵犯行为。

因此在定义侵犯行为时，必须要考虑到行为者的动机与意图。侵犯行为必须是有意图、有目标的伤害他人的行为。但如果某人在正当防卫时击伤了正在行凶的犯罪人，这种行为算不算侵犯呢？或者当父母惩罚不听话的孩子时，他们的行为算不算侵犯呢？显然这两种暴力行为都是有意图的伤害行为，却不属于社会心理学所界定的侵犯行为。社会心理学研究视野下的侵犯行为还具有一个重要特征：违反了社会主流规范。在当代中国的主流社会规范看来，"正当防卫"和"父母惩罚不听话的孩子"都不算是侵犯行为。

一、什么是侵犯行为

所谓侵犯行为，是指个体违反了社会主流规范的、有动机的、伤害他人的行为。因此，当我们判断哪些是侵犯行为时，必须要分析三个方面的情况：第一是个体的外在行为表现，第二是其行为是否违反社会主流规范，第三是个体的内在动机或意图如何。行为表现可以直接呈现在人们面前而被观察到，行为表现是否违反社会主流规范也比较容易判断，但是，分析行为动机却是一件困难而且复杂的事，它不能直接诉诸人的感官，因此可以通过下述方面来判断行为者是否具有侵犯动机。

（1）行为发生的社会情境。任何行为都发生在一定的社会情境或环境之中，环境的特点可以向我们提供理解行为者动机和意图的线索。例如：在激烈的冰球比赛中，因撞击而造成的身体的伤害通常被认为是无意的，假如这种撞击发生在办公室或者教室里，人们就不会认为它是无意的了。

（2）行为者的社会角色。教师训斥学生通过不会被认为是有意的侵犯，因为教师具有受人尊重的社会角色，只要是在教育惩戒权范围之内的训斥和惩罚都是受社会认可的。不过一旦社会角色颠倒过来，情况马上就不一样了，例如学生辱骂老师会被视为性质严重的有意侵犯。

（3）行为发生前的有关线索。司机甲在行车时把路人乙撞成重伤，如果两个人此前并不认识，或者关系一直比较好的话，人们通常会认为这场车祸只是一次意外；相反，如果两个人不但认识而且关系非常紧张，甲还扬言要"收拾"乙的话，执法部门和群众就难免会猜测甲是否在有意地伤害乙。

（4）行为者的身份特性。经济地位、性别、种族背景、教育程度及职业地位等等，也可以提供判断行为者动机的线索。人们倾向于认为，某种身份的人有一套适合该身份的行为方式，我们会按照这种观点来推断某种行为的动机。例如：受过高等教育的人如果对别人用语粗野，就会给人造成鲁莽粗暴、有意攻击他人的印象；相反，一位没有受过教育的人如果用语粗俗的话，有可能被人视为缺乏必要的礼仪常识，而不一定视为恶意的侵犯。

上述 4 个方面并不是绝对的，在分析伤害行为时我们需要综合考虑，有时还需要借助于以往经验，全面而细致地考察其他方面的因素，以便更加准确地判断伤害行为背后是否有侵犯动机。

二、侵犯行为的类别

（1）根据侵犯行为的方式不同，可以划分出言语侵犯和动作侵犯。言语侵犯（verbal aggression），是使用语言、表情对别人进行侵犯，诸如讽刺、诽谤、谩骂等；动作侵犯（behavioral aggression），是使用身体的特殊部位（例如手、脚）以及利用武器对他人进行侵犯。在文明社会中，经常使用动作侵犯的人通常是很不受欢迎的，会被认为具有暴力倾向；相反，人们对于轻微的言语侵犯则具有较高的容忍度。

（2）按照侵犯者的动机，侵犯可以分为报复性侵犯和工具性侵犯。如果侵犯者只是想让受害者遭遇不幸，目的在于复仇和教训对方的话，那么，这就是报复性侵犯（retaliatory aggression）；如果侵犯者为了达到某种目的，只是把侵犯行为作为达到目标的一种手段的话，这种侵犯就是工具性侵犯（instrumental aggression）。近年来在美国发生的校园枪击案绝大多数是报复性侵犯，侵犯者的目标在于对他人或社会实施报复或发泄不满；而绝大多数使用暴力的银行劫案则属于工具性侵犯，劫匪通常以暴力作为获取大量钱财的手段。

（3）我们还可以将侵犯分为广义侵犯和狭义侵犯。狭义侵犯正如我们前面所定义的那样，是有意违反社会主流规范的伤害行为；广义侵犯则涵盖了全部有动机的伤害行为，而不论其是否违反了社会主流规范。根据侵犯行为是否违背社会主流规范，可以将之划分为三种亚类型：反社会的侵犯行为、亲社会的侵犯行为、被认可的侵犯行为。人们一提到侵犯行为，往往首先想到的是反社会的侵犯行为（antisocial aggressive behavior），诸如人身攻击、凶杀、打群架等故意伤害他人的犯罪活动，这样的行为显然违背社会主流规范，因而是反社会的；所谓亲社会的侵犯行为（prosocial aggressive behavior）是指不但不违背社会主流规范，还可以为维护社会秩序而服务，例如：为了治安而执行除恶的任务、公检法人员抓捕各类罪犯都属于这类情况；所谓被认可的侵犯行为（received aggressive behavior）是指既不违背社会规范，但也不是为社会规范服务所必需的，是经过长时间而形成的一种社会习惯，比如父母使用体罚方式教育不听话的孩子等，是介于反社会侵犯行为和亲社会侵犯行为之间的一种行为。本章对于侵犯行为的理解和论述是以狭义侵犯作为对象的。

专栏 9-1

美国历史上最惨校园枪击案

2007 年 4 月 25 日早上 7：00 左右，韩裔学生赵承熙驾车来到母校弗吉尼亚州理工大学女生宿舍，与大一女生埃米丽发生争吵，争吵过程中男同学克拉克闻声出来劝架，这时赵承熙拔出手枪将二人枪杀。两个小时后（9：01）赵承熙用 "ISHMAEL AX" 的名字给 NBC 寄了一个邮包，里面有 27 个视频文件、43 张照片和一封只有 1800 字却写了 23 页的信。然后驾车来到弗吉尼亚州理工大学校园，进入工程系教学楼，用铁链锁住了该楼的三个大门，并向教学楼内的老师和学生开枪射击，在九分钟内发射了 170 发子弹，造成 30 人死亡，多人受伤。最后，赵承熙也开枪自杀身亡。这次事件被称为美国历史上最惨校园枪击案，据不完全统计，从 1997 年至 2007 年，美国共发生十多起校园枪击案，仅在 2000 年就发生 7 起影响较大的校园枪击案。

参与这次调查工作的美国警方没能马上找到赵承熙的杀人动机，那些最初认为赵承熙是因为与女友吵架而动了杀机的人很快发现他并没有女友。据称赵承熙在生活中沉默寡言，也很少显示暴力倾向，但他在电脑和网络中却似乎构

建了一个虚拟暴力世界。多数心理学家认为赵承熙有心理问题，精神病专家更
倾向于认为他是一名精神病患者。

三、侵犯行为是不是本能

心理学在 19 世纪后半期成为一门独立的学科，当时理论家受达尔文
（C. Darwin）进化论的影响，把人类的动机都归因于先天的本能，暴力倾向被
认为是人类最有力量的本能之一。威廉·詹姆斯（W. James）认为，人类皆有
好斗的劣根性。他相信侵犯倾向是通过祖先的遗传而来的本能，人们基本不能
摆脱它，只有通过替代性的活动消耗侵犯动力，才能使侵犯倾向得到控制。

在 20 世纪，精神分析学派对侵犯展开了新的本能论研究，弗洛伊德
（S. Freud）在早期的时候用自我（self）的概念来解释侵犯本能，他认为侵犯与
力比多密切相关。力比多在弗洛伊德看来象征着性冲动，因此，侵犯是和人类
的性本能联系到一起的，是来自于性压抑所产生的困扰状态。后来，弗洛伊德
又提出了死亡本能（death wish）的概念，认为死亡本能代表着人类自身的恨及
破坏的力量，表现为求死的欲望。死亡本能有内向和外向之分，当它指向内在
的时候，人们就会折磨自己，变成受虐狂，甚至会毁灭自己；当它指向外在的
时候，人们就会表现出破坏、损害、征服和侵犯他人的行为。这种观点对于弗
洛伊德关于人类健康状况的总体观点有着重要的影响。例如：他认为战争是不
可避免的，因为，死亡本能之所以发动战争，实际上是一种自我保存的方式，
人们相互杀戮是为了不让死亡的愿望指向自身。

20 世纪 60 年代，动物行为学家洛伦兹（K. Lorenz）把人的侵犯行为与动
物的侵犯行为作了比较。他认为动物的侵犯行为有两种，其一为掠食行为，
目的是填饱饥腹，这种行为是一种不带情绪的、近乎天性的反应；其二是争
斗行为，成群而居的动物会产生同种之间如何分配食物、性配偶与空间领域
的冲突问题，动物解决这种问题的方式常常表现为威吓、争斗和侵犯。这种
争斗和侵犯具有求得生存，并使物种不断进化与发展的功能。洛伦兹认为，从
动物的争斗行为中，可以帮助我们了解人类的侵犯。他确信，侵犯是人类生活
不可避免的组成部分，所以必须定期加以发泄。他建议人们采用举行体育竞赛
和其他消耗体力的活动，如登山、航海等没有破坏性的发泄方式，代替破坏性
的发泄方式。

以上"侵犯是人类本能"的观念至今仍然保持着一定的影响。但是，詹姆
斯和弗洛伊德的猜测都不足以说明侵犯是一种本能；而洛伦兹把对动物的研究

直接推及人类，也是不妥当的。总之，这些侵犯的本能理论还停留在用一种特殊概念来推测内在的生物过程（biological processes）和生物机制（innate mechanisms）的层次上。内在的生物机制和生物过程在侵犯行为中扮演着重要的角色。但是，我们还不能因此说侵犯是一种本能行为，当前的社会心理学家倾向于把生物过程看作是环境刺激与侵犯之间的中介反应，也就是说，研究者普遍认为侵犯是环境刺激下的一种反应，而不是一种本能。

有关侵犯的早期研究多数认为侵犯是人类的本能行为。弗洛伊德的本能理论从精神分析的角度提出侵犯是人的内在本能；洛伦兹的习性学说从动物生存中习性发展的角度解释人的侵犯行为，认为侵犯是人内化的本能。班杜拉以社会学习理论作为基础来解释和探索侵犯行为。他认为：人并不是生来就具有侵犯能力的，这种能力必须通过学习获得。虽然侵犯行为同生理活动一样，依赖于神经系统的生理机制，大脑的皮下结构（主要是下丘脑和边缘系统）对侵犯行为起着中介作用，但大脑皮层对外部刺激进行加工，有选择地控制着皮下神经结构的活动。对侵犯行为获得具有更大影响的不是生物因素，而是社会学习因素。这种学习是通过观察榜样的行为及其结果实现的，又称为观察学习或替代性学习。观察了他人的侵犯行为及其后果，人便会形成侵犯的观念，并用这些观念指导自己的侵犯行为。

四、有关侵犯的生物学解释

对侵犯行为的生物学解释往往倾向于认为侵犯是人类的本能。虽然目前主流的社会心理学认为生物学因素最好理解为环境刺激和侵犯行为之间的调节变量，但了解有关侵犯的生物学解释可以帮助我们更好地理解这种调节变量与侵犯行为之间的关系。

（一）动物行为学

动物行为学（ethology）的观点通常来自于动物学方法，后者的基本假设是：如果两个物种的行为方式比较接近，那是因为它们的进化环境相似；反之，如果它们的进化条件相同，那么，两者的行为方式也会比较接近。洛伦兹就是通过观察低于人类的物种，得到了支持其观点的直接证据。他认为人类也是动物界的一个分支，其内部的侵犯能量会不断地积累，当特定的外部刺激引发了内部的侵犯能量时，侵犯行为就会发生，所积累的侵犯能量也得以发泄。然后，一个新的能量积累过程又开始了。

近年来，动物行为学者又提出，根据动物学研究所得出的结论——尤其是那些与人类基因十分接近的灵长类动物——可以对人类的侵犯行为作出推论。

通过对灵长类动物组织的研究发现：社会能力的发展取决于恰当地运用侵犯行为的能力。要获得社会能力，一方面要学会在特定的条件下控制侵犯冲动，另一方面要学会在某些挑战面前恰当地使用侵犯方式来解决问题。单独饲养的猴子和完全在同辈群体中长大的猴子，因缺少和外界的联系，普遍地表现出不适当的侵犯行为，他们有可能被猴群所排斥，也难以得到群体帮助，所以，很难在群体中获得令其满意的地位。同样，那些好斗或容易受欺负的儿童也同样受到群体的排挤，更难以在群体中取得令人尊重的身份。

（二）生物进化学

生物进化学（evolutionary biology）对人类侵犯的研究，非常强调人类行为进化和发展过程。凯瑞斯（R. B. Cairns）提出，生物因素在人类侵犯行为模式的发展过程中，扮演着重要的角色。他细致地论证了：（1）侵犯的能力是人类固有的；（2）侵犯的年龄和性别差异在青春期中表现得最明显；（3）与男性相比，女性在青春期时的身体侵犯只扮演着不太重要的角色；（4）在青春期和成人早期中，与男孩相比，女孩更多地使用人际支配和人际惩罚等替代性方式。凯瑞斯对上述每条都提出初步的支持性证据，并进一步作出结论：我们必须关注生物因素在不同的发展阶段和进化阶段的作用，以及生物因素是如何衔接这些发展阶段，并创造各具特色的个体模式的。

威尔逊（Wilson）和戴利（M. Daly）也作出了类似的分析，他们把男性的嫉妒看作是影响男青年发生凶杀暴力的一个主要因素。他们认为，男性希望确信他们对自己的后代具有排他性的父权，所以他们不但要控制和支配异性，同时，还要和其他人争夺有利于再生产的有用资源。在现代社会中，这些资源不再表现为筑巢地和猎食领域，而是表现为无形的地位和社会权力。

（三）行为遗传学

行为遗传学（behavior genetics）领域也有大量的研究试图证明遗传因素在人类侵犯行为中所发挥的作用。其中孪生子、染色体差异、被收养者与亲生父母的比较等研究是比较常见的。一家收容罪犯的苏格兰医院将医院内侵犯性极强的男性危险犯人 315 人加以检查，发现其中 16 人的性染色体为 XYY，比正常男性的 XY 多了一条 Y 染色体。学者普赖斯（S. L. Pressey）等人找到 9 个具有 XYY 染色体的男犯人、16 个随机挑选出来的染色体正常的男犯人，然后查看这两组犯人的兄弟们的犯罪记录。在 9 个具有 XYY 染色体的犯人的全部 31 个兄弟中，只有一个人有犯罪记录，而且只犯过一次罪。而在 16 个具有 XY 染色体的犯人的 63 个兄弟中，12 个人有犯罪记录，犯罪案件达 39 件。普赖斯的调查说明了一种可能的情形，即正常人的犯罪行为受生活经验的影响，而染色体异常者的犯罪行为很可能是由特殊基因的变化而致，较少地受生活经验的影响。

但是，现有的研究类型都没有充分的证据能够得出有说服力的结论，甚至有些研究结论还存在相互矛盾的现象。有学者分析并总结了现有的 24 个研究发现：侵犯的遗传性随着样本的年龄、侵犯性的测量方式等因素的变化而发生变化。

（四）激素活动说

人们很早就发现，雄性激素（androgenic hormones）在动物的侵犯行为中发挥着重要的作用，诸如睾丸激素（testosterone）之类的雄性激素之所以能够影响动物的侵犯行为，是因为它们能够在动物身上起到两种作用：组织和激活。在胎儿临产和出生之前，影响胎儿身体发育以及神经系统的结构和功能发育的激素浓度所起的作用是组织作用（organizing effects），而激活作用（activating effects）是在产后影响儿童和成人的情绪以及行为的荷尔蒙浓度变化的结果。现在已经证明睾丸激素会刺激几种雄性脊椎动物的侵犯性，尤其是在生殖活动期间，会大大地增加雄性动物之间的侵犯性。但是，人类是否也会受到类似的影响，还处于广泛的争论之中。

瑞尼赤（J. Reinisch）调查了一些 11 岁的男孩和女孩后发现，如果母亲在怀孕期间接受合成激素注射的话，孩子们在面对假设存在的刺激情境时，会比他们无此经历的兄弟姐妹表现出更多的侵犯性。有一些研究发现：睾丸激素浓度和侵犯之间存在相关性，这证明了睾丸激素在侵犯行为中能够发挥激活的作用。戴比斯（J. Dabbs）等人比较了同一所监狱里的被判暴力犯罪的犯人和被判非暴力犯罪的犯人，发现前者的富余睾丸激素水平要高于后者。

在这类研究中，经常是把荷尔蒙浓度解释为原因，把侵犯解释为结果。而另有研究指出：实际情况可能正相反，和侵犯相关的经历，例如涉及竞争或过分固执的行为，有时候会影响睾丸浓度。有些针对灵长类动物的研究发现，雄性动物的睾丸激素会随着它们的地位变化而改变，当其获得或捍卫了支配地位时，它们的睾丸激素浓度就会上升；相反，当其处于被支配地位时，睾丸激素浓度就会下降。因此，我们可以看出，侵犯行为和激素之间不是简单的因果关系。睾丸激素的活动与竞赛、努力争取控制权、获得支配地位表现出相关性，后者经常与冲突和侵犯联系在一起。

五、挫折—侵犯理论

挫折—侵犯理论（frustration aggression hypothesis），是把人类侵犯行为系

统地定义为对环境条件的反应的第一次尝试。该理论最早是由美国心理学家多拉德（J. Dollard）和米勒（N. E. Miller）等人在 1939 年提出的。挫折—侵犯理论的产生和发展一直受到精神分析理论和学习理论的双重影响。研究者之所以把侵犯与挫折联系起来，是因为受到弗洛伊德把挫折与精神病相联系的启示；另一方面，霍尔（E. Hull）的学习理论可以解释侵犯行为的行为过程，即源于后天的学习。

（一）挫折—侵犯理论及其实验研究

所谓挫折（frustration），是指当一个人为实现某种目标而努力却遭受干扰或破坏，致使需求不能得到满足时的情绪状态。多拉德提出，人的侵犯行为乃是因为个体遭受挫折而引起的，这便是所谓的挫折—侵犯理论。这项理论的主要论点认为，侵犯是挫折的一种后果，侵犯行为的发生总是以挫折的存在为先决条件；反之，挫折的存在也必然会导致某种形式的侵犯。可以看出，在多拉德等人刚提出挫折—侵犯理论时，他们认为挫折与侵犯之间是一种简单的一一对应的因果关系。

挫折—侵犯理论提出后，得到了一些实验研究的支持：实验主试把一群孩子分为两组——对照组和实验组，然后把他们都领到实验室的窗外，孩子们通过窗户可以看到里面放满了诱人的玩具。从一开始，就允许对照组的孩子进去玩；而对于实验组的孩子，开始的时候只允许他们在一旁观看，而不让他们进去玩，直到过了一会儿，才让他们进去玩这些玩具。实验结果表明：实验组的孩子们比对照组的孩子们表现出更多的侵犯行为，这是由于实验组的孩子们在开始的时候受到挫折的缘故。

19 世纪末至 20 世纪初，在美国南方连续发生白人用私刑处死黑人的暴力事件。学者们便考察了 1882 年到 1930 年之间美国南方经济与私刑处死黑人次数的关系。因为，当时棉花是南方最主要的经济作物，所以，学者们就把棉花的销售价格当作经济情况好坏的指标，发现当棉花价格低的时候，私刑的次数就多，棉花价格高的时候，私刑的次数就少。棉花价格降低时白人的收入就会减少，经济上的挫折导致侵犯倾向增加，软弱无辜的黑人就成了白人发泄怒气的对象。后来，有研究进一步表明，在当时白人对白人的私刑次数也和棉花的销售价格有关。

但是，随着研究的进一步深入，许多社会心理学家逐渐发现，挫折与侵犯之间不是简单的一一对应的关系。许多生活中的例子表明，挫折并不一定导致侵犯反应。例如，当个体意识到自己所受的挫折是出于一些不得已的原因时，一般不会表现出侵犯行为；军人在战争中杀死素不相识的人，不是因为受到挫折，而是因为执行命令的结果。另外，有人为了权力、财物而加害他人，其侵犯行为乃是为了实现特定目标而采取的一种手段，而不是受到挫折后的反应。

另外，如果在个体所处的环境之内不存在给人以引导的认识线索，挫折不一定能导向特定形式的反应。换句话说，个体在遭到挫折之后将作出什么反应，表现怎样的行为，是由环境内在的线索或者说环境提供的刺激来引导的。而反应或行为的强度，则决定于挫折所引发的侵犯唤起程度，即侵犯的准备状态。

（二）挫折—侵犯理论的修正

米勒在《挫折—侵犯假说》一书中，修正并扩充了挫折—侵犯理论的内容。挫折作为一种刺激，可以引起一系列的不同反应，侵犯反应只是其中一种形式而已。挫折的存在，不一定会导致侵犯行为；但是，侵犯行为肯定是挫折的一种结果。实际上，米勒保留了挫折—侵犯理论的前半部分观点，修正了其后半部分，他把挫折与侵犯之间一一对应的因果关系修正为一对多的关系。

在米勒之后，还有一些学者对挫折—侵犯理论进行了修正，其中最有影响的是社会心理学家伯克威茨（L. Berkwitz）提出的修正理论。伯克威茨认为，挫折的存在并不一定会导致个体发生实际的侵犯行为，只能使个体处于一种侵犯行为的唤起状态。侵犯行为最终是否会发生，取决于个体所处的环境是否给他提供一定的侵犯线索。如果个体所处的环境并没有提供这样的线索，那么个体未必会表现出侵犯行为。也就是说，外在环境的侵犯线索是使内在侵犯冲动形成实际表现的必要条件，并且，侵犯行为的反应强度取决于其唤起程度。

伯克威茨在一项实验中要求受试者解决一些谜题。他先把全部被试分为两组，分别接受谜语测验，第一组被试所得到的谜题看起来不难，实际上也好解决；而第二组被试所得到的谜语看起来简单，操作起来却无从解决，用这些方式使该组被试受挫。接着让一部分被试观看拳击或武打影片，一部分被试者看的是非武打类影片。然后，让他们扮演老师的角色，教一个学生（研究助手）学习某种材料，当学生犯错时，可以用电击加以惩处。结果发现，在遭受挫折的受试者中，观看武打影片的被试要比观看中性影片的被试表现出更强的侵犯行为。这项实验的结果可解释为被试者遭到失败以后，进入一种准备行动的唤起状态（arousal state），他将采取怎样的行为，由当时最占优势的反应决定，观看武打片诱发了侵犯倾向，使侵犯成为当时最占优势的反应。

伯克威茨特别强调，外在环境的侵犯线索是使内在侵犯冲动形成实际表现所必需的条件；但后来他又指出，如果挫折引起的唤起强度达到一定水平，也可以引发实际的侵犯行为。他说："由于遭遇到憎恶事件引起的情绪状态本身，可能会引发侵犯反应的明显刺激，因此情绪唤起程度强到某一水平时，也可以引发实际的侵犯行为。但是，外在环境或个人内在思维中，如有适当的侵犯线索出现，则实际表现外显侵犯行为的可能性会更高。"

实际上，伯克威茨把原来的挫折—侵犯理论中挫折与侵犯之间的——对应关系引申为多对一关系，即一种侵犯行为的最终产生，除了受到挫折的影响之外，还要受到诸多的其他因素影响。从受到挫折到发生侵犯，存在着复杂的作用机制，这种机制中各种因素的共同作用，决定了挫折是否会导致侵犯行为的发生。无论是米勒"一对多关系"的论述，还是伯克威茨"多对一关系"的论述，始终是以挫折与侵犯之间存在一定联系为前提的，他们的修正不过是对挫折引发侵犯的机制的修正，都没有最终解决该理论的基本缺陷，即忽视了侵犯的产生可能由与挫折无关的因素所引发。

总结上述对挫折与侵犯的研究，我们可以得出这样的结论：挫折是引起人类侵犯行为的一个条件，但不是唯一的条件，挫折的一个可能作用是加强个人对暴力的关联事件的侵犯反应。

六、社会学习理论

（一）模仿学习

最早与多拉德一起提出挫折—侵犯理论的米勒、西尔斯等人，在阐述其学说的时候就曾认为，个体受到挫折之后的反应决定于过去的学习经历，或可以经由学习历程而改变之。社会学习理论（social learning theory）则从人类特有的认知能力来探讨人的侵犯反应的获得及侵犯反应的表现。社会学习论者认为，挫折或愤怒情绪的唤起是侵犯倾向增长的条件，但并不是必要条件。对于已经学到采用侵犯态度和侵犯行为以对付令人不快处境的人来说，挫折就会引发侵犯行为。

那么侵犯的态度和侵犯的行为如何通过学习而得到呢？就人类来说，观察模仿是一个极重要的学习历程。著名心理学家、社会学习理论的代表人物班杜拉（A. Bandura）强调，在观察学习中，抽象认知能力起非常重要的作用。当一个人耳闻目睹一种行为时，他会把观察到的知觉经验包括行为者的反应序列、行为后果及该行为发生时的环境状况等以一种抽象的符号形态贮存在记忆系统之中，经过一段时间后，若有类似的刺激出现，他会将贮存于记忆系统中的感觉经验取回而付诸行动。

班杜拉把此种观察学习历程称为中介的刺激联结。班氏认为，个体从观察他人的侵犯行为到表现自己的侵犯行为需要三个必要条件：第一，有一个榜样表现侵犯行为，如一个人在观察者面前攻击、辱骂、殴打别人或表现出其他有意伤害他人的言行。第二，榜样的侵犯行为被断定为"合理"的，如观察者看到榜样的侵犯行为得到赞扬和支持或观察者自己认为榜样的行为是合情合理的。第三，观察者在榜样表现侵犯行为的时候必须在场，即观察者处在与榜样表现侵犯行为相同的情境内。以上三者缺一不可。此外，还得有三项并非必要但却是充分的条件：第一，观察者有足够的动机去注意榜样表现的侵犯行为及当时的情境状况；第二，榜样的反应即所作所为和所有的相关刺激必须贮存于观察者的记忆系统中；第三，观察者有能力作出所观察的行为序列中的有关反应。

若上述几项条件具备，个体在观察了一种行为榜样之后，便可能产生三种效果：第一，经过个体认知系统的整理过程，将相关刺激线索联结起来，使观察者习得了新的反应。第二，由于榜样的行为得到奖赏或处罚，观察者体尝到了替代的酬赏（reward）或处罚（punish），从而修正了观察者习得的行为表现。如弟弟看到哥哥对别的小孩大打出手，颇露风头，可父母知道后，给予了严厉处罚。做弟弟的虽然知道打别人可以出风头，但由于哥哥的行为遭受处罚，则弟弟产生了自我行为的抑制，不表现与哥哥相同的行为。反之，若父母不但没有惩处哥哥，反而对其行为大加赞扬，那么以后做弟弟的也敢于表现与哥哥相同的行为了。第三，榜样的行为助长了观察者表现已习得的行为，也就是说，榜样的行为提示了观察者可以干些什么。

班杜拉等人在一项著名的实验里把一些小孩子分为两组，安排到不同的实验室里学习做各种图样。在孩子们的学习过程中，分别安排一个成人（即表现中性行为或侵犯行为的榜样）到实验里来。其中一组的小孩观察到这个成人在安静地做他自己的事情，时间大约为10分钟左右；而另一组小孩则看到成人用铁锤狠狠地敲击一个橡皮人，并把橡皮人抓起来摔、压，嘴里还不时地喊"打""打"，时间大约也是10分钟。当孩子们的学习结束后，把他们领到另外一个房间，允许他们玩那些非常有趣的玩具，正当他们玩得兴高采烈时，有人进来把玩具拿走（实验者故意给小孩制造挫折），随后研究者通过单面镜来观察孩子们此后20分钟内的行为。此时，孩子们周围有橡皮人、铁锤和其他东西。结果是：亲眼目睹成人攻击橡皮人的孩子要比看到一个温和安详成人的孩子们表现出更多的侵犯反应，他们对橡皮人拳打脚踢，并伴之以怒骂声。研究者发现，在小孩子的侵犯反应中，有些是与榜样所表现的侵犯行为完全相同的，此即模仿习得的侵犯反应；有些则不是榜样所表现过的，那是小孩子原有的侵犯反应，通过榜样的侵犯表现把小孩子对侵犯行为的抑制解除了。

班杜拉等人后来又重复了同样的研究，但略有不同的是，成人榜样表现侵犯行为后，或给以奖赏或给以处罚。当成人因表现侵犯行为而受到奖励时，那么孩子就会模仿这位成人；当成人因为表现侵犯行为而受到惩罚时，那么孩子就不会模仿或很少模仿这位成年人。但是，小孩子没有表现侵犯行为，并不等于他没有学会这种行为。当实验者要求那些看到了成人榜样所表现的侵犯行为而自己没有侵犯表现的小孩子表演成人榜样的行为时，他们都能正确无误地把观察到的攻击侵犯行为表现出来。这意味着观察者把观察所得的知觉刺激保存于记忆系统中，当情况适合时就会有所表现。

（二）侵犯与大众传播

大众传播（mass communication）的普及性及深入性提供了人们大量观察学习的机会。根据社会学习理论所提出的模仿学习的观点，人们就会很自然地考虑到：电影、电视节目中的侵犯行为对观众、听众，特别是青少年会不会产生不良的影响。美国研究者在1976年作了一次调查，发现平均每25分钟就有一个人遭到袭击死亡；他们同时也作了为期两周的电视节目分析，发现每10个节目中，就有8个属于暴力和侵犯一类，并且每一节目中平均有5次暴力侵犯的镜头。调查还发现，学生们每天平均用5～6个小时的时间收看电视节目。一方面电视电影放映大量的暴力侵犯节目，另一方面社会上暴力侵犯事件不断增加，因此，学者们就自然地将二者联系起来了。

那么在怎样的情况下，电视中的暴力节目会产生影响人们行为的作用呢？社会心理学家们认为需具备下述条件：首先，观众所看到的电视节目在某一主题和内容方面出现频繁而且相当一致。其次，观众经常地、有规律地收看主题内容的节目。第三，观众知觉并学习到该主题内容所表现的行为，可以直接或间接地应付和解决一些问题。第四，观众对于主题内容所表现出的思想必须有某种程度的接受。

心理学家指出，受到电视节目影响最大的是儿童，因为儿童的注意力比较容易被具有强烈情绪、激烈活动以及冲突的节目内容所吸引，因此较易于学习侵犯行为与侵犯态度。他研究了小学四、五、六年级男女学生受试者的侵犯性态度与其观看电视节目的关系，发现观看暴力攻击节目愈多，其侵犯性态度就愈强。后来相关的实验研究也都支持这一结论。

颇为有趣的是，并非所有的实验和研究都证明，观看暴力影片或电视节目与人们表现侵犯行为成正相关的关系。例如心理学家费斯巴哈（S. Feshbach）与辛格（R. Singer）通过实验研究认为，观看暴力节目有宣泄的效果，非但不会增加侵犯的倾向，反而还会减少一些侵犯的行为表现。根据现有的研究结果，观看侵犯与暴力节目和人们表现侵犯行为是否存在因果关系尚无法定论。看来，要回答这个问题，需要对观察者各方面的状况（如经历、心理状态等）加以具体的研究与分析。由于每个人各有差异，所以影响也就不同，那种笼统而论的做法是不合适的。

以上对社会学习理论作了介绍。这一理论从人类所特有的认识能力着手，指出侵犯行为及表现与否受到认知的影响，并且认为，人的侵犯行为是学习的结果，是一种后天的习得行为，这无疑都是正确的，因为这同侵犯行为的本能论观点划清了界限。但社会学习论者认为，人的侵犯行为是否表现出来，在于他所观察的榜样行为是受奖赏还是受处罚，这个结论值得商榷。假如它只限于小孩子似乎还说得过去，因为模仿在小孩子的学习中起着十分重要的作用，但对成人来说，一种行为的表现或不表现，主要靠已经内化的道德观和价值观来支配，一个图财害命的凶手尽管知道有好多因为杀人而伏法的罪犯，但在"为了金钱可以不惜一切"的信条影响下仍然会铤而走险。

七、侵犯行为的转移与消除

（一）宣泄

宣泄（catharsis）这一概念最早是由古希腊大思想家亚里士多德提出来的，意思是用文学作品中悲剧的手法，使人们的恐惧与忧虑等情感得以释放，以达到净化的目的。后来，这一概念被弗洛伊德引用到其学说之中。弗洛伊德认为，侵犯是一种本能，是人与生俱来的驱动力。每个人都有一个本能侵犯性能量的储存器，应当不断以各种方式使侵犯性能量发泄出来，如球赛、打拳、游泳以及培养人与人之间积极的情感联系等，还可以适当地表现一些侵犯的行为和举动，否则侵犯性能量滞存过多，后果将不堪设想。洛伦兹也认为侵犯是人的本能，是人类生活不可避免的组成部分，战争是人的侵犯本能发泄的结果，因此他主张以一种不具破坏性的发泄途径来代替战争，如体育比赛、登山、航海等等。

有关侵犯的本能论虽没有被学者们广为接受，但那些考虑到挫折与侵犯行为关系的学者却也设想，对于那些受到挫折、体验到愤怒的人，让其适当地表现一些侵犯性的行为，能产生宣泄的作用。也就是说，当给遭受挫折的人表现愤怒的机会时，他以后将显示出较小程度的侵犯倾向。但是，除了通过直接表现一定的侵犯行为来达到宣泄目的之外，观看他人的行为是否也能使人的愤怒减轻呢？在此存在着分歧的观点。按照宣泄论的观点，答案应该是肯定的。但是，从伯克威茨的侵犯线索理论以及班杜拉的社会学习理论来看，观察他人的侵犯行为不仅不能减轻愤怒，而且还会强化侵犯的倾向和行为。心理学家们还分别做了实验。实验结果也表现出彼此矛盾的情形。由此看来，观看别人的行为能否达到宣泄的目的，还是一个悬而未决的问题。

应当指出，宣泄的方式是应当认真加以研究的问题，由于社会道德与各种规范的限制，人们不能毫无顾忌地对使自己遭受挫折的人施行报复，而且有时使人处于困境的是许多因素构成的环境，并不是由哪个人造成的。因此，寻求社会容许的有效方式来达到宣泄的目的就十分重要了。例如，引导人们去参加文娱、体育活动，学会幽默，广交朋友，谈心等等。当然，这些具体方式对宣泄能起到怎样的作用，尚需进一步研究和实验验证。

（二）习得的抑制

所谓习得的抑制（propensity restrain）是指人们在社会生活中所学到的对侵犯行为的控制，主要指下面几点：

（1）社会规范的抑制

一个人在社会化过程中，会逐步懂得哪些事情可以做，哪些事情不可以做。自然侵犯行为的表现与否也包括在内，这就是接受和内化社会规范的过程。一个内化了社会规范的人，在其急欲表现违反规范的侵犯行为时，会产生一种对侵犯行为的忧虑感，这种忧虑感会抑制侵犯倾向。实验研究结果已经表明：对侵犯行为的忧虑越高，其抑制能力越强；相反，对侵犯行为的忧虑越低，其抑制能力越差。

（2）痛苦线索的抑制

痛苦线索是指被侵犯者受到伤害的状态。这种状态可能会导致侵犯者的一种情绪唤起，使他把自己置身于受害者的地位，设身处地地体会受害者的痛苦，从而抑制自己不再进一步攻击侵犯。研究者们做了这样的实验，令某人激怒被试，然后给予被试电击这个人的机会，当被试得知被击者的痛苦状况时，便减少了侵犯行为。

有过被侵犯的体验，在某种程度上也能抑制侵犯行为。在一项实验中，实验者让一半被试者自己先体验一下电击的过程，另一半被试者则不体验，然后要求这些被试者按实验者的指示去电击别人，受过电击的被试者只给他人以弱的电击，而未受到电击的被试者则给他人以较强的电击。

（3）对报复的畏惧

当某人知道，自己伤害他人之后他人会加以报复的话，他在一定程度上会抑制自己的侵犯行为。心理学家在一项实验中发现：当电击他人的被试者被告知说，过一段时间后受电击的人要对他电击时，他对别人的电击就减小了。

（三）置换

常常有这样的情况，某人由于另外一个人的阻碍而遭受挫折和烦恼，但又不能还击他，因为那个人有地位、有权威或其他缘故。在这种情况下，他会通过另外的方式满足自己的需求，其中之一便是置换对象，侵犯那些与制造挫折者相似的人。例如，一个小孩想看电影，父亲不准去，他就会生气。但出于对父亲的地位和权威的认识，他不能攻击父亲，于是他就会向别人发脾气。他可以发泄怒气的对象很多，如妈妈、哥哥、姐姐、弟弟及邻居家的小朋友。小孩根据这些人在地位和权威方面与他父亲（使小孩受挫的人）的相似程度的高低，把这些对象排成一个序列，他们依次为（父亲）、母亲、兄弟、姐妹、邻居。研究证明，一个人与挫折的造成者越接近，受挫者对他的侵犯倾向就越强烈。

有时小孩子不冒犯父亲是因为尊敬父亲。正如小孩子把对父亲的侵犯冲动推及其他相似的人身上一样，他把对父亲的尊敬也推及与之相似的人身上去。与侵犯行为一样，某人与父亲越相似，小孩子对他的尊重情感就越强烈。

有时侵犯者对于相似人物的确定，并不是像上面说的那样简单，有些侵犯行为是通过较为复杂的过程来确立对象的。比如有些青少年对双亲总是挫伤他们的愿望颇为不满，从而唤起愤怒的情绪，他们就会把怨恨转移到学校的老师、社会上的管理者，以及一些与他们双亲有友好关系的人身上去。

（四）寻找替罪羊

用置换对象来表现自己的侵犯行为一般发生在挫折的来源很明确的情况下。但在现实生活中常常会有这样的情形，即个体虽然感受到挫折，却不明白挫折的来源究竟是什么。这时他就倾向于去寻找一只"替罪羊"（scapegoat），从而把自己的不幸归咎于他人，并通过对他人的攻击来发泄自己的愤怒与不满。据心理学家的观察，被当作"替罪羊"的人往往具有如下两个特征：

第一是软弱性。"替罪羊"一般是软弱的，没有还击的可能。侵犯者一般是以"欺软怕硬"的方式来寻找"替罪羊"的。就像在《阿Q正传》中阿Q受了别人的欺侮后只会找小尼姑出气一样，本身就比较弱的人则只好拿桌子、碗、石头等来发泄。

第二是特异性。"替罪羊"不仅是软弱的，而且往往还有一些与众不同之处。人们总是对那些不同于自己的人抱有好奇心，而当此人或他的亚群体又显得孱弱时，人们往往会对其表示出敌视态度，遇到挫折时就拿他出气。

第二节　利他行为

有的时候，人愿意无偿地帮助他人，即便是他并不认识此人，或者他的助人行为也不会给他带来什么可以预见的好处，他却仍然选择了助人的行为方式，我们把这种行为称为利他行为。利他行为是人类社会中一类美好的事物，也是社会生活中不可或缺的一部分。有些学者提出动物也有利他行为，例如，某些物种的老年动物会不惜牺牲自己来挽救同类中的年轻动物，用自己的生命来换取种族繁衍的机会。然而，只要有深入的思考，人们就会产生一些疑问：动物的利他行为与人类的利他行为有何不同呢？利他行为是不是源于本能呢？人类的利他行为受到哪些因素的影响呢？本节的内容旨在帮助读者理解利他行为的本质及其发生机制。

利他（altruism）是个人出于自愿而不计较外部利益地帮助他人的行为。利他行为者可能需要作出某种程度的个人牺牲，却能给他人带来实在的益处。西方社会心理学研究利他行为始于 20 世纪 60 年代中后期，到 70 年代中期已经取得了一些成果。研究的基本方法是提出理论观点，并用实验加以验证，逐渐深入分析这一现象。研究包括两个方面：一是人们在一般社会交往中的利他行为；二是人们在紧急事件中的利他行为，即旁观者介入行为。

一、什么是利他行为

社会学家和社会心理学家对利他行为（altruistic behavior）进行了大量的科学研究，根据许多学者公认的看法，本章将利他行为定义为对别人有好处，没有明显自私动机的自觉自愿的行为。

从利他行为的定义中，我们可以看出利他行为有如下几个特征：第一是以帮助他人为目的；第二是不期望有精神或物质的奖励，例如荣誉或奖品；第三是自愿的；第四是利他者可能会有所损失。其中第二个特征是利他行为的主要特征。如果某人冒着生命危险去救火，而不期望得到什么回报，那么，这种行为就属于利他行为。然而，人们利他行为的动机很少如此单纯。通常的利他行为既包含利他的因素，也含有利己的因素。当一个慈善家大量捐款帮助穷人的时候，他可能也会期望在社会上获得声誉的回报。如此说来，利他行为可能有不同的动机，其中有些行为是以利他为手段、以利己为目的，有些行为有微妙的利己动机，有些是纯粹意义上的利他主义，即为他人的幸福而助人，丝毫没有想到自己的得失。

巴特森（C. D. Batson）认为，利他行为应该指那些不图日后回报的助人行为。当一个人看到有人需要帮助的时候，他既有可能产生专注于自我的内心焦虑，也有可能产生专注于他人的同情情绪，因此，可能产生两种相对应的利他行为取向：一种是为了减轻内心的紧张和不安，而采取助人行为，这种情况的动机是为自我服务的，助人者通过助人行为来减少自己的痛苦，使自己感到有力量，或者体会到一种自我价值，可以称之为自我利他主义（ego altruism）取向；另一种情况是受外部动机的驱使，因为看到有人处于困境而产生移情，从而作出助人行为以减轻他人的痛苦，其目的是为了他人的幸福，这种情况才是纯利他主义（pure altruism）取向。既然自我利他主义行为的目的是自我报偿（self reward），那么，这样的助人行为能否归结为利他行为呢？目前为止还没有定论，但是，多数心理学家认为，所有的利他行为最终都可以产生自我报偿的结果。

另外，根据利他行为所发生的情境特点，还可以将之划分为紧急情况下的利他行为和非紧急情况下的利他行为。

专栏 9-2

田家炳先生倾产助学

1919 年，田家炳出生在广东大埔的一个客家人家。18 岁父亲不幸去世，他不得已辍学从商，远赴越南推销家乡的瓷土。之后又去印尼开办了橡胶企业，大获成功。1958 年，田家炳先生举家迁到香港，第一个在屯门填海造厂，创办了"田氏化工公司"。

田家炳先生长期以来一直无私地捐助祖国的教育事业，数十年来他已经为内地 72 所大学捐赠了教学楼，并捐建了 139 所"田家炳中学"，他还为全国 30 个省市自治区的贫困中小学捐建了 1250 家"田家炳图书馆"。

如今田家炳先生已经是 96 岁的高龄，他为了助学曾经卖掉了自己的别墅和奔驰车，每天坐公车挤地铁上下班，住在租来的普通公寓里。另外在 1997 年香港遭遇"亚洲金融危机"时，田先生还曾经抵押上了自己唯一的田氏化工企业，向银行贷款助学。

二、利他行为研究的范畴

社会心理学家对利他行为的研究涵盖了许多类型，其中最常见的是：（1）人们在看到陌生人陷于困境时，所表现出来的助人行为；（2）人们制止或干预犯罪的行为，这种行为一方面能够帮助受害人，另一方面能使犯罪人无法得逞或遭到惩罚；（3）个人约束自己不作出越轨的行为，这种行为通过克己的方式取得利他的效果；（4）偿还行为，其目的是为了回报他人的恩惠或补偿自己曾经使别人蒙受的损失。

社会心理学不但研究利他行为的各种类型，还要研究下面这些问题：利他行为对于利他者和受助者有什么样的影响或者后果呢？为什么现实的社会生活必须要有利他行为的存在呢？为什么有人会见死不救呢？等等。

毫无疑问，每个人都经历过别人需要他伸出援手的情况，在选择了利他的行为方式之后，人们通常会产生良好的自我感觉——感到骄傲或者自豪，一般情况下，受助者会心存谢意，局外人也会对利他者给予赞扬和鼓励。但事实上我们发现，在有些情况下，受助者并不感谢助人者，有时候反而以怨报德；利他者也怀疑自己的助人行为是否适当；局外人也没有赞赏利他者的表示。在什么样的情况下利他行为会产生这种消极后果呢？研究表明，在如下的两种情况中利他行为会产生消极的后果：一种是当利他行为对利他者有利时，另外一种是当利他行为对受助者有伤害时。

首先，根据我们在前面所作的描述，利他行为是需要助人者付出一定代价，同时没有希望借此换取个人利益的行为。但是，人的动机很少如此简单，利他者往往会期望得到奖励或者回报。利他行为常常使利他者沾沾自喜，并能够满足其自我价值感的需要，使他感到自己是有能力的。利他行为也有可能是利他者对自己从前所犯错误的一种补偿，使他由此减少罪恶感，或恢复他原来在人们心目中的形象。不过，利他者也是以自己的动机来评价自己的行为的。如果他很清楚自己动机不纯，带有个人自私的目的，那么，在事后，他对自己的评价也不会很高。因此，一旦利他行为对利他者有好处，就会被认定为利他者有所企图的行为，进而带来消极后果。

其次，有时候利他行为对受助者来说可能是得不偿失的，受助者就会因此而消极地看待利他者。例如，对于某些自尊心非常强的人来说，如果贸然地提出借钱给他，以解决他目前的困难，就有可能会伤害他的自尊心。因此，利他行为、助人行为都要恰到好处才能体现出它的价值来。

三、利他行为的唤起

有些心理学者认为，旁观者在决定是否作出利他行为之前，会作出一系列的判断。他必须观察当时发生了什么事？当事人是不是需要帮助？这种帮助是不是非常紧急的？自己是否应该伸出援手？应该采取什么样的行动？借助什么办法完成这一行动？因此，人们在作出助人的决定之前，有许多事需要考虑，尽管在一些非常迫切的情况下，某些人很快就作出了反应，但是，一些心理学家认为，他们在决策之前，通常会逐个地考虑到如上几个问题。

经验表明，在旁观者认为情况紧急的时候，他们通常会对当事人施予帮助。为了研究哪些情况会被定义为"紧急情况"，美国心理学家肖特兰德（L. Shortland）和哈斯顿（T. Huston）曾作了一项调查研究，研究者事先把"事件的紧急程度"区分为五个层次：第一级是非常紧急的情况，第二级是比较紧急的情况，如此递减，第五级被定义为最不紧急的情况。他们列举了一系列事件（如表 9-1 所示），让 69 名女大学生和 21 名男大学生对它们的紧急程度加以评价。结果发现，紧急事件有如下特点：（1）突然或出乎意料地发生；（2）当事人可能要受到伤害或已经受到伤害；（3）随着时间的延续，情况越来越严重和危险；（4）没有其他人可以帮助当事人；（5）旁观者有能力给予当事人帮助。

表 9-1　有可能被定义为需要帮助的紧急情况的事件

事件	平均紧急程度
割断动脉，大量出血	1.00
房子起火，屋里有人呼救	1.00
小孩中毒	1.00
心脏病发作	1.02
某个女性正在被强奸	1.09
吃多了药	2.00
晚期癌症，只能活 3 个月	2.00
在森林中迷路的人呼救	2.72
汽车在路边熄火	2.72
轻度醉酒的朋友驾车回家	2.84
朋友倾诉其不幸和压抑	3.18
电视节目中要求为营养不良的儿童募集 2000 万元	3.75
有人手里拿着香烟，急着找火柴	4.87

注：表中所列事件被评价为第 1 至第 5 等的紧急程度，即从第 1 等"非常紧急"到第 5 等"非常不紧急"。

　　随后的几项实验纷纷证明：无论是什么事件，如果人们将其判断为紧急的，就有可能给予帮助，事件被认定的紧急程度如何，决定了旁观者给予帮助的可能性大小。因此，紧急情况是利他行为唤起的决定性因素之一。求助者的需要也是重要的因素之一，但是，助人者是否有能力提供有效的帮助，也会影响他助人与否的决策。如果求助者的困境严重到没什么办法能够帮助他的话，那么，旁观者很可能不会提供帮助；反之，如果旁观者感到有能力帮助求助者，就很有可能给予实际的帮助。例如：当一位心脏病人突发病症，摔倒在街上时，想要帮助他的人只需要打一个急救电话，或者拦车送他上医院就可以了，多数人都能做到，所以会有很多人乐于帮助他。

　　四、利他行为的得与失

　　当紧急情况非常明显，而且人们也有能力提供帮助时，为什么还有人见死不救、漠然视之呢？其中一个很重要的原因就是，旁观者考虑到了帮助他人的行为可能会带来麻烦和损失。例如，当两个人非常凶狠地动手打架时，旁观者一般不会贸然插手干预，因为大部分人担心受到伤害。

　　当一种助人行为不会威胁到旁观者的身体安全时，仍然会有人畏惧不前。这是什么原因呢？有研究表明：当旁观者看到有人跌倒在马路旁边时，他会想到如果他去帮助此人的话，就会浪费许多的时间，假如他没有什么急事，或许会上前相助；反之，就会减少这种可能性。其次，如果救助这位跌倒的路人需要花自己的钱，那么代价就更大了。再者，如果需要帮助的人非常肮脏、浑身是血，那么，与他的近距接触有可能会带来不愉快的体验，这也是助人的代价之一。但是，当旁观者考虑到帮助此人有可能会带来奖励时，他就很可能会提供帮助。

　　五、求助者的特点

　　人们不愿意帮助一个喝得醉醺醺、晃晃悠悠地走在路上的酒鬼。求助者需要帮助的程度，是决定我们是否给予帮助的重要因素。一般来说，我们更容易帮助那些我们认为他们自己没有解决问题的能力，因而必须求得帮助的人。例如，迷路的小孩比迷路的大人更容易得到别人的帮助；尽管现在世人对女人的看法有所改变，不再像从前那样认为她们没有能力自助，但是，人们仍然认为女人应付困难的能力比男人低，因此，我们会感到有责任去帮助一个遇到麻烦的女人。我们也比较愿意帮助我们喜欢的人。另外，如果有人由于外在的、大家也认为合理的原因（比如疾病或意外事故）而陷于困难的话，他们会比那些自己造成困难的人更容易获得帮助，也就是说，我们往往拒绝帮助那些由于自己的过错或不适当的行为而遇到麻烦的人，例如酗酒者、粗心大意而酿成大错的人，等等。

美国心理学家哈沃德（W. Havard）和克雷诺（W. Kurleno）在一所大学的图书馆里进行了一项有关的现场实验，说明了求助者的性别、旁观者与求助者的交往等因素与旁观者助人与否的关系。研究者让一位实验助手扮演"求助者"，"求助者"的角色是一位大学生，他与其他几位同学（这几位同学并不知道他们已经进入一场实验之中）坐在图书馆的一张桌子旁边看书。研究者再让另一个人扮演"小偷"，"小偷"衣衫褴褛、蓬头垢面、肮脏不堪，他走进图书馆，匆匆地看了一眼围坐在这张桌子周围的人之后，就远远地坐在另外一个地方。当"求助者"离开阅览室之后，"小偷"拣起了一本"求助者"的书就消失了。当"求助者"返回时，因为他的书不见了，所以，他表现出非常吃惊的样子，并请求其他人帮助寻找。不一会儿，"小偷"也回来了，但手里没有那本书。研究者想知道，坐在附近的那些学生会帮助"求助者"捉住这个"小偷"吗？研究结果表明：如果"求助者"是女性，会比男性更容易得到周围人的帮助；如果"求助者"在离开阅览室之前和周围的人聊过天，哪怕是问问时间，也会提高得到帮助的可能性。这说明，聊天这一短暂的交往使"求助者"与旁观者之间产生了某种微妙的联系，增加了旁观者提供帮助的责任和愿望。

许多事实和实验研究还证明，外貌有吸引力或者是人品好的人更容易得到别人的帮助。相反，如果某人的外表令人讨厌的话，会大大地减少人们帮助他的可能性。

求助者对自己所处的困境所应当承担的责任，也是影响他人给予帮助与否的一个重要因素。同样是一个跌倒在路边的行人，如果他手里拿着一根拐杖，人们就相对愿意帮助他；如果他手里拿着一个酒瓶，就很少有什么人愿意帮助他。

从另一个方面来说，旁观者对别人陷入困境所应该承担的责任也是他们决定是否给予帮助的原因之一。正如我们在前面"偷书"实验中所看到的那样，即使受害者与旁观者之间有一个很短暂的交谈，也会增加旁观者帮助他的可能性；如果求助者在与旁观者谈话时要求他们帮忙照看一下东西的话，那么，旁观者在事后就更有可能帮助他找书，因为他们会感到他们有责任帮助求助者看好他的东西。

六、助人者的特点和当时的心境

研究表明，影响人们利他行为的个人因素有本人的个性、早期的社会化情况、以前利他行为的经验、当时的身体和心理状况以及本人的人生哲学或思想意识等。下面讨论其中几个比较关键的因素。

（一）家庭中的社会化和榜样的作用

有些心理学家在采访助人者的过程中发现，早期的社会化（socialization）对成年以后的利他行为有非常重要的影响。利他者在儿童时期形成的观念以及父母的言传身教，都是他成人以后所作出的利他行为的重要原因。有人认为，如果父母以热情、支持和爱护的方式对待儿童，那么，儿童就会发展出一种利他和助人的心理倾向。

（二）人格因素

通过研究利他行为者的人格发现：某些人格特征使人们容易去帮助别人。但是，研究同时也指出，利他行为的产生毕竟是由很多因素引起的。例如，价值观念、社会的规范和个人的信仰等等，都会影响人们的利他行为。单就社会规范来说，就有社会责任规范（social obligation norms，指人们要帮助那些依靠他们的人）、互惠规范（mutual benefit norms，指人们要帮助那些曾经帮助过他们的人）、平等规范（evenness norms，指人们要帮助那些值得帮助的人）等。总之，人格特征在利他行为当中只是起到某种中介的作用。

（三）利他者的性别差异

有些研究表明，女性的人道主义思想比男性强烈。但人们的观念与现实的行为往往是脱节的，许多利他行为研究表明，女性不像男性那样爱帮助别人，尽管女性常常较容易得到别人的帮助。

美国心理学家布朗（J. Brown）等人于 1975 年作了一项经典的利他行为的研究。这项研究是这样设计的：让一个人装扮成一个骑摩托车者，他的车在一条繁忙的大街旁熄灭了，他焦急地站在车旁。研究者要看看哪些过路的摩托车驾驶员会停下来给予帮助。结果发现利他行为存在着明显的性别差异，男摩托车驾驶员远比女摩托车驾驶员更容易停下来提供帮助。女性驾驶员在遇到有人求助时为什么不愿意停下来相助呢？研究者推测可能是由于她们认为自己没有能力在这种情况下提供帮助。如果求助者是个素不相识的男人，她们可能会带有恐惧心理，更害怕停下来。到目前为止，有关利他行为的性别差异的资料尚不甚详细。

（四）利他者心境的作用

大量的研究表明，当我们遇到有人求助的情况时，如果当时的心境（frame of mind）好，就会更愿意给予帮助，积极的心境可以增加利他行为的可能性。哪些因素会影响人们心境的好坏呢？研究结果表明：刚刚得到某种奖励、由于某种成功而获得了自信感、刚看过一部喜剧或悲剧电影、刚刚听到某些好的或坏的消息、甚至对幸福或伤心往事的回忆等因素都会影响到心境的好坏。显然，如果我们心里想从利他行为中得到好处（例如，听到别人感谢自己的话或增强自己的自尊心等），那么，求助者自身的不幸就能促进利他行为，这证明了幸运的人愿意与人分享他的快乐，不幸的人想得到别人的帮助而不想给予。

七、影响利他行为的因素

（一）利他行为的生物学基础

达尔文（C. Darwin）曾经指出，经过一个自然选择的过程，有利他天性的生物更有可能使它们的物种留存下来。这一观点已经被当代著名的社会生物学家威尔逊（E. O. Wilson）所证实。例如，斑鸠母亲在看到一只狼或者其他的食肉动物接近它的孩子时，它就会假装受伤，一瘸一拐地逃出穴窝，好像翅膀折断了一样。这样，食肉动物就会跟踪它，希望进行一次比较容易的捕食。一旦斑鸠母亲将敌人引到安全距离之外，它就会一飞而走，斑鸠母亲的策略常常成功。但有时候也会失败，失败的话就会被敌人吃掉，它虽然牺牲了自己，却保护了它的物种，使小斑鸠有可能活到成年，繁殖后代。人类历史上也有许多这样的例子。例如，一个家庭、国家或民族之所以能够保存下来，是因为其中少数的勇敢者献出了自己的生命。因此，许多社会心理学家假设，利他行为有遗传机制，虽然迄今为止还没有研究证实该机制的存在。

西方许多社会心理学家对年幼儿童的观察研究也证明了人类天生有利他行为的倾向。有人总结了一些对 10 个月婴儿的观察研究后发现，即便是婴儿也有利他行为。例如：他们明显地试图安慰受伤的父母或兄弟姐妹，给坐在旁边的人喂食物，把自己的玩具给别人玩，看到父母痛苦的表情时表现出畏缩和痛苦等。当然，这些行为不完全就是利他行为，有些只是观察模仿成年人的行为。但是，有些行为是儿童不可能观察到的，所以只能认为儿童具有先天利他行为倾向。不到一岁的儿童在看到另一个儿童受伤时，倾向于表现出与他自己受伤时同样的痛苦，这种同情和替代别人分担痛苦的行为往往是利他行为的前兆。

（二）自然环境对利他行为的影响

一般来说，令人厌恶的环境条件（如烟雾弥漫或天气闷热）促使侵犯倾向增强。那么，舒适的气候和环境会增加利他行为的可能性吗？一位社会心理学家在研究中发现，人们较有可能在晴朗的天气里帮助他人，而较少在寒冷和刮风的天气里帮助别人。但是，这种微妙的联系是由于天气好坏而造成的人们心情好坏呢，还是由于天气的不同而使利他行为的代价不同呢？我们很难回答。此外，噪声会使利他行为减少。原因可能是噪声破坏了一个人的心境，也可能是噪声分散了人们对他人需求的注意力，或者噪声是一种人们难以承受的刺激。我们知道，人们在一定的时间内只能对一定数量的刺激作出反应，过多的刺激会使一个人的利他行为减少。由此可以推断，生活在大城市的人之所以比生活在小城镇或农村的人有较少的利他行为，其原因之一可能是大城市喧嚣的噪声和过多的刺激。某些生活在大城市里的人反映说，他们不可能对环境中的所有刺激和要求都作出反应，因此他们往往对寻求帮助的人漠然视之。

（三）社会环境对利他行为的影响

情境中的社会性因素也影响利他行为的发生。下面我们主要讨论他人的存在对利他行为的影响。

（1）旁观者的数量对利他行为的影响

许多研究利他行为的社会心理学家认为，旁观者的淡漠是特定社会情境下的社会心理现象。我们不要以为紧急情况发生在许多人在场的情况下，就一定会有人出来相助。事实恰恰相反，往往越多的人在场，越有可能没人出来相助。为了证明这一假设，社会心理学家达里（B. Latane）和拉坦（J. Darley）做了一个简单但是很说明问题的实验。实验中的被试是男女大学生。研究者每次将一位大学生被试带进实验室，分配在单独的房间里，并让他认为他是 2 人、3 人或 6 人讨论组的成员之一，准备参加一个讨论会，讨论与学校生活有关的个人问题。要求每个学生在自己的小房间里通过麦克风向小组的其他成员发表自己的意见（每个房间的麦克风只开两分钟，一个房间麦克风开着的时候，其他房间的麦克风关掉，即每次只准一个人讲话）。谈话过了一轮以后进行第二轮，每个人对其他人的谈话发表评论。这时告诉被试在他们进行讨论的时候主试不在场，因为"主试在场会影响讨论进行"。每个小组里第一个发言的人实际上是研究者的助手装扮的，而且他的发言是事先录了音的，他就是本次实验所假设的"假装癫痫病发作，语无伦次的求助者"。他断断续续讲了下面的话：

　　　　我想我——需要——如果谁——能——帮助我——因为——我——我
现在——真的——不——行了，如果谁——能帮我——帮我出去——那——
那太好了……因为我——我犯——病了，我的——的确——需要——帮——

帮助，谁——来——快——帮我一下（哽噎的声音）……我要死——了，我……要死——帮——（哽噎，然后没声音了）

实验要验证的是"在一种紧急情况中，旁观者越多，其中某一个旁观者出来相助的可能性越小，或者出来得越慢"。结果证明了这个假设，在两个人一组的情况下，85%的被试在"癫痫病人讲话"结束之前就打开房门（他们显然是向主试求助）；在 3 人一组的情况下，有 62%的被试这样做；在 6 人一组的情况下，则只有 31%的被试这样做。实验结论是：被试认为旁观者越多，就越不会轻易给予帮助。

为什么人们在群体里比单独时有较少的利他行为呢？对于这一问题有几种不同的理论解释，其中之一就是责任扩散（liability diffuseness）。所谓责任扩散，是指当发生了某种紧急事件时，如果有其他人在场，那么，在场者提供帮助的责任就会减小，也就是说提供帮助的责任扩散到其他人身上。

当一个人遇到紧急情境时，如果只有他一个人能提供帮助，他会清醒地意识到自己的责任，因而对受难者给予帮助。如果他见死不救就会产生罪恶感、内疚感，这会付出很大的心理代价；如果有许多人在场的话，帮助求助者的责任以及不愿给予帮助所付出的心理代价都由大家共同分担，每个人承担的责任减少，这样当然会减少利他行为。而且，旁观者甚至可能根本意识不到自己所应当承担的责任，从而产生一种"即便我不去，也会有别人去救"的想法，造成"集体淡漠"（collectivity apathy）的局面。

（2）对情境的社会性定义对利他行为的影响

当我们遇到一件事时，要对这件事的性质进行解释，即判断它是否属于紧急情境，是否需要我们介入？我们要在作出判断之后才能采取行动。当事件的性质模糊不清时，我们倾向于参考他人的反应来对事件作出判断，这种对情境的判断受到他人反应影响的现象，就是对情境的社会性定义（social definition）。这里面显然包括榜样的作用和社会影响。

拉坦和达里于 1968 年做了一项实验，证明了对情境的社会性定义的存在。实验招募一些男大学生，请他们来参加有关城市生活中存在问题的讨论，在他们"等待实验开始的时候"，要求被试先填一张"预备问卷"。当他们填完两页纸的时候，实验者开始通过"等待室"墙上的通风孔向被试所在的"等待室"释放无害、但是很恐怖的白色烟雾。在整个 6 分钟的实验中，一直释放这种烟雾。这个研究分 3 种实验条件：在第一种条件中下只有 1 个被试；在第二种条件下有 3 个被试，并且他们互不相识；在第三种条件下也有 3 个被试，但其中的两个是实验助手，只有一个人是真正的被试。在第三种条件下，实验助手面对烟雾既不说话也不作反应。

该研究发现，在第一种条件下，被试向实验者报告有烟雾的速度比其他两种条件的被试要快。另外，第二种条件下的被试要比第三种条件下被试报告有烟雾的速度快。显然，在第三种情况下，实验助手所表现出来的平静，使真正的被试认为情况并不是很严重；或者他不想慌张行事，以免在别人面前表现得很不成熟或者很傻气，这种反应在心理学上称为评价焦虑（evaluation anxiety），即每个人都关心别人如何评价自己。一般来说，人们都尽力要像别人一样做社会性安全的事，这也是一种从众心理。如果事件比较严重的话，一个人也要考虑到不要显得比别人愚蠢。对于这种严重的事件来说，这个人的想法未免荒唐，但这的确是人们惯常的表现。

（四）社会文化对利他行为的规范

所谓社会规范就是行为、态度和信仰的模式。这些模式是社会组织以正式或非正式的方式建立起来的，认为是适当的行为准则。一般来说，社会中的个体面临着必须遵守这些规范的压力，如果他们违背了这种规范就有可能遭到社会排斥或各种各样的惩罚。与利他行为有关的特别重要的社会规范有前述的社会责任规范、互惠规范和平等规范。

另外，利他行为在不同的文化背景中也很不相同。米德（M. Mead）根据不同社会对早期儿童抚养的实践对这些差异进行了解释。她在新几内亚比较了两种不同的社会，发现阿拉佩什社会的成年人比较喜爱和纵容他们的孩子，因而培养了该社会儿童彼此亲密和同情他人的品格，这种品格一直保持到他们成年；而蒙杜古马社会的人比较注重独立和自我奋斗的行为，对待儿童比较淡漠，很少培养儿童的同情心，因此该社会的儿童在成年以后没有助人的愿望。米德认为，儿童早期养成的同情心很可能是成年以后利他行为的一个重要的文化因素，儿童的行为也可能是对其父母行为的模仿。还有人对利他行为的文化差异作出了另一种解释，这一解释认为某个社会的财富和资源影响了该社会的人的利他行为。

在社会责任规范中也显示出不同文化的差异，即不同的社会具有不同的社会责任规范。这为不同社会中人们利他行为的差异提供了另一种解释。有研究者曾经对美国和苏联的儿童教育进行了比较后发现：社会责任规范在苏联的学校中得到了特别的强调，苏联的学校制度非常强调社会责任。这一规范教育儿童要有社会责任感，促使人们对违反社会规定的人进行批评指责。这一规范也可以导致利他行为。在苏联的学校中，儿童认为在课余时间帮助学习有困难的儿童是理所应当的。社会责任规范对人们分担责任和在工作与生活中密切合作的作用在我们的社会中也随处可见。

八、利他行为的学习和模仿

按照传统的学习理论，利他行为（与其他行为一样）是通过强化而建立的。当儿童帮助母亲干家务活，将好吃的东西留给别人，或在别人难过时试图进行安慰，父母可能会用赞扬的话、糖果甚至零钱来奖励他们，父母对他们的赞扬就是一种社会性强化。同样，如果儿童不愿意帮助别人则会受到父母的指责甚至惩罚。按照学习理论，儿童将重复那些已经得到过奖励的利他行为，并去除自私的行为，这就是强化的作用。

有一些研究表明，甚至很小的儿童在他们因某些偶然的利他行为而得到物质奖励之后也会再重复这些行为。当然，如果得到物质奖励的愿望是儿童利他行为的主要动机的话，那么这些行为就不是我们所定义的利他行为。对学龄前儿童的研究也表明，在没有奖励的情况下利他行为似乎消失得很快。例如：当提供奖励的成年人不在场的情况下，学龄前儿童就很少表现出利他行为。而另外的研究则指出，年岁较大的儿童和成年人即使在没有受到奖励的情况下也会持续表现利他行为。这表明成年人的利他行为已经习得并且较少掺杂个人的自私动机。班杜拉等人认为，当人们得到他人的第一次奖励之后就会对自己的行为进行强化，他们开始自我欣赏这种行为。因此，强化也包含做成一件好事之后的满足感。

本章小结

1．我们可以对侵犯行为作如下定义：违反了社会主流规范的、有动机的、伤害他人的行为。

2．根据侵犯行为的方式不同，可以划分出言语侵犯和动作侵犯；按照侵犯者的动机，侵犯可以分为报复性侵犯和工具性侵犯，还可以将侵犯分为广义侵犯和狭义侵犯。

3．对侵犯行为的生物学解释往往倾向于认为侵犯是人类的本能。

4．挫折—侵犯理论认为：人的侵犯行为乃是因为个体遭受挫折而引起的。挫折与侵犯之间不是简单的一一对应的关系，如果在个体所处的环境之内不存在给人以引导的认识线索，挫折不一定能导向特定形式的反应。伯克威茨认为，挫折的存在并不一定会导致个体发生实际的侵犯行为，只能使个体处于一种侵犯行为的唤起状态。

5. 社会学习理论从人类特有的认知能力来探讨人的侵犯反应的获得及侵犯反应的表现。社会学习论者认为，挫折或愤怒情绪的唤起是侵犯倾向增长的条件，但并不是必要条件。对于已经学到采用侵犯态度和侵犯行为以对付令人不快处境的人来说，挫折就会引发侵犯行为。

6. 利他是个人出于自愿而不计较外部利益地帮助他人的行为。利他行为者可能需要作出某种程度的个人牺牲，却能给他人带来实在的益处。

7. 许多事实和实验研究还证明，外貌有吸引力或者是人品好的人更容易得到别人的帮助。相反，如果某人的外表令人讨厌的话，会大大地减少人们帮助他的可能性。

8. 研究表明，影响人们利他行为的个人因素有本人的个性、早期的社会化情况、以前利他行为的经验、当时的身体和心理状况以及本人的人生哲学或思想意识等。

思考题

1. 哪些生物学因素影响人类的侵犯行为？
2. 挫折—侵犯理论如何解释人类的侵犯行为？
3. 减少侵犯行为的方法有哪些？
4. 影响利他行为的因素有哪些？
5. 利他者的哪些特点有助于利他行为的发生？
6. 受助者的哪些特点有助于得到他人的帮助？

推荐阅读书目

1. [美]爱德华·O.威尔逊著:《论人性》，浙江教育出版社 1998 年版。

2. [美]道金斯著:《自私的基因》，科学出版社 1981 年版。

3. [美]杰克·D.道格拉斯等著:《越轨社会学概论》，河北人民出版社 1987年版。

4. [奥]康罗·洛伦兹著:《攻击与人性》，作家出版社 1987 年版。

5. [美]E.O.威尔逊著:《新的综合：社会生物学》，四川人民出版社 1985年版。

6. Batson, C. D. . Prosocial Motivation: Is it Ever Truly Altruistic? In L. Berkowitz (Ed.), Advances in Experimental Social Psychology (Vol. 20, pp. 65-122). Academic Press. 1987.

第十章 社会影响

本章学习目标

> 掌握社会促进及其理论解释
> 了解社会惰化的现象及预防
> 理解去个性化现象
> 熟悉社会影响理论
> 掌握从众的概念及心理机制
> 理解服从的概念及影响因素
> 了解顺从的概念及促进顺从的技巧
> 了解模仿与暗示的概念及相关研究
> 了解社会影响的宏观表现

社会影响是指在社会力量的作用下，引起个人的信念、态度、情绪及行为发生变化的现象。这里所说的社会力量是指影响者用以引起他人态度和行为发生变化的各种力量，其来源非常广泛，既可来自个人，也可来自群体；既可是强制性的法律、法规，也可是自发的流言、时尚等。有学者总结并区分了社会力量的六种来源，它们分别是奖赏、压制、合法权威、参照影响力、专家意见和信息。

第一节 他人在场

人是一种社会性动物，人们时刻会感受到来自他人、群体、社会的影响，他人在场是否会对人们的行为产生影响？是一种什么样的影响？有时候，在场的他人能够让我们更加努力、表现更佳；另一些时候，在群体中工作会令我们有所松懈，努力程度减少；在群体中，还可能会让个体感到自我身份意识的缺失，导致冲动偏差行为增加。社会心理学家对个体在他人在场情景下的这些可能反应开展了广泛研究。

一、社会促进与社会抑制

（一）社会促进的含义

社会促进（social facilitation）是指个体从事某项活动时，他人在场促进其活动完成，提高其活动效率的现象，也称社会助长。最早以科学方法揭示社会促进现象的是美国心理学家特里普利特（N. Triplett），他发现自行车选手在有伙伴的情况下，比单独一个人时骑车速度提高了30%。为了检验这一结果，他又设计了一系列实验室实验，他安排40个儿童在指定时间内尽可能快地缠绕渔线，实验组的儿童单独进行活动，对照组的儿童两两结伴绕线，结果证实儿童结伴绕线时的速度更快。这种结伴活动提高效率的现象被称为结伴效应。相关研究还发现：社会促进不仅限于人，在老鼠、蟑螂、鹦鹉等动物身上也能发现这种效应。例如有研究者发现：当蚂蚁在一起时，每只蚂蚁的平均挖土量是单独挖时的3倍。

日常生活中，我们还经常看到这样的现象，运动员比赛时，如果有很多观众为他们加油鼓劲，他们往往能顺利甚至超水平发挥，所以在比赛中东道主更容易获胜，这就是体育场上的"主场效应"。一些老教师上讲台也是如此，听的人越多，他讲得越起劲，思路越开阔，而且越发地兴致勃勃，神采飞扬，论述问题甚至比备课时还深刻。这些现象是"观众效应"作用的结果。观众效应是指有人在场观看某人从事某一项活动，会对此人产生一种刺激作用，从而提高其活动效率。

结伴效应和观众效应是社会促进作用的两个表现形式，都有可能促进活动的完成，但并非必然如此，有时候，结伴效应和观众效应有可能会以另一种相反的形式表现出来。在社会生活中不难发现，有时候他人在场不仅不能让人们更好地工作，相反还会把事情办得很糟。譬如，我们通常所说的怯场：一个新教师或新演员，在登台之前练习时，口齿清楚，表情自然，可是一到台上，面对众人，就心里发慌，手足无措。有人说，这是由于不习惯造成的。然而这样解释说明不了为什么他们自己练习时表现不错，而当着众人的面表现就变差了。这就是所谓的社会抑制（social inhibition），即个体在从事某一活动时，他人在场干扰活动的完成、抑制活动效率的现象，有时也称为社会干扰。

实验社会心理学创始人奥尔波特（F. H. Allport）于1916年到1919年在哈

佛大学心理实验室做了一系列有关社会促进的实验。他让大学生被试单独或者结伴从事下列复杂程度不同的活动：（1）连锁联想。实验者说出一个刺激词，被试迅速想出一个与之有关的反应词，以这个反应词为新的刺激词，再联想其他的反应词。如此继续联想下去，直到时限（3 分钟）终了为止。（2）删去元音。划掉若干短文中所有的元音字母。（3）转换透视。被试注视那些可以进行转换透视的立方体，实验要求被试迅速进行两种透视的转换，并记录他们 1 分钟转换的次数。（4）乘法运算。让被试进行若干两位数乘法的运算。（5）判断。让被试嗅 5 组 10 种（两种一组）香的或臭的气味，然后报告自己的快感程度。（6）写批驳文章。实验者从两个古代哲学家的著作中选几段性质一致的论述，给每个被试一段，要求他们在 5 分钟时间内写一篇批驳短文，写得越长越好，批得越深刻越好。

奥尔波特为了排除竞争因素的影响，要求被试不得相互比较工作进度。实验结果表明，在前 5 种活动中，被试在结伴的条件下都取得了比单独活动更优异的成绩；但在写批驳论文时，单独活动效果更好。可见，他人在场或与别人一起工作，并不总是产生社会促进，随着工作难度的加大，社会促进作用可能会变成社会抑制。

（二）社会促进与社会抑制的理论解释

他人在场为什么会产生两种相互矛盾的作用，心理学家对此作出了各种解释。

（1）优势反应强化说

查荣克（R. Zajonc）以动机和内驱力的研究成果为基础，提出了优势反应强化说。他认为当有他人在场时，会造成个体的生理唤醒状态，从而提高其动机水平，使其优势反应能轻易地表现出来，而较弱的反应则会受到抑制。所谓优势反应，是指那些已经学习和掌握得相当熟练、不假思索就可以表现出来的习惯动作。例如自行车选手骑自行车，小孩子绕线、跳跃和计数，大学生连锁联想、删去元音等，都属于这种熟练活动，他人在场会提高活动的成绩。反之，批驳某一哲学命题、掌握无意义音节等活动是需要动脑筋或是不熟练的，他人在场使动机增强，反而会起干扰作用，降低活动效率。这一理论可用图 10-1 来表示：

图 10-1 他人在场对人活动的影响过程

在查荣克看来，他人在场会对个体具有唤醒作用，从而提升其动机水平。而根据耶克斯—多德森定律，动机强度与活动效率之间具有倒 U 型曲线关系，动机强度过高过低，都不利于活动效率的提高，中等强度的动机水平通常能获得最佳的工作效率；但是，最佳动机水平与任务难度相关，随着任务难度的增加，最佳动机水平逐渐下降。对于参加活动的个体来说，已经熟练掌握的任务（即简单任务）在竞争动机提高时活动效率会提升，掌握得不够熟练的困难任务，在竞争动机提升时，活动效率反而会下降。

科特雷尔（N. Cottrell,1967）的一项研究证明了他人在场会促进熟练工作的成绩，而干扰非熟练工作的成绩。他让被试在单独和他人在场两种情景中学习单词配对表。配对表有两类，一类由同义词组成，如荒芜——不结果，学习起来非常容易；另一类由无关单词组成，如荒芜——最重要，非常难以学习。结果显示，学习简单的词表时，他人在场有明显的社会促进作用；而学习困难的词表时，他人在场则带来了社会抑制。

查荣克的观点认为只要有他人在场，就会影响人们的动机和活动绩效。但接下来的实验结果对此提出了疑问。科特雷尔等人设计了一项实验，要求大学生默记词汇。被试分成 3 组，在不同条件下学习这些词。第一种条件下，被试单独完成这项任务；第二种条件下，被试面对两个同学完成这项任务；第三种条件下，被试在两个人在场的情况下完成这项任务，但这两个人的眼睛被蒙了起来，无法判断被试的成绩。结果发现，第一种和第三种条件下被试的成绩相同。而按照查荣克的观点，应该是第二种和第三种条件下的成绩相同才对。显然，查荣克的理论无法解释这一现象，于是，一些学者进一步深化和发展了优势反应强化说。

（2）评价与竞争观点

查荣克认为仅仅他人在场就会产生唤醒，但实验已显示他人在场并不一定导致动机水平的提高。观众一旦被蒙上了眼睛，就不会对被试的动机水平产生影响。因此，一些学者认为观众的评价是形成社会促进的重要原因。个体在成长过程中不断受到他人的评价，并且会逐渐变得关注他人的评价，争取赢得他人对自己好的评价。因此，他人在场激发了行为者的被评价意识，从而提高了动机水平。这种对评价的关注，被称为"评价顾虑"（evaluation apprehension）。在任务简单时，意识到自己正在被评价会使个体更加努力，而在任务复杂时，这种被评估的压力会降低绩效。

他人评价与动机水平之间的关系受到一些因素的影响，首先是活动者觉知评价的程度。一般来说，活动者觉知被评价的程度越高，其动机水平就越高。

马顿斯（R. Martens）和兰德斯（D. M. Landers）用实验巧妙地证明了这一点。他们让一定数量的男学生用小棍子把一个小球从某装置的下方拨到上方，它要求一定的技巧，是一项比较困难的工作。实验安排在 3 种条件下进行。第一种条件，每个被试可以看到自己的得分、其他被试的得分和操作情况，这是"直接评价"条件。第二种条件，每个被试可以看到所有的得分，但看不到彼此的操作情况，这是"间接评价"条件。第三种条件是"无评价"，被试既看不到操作情况，也看不到别人的得分。实验结果表明，在"直接评价"条件下，被试的作业成绩最差，说明他们的动机水平大大提高，对复杂活动产生了抑制作用。而"间接评价"和"无评价"条件下的操作结果没有什么差别。由此可见，动机水平提高到何种程度，依赖于活动者觉知到的被评价程度。对于困难较大的工作，是否有被人评价的意识，其工作结果不大相同。

第二是评价者的身份和态度。一般来说，评价者越具有权威性，活动者的动机水平越高。一个演员，面对评委和面对观众，其动机水平是不一样的。对青年人来说，同龄异性评价者在场对其活动有较大的影响，动机水平明显提高。这其中有性的吸引力在起作用。从态度上看，评价者越是正襟危坐、严肃认真，对活动者的影响就越大；如果评价者漫不经心，则影响较小。

第三是活动者的年龄和个性特征。年龄、气质、性格不同的人，受他人在场的影响也有差异。从年龄上说，儿童更在乎他人的评价，十分希望得到他人的肯定，有他人在场时，其动机水平比成人提高的更为明显。从性格上说，易受暗示、谨小慎微、独立性差、缺乏自信的人对他人在场更为敏感些。从气质上看，胆汁质和抑郁质的人比多血质的和黏液质的人更在乎别人的看法。另外，不同情绪状态下，他人在场对活动者的影响也不尽相同。

此外，他人在场不仅会唤起人们的被评价意识，还会唤起人们的竞争意识。弗里德曼（J. L. Freedman）解释说，人在社会化的过程中，已经学会了将社会情景作为竞争情景来看待。在有他人在场的社会情景中，人们会有意无意地感到由社会比较引发的竞争压力，从而使人们行为的内在动力增加，产生促进作用。

（3）分散冲突理论

由于社会促进不仅在人类存在，在许多动物身上也有类似现象发生，而我们认为动物是用不着"担心"评价的。为了解释这一点，桑德斯（G. S. Sanders）和巴伦（R. S. Baron）提出了分散冲突理论（distraction-conflict theory）。该理论认为：他人存在是一种干扰，当一个人正从事一项工作时，他人在场会造成他注意的分散和转移，产生两种基本趋势之间的冲突：注意观众和注意任务，这种冲突能增强唤醒水平，对其工作效率造成影响。唤醒是增加还是降低绩效取决于该任务所要求的反应是否为优势反应。如果从事不熟悉或难度大的任务，需要高度集中注意力才能完成，此时，分散注意就会干扰工作进度；如果从事熟练或简单的任务，人们已达到"自动化"程度，不需要全部的注意，为了补偿干扰，人们会更加专心、更加努力，实际效果会更好。

（4）生理心理反应模式

最近的一项研究为社会促进提供了生理心理学的解释。这种理论认为，他人在场，可能存在两种冲突的生理心理反应模式：激励或威胁。当个体具有足够的资源来应对任务时，就会激发激励模式，在生理上，这种模式类似于做有氧运动时肌体产生的反应；相反，当个体没有足够的资源来应对任务时就会激发威胁模式，肌体上会发生类似于应对危险时的反应。不同的生理心理反应模式最终会影响个体的成绩。[1]这个理论得到了生理心理学家的支持。

总之，可以用各种理论来解释社会促进现象，而越来越多的研究者认为，不同的理论解释之间并不是相互对立的，它们可能同时存在于社会促进的过程中。

二、社会惰化

（一）社会惰化的含义

在讨论社会促进和社会抑制时，个人的努力（跑多快，测验成绩）都将得到评价。这种被评价的可能性是解释社会促进发生的一个重要因素。如果群体中的成员不能被单独评估，个体感受不到这种压力，情况又会如何？接下来我们就要讨论这种情形下可能发生的一种情况——社会惰化。社会惰化（social loafing）又称为社会懈怠或社会逍遥，是指群体一起完成一件事情时，个人所付出的努力比单独完成时偏少的现象。

林格曼（M. Ringelman）最早在工程领域发现了社会惰化现象，在研究中，他让被试用力拉绳子并测拉力，实验包括 3 种情境：单独、3 人组和 8 人组。结果表明，独自拉时，人均拉力为 63 千克；3 人一起拉时，人均拉力 53 千克；8 人一起拉时，人均拉力只有 31 千克。结果发现人们一起拉绳子时的平均拉力比单独拉时的平均拉力要小。随着人数增加，每个人付出的个人努力程度会逐步下降。

---

①Loomis, J.M., Blascovich, J.& Beau, A.C. (1999). Virtual Environment Technology as a Basic Research Tool in Psychology. Behavior Research Methods, Instruments, and Computers, 31(4) 577-564.

拉塔内（B. Latane）等人同样用实验证明了社会惰化现象的存在。在一项研究中，他让大学生以欢呼或鼓掌的方式尽可能地制造噪声，每个人分别在独自、2 人、4 人和 6 人一组的情况下进行。结果表明，每个人所制造的噪声随着团体人数的增加而下降（见图 10-2）。其他研究显示，在智力任务中也会出现社会惰化。

有关的元分析为社会惰化提供了进一步的证据。杰克森（J. M. Jackson）和威廉姆斯（K. D. Williams）总结了 49 个有关社会惰化的研究（包含 4000 多个被试），结果表明：共同完成任务时的群体规模越大，个人的努力程度越低。当群体规模达到 8 人时，个人的努力程度仅为单独工作时的 80%。在一定范围内，群体规模增大，个人努力还在继续下降。

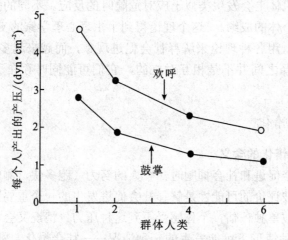

图 10-2　个体制造噪声与群体大小的关系

来源：Latane, Williams & Harkins.Many Hands Make Light the Work: The Causes and Consequences of Social Loafing.Journal of Personality and Social Psychology, 1979, 37(6)：825.

（二）社会惰化的理论解释

为什么会出现社会惰化呢？一种解释认为在群体中，由于个体认识到自己的行为不会被单独评价，个人的努力会淹没在人群中（lost in the crowd），评价焦虑减弱使其对自己行为的责任意识下降，行为动力相应减少，从而导致努力程度下降。威廉姆斯（M. Williams）、哈克斯（S. W. Harkins）和拉塔内（B. Latane）在 1981 年的研究中设置了三种不同的实验情境，让被试单独大喊或在群体中大喊。一种实验情境是，让被试相信他们的表现总是可以被辨别出来；在第二种情境下，则让他们相信只有当他们单独一人时才能被辨别出来；第三种情境则让他们的成绩永远不会被鉴别出来。结果显示：当被试觉得他们的努力在群体中不能被辨别出来时，成绩最差。由此证明当个体认为只有群体的成绩可以被识别而个体的贡献不被识别时，社会惰化就会发生。

1995 年，卡饶（S. J. Karau）和威廉姆斯（M. Williams）对 78 个研究进行了元分析之后，提出了群体努力模型（collective effort model，CEM）。他们认为群体任务中个体的努力程度主要取决于两个因素：首先，个体认为他个人努力对成功完成群体任务的重要性或必要性大小；其次，个体认为群体成功的价值大小。当个体结合成群体工作时，个体不再是决定群体成绩的唯一因素，其他成员的努力水平也会影响最终绩效，而个体努力工作的成果也可能被均分，个体的贡献最终也被抹杀。在付出和所得由于其他成员加入变得不确定时，社会惰化便会发生。并且群体规模越大，社会惰化程度越高。

对群体绩效的不同报酬也会对社会惰化产生影响。对群体高绩效提供报酬会降低社会惰化。在一项研究中，一些学生被告知如果他们所在的群体针对某一问题能够想出的解决方案越多，就可以越早离开。而要求另一些学生完成同样的任务，但没有可以提早离开的奖励（Shepperd & Wright，1989）。在这一情形下，对高努力回报的期望抵消了社会惰化效应。当任务有意义、复杂或有趣时，社会惰化也不容易发生。当任务困难或有挑战性时，个体一般也不会松懈下来。

（三）社会惰化的跨文化一致性

在西方国家的研究表明社会惰化的普遍性，但它并不是个体主义文化的产物，在强调集体主义文化的国家和地区也同样存在这种现象。有些研究用制造声音的任务（鼓掌），发现在印度、泰国、日本和中国都存在社会惰化。这些研究显示社会惰化可能是跨文化普遍存在的。

同时也有研究表明，社会惰化存在文化差异。如前所述，社会惰化出现的一个重要前提是，个体认为自己的贡献将被群体掩盖，那么在强调个人的西方社会，社会惰化作用更可能发生。前面所提到的卡饶和威廉姆斯的研究显示，美国人社会惰化现象比亚洲文化中表现得更明显。一项在美国和中国的对比研究也证明了这一点，在该研究中，研究者设计了一个声音定位测验，告诉被试这是一个测量他们听力的测验。研究者预测，来自个体主义文化的美国被试在完成团体任务时，会表现出典型的社会惰化模式。而中国被试则会表现出相反的模式。因为中国文化更偏向于群体导向，要求个体为群体的目标而工作，把群体利益放在个体利益之前。因此可以预测中国学生在群体中比单独完成时做得更好。与预期一致，美国和中国初三的学生有很大的差异。在群体条件下，美国被试只能达到他们单独做时的88%，相反，中国被试则达到了单独做时的108%。这项研究还有一个有趣的发现，即社会惰化的文化差异只在男孩当中存在，女孩在单独时和在群体中则没有什么差异。有关文化对社会惰化的影响，还需要进一步深入探讨。

（四）社会惰化的预防

虽然社会惰化普遍存在，但并不意味着它必然发生。我们可以用一些方法来减少社会惰化现象：（1）单独评价。即不仅公布整个群体的工作成绩，而且公布每个成员的工作成绩，让成员感到自己的努力和成绩是可被单独评价的。例如威廉姆斯等人在1981年的研究所示，如果让被试相信自己的行为效率和努力程度可以被鉴别出来，即使与群体一起完成一项工作，也不会产生社会惰化现象。（2）提高认识。帮助群体成员认识他人的工作成绩，使他们了解不仅自己是努力工作的，他人也和自己一样努力。（3）控制群体规模。群体规模越大，社会作用力越分散，社会惰化就越严重，因此，在群体共同完成一项任务时，要注意控制群体规模不要太大。除了上述方法外，以群体整体成功为目标的奖励导向，增加工作本身的挑战性，增加群体的凝聚力等都能有效地减少社会惰化，提高群体工作效率。

总之，我们看到他人在场有时会导致社会促进，有时会导致社会懈怠；有时会刺激我们更加努力工作，有时会使我们努力程度降低。出现哪种效应取决于群体情境是增加了我们对社会评估的关注（因为他人在评估我们的表现），还是降低了这一关注（因为个人的努力在群体中被隐藏）。出现哪种效应还取决于任务的复杂程度以及我们对结果的关注程度。

三、社会影响理论

他人存在对个体绩效会产生积极或消极的影响，拉塔内（B. Latane）于1981年提出了社会影响理论（social impact theory），该理论认为他人对个体总的影响取决于他人（影响源）的3个属性：数量（number）、强度（strength）和直接性（immediacy）。

当周围人数量增加时，来自他人的社会影响也增大。一个新演员在50个观众面前比在5个观众面前感受到的舞台恐惧会更强烈。他人的强度也就是他人的重要性和权利，它与他人的年龄、地位、权力、是否为专家及其与个体的关系有关。例如在许多情况下，一名成功的企业家要比一名小商贩的影响大。他人的地位越高，权力越大，他们的社会影响力越强。他人的接近性是指他人在时间和空间上与个体的接近程度，对上面提到的那个新演员来说，观众直接观看对其影响要大于通过录像观看造成的。拉塔内认为，社会影响可以比喻成光照在表面上：光的总能量依赖于灯泡的数量、灯泡的瓦数和它们与表面的接近程度。

社会影响理论能够帮我们解释为什么他人的存在有时会导致社会促进而有时又会导致社会惰化。在促进的情况中，人们往往是他人影响的唯一目标，他人对个体的社会影响也会增加。相反，当很多人一起工作，而只有一名旁观者时，社会惰化往往就会发生。每个个体只是来自群体外的旁观者的目标之一，因此，旁观者的社会影响就分散到每个人身上，随着群体规模的增加，每个个体感受到的压力则随之降低。

四、去个性化

群体对个人行为影响的另一个例证是去个性化（deindividuation），它指个体在一个群体中与大家一道从事某种活动时，对群体的认同淹没了个人的身份，使个体失去通常的个性感。去个性化的效果常常使人们摆脱正常的社会规范的约束而表现出极端的行为。

对此现象的研究最早源于法国社会学家勒庞，他发现激动的群体倾向于有相同的感受和行为，因为个体的情绪可以传染给群体。在这种情况下，即使一个成员做了一件大部分人反对的事情，其他人也会倾向于仿效它。勒庞把这种现象称为"社会感染"（social contagion）。社会心理学家费丝汀格（L. Festinger）、津巴多（P. Zimbardo，1970）用更现代的词命名这种现象为去个性化。

费斯汀格等人于 1952 年对此进行研究。他们以 23 组男大学生为被试，让他们以组为单位进行讨论，讨论内容是让每个人说说是憎恨自己的父亲，还是憎恨自己的母亲。这是一个敏感的问题，平常大家很少谈论它。一部分被试的讨论在明亮的教室里进行，每个成员都具有高辨认性；另一部分被试的讨论在昏暗的教室里进行，每个成员还穿上布袋装，只露出鼻孔和眼睛，具有低辨认性。研究人员预期具有低辨认性的被试，即去个性化的被试将会更猛烈地抨击自己的父母。实验结果证实了这种预测。研究人员还发现，去个性化的群体对成员具有更大的吸引力。

津巴多试图研究去个性化在诸如敌视、盗窃等极端行为中的作用。他以女大学生为研究对象，把她们分为 4 人一组，告诉她们将进行一项关于人类移情的实验，要求她们对隔壁房间的女生实施电击。她们可以从单向镜里看到女生被电击的情形。一些小组的被试被安排在昏暗的房间里，身着布袋装，不佩带名签，具有低辨认性。结果证实，和没有去个性化的被试相比，那些去个性化的被试电击受害者的时间延长了一倍。当然，受害者并未真的被电击，她的哭喊挣扎是假装的，装得非常逼真。津巴多还把受害者的形象作为自变量加以改变，一个受害者看起来是个举止文雅、乐于助人的妇女，另一个受害者看起来是个十分爱挑剔、以自我为中心的妇女。实验表明，在没有去个性化的情况下，被试对那个文雅的妇女电击时间短，对那个尖刻的妇女电击的时间长；而在去个性化的条件下，对这两个妇女都进行了更长时间的电击。正如如津巴多所说：在这种条件下，那些平时温顺可爱的女学生尽情地电击别人，几乎每个机会都不放过。

学者认为，去个性化的原因主要来自以下几个方面：

（1）匿名性（anonymity）是引起去个性化现象的关键，群体成员身份越隐匿，他们就越会觉得不需要对自我认同与行为负责。津巴多实验中，那些女大学生身着布袋装，不带名签，在昏暗中电击受害者，她们会觉得自己是一个匿名者。

迪恩纳（E. Diener）有一项关于儿童行为的实验研究也证明了这一点。在研究开始的时候，实验主试问了有些孩子的名字并记下来，对另一些儿童则无这样的实验操作。研究的情景是当大人不在场时，孩子有机会偷拿额外的糖果，结果（见图10-3）支持了匿名的效果：那些被问及姓名的小朋友不大会去多拿，即使他们知道自己不会被抓住，他们也不会这样做。

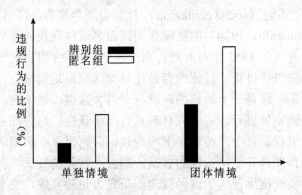

图 10-3　匿名性与违规行为的比例

（2）责任分散（diffused responsibility）。津巴多认为一个人单独活动，往往会考虑这种活动是否合乎道义，是否会遭到谴责，而个人和群体其他成员共同活动，责任会分散在每个人的头上，个体不必承担这一活动所招致的谴责，因此会更加为所欲为。

（3）自我意识下降也是去个性化现象产生的一个原因。迪恩纳（E. Diener）认为，引发去个性化行为的最主要的认知因素是缺乏自我意识，人们的行为通常受道德意识、价值系统以及所习得的社会规范的控制。但在某些情境中，个体的自我意识会失去这些控制功能。比如在群体中，个体认为自己的行为是群体的一部分，这使得人们觉得没有必要对自己的行为负责，也不顾及行为的严重后果，从而产生不道德与反社会的行为。人们大多数的去个性化都是因为自我意识的能动作用丧失而引起的。

第二节　从众、服从与顺从

个体接受社会影响的方式是多种多样的，从众、服从和顺从是其中最主要的几种方式。从众更多涉及群体对个人的影响，服从涉及个人由于社会角色关系连带而发生的影响作用，顺从涉及的则是更为一般的人际影响。

一、从众

（一）从众的含义

对于从众（conformity）的概念，不同心理学家的观点不尽相同。梅尔斯（G. Myers）认为从众是个体在真实或想象的群体压力下改变行为与信念的倾向。弗兰兹（S. Franzoi）则把从众定义为对知觉到的群体压力的一种屈服倾向。尽管表达上有差异，但实质相同，从众就是指个体在群体压力下，改变知觉、判断、信仰或行为，使之与群体中的大多数人一致的一种倾向。在日常生活中，参照群体、群体规范与群体压力是广泛存在的，个体在受到群体的暗示或提示时，会被引导表现出群体要求或期待的行为，或对情境作出一定反应。从众有不同的表现形式，可以表现为在临时的特定情境中对占优势的行为方式的采纳，如助人情境中跟随大家旁观，暴乱中跟随大家一起破坏等；也可以表现为长期对占优势的观念与行为方式的接受，如顺应风俗、习惯、传统等等。如开会形成决议时进行举手表决，少数派由于多数人举手的压力而赞成多数人意见。从众行为的具体类型非常复杂，根据外显行为是否从众及行为与内在的自我判断是否一致，可以将从众行为分为以下三类：

（1）真从众

这种从众不仅在外显行为上与群体保持一致，内心的看法也认同于群体，也就是我们通常所说的表里如一、心服口服的从众。在真从众发生的时候，从众者发生了认知偏移，主动放弃了与群体不同的判断或行为，并且认为群体的选择是完全正确的。在真从众的情况下，群体成员保持着与群体真实的一致性和对群体的真实认同，群体成员在心理上也不存在冲突。真从众对于一个群体的关系处理有着积极的作用，如果群体确实是正确的，这是一种群体与成员之间的理想关系；但如果群体是错误的，真从众则会导致更多的盲从。

（2）权宜从众

在某些情况下，个人虽然在行为上保持了与群体的一致，但内心却并不认同群体的看法，仍坚持自己的意见，只是迫于群体的压力，才暂时屈从于群体的选择。这种从众就是权宜从众。这类从众由于外显行为同内心观点不相一致，常使个体处于认知失调状态。如果群体压力始终存在，而个体又无法脱离群体，必须从众时，个体就倾向于改变个人自身的态度，与群体取得意见上的一致，这时权宜从众可能会转变为真从众。或者个体会找出新的理由，将自己的行为合理化，从而减少观点与行为之间的差距，达到一种新的平衡状态，使认识系统重新协调。

（3）不从众

不从众是从众的对立面，是指个体在群体中不被群体意见所左右，而保持自我原有选择的一种行为。不从众的情况有两类。一类是表面上不从众，内心其实是一种接纳状态。这种从众行为往往在比较特定的条件下发生。通常表现为内心倾向虽与群体一致，但由于某种特殊需要，行动上不能表现出与群体的一致。如在群体由于某种原因而群情激奋时，作为群体的领导者，情感上虽认同于群体，但行动上却需要保持理智，不能用自己的行动鼓励群体的破坏性行动而逞一时之快。这是表面不一致的假不从众情况。

另一类不从众是内心观点和行动都表现得与群体不一致，这是表里一致的真不从众情况。通常情况下，只有在群体对个人缺乏吸引力的时候，或个人在行动中不需要考虑与群体的一致性时才出现。另外，个体的个性特点也可能会影响不从众行为的产生，一个比较自我、主见非常强的人，往往不从众行为的比例会相对高一些。

（二）从众的经典实验研究

（1）谢里夫关于规范的形成实验

1935 年，谢里夫（M. Sherif）利用诱动错觉研究个体反应如何受其他人反应的影响。所谓诱动错觉是指在黑暗的环境中，当人们观察一个固定不变的光点时，由于视错觉的作用，这个光点看起来好像发生了前后左右的移动，即产生自主运动现象（autokinetic effect）。在自主运动现象中，对象并没有运动，但是观察者产生了对象在动的错觉，正因为是错觉，所以每个被试对于"运动幅度"的判断完全是主观的，他们之间判断的差异很大，从 2.5～5 厘米到 50～75 厘米都有。谢里夫把被试分成 3 人一组，在同一房间里共同观察和判断，但每个人还是报告自己的估计。

第一次的时候，不同个体通常会给出十分不同的答案，从 0～2.5 厘米到 17.5～20 厘米都有。但经过一段时间后，他们就会产生相互影响，彼此的判断趋于一致，趋向大家判断结果的平均数。也就是说，大家对这个问题形成了一个共同的标准，谢里夫认为这个阶段实际上已建立起了群体规范。后来，谢里夫让被试在参加完群体判断后再次单独判断光点移动的距离，他们的判断仍然处于群体所建立起来的大致范围内。这说明群体规范一旦为个体所接受，便会有力地左右他的思想和行为。有意思的是，在研究结束时，研究者问被试他们的判断是否受到他人的影响时，被试们都加以否认，他们并没有意识到群体对自己的判断产生了怎样的影响。关于谢里夫的这项实验的具体细节，在第十一章"群体规范"部分还会再次提到。

（2）阿希的线段判断实验

在谢里夫的实验中，被试对于正确答案是十分不确定的。那么当刺激情境清晰时，人们还会从众吗？为了找出答案，阿希（S. Asch）进行了一系列经典研究。他认为，在谢里夫实验中，人们会从众是很自然的。因为实验者设置的是一个高度模糊的刺激物，被试只好以他人的判断作为自己判断的参考系。但是，当人们处于一个明确的情境中时，阿希预测他们会理性客观地解决问题，当群体的言行与一些显而易见的事实相违背时，他们会相信自己的知觉从而作出独立的判断。

为了验证这一假设，阿希设置了以下的实验情境：当志愿参加一项知觉实验的男性大学生来到实验室时，看到 6 名与自己一样参加实验的被试已经在等着了。实际上，这 6 人是阿希的实验助手。阿希让真被试和这 6 个人围着桌子坐下，并依次指定为 1 号到 7 号。真被试被安排在倒数第二个回答。实验者一次展现 18 套两张一组的卡片。两张卡片中，一张上面有一条线段（标准线段），另一张卡片上有三条线段，分别标有 A、B、C（如图 10-4），其中一条与标准线段长度完全相同，而另外两条线段的长度与标准线段差异非常大。阿希告诉被试他们的任务就是报出 A、B、C 中哪条线段与标准线段一样长。呈现图片之后，7 名被试按座位顺序大声报告自己的判断。显然，这一判断任务极为容易，只要视力正常的人都能看出 B 是正确答案。

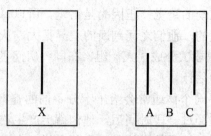

图 10-4   阿希的线段实验

前两轮实验中，实验助手都选择了正确答案。所有被试反应都一致。然而，在第三次判断时，第一个被试仍像以前那样仔细地观察线段，但却给出了一个明显错误的答案。第二个被试也给出了相同的错误答案，就这样直到所有的实验助手都给出了错误答案。那么在这种情况下，真被试会不会从众呢？由于知觉判断本身很容易，控制组实验中，被试单独作判断的准确率超过98%，因此，阿希预测，表现从众的被试不会多。但结果却与其预测相反，从众行为数量相当可观，有些被试从来都不会给出错误答案，而有些被试却总是给出错误答案。总体而言，被试平均在3次回答中有一次会附和助手的错误答案，而有些被试却总是给出错误答案。在整个实验过程中，76%的被试至少都发生了一次从众现象。

在实验中，被试普遍体验到一种严重的内心冲突和压力。实验结束后，实验者个别访问被试，询问其作出错误选择的原因，从被试的回答中，可以把错误归纳为三种类型：

第一种类型是知觉歪曲。被试确实发生了错误的观察，把他人（假被试）的反应作为自己判断的参照点，根据别人的选择辨认"正确"的答案。当刺激物的特性十分鲜明时，发生这种歪曲的极少。第二是判断歪曲。因为对自己的判断缺乏信心，对后果没有十分把握，被试虽然意识到自己看到的与他人不同，但却认为多数人总比个人要正确些，发生错误的肯定是自己，于是，从众以求心安。属于这种情况的人最多。第三是行为歪曲。被试确认自己是对的，错的是其他多数人，但是不愿意成为"一匹离群之马"，所以表面上采取了从众行为，跟着多数人作了同样的错误选择，而一旦当群体的压力解除，他就会说出自己真正的意见。

后来，有很多学者在黎巴嫩、巴西、津巴布韦、挪威、加拿大、日本和中国香港等不同国家和地区重复了这个实验，尽管从众比例稍有差异，但都证实了从众现象的普遍存在，不过，从众行为同时也存在文化差异（见专栏10-1）。

专栏 10-1

文化与从众

"在美国，会叫的轮子才会得到油的润滑；在日本，突出的钉子却会被敲平"（Markus & Kitayama，1991）。对于一个人成长的社会环境是否会影响到他从众行为的程度这一问题，人们的答案是肯定的。

米尔格拉姆（Stanley Milgram，1961，1977）在挪威和法国重复了阿希的实验，发现挪威的参与者比法国的参与者从众程度更高。米尔格拉姆将挪威社会描述为具有"高度凝聚力"和"浓厚的群体认同感"的社会，相比之下，法国社会则表现出"在社会与政治生活中都很难达到一致"。在从众行为的另一个跨文化研究中，来自黎巴嫩、中国香港、巴西的参与者从众程度相似，而来自津巴布韦的班图人从众程度却高出许多（Whittaker & Meade，1967）。正如研究者所指出的，在班图文化中，从众有很高的社会价值。

虽然日本文化在很多方面都比美国文化更具有从众性，但是有两个使用阿希范式的研究却发现，当群体一致给出错误答案时，日本学生在总体上比北美学生更少从众（Frager，1970；Williams & Sogon，1984）。在日本，人们只对自己所属和认同的群体保持合作性和忠诚。要让他们顺从于一个全部由陌生人组成的群体的行为，尤其是在人为制造的心理学实验这样一个情景中，是不太可能的。类似地，在以英国人为被试的实验中，当参与者认为其他群体成员与自己一样是心理学专业的学生时，从众行为相对较高，而当其认为其他人是艺术史专业的学生时，从众行为较低（Abrams et al.，1990）。同样，德国人在阿希范式实验中表现出比北美人更低的从众（Timaeus，1968）；在德国，顺从于陌生人远远没有顺从于一些定义明确的群体来得重要（Moghaddam，Taylor，& Wright，1993）。

文化差异的一个重要方面就是对个体或者集体利益的强调程度。在个体主义文化社会中，如美国和西欧，对儿童的培养强调自我依赖以及决断能力。儿童会享有较大的独立性，创造性的活动是被鼓励的。与此相反，集体主义文化社会强调个体与社会群体保持联系的重要性，如非洲、亚洲和拉丁美洲。父母会关注孩子的服从，正当的行为，以及对群体传统的尊敬等（Berry，Poortinga，Segall & Dasen，1992）。因此，我们可以预期在集体主义文化中，从众于群体规范要比在个体主义文化中更为重要（Bond & Smith，1996）。

跨文化研究为这一预期提供了支持。在一个早期研究中，贝里（Berry）采用了阿希的线段判断任务来比较三个不同文化群体的从众现象。苏格兰被试代表了西方的个体主义文化，塞拉利昂的滕内人代表集体主义文化。在人类学家眼里，滕内文化是一种农业文化，强调传统和遵从。同时，贝里用居住在加拿大东北部巴芬海岛上的爱斯基摩人来代表非西方的个体主义文化。这些爱斯基摩人依靠狩猎和捕鱼为生，人类学家认为他们是一个强调自我依靠和独创性的群体。所有被试都具有正常的视觉。结果出现了显著的文化差异，且与预期相符。爱斯基摩被试表现出最少的从众，其后为苏格兰被试，而滕内被试则表现出最为严重的从众情况。

为了进一步评价文化与从众之间的关系，Rod Bond 和 Peter Smith（1996）对在 17 个国家和地区进行的 133 项阿希研究进行了元分析（这些国家和地区包括美国、加拿大、英国、法国、荷兰、比利时、德国、葡萄牙、日本、中国香港、斐济、津巴布韦、刚果、加纳、巴西、科威特、黎巴嫩）。与预期一致，他们发现集体主义文化下的个体更容易从众。进而他们还发现，文化对于从众的影响效果远远大于其他因素，如群体规模、刺激物的清晰度等对从众的影响。

（三）从众的原因

在阿希研究的基础上，多伊奇（M. Deutsch）和杰拉德（H. Gerard）对从众原因进行了说明。根据他们的观点，从众行为的产生有两个原因：一是信息性社会影响（informational social influence），一个是规范性社会影响（normative social influence）。

（1）信息性社会影响

从众的一个重要原因是人们有确认真实情况的需要，而他人的行为通常能提供十分重要的信息。这就是所谓的信息性社会影响，我们把他人视为指导行为的信息来源从而顺应其行为。谢里夫的实验正是信息性从众的一个经典研究。从众是因为相信其他人对一个模糊情境的解释比自己的解释更正确，而且可以帮助我们选择一个恰当的行为方式。基于信息影响而产生的从众倾向依赖于情境的两个维度：人们认为群体掌握的信息程度如何以及人们对自己独立判断的信心如何。人们越相信群体的信息，越重视群体的观点，就越容易与群体保持一致。而刺激越模棱两可、任务越困难，人们对自己的判断越易失去信心，越容易从众于群体的判断。

信息性社会影响的一个重要特点就是它能导致个人接受（private acceptance）而不只是公开顺从（public compliance），对这两者进行区分是十分必要的。前者是真从众，人们真诚地相信其他人言行的正确性，因而顺应他人的行为；后者则是一种权宜从众，一个人虽然在公开场合顺应他人的行为，但私下不一定相信。当从众来源于信息影响时（人们确信群体成员是正确的），人们通常在改变行为的同时也改变了自己的观念。因此，信息影响可被看作是一种公正的理论推理过程。在这种推理过程中，其他人的行为改变了人们的观念或人们对情境的解释，因此使得人们的行为方式从众于群体的行为方式。

　　研究表明，情境模糊不清是信息性社会影响发挥作用的关键变量，它决定着人们在多大程度上会以别人作为信息的来源。当你不确定什么是正确的反应、适当的行为、正确的观点时，你将最容易受到他人的影响。你越是不确定，就越会依赖别人。危机是另一个促使人们以别人作为信息来源的变量，而且常常与模糊情境同时发生。在危急时刻，我们通常没有时间可以停下来思考应该采取什么行动。我们需要立即行动。如果我们感到害怕、恐慌而不知所措，很自然就会去观察别人的反应，然后照着做。①此外，通常一个人拥有越多的专业知识，其在模糊情境下的指导越有价值，越容易产生信息性社会影响。

　　群体歇斯底里症就是信息性社会影响的一个极端例子（见专栏 10-2）。

专栏 10-2

群体歇斯底里症

　　1983 年，在以色列占领的约旦西方银行区，正面临军事冲突之时，当地的阿拉伯人突然得了一场集体疾病。在一天之内有 300 多个女学生被送到医院，这件事很快引发了以色列士兵与阿拉伯人之间的冲突。这些病人大部分是十来岁的女学生，她们诉说的症状包括头晕、反胃、胃痛、眼花等。当地人指责以色列士兵对她们下毒，但以色列官方断然否定了这种指责。

　　1998 年，田纳西一所高中的老师报告说在她的教室里有一股汽油的味道；不久，她就感到头痛、恶心、呼吸急促、头晕目眩。她的班级停课之后，学校的其他老师也报告出现相同的症状。最后只好全校都停课了。每个人都看着那个老师和一些学生被救护车送走。但是当地的专家检查之后并没有发现学校有任何异常。复课之后，却有更多的人报告出现症状。学校再一次停课关闭。来自不同政府机构的专家再次进行了有关环境和流行病的检测，结果仍一无所获。但这次复课之后，神秘的流行病消失了（Altman，2000）。

　　田纳西卫生部门的琼斯（Timothy Jones）对这一罕见的案例进行了调查研

---

① ［美］E. Aronson 等著：《社会心理学》，中国轻工业出版社 2007 年版，第 210 页。

究，总共有 170 名老师、学生和员工曾到医院就诊，但没有发现任何器质性的原因。

上述两例其实都是群体歇斯底里症的例子，它指一群人身上出现类似但原因不明的症状。在病理学上被称为"群体心因性疾病"，这种传染病一开始通常是一个人或一些人报告有身体上的症状，而且这些人往往在生活中正承受着某种压力，而他们周围的一些人则开始为他们的疾病构建一些看似合理的解释。这种解释，也就是对环境的新定义，开始传播，而且越来越多的人开始认为他们也有同样的症状。随着遭受痛苦的人数量的增加，生理的症状和他们臆断的理由变得越发可信，从而更广为传播。在田纳西这个案例中，与没有得病的学生相比，那些得病的学生更多地报告曾在课间亲眼看到得病的人或者得知同学病了。很明显，这里将那些模糊的症状（甚至是没有症状）定义为是令人恐惧的、由楼房引起的疾病的"信息"通过直接接触得以传播。另外，媒体对该事件铺天盖地的报道更增加了人们的恐慌，使得更多臆断的"信息"得以传播。

约翰逊（Donald Johnson）曾就群体心因性疾病考察过一个经典案例：发生在伊利诺伊州马顿的"虚幻的麻醉师"事件。一开始，有一名妇女向警方报案，说有人通过她卧室的窗户向她喷洒气体。不仅如此，很多居民声称自己遇到过同样的情况。最后州警员也被召来参与调查。但事实上，并没有任何患有精神病的"喷洒气体的人"在游荡。这件事发生在 1944 年，人们因为第二次世界大战而紧张不安。这个传染病是怎么传播的呢？为什么有些人相信自己身上的病痛是一次诡异的侵袭引起的？约翰逊认为信息性社会影响主要是通过报纸发挥作用的。那些受害者彼此并不相识，因此不可能是他们之间直接传播的信息。相反，正是城市报刊上耀眼的大标题和耸人听闻的文章成了传播情景定义的工具。

在现代的群体心因性疾病（以及其他特定形式的从众行为）的案例中，大众媒体在传播过程中扮演了一个强有力的角色。通过电视、广播、报纸、杂志、因特网、电子邮件，信息迅速而有效地传播给每个角落的人们。中世纪时期，"跳舞狂"（一种精神疾病）传遍欧洲花了 200 年，而今天，只需要几分钟，就能让地球上大部分居民得知一件稀奇事。幸运的是，大众媒体同时也能迅速平息这些涌现的传染病，通过介绍更合乎逻辑的解释来澄清这些含糊不清的事件。

（2）规范性社会影响

从众的第二个原因是人们有渴望被接受的需要，希望获得其他人的赞同，并避免其他人的反对。人们通常希望别人能够接受自己，喜欢自己，友好地对待自己。当人们为了获得社会接纳而改变自己的行为方式，使其符合群体的规范和标准时，规范性影响便起了作用。由规范原因而引发的从众行为，并不是因为我们以别人作为信息来源，而是为了不引人注目，不被他人嘲笑，不至于陷入困境或遭到排斥，因为群体成员一般都讨厌偏离者。

1968 年，弗里德曼（J. L. Freedman）等通过实验证明群体对偏离者采取惩罚态度。被试是一些互不相识的人，实验者通过操作，首先使被试们相信，小组中有 5 人意见一致，只有一名被试和大家意见不一致，使之成为大家心中的偏离者。然后，实验者让他们挑选一个人去参加一个有惩罚的痛苦的学习实验，结果大家一致推选了那个被视为偏离者的人。而当实验者要求被试群体选择一人参加另一种有奖励的愉快的学习实验时，大家却尽量避免推选那个偏离者。

阿希的实验可用规范性影响来解释。该研究中，情境十分明确，正确答案显而易见。参与者并不需要从其他人那里获得信息作判断。这里，规范性压力发挥了作用。即使其他的参与者都是陌生人，对成为孤独的异议者的强烈恐惧也会引发人们的从众行为。这种情况下，与信息性社会影响相比，规范性压力常常会导致人们公开地顺从群体的信念和行为，但是私下里并不一定接纳，也没有必要非得改变自己的个人观念。

规范性社会影响在我们日常生活的许多层面发挥作用。时尚就是规范性社会影响的一个例证，时尚是一定时期内社会上某个群体中普遍流行的某种生活方式。很少有人甘为时尚的奴隶，但我们还是会在适当的时候穿着适当的、合潮流的服装。我们还会发现某一特定群体中的人们打扮相似，这些都是规范性社会影响在起作用。

现代社会中，有一种形式的规范性社会影响产生了严重的后果，它使得女性为追求文化所规定的诱人身材而不惜一切，严重的会导致进食障碍的发生（见专栏 10-3）。

专栏 10-3

规范性社会影响与进食障碍

女性通过信息性社会影响了解到特定时刻文化认同的魅力身材的类型。通过家人、朋友和媒体，女性了解到何为魅力身材，自己与之比较又如何。而各种形式的媒体都在传递着这样的信息：理想的女性身材是苗条的。例如，研究者调查分析了那些以少女和成年女性为目标群体的文章和广告，以及电视节目中的女性人物，证实了上述观点（Cusumano & Thompson, 1997; Levine & Smolak,

1996）。女性往往倾向于认为自己的体重超重并且认为比她们实际的体重还要重
（Cohn & Adler, 1992），而且如果她们刚刚见过媒体中纤细身材的女性形象，
这种效应还会加剧（Fredrickson et al., 1998; Lacine et al., 1999）。

规范性社会影响则可以解释女性为什么会通过节食，更有甚者，通过厌食
症、暴食症等进食障碍来塑造这种完美身材（Gimlin, 1994; Stice & Shaw,
1994）。早在20世纪60年代，研究者就调查发现70%的高中女生对自己的身材
不满意并希望能减肥（Heunemann et al., 1966; Sand & Wardle, 2003）。目
前作用于女性保持苗条的社会文化压力，是规范性社会影响的一种潜在的致命
形式。20世纪20年代中期，苗条是女性身材魅力的重要标准，当时出现了进
食障碍的流行病。今天这一切又重现，并且出现在年纪更小的女孩身上：美国
厌食暴食协会（American Anorexia Bulimia Association）最近的一项调查发
现，12～13岁的女孩中，有1/3正积极地试图通过节食、呕吐、腹泻、使用药
物减肥（Ellin, 2000）。

研究者对从众压力与进食障碍之间的关联进行了研究。克兰德尔
（Christian Crandall, 1988）曾针对暴食症作过有关研究。暴食症是一种饮食
模式，它的特点是周期性地暴饮暴食，接着又通过禁食、呕吐、腹泻等方法来
清除这些食物。克兰德尔的研究参与者是来自两所大学女生联谊会的成员。他
发现，首先，每个联谊会对于暴饮暴食都有它自己的一套社会规范。在其中一
个联谊会中，团体的规范是吃得越多越受欢迎；而在另一个联谊会中，受欢迎
程度与适度的暴饮暴食相关，最受欢迎的是那些既不过分节制，也从不暴饮暴
食的女性。

暴饮暴食是规范性社会影响的一种运作方式吗？是的。克兰德尔通过对女
生一学年的测试发现，新成员也必须顺应朋友的饮食模式。也许，最初的从众
行为是一种信息性行为，是新成员向团体学习如何控制体重的一种方式。但是，
接下来规范性社会影响取而代之，女生必须使自己暴饮暴食的行为服从联谊会
和朋友的标准。如果不采取这样的行为或者与其他人做法不同，女生很快就会
不受欢迎甚至遭到排斥。

（四）影响从众的群体因素

（1）群体一致性

个体在面对一致性的群体时所面临的从众压力是非常大的。当群体中意
见并不完全一致时，从众的数量会明显下降。阿希在进一步的实验中，让一

位假被试作出不同于其他多数人的反应，结果被试的从众行为减少了 3/4，因为被试有了一个"同盟者"，从中得到了巨大的支持力量。即使这个假被试并没有发表与被试相同的意见，只要他与群体意见相异，就会增强被试的信心，削弱从众行为。

马洛夫（M. Malof）等人的研究则证明，群体不一致意见一旦出现，无论持不一致意见者与真被试在情感和态度上是否相同，都会导致从众率的下降。群体意见不一致导致从众比率下降的原因有三方面：第一是当出现不一致的时候，人们对于多数人的信任度就会降低，这给本来就对群体意见有所怀疑的个体找到了支持力量，并提供了可以怀疑的空间，这就削弱了人们将多数意见作为判断参照的依赖性，导致从众率下降。第二，这种来自于他人的支持力量同时也能提高个体对自我判断的信心，从而降低从众产生的比例。第三，群体已经不一致的时候，会减小人们的偏离焦虑恐惧，降低群体对个人造成的压力，使得人们进行独立判断的倾向增加，从而使从众比例下降。

（2）群体规模

在一定范围内，人们的从众性随群体规模增大而增大。假想你在一个让你感到寒冷的屋子里。如果屋子里还有另外一个人，他抱怨屋子太热，你可能会认为这个人不是在说胡话就是发了高烧。但是如果屋子里还有另外 5 个人，而且他们都说屋子太热，你可能会再重新思考一下，怀疑自己是不是什么地方出了毛病。5 个人比 1 个人更能够使人相信。

一般来说，群体规模越大，引起的从众率也就越高。按照社会影响理论，影响源群体增大，影响力也会相应增大，从而诱发更多的从众。但群体成员的人数是有限度的。在阿希的系列实验中，他通过改变小组成员的数量（在 1～15 人之间变化），发现随着人数的增加，从众也更易发生。但这个人数有一个极限，即不超过 3～4 人，如果超过这个范围，人数增加并不必然导致从众行为的增加（见图 10-5）。杰拉德（H. B. Gerard）进行的阿希式研究结果虽有所不同，但也反映了同样的趋势。

米尔格拉姆等人（S.Milgram）也做过与群体规模有关的从众实验，得到的结果有相同的趋势。实验是在纽约市的一个热闹的街头，由实验助手站在街边，抬头看一个街对面的办公大楼六层的一个窗户，并测试从这里经过的人的从众行为的发生情况。实验助手的群体规模分别是 1 人、3 人、5 人、10 人和 15 人五种情况。实验结果表明，过路人同样也抬头观望的人数明显随群体规模的增大而增多，5 人内群体规模引起观望人数的增加非常明显，超过 5 人时，从众行为人数增加速度放慢。

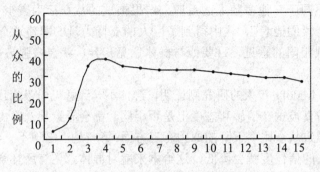

图 10-5　人数对从众行为的影响

来源：Asch, S. E.. Opinions and Social Pressure. Scientific American, 1955, 31-35.

（3）群体凝聚力

群体凝聚力是指群体对其成员的总吸引力水平。群体的凝聚力越高，个体对群体的依附性和依赖心理越强烈，越容易对自己所属群体有强烈的认同感。他们与群体有密切的情感联系，有对群体作出贡献和履行义务的要求。在一般情况下，群体的凝聚力越大，从众的压力越大，人们的从众行为越可能发生。多伊奇（M. Deutsch）等人做过一个阿希式的实验。不过在他的实验中，改变了小组之间的关系，让几个小组进行竞争比赛，看哪个小组出现的错误更少，并对优胜的一组进行奖励，其成员可获得两张戏票，以此来增加临时性实验小组的凝聚力及其与个人关联的密切程度。结果表明，在竞争的情境中，群体成员会努力地、有意识地、自愿地尽量达成一致意见，更容易从众。

（4）个体在群体中的地位

个体在群体中的地位越高，越有权威性，就越不容易屈服于群体的压力。一般来说，地位高的成员经验丰富、能力较强、信息较多，他们的看法和意见能对群体产生较大的影响，并导致地位低的成员屈从，而地位低的成员很难影响到他们。老师在学生面前、军官在士兵面前、领导在下属面前都会较少从众，甚至特意通过不从众来显示自己的与众不同。

（五）影响从众的情境因素

（1）刺激物的性质

刺激物的性质是影响从众行为的情境因素之一，人们更容易对模棱两可的刺激作出从众反应。在阿希实验中，如果 A、B、C 3 条线段长短相差无几，即不容易看出哪两条线段与标准线段 X 有明显差异，那么，被试屈从群体压力、作出错误选择的可能性就大。多伊奇等人在做阿希实验时，先把线段给被试看几秒钟，然后拿开，再让被试进行判断，结果证实，单凭记忆作出判断，被试更容易表现出相符行为，因为这时刺激物在他头脑中的印象已经相对模糊了。

此外，如果刺激物对观察者来说是无关紧要、不涉及原则问题的，人们越可能从众。可如果涉及伦理、道德、政治等原则问题，人们不太容易丧失立场。对此，苏联心理学家彼得罗夫斯基（A. B. Petarovski）曾做过一个实验，实验以一些四年级、七年级和九年级的学生为被试，先让他们填写一份问卷，上面有几条关于道德问题的判断，被试可以根据公认的准则作出回答。一段时间之后，再把包括这些问题在内的题目数量更多的问卷发给被试，在他们回答之前予以暗示，指出其他人都赞成错误判断，结果发现，绝大多数人都不改变原来的意见。可见，在伦理道德等原则问题上，人们往往能坚持自己的判断。

（2）时间因素

时间因素对从众行为的影响可以从两方面理解。一方面，群体交互作用过程中的不同阶段对从众行为的影响是不同的。交互作用的早期阶段更容易发生从众行为，因为这个阶段双方处在相互适应阶段，双方都试图建立规范。在这样的情况下，双方相互接纳对方的程度较高，比较易于被说服和接受他人观点。而到了交互作用的后期，相互之间会试图巩固自己的地位，从而变得不易接受影响而从众。

另外，在早期阶段如果个体自我怀疑，同时又有高群体压力，则易发生从众。这个时候如果在表达自己的意见前，先了解别人的想法并写下来，那么轮到自己表达观点的时候，就会表现出较多的从众，但是如果在听别人说之前先思考过，那么表达的时候就会表现出较少的从众。

（六）影响从众的个体因素

（1）性别和年龄

人们通常认为男性比女性更不容易从众。但男女在从众行为上表现出的差异在心理学领域还没有一个非常一致的结论。考勒曼（J. F. Coleman）等人在1958年的研究表明，问题难度与从众率的相关系数男性为0.58，女性高达0.89。亦即问题越困难或缺乏客观标准，从众率也越高。女性在相应的困难程度下比男性更倾向于从众。

而西斯特克（F. Sistrunk）在实验中发现，过去的研究之所以得出女性比男性更容易从众的结论，是因为选择的实验材料更为男性熟悉，如政治、球赛、汽车驾驶等等，这会使女性表现出较多的从众行为。后来，他在实验中分别选择了男女均适用的材料，结果表明在男性比较熟悉的实验材料上，男性表现了较低的从众，而在女性比较熟悉的实验材料上，如烹调、服装、看孩子等等，则会使男性表现出较多的从众行为。在中性刺激材料面前，男女被试的从众程度没有什么差别。由此研究者认为，两性之间在从众行为方面差异很小。

从年龄上看，儿童和青少年比成人更容易从众，因为这个时期的个体处于发展阶段，通常也被称为可塑期。随着年龄的增长，性格的稳定，在从众行为上年龄差异就不再明显。

（2）个性特征

个人的能力、自信心、自尊心、社会赞许需要等都与从众行为密切相关。能力强、自信心强的人，不容易发生从众。有较高社会赞许需要的人，特别重视他人的评价，往往以他人的要求与期望作为自己的行为标准，所以从众的可能性更大。性格软弱、受暗示性强的人，也容易表现出从众行为。

（3）知识经验

人们对刺激对象越了解，掌握的信息越多，就越不容易从众，反之则越容易从众。如果一名医生和一群教师讨论教育问题，他往往不会反对教师们的意见，因为他对此问题不甚了解；而如果讨论营养问题，他可能会反对教师们的一致意见，因为他在这方面有丰富的知识经验。

（4）个人的自我卷入水平

一种意见一旦被表达出来，人们会更强烈地意识到自己已经选择了某种态度。如果由于群体压力，迫使人们选择与多数人相同而与原来选择不同的态度，人们也会明确知道自己屈服群体压力而作出了态度改变。很显然，这种意识会激发人们的抗拒反应，促使人们保持自己态度的一致，不轻易屈服于他人的压力，从而使人们倾向于作不从众的选择。如果意见是当众表达的，则不仅有上述自我意识更为强烈的问题，还有一个在公众面前是否有独立性、是否能坚持自己意见的自我形象问题。这种意识会使人们选择不从众的倾向更为强烈。

多伊奇（M. Deutsch）等人 1955 年的一个极为巧妙的研究证明了以上推论。研究者设计了四种情境，来考察被试从众率的不同。第一种情境下，实验的刺激呈现后，被试在听到群体其他人表达意见前，完全不表达自己的判断。这一情境与阿希等人的实验情境相类似。在第二种情况中，被试在听到别人意见之前，先在石墨魔术本上写上自己的判断（魔术本即石墨与玻璃纸制成的写字板，写字时，玻璃纸被石墨吸住，出现字迹，揭开玻璃纸，字迹即消失）。听完别人的反应后，再次写出自己的意见，最后抹掉魔术本上写出的内容。在第三种情境中，被试在听别人反应前，先在普通的纸张上写下自己的意见，但不用给别人看。在第四种情境中，被试需要预先写下自己的答案，并签上自己的姓名，实验结束时交给研究者。通过这种巧妙的实验安排，四组被试就在四种不同的自我卷入水平下进行实验，并且卷入水平是由低到高逐渐增加的。研究结果表明（见表 10-1），随着自我卷入水平的增加，人们保持自己最后行为与原先判断相一致的倾向也越来越强烈，因而从众的比率也越来越小。

表 10-1　自我卷入水平与从众

条件	自我一致要求的水平	从众行为比例
无预先表达	低	24.7%
个人私下表达	⋮	16.3%
个人自我表达	▼	5.7%
公开表达	高	5.7%

二、服从

（一）服从的含义

服从（obedience）是指由于外界压力而使个体发生符合外界要求的行为。外界压力主要来自两个方面，一是他人，一是规范。很多时候人们会服从地位高的人或权威的命令，父母、老师、警察、上司都是我们服从的对象。除了对权威他人的服从之外，还有对规范的服从。社会靠规范来维持，规范靠服从执行。政策法规、组织纪律、约定俗成的惯例，都是我们必须服从的。对权威与规范的服从也是一个人社会适应良好的重要标志。

服从和从众虽然都是社会影响下的产物，都是因为压力而导致的行为，但两者有诸多不同。首先，压力来源不同。服从的压力来源于外界的规范或权威的命令，从众的压力实际来源于个体的内心，从众是为了求得心理上的平衡。其次，发生方式不同。服从是被迫发生的，带有一定的强制性；从众是自发的，外界并没有强迫或命令个体必须如何做。最后，造成的后果不同。不服从往往会使个体受到惩罚，而不从众只会引起个体内心的不安和失衡。当然，人的行为是复杂的，很多时候服从和从众相互交织，并不能截然分开。

（二）米尔格拉姆的服从权威实验

如果一个人被命令干违背自己良心的事，他会怎么办？如果权威的命令是违反伦理道德的，人们还会不会服从呢？为了探讨这一问题，1963 年，米尔格拉姆（S. Milgram）进行了一项关于服从权威的经典实验，取得了令人震惊的结果，并引起了广泛的讨论。

米尔格拉姆在报刊上刊登广告，公开招聘受试者，结果有 40 名不同年龄、不同职业的男性市民应招入选。实验者告诉他们将参加一项研究惩罚对学习效果影响的实验，两人一组，抽签决定一人当老师，一人当学生。老师的任务是朗读配对的关联词，学生则需记住这些词，然后在给定的 4 个词中选择一个正确的，如果选错了，老师就按电钮电击学生以示惩罚。实际上，每组被试中只有一个是真被试，另外一个是实验助手。抽签时，总是巧妙地让真被试抽到当老师，而助手则当学生。

"老师"被带到一台巨大的控制台前，那上面有 30 个电钮，每个按钮都标有电压强度，从 15 伏依次增强到 450 伏。按钮 4 个一组，共分为 7 组，另外两个是单独的。各组下面分别写着：弱、中、强、特强、剧烈、极剧烈、危险等字样，最后两个按钮用 XXX 表示。学生被安排在另一间屋的椅子上，让真被试看到"学生"被用带子固定到椅子上，并在其手腕上绑上电极。学生的手旁边有一个键盘，上有四个电键，供"学生"在学习过程中回答问题使用。在教师的房间中，教师可以通过操作电极的机器及时看到学生的相应回答。"老师"看不到"学生"，相互之间通过电讯保持联系。

实验开始之前，学生说他患有轻微的心脏衰弱。实验者让教师放心电击并不会带来危险。之后实验者让教师接受了一次 45 伏的示范电击，目的是让其了解他将要给学生施加的电击是什么样的感觉。虽然实验者说这个电击很轻微，但实际上被试已经感到很难受了。

实验开始后，学生故意频频出错。"老师"从 15 伏开始，按照实验者的指示，学生每错一次就增强一个等级的电击。从 15 伏到 75 伏，"学生"没有表示反应。从 90 伏开始就自言自语地埋怨，到 120 伏就发出苦闷的尖叫，315 伏发出极度痛苦的悲鸣，已经不能回答问题。实验者要求"老师"在 10 秒钟以内不见回答就视为误答，并施行电击。330 伏以后，学生就没有任何反应了。在整个实验过程中，实验者一直督促教师继续进行实验："请继续"，"实验必须进行下去"，"你必须继续进行下去"，并说所有的责任都是实验者的，与教师无关，让其放心。在这种情况下，会不会有人把电压升至 450 伏呢？

米尔格拉姆原先预测，在上述实验情境中，极少被试会服从实验者对学生施加 240 伏以上的"强电击"。他曾请精神病专家、大学生和一般的白领阶层成人共 110 人来预测结果，三个群体预测的平均电压为 135 伏，没有一个人预测会超过 300 伏。110 人中的 40 名精神病专家预计，在米尔格拉姆的实验情境中，被试对学习者施以最强的 450 伏电击的可能性，只有 0.1%。

但研究的实际结果却令人震惊。虽然，实验在电压加强到 300 伏时，特别设定了受电击挣扎，脚踢墙壁的声音，但在 40 名被试中，只有 5 人到 300 伏时拒绝再提高电压。有 4 名到 315 伏时开始不服从实验者的指示。在 330 伏停下的有两人，345、360、375 伏停下的各一人。总共有 14 名被试最终都拒绝实验者命令，继续增加电压。但是，更多的被试服从了实验者的指示，将电压加至最高的 450 伏。这类被试的人数达 26 人，占总数的 65%。服从的被试也并非对"学生"的困境无动于衷，一些被试提出抗议，许多被试有出汗、发抖、口吃以及其他紧张现象，甚至有的被试还会发出神经质的阵阵笑声，但最终他们还是服从了。具体结果见表 10-2。

表 10-2　米尔格拉姆服从研究实验

电击水平	服从实验者命令的被试的百分比
轻度到非常强水平的电击（0～240 伏）	100
强度电击（255～300 伏）	88
极强电击（315～360 伏）	68
危险：严重电击（375～420 伏）	65
"XXX"（435～450 伏）	65

当然，实验中的"学生"并没有受到任何电击，其所发出的呻吟、叫喊等都是事先排练好并录了音的，实验时只是放出录音而已。实验结束后，实验者把真相告知被试并进行安慰，以消除他们内心的不安。

继米尔格拉姆之后，其他许多国家的研究者也证明了这种服从行为的普遍性。在澳大利亚服从的比例是 68%，约旦为 63%，德国的服从比例高达 85%。

（三）影响服从的因素

（1）命令者的权威性

命令者的权威性越大，越容易导致服从。职位高、权力较大、知识丰富、年龄较大、能力突出等，都是构成权威影响的因素。另外，命令者手中如果掌握着奖惩的权力，也会使服从行为大大增加。在米尔格拉姆的实验中，发出命令的是耶鲁大学一位很有名望的心理学家，并且宣称该实验研究的是一个重要的科学问题，这种权威身份增加了服从的可能性。如果主持实验的不是一位专家，服从率有可能降低。

米尔格拉姆通过进一步的实验，验证了这一结论。如果告诉被试研究发起者是一家公司时，被试绝对服从的比例降到了 48%。而在另一个实验中，实验者向被试介绍实验目的及程序，当他还没有来得及告诉他们如何施行电击时，一个事先安排好的电话把他叫走，另一个人（实验者助手）接替了他的角色，接替者像实验者那样命令并督促被试施行电击。在这种情况下，服从到最后的被试比例降至 20%。这说明，只有高度的权威才能带来高度的服从，任何接替者都无法做到这一点。

（2）他人支持与服从

米尔格拉姆在原有实验的基础上，让三名被试（其中有两名假被试，都是实验助手）在一起进行这个实验，其中依次安排两个假被试在不同电压的时候拒绝服从继续增加电压施加电击，在150伏时，第一名假被试拒绝服从，并且坐在旁边观看其他人，当电压达到210伏时第二名假被试也拒绝进行。实验结果表明，他人的支持极大地降低了权威者的命令效力，大大提高了被试的反抗程度。当有别人的反抗支持时，90%的被试都变得对抗实验者，拒绝服从。有些被试当假被试一退出马上也拒绝继续。另一些则延迟一会儿再作出拒绝反应。

很明显，社会支持显著增加了人们对权威的反抗。在原型实验中，被试独自进行实验，没有行为的参照系统。而在群体背景中，人们会转向用同样的行为作为自己行为的参照。当人们发现不必忍受内心巨大的冲突而去伤害别人时，就更倾向于拒绝，而不是服从。

（3）服从者的道德水平和人格特征

在涉及道德、政治等问题时，人们是否服从权威，并不单独取决于服从心理，还与他的世界观、价值观密切相关。米尔格拉姆采用科尔伯格（L. Kohlberg）的道德判断问卷测试了被试，发现处于道德发展水平第五、第六阶段上的被试，有75%的人拒绝服从；处于道德发展第三和第四阶段的被试，只有12.5%的人拒绝服从。可见，道德发展水平直接与人们的服从行为有关。

米尔格拉姆对参加实验的被试进行人格测验，发现服从的被试具有明显的权威主义人格特征。有这种权威人格特征或倾向的人，往往十分重视社会规范和社会价值，主张对于违反社会规范的行为进行严厉惩罚；他们往往追求权力和使用强硬手段，毫不怀疑地接受权威人物的命令，表现出个人迷信和盲目崇拜；同时他们会压抑个人内在的情绪体验，不敢流露出真实的情绪感受。

（4）权威的靠近程度

米尔格拉姆在进一步的实验中，把主试和被试的关系分为3种：在第一种情境中，主试与被试面对面地在一起；在第二种情境中，主试向被试交代任务后离开现场，通过电话与其联系；在第三种情境中，主试不在场，实验要求的指导语全部由录音机播放。结果表明：权威越靠近，完全服从的比例越高；反之则服从率越低。权威的压力由于距离的扩大而减小。在第二、第三种情况下，有的被试还会弄虚作假，欺骗主试，例如他们发出的电击强度低于实验者的要求，而且事后不告诉实验者。

可用责任转移对此进行解释，实验中的多数被试对自己用伤害性的电击对待别人心存冲突，但大多数人还是服从了权威的命令，这是因为被试在行为归因上将行为的责任转移给了实验者，认为自己仅仅是帮助实验者达到研究目的的代理人，不对行为后果负有责任。在这种心态下，人们关心的是如何更忠实地履行自己的义务，而不关心行为的后果。而当实验者不与被试直接在一起时，他们的行为自我责任意识明显增加。在这种情况下，只有22%的被试一直服从到最高电压。在归因上，没有别人在场，更容易将行为责任归于自己本人，从而拒绝服从、停止给别人实施伤害性电击的人数显著增加。

（5）行为后果的反馈

米尔格拉姆的研究的另一个变式是用不同方式来提供行为后果的反馈。结果发现，不同的反馈形式会显著影响服从行为的比例。

在变式实验中，研究者比较了四种反馈情景：第一种是间接反馈。在这种情况下，真被试"老师"与充当学生的实验助手不在一间屋子里，因而看不到被电击者的痛苦状态，也听不到声音，只是在电压加到300伏之后，有撞墙壁的声音（录音）。最初的原型实验，使用的就是这种反馈方式。第二种是声音反馈。这种反馈通过事先准备好的标准录音播放来提供，让被试听到受害者的喊叫、抱怨、愤慨和挣扎。对应于不同的电压水平，声音的痛苦程度也不同。如从75伏到105伏，发出不同声响的"啊！"声。120伏时说"啊！真疼！"，150伏时，声音变为"啊！实验员！够了。我要出去！……"再后来是痛苦的尖叫，声明心脏不好，拒绝再作回答，要求退出实验等喊叫。330伏时的强烈的喊叫变得缓慢，内容为："让我离开。我要走。我的心脏难受。……"最后变为歇斯底里式的重复，"我要离开！让我走！"第三种情境是身体接近。受害者的反应由专门的实验助手进行规范化的逼真表演，显示各种痛苦表现和声音反馈，受害者与被试相隔仅约40厘米。第四种情境是身体接触。这种情况与身体接近情况相似，但作为教师的被试会将受害者的手压放在电击台上，才能实施电击。图10-6是各种情况下服从实验者的被试将电压一直加至最大的比例变化。

从图10-6可以看到，行为后果的反馈越直接，越充分，人们服从权威，作出伤害别人行动的可能性就越小。相反，被试对自己行为的后果了解越少，服从权威而对别人施加伤害性电击的可能性就越大。社会心理学家分析，这一发现有着令人不安的现实意义。现代武器技术，已经发展到控制武器发射的人丝毫不接触受害者。这就存在着一种危险，即武器系统操作人员对自己工作的危险性认识越来越缺乏，就好像他们的工作对象就是武器本身，而不是可能造成成千上万人丧生，甚至可以毁灭城市的现代恐怖工具。

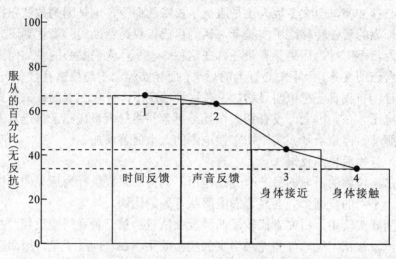

图 10-6 不同行为反馈方式与服从率的关系

来源：Milgram, S. Obedience to Authority: An Experimental View. New York: Harper & Row, 1974.

三、顺从

（一）顺从的含义

顺从（compliance）也称依从，是指在他人的直接请求下按照他人的要求做的倾向，即接受他人请求，使他人请求得到满足的行为。在现实生活中，我们经常向他人提出种种要求，希望他人顺从我们的观点和行为，我们自己也经常顺从他人的意愿。因此，顺从是人与人之间发生相互影响的基本方式之一。为什么人们会顺从他人的请求呢？主要原因有维护群体一致、希望被人喜欢、维护既有关系等。

顺从和从众的区别在于：顺从是在他人的直接请求下表现出来的，而从众并没有他人的直接请求，从众来自一种无形的群体压力。顺从和服从的区别在于：顺从来自他人的请求，是非强制性的，而服从来自他人的命令，带有某种强制的特征；命令者与服从者之间往往存在规定性的社会角色联系，例如老师与学生、上级与下级，而请求者和顺从者之间并没有规定性的社会角色关系的束缚，各种人际交往之中都可以产生顺从行为。因此，顺从是一种比服从更为普遍的社会影响方式。

（二）顺从行为发生的心理规律

研究者对引起顺从的环境与策略进行了探讨，指出增加他人顺从的技巧与我们对他人的了解程度、自己的社会地位、请求的性质等有关。要想使他人顺从我们的请求，创建良好的顺从环境非常重要，有三个因素有助于建立使人们感到愉快的顺从气氛：

一是积极的情绪：情绪好的时候人们顺从的可能性更大，尤其是要求他人表现出亲社会的助人行为时。心情之所以有这样的作用，原因之一是心情好的人们更愿意也更可能参与各种各样的行为。第二种解释则认为好的心情会激发愉快的想法和记忆，而这些想法和记忆使得人们喜欢提要求的人。由于好的心情有助于增加顺从，所以人们经常会在向他人提要求之前先给他人一点好处，有学者把这种自我表现的策略称为讨好（ingratiation），预先的讨好和奉承对增加顺从十分有效。

二是强调顺从行为的互惠性：在社会规范中，互惠规范对顺从的影响也不小。互惠规范强调一个人必须对他人给予自己的恩惠予以回报，如果他人给了我们一些好处，我们必须要相应地给他人一些好处。这种规范使得双方在社会交换中的公平性得以保持，但同时也变成了影响他人的一种手段。互惠规范被广泛地运用于我们的日常生活之中，尤其是在市场销售活动中。汽车销售人员在你购买了他们的产品之后，经常会给你送一些礼物；保险销售人员也如此，当他们挨家挨户推销保险的时候，经常会给人们送诸如台历之类的小礼品，他们这样做无非是为了增加人们的顺从愿望。

三是合理原因的效果：我们对他人的顺从也需要合理的原因，当他人能给自己的请求一个合理解释的时候，我们顺从的可能性也越大。朗格（E. Langer）及其同事对合理借口对增加顺从的影响进行了研究，在研究中她让助手去"加塞儿"复印一些文件，在有些情况下助手没有说出理由，只是简单地说："我可以先印这5页文件吗？"结果60%的排队的人顺从了助手的要求；而在另外一种情况下，助手给了一个简单的理由，他说："我时间紧张，可以先印这5页文件吗？"结果94%的排队的人顺从了助手的要求。仅仅给出一个简单的理由就可以增加他人的顺从，是因为人们习惯于对他人的行为寻找原因，并且也相信他人不会提出不当的要求。

（三）促进顺从的技巧

如何促进他人的顺从？社会心理学家对此进行了深入的研究，提出了一些行之有效的策略。这些策略主要是从营销领域发展演化而来，但其运用范围已经远远超出推销的领域。

（1）登门槛技巧

登门槛技巧（foot-in-the-door technique）是指先向对方提出一个小要求，再向对方提出一个大要求，那么对方接受大要求的可能性会增加，又称为"得寸进尺效应"。弗里德曼（J. L. Freedman）的经典实验证明了这一点。他先让助手访问一些家庭主妇，请她们为了维护交通安全和美化环境，在窗户上贴一些小标记或在请愿书上签名，这些主妇都接受了。半个月后，实验者再次访问这些主妇，要求她们在门前草坪上树一块不美观的维护交通安全的广告牌，同时实验者也访问了一些以前没有访问过的主妇，提出同样要求。结果发现，前者有 55%同意，后者只有 17%同意。可见，先提出小要求增加了对方接受大要求的可能性。

"登门槛技巧"为什么能增加人们顺从他人的倾向呢？这可能与个体自我知觉的改变有关。例如在上述研究中，家庭主妇原先可能认为自己是不参加社会活动的人，一旦她们同意了实验者小的要求（即使是难以拒绝才答应的），她们的自我形象可能会发生变化，既然签了名，那么她就应该属于参加此类活动的人。因此随后出现一个大的要求的时候，她们会比以前更愿意顺从。也就是说，接受小的要求改变了个体对自己的态度，这种改变减少了她对以后类似行为的抗拒。

（2）门前技巧

门前技巧（door-in-the-face technique）与登门槛技巧相反，是先向他人提出一个很大的要求，在对方拒绝之后，马上提出一个小要求，那么对方接受小要求的可能性会增加。西奥迪尼（R. Cialdini）等人对这种现象进行了研究，他们先要求参加实验的大学生在下一年度内每周抽出 2 小时的时间参加一些青少年的活动，以便为他们提供"大哥哥"或"大姐姐"的榜样。毫无疑问，由于大学生没有那么多的时间，所以没有人会同意这样的要求。随后，研究者又提出了第二个要求，问他们是否愿意参加"一次"这样的活动，结果 50%的大学生同意后一种要求；而没有大请求的控制组只有不到 17%的人同意这一小请求。当人们拒绝了别人的一个要求后，会愿意作出让步，给别人留一点面子，使别人获得满足，因此这一技巧又称为"留面子效应"或"得尺进寸效应"。

但是，"门前技巧"必须满足三个前提：首先，最初的要求必须很大，从而当人们拒绝该要求时不会对自己产生消极的推论（如我不是一个慷慨大方的人等）。其次，两个要求之间的时间间隔不能过长，过长的话义务感就会消失。这一点与"登门槛技巧"不同，后者具有长期性。最后，较小的请求必须由同样的人提出，如果换了他人，该效应不出现。

"门前技巧"的发生与互惠规范有关，当人们知觉到他人的让步时（既然不能捐出1000元钱，捐10元钱总行吧！）就会感到来自互惠的压力，即对他人的让步作出回报，从而接受他人的第二个要求。从这一点来看，门前技巧要比登门槛技巧更有效。正因为如此，该效应被广泛地应用于各种各样的协商情境中。

（3）低球技巧

低球技巧（low-balling technique）指先向他人提出一个小要求，别人接受小的要求之后，马上再提出一个别人要付出更大代价的要求。例如在商品销售中，先把价格标得很低，等顾客决定购买后，再以种种借口加价。用这种方法可以使人最后接受较高的价格，而如果一开始就标出这一价格，顾客是不会接受的。低球技巧和登门槛技巧都是先提出小要求，再提大要求，但两者之间是有区别的：登门槛技巧的两个要求之间有时间间隔，而且两个要求之间没有直接的联系；而低球技巧的两个要求之间有时间间隔，而且有密切联系，是围绕同一件事情提出的。

（4）折扣技巧

折扣技巧（the that's-not-all technique）是先提出一个很大的要求，在对方回应之前赶紧打折扣或给对方其他的好处。和门前技巧不同的是，在折扣技巧中不给对方拒绝大要求的机会，通过折扣、优惠、礼物等方式诱导对方接受这一要求。

布尔格（J. M. Burger）用一系列实验证明了这一技巧的有效性，其中某一个研究过程如下：实验者在校园里卖烤蛋糕。大概有一半经过的人会停下来询问烤好的蛋糕。在控制组中，把一块蛋糕和两块小甜饼包装在一起卖，并告知潜在的购买者共75美分。在这种条件下，40%的潜在购买者最终购买了蛋糕。在"折扣技巧"条件下，潜在购买者首先被告知每块蛋糕75美分。稍后，又被告知花75美分除了可以买到一块蛋糕之外，还可以额外获赠两块小甜饼。在这种条件下，73%的潜在购买者最终购买了蛋糕。这一比例显著高于控制组。

（5）引起注意技巧

引起注意技巧（the pique technique）是一种新生又有趣的使人服从的技巧。这种技巧建立在这样一种观念之上：人们有时会在没有对要求进行思考之前就拒绝了该要求。在现代社会的许多城市中，经常会有乞丐向行人要钱。大部分行人对于不断遇到乞丐感到厌烦，经常看也不看继续行走，行人如同按照一个"拒绝剧本"一样行事，通常不对乞丐的乞讨进行任何思考就拒绝其要求。社会心理学家认为：在这种情况下，乞讨要想获得成功，乞丐就必须以某种方式打断行人的"拒绝剧本"，引起他的注意。因此，成功的乞丐应该以某种方式激发起目标人群的兴趣，从而增加其对乞讨行为作出顺从反应的可能性。

为了研究这种引起注意技巧，有研究者找来一些女性助手扮演乞丐的角色，到大街上找行人要钱。一种情况下，进行常见的乞讨："给我一个硬币吧""给我点零钱吧"。然而在运用引起注意技巧的情况下，研究者采用了一种新奇的方式乞讨："给我 17 美分吧"或"给我 37 美分吧"。与研究者预期的一样，行人更多地对新奇的乞讨作出反应，这种情况下大约有 75% 的行人进行了施舍；而对常见的典型乞讨则较少作出反应，只有 23% 的行人进行了施舍。并且采用新奇方式乞讨所得的钱总数要多于一般的乞讨。很显然，新奇的乞讨方式激发了目标人的兴趣，干扰了其不经思考的"拒绝剧本"。新奇的乞讨方式也会增加乞讨人的被接受程度和值得同情感。

第三节　模仿与暗示

一、模仿

（一）模仿概念及其种类

模仿是指在没有外界控制的条件下，个体受到他人行为的刺激，自觉或不自觉地使自己的行为与他人相仿。模仿是对外显行为的模仿，而不能模仿内隐心理。奥尔波特（F. Allport）指出，我们不能模仿惧怕，如果我们看到他人的惧怕的表情，而使我们也感到惧怕的话，那不是模仿的结果，而是由于看到了别人的惧怕的表情，会感到自己也处于危险的环境之中，因而我们也会惧怕起来。所谓模仿他人的气质、性格，也是通过模仿他人的一系列行为，体现出模仿对象所具有的个性心理特征。

在模仿过程中，模仿者是主动的，在许多场合下是有意识的、自觉的。一种情况是模仿者无意识地看到别人的行为后，产生了模仿的念头；另一种情况是模仿者为了积极地达到目的，而学习别人的行为。与模仿者相比，被模仿者的行为一般是被动的、无意的，但是在某些场合也可能是主动的、有意的。例如子女模仿父母，父母的许多行为仅是无意之举，其只有部分行为是有意供子女模仿的。

模仿可以分为有意识模仿和无意识模仿两大类。无意识模仿并不是绝对的无意识，而只是意识程度相对低一些。有意识模仿是模仿者有动机、有期望的模仿，即使他不十分了解他人的具体意义，也会感到模仿这种行为对自己有好处。譬如到一个陌生的人家做客，怕自己举止失当，就会格外注意模仿别人。一般情况下，有意模仿者了解他人行为的意义，了解自己的行为与他人行为的差异，会不断调整自己的行为以与他人相仿。这是人类学习的一条重要途径。

（二）关于模仿的研究

研究模仿的早期代表人物是塔尔德（G. Tarde）。作为一名研究犯罪行为的法学家，塔尔德非常重视模仿在犯罪活动中的重要作用。他由于撰写名著《模仿律》而名声大振。在他的著作中，他把模仿视为犯罪的基本规律，并且进而用模仿来说明一切社会现象。他认为，社会现象存在着反复性和一致性，而一致性的实现，必须依赖模仿。1 个人创造的行为模式，99 个人都跟着学。塔尔德在他的书中指出，某种现象要想成为普遍的社会现象，必须经过模仿的往复过程、对立过程和适应过程来实现。所谓往复过程是指人们自觉或不自觉地对一种社会现象进行无数次的模仿，使之成为普遍的、稳定存在的社会现象。所谓对立过程是指在循环往复的模仿中，人们还需要否定与该社会现象相对立的那一些社会现象，这样才能使模仿更加深入持久和有效。所谓适应过程是指在前两种过程之后出现的对新现象的适应。在适应而造成的新的均衡形成之后，新的一轮循环又会开始。塔尔德过分夸大了模仿的作用，犯了那个时代常犯的崇尚"单一支配理论"的错误。

与塔尔德同时代的鲍德温（W. Baldwin）等人，从模仿是人类本能的特性还是习得的特性方面研究了模仿问题。他们认为，儿童不到一周岁就开始会说话或会唱歌，足以说明模仿是人的先天的本能。他们进而指出，人是模仿的动物。这种用本能来解释人类的各种活动的观点是错误的，它把人类活动解释庸俗化，降低到动物水平。同本能说相对立的理论是社会学习论。这种理论的代表人物有米勒（N. E. Miller）、多拉德（J. Dollard）和班杜拉（A. Bandura）等人。

米勒以白鼠做实验，或以儿童为被试进行实验，都得到同样结果：模仿是后天通过强化习得的。班杜拉作为模仿研究领域最重要的理论家，肯定了模仿是后天学习的结果，但是他不同意米勒的简单说法。他指出强化与行为有关，而与学习无关。他通过实验发现，成年人的攻击行为如果受到奖赏，小孩就会模仿这个成年人，这就是说强化与小孩的模仿"行为"有关。实验者后来告诉这些小孩说，如果他们能表现出成年人那样的攻击行为，就可以得到很高的奖金，于是，所有的小孩都成功地再现了成年人的攻击行为，这就是强化（对成年人的奖惩），与小孩的"学习"无关。

班杜拉等人还通过一项有趣的实验发现，孩子们倾向于模仿有权威的成年人。实验者把被试组成一个个的 3 人群体，3 人中一个是上幼儿园的小孩，还有一男一女两个成年人，构成一个类似核心家庭。两个成年人中的那个男人（或者女人）有权力决定另外两个人谁能玩那些诱人的玩具。这种关系就造成两个成年人的不同地位：一个有权威，一个没有权威。实验表明，无论是男孩还是女孩，他们都倾向于模仿那个有权威的人，而不管这个人是男的还是女的。

二、暗示

暗示是采用含蓄的方式，通过语言、行动等刺激手段对他人的心理行为发生影响，使他人接受某一观念，或按某一方式进行活动。暗示以无批判的接受为前提，一般不付诸压力成分。暗示不需要讲道理，关键是让对方不假思索地接受。暗示与命令和指示、劝导和教育是有明显区别的。

暗示可以是语言的、行动的、表情的，也可以是某种符号的。商店里新到了一批时令服装，橱窗里摆了一个穿上新服装的石膏模特儿，你看到了，对你就是符号暗示；你看到一些人在商店里排队买这种衣服，对你又形成行为暗示；某人买了衣服后喜形于色，对你又形成表情暗示；而某人买了衣服后赞不绝口，说价廉物美，自然这是语言暗示。但是这些符号、行动、表情和语言，都没有直接"号召"你去买衣服，只是用含蓄的间接的方法达到这种效果。

发出暗示的人，有的是有意的，有的是无意的。上面讲的例子中，用商品模特儿进行暗示，显然费了商店职工的一番苦心；而顾客排队买衣服等形成的暗示则是无意的。

孙本文在其《社会心理学》一书中把暗示分为四类：第一类为直接暗示，直接暗示的特点在于直截了当，不仅迅速，而且被暗示者不会对信息产生误解。"望梅止渴"就是一个直接暗示的绝好例子，曹操所指的前面并没有梅林，但是仅靠语言的提示，就达到了影响他人心理和生理反应的目的。

第二类为间接暗示，即暗示者不显露动机，不明确指明事物的意义，而把事物的意义间接地提供给受暗示者，使之心理和行为受到影响。美国某化工厂的一位年轻的经理，想引进一条先进的生产流水线，以改变工厂生产落后的状况。然而他知道，那些年长的下属会对这种变革推三阻四。于是，他选择了一个时间，组织这些下属去旅游。在旅途中，"好像"是顺路参观几家采用现代化生产程序的化工厂。在看到那些现代化生产过程时，他也装成和下属一样惊奇，说:"真不知道他们会这样先进,不过,他们能办到,我相信诸位一定比他们做得更好!"他的下属因此转变了观念,接受了现代化生产程序。这位年轻的经理没有采用下命令的方法,而是巧妙地用间接的方法传达了同样的信息,这就是间接暗示。这种暗示一般不会引起被暗示者的心理对抗,因而具有更强的影响力。

第三类为自我暗示,即依靠思想、语言向自己发出刺激,以影响自己的情绪和意志,或加深对某一观念的认知,或要求按某一方式行动。自我暗示可以是消极的也可是积极的。消极的自我暗示可以出现"杯弓蛇影"的不良后果,积极的自我暗示则可以坚定意志、振奋精神,有利健康和工作。

第四类为反暗示,即暗示者发出的刺激引起受暗示者性质相反的反应。有两种反暗示,一种叫作有意的反暗示,即故意说反话以达到正面效果,例如有个广告写着:抽烟有害,请不要抽烟,其中包括某某牌的。别人一看,就感到很奇怪:提出不要抽烟就行了,为什么还专门提到某某牌的?于是人们都去买某某牌香烟尝一尝,广告制造者就达到了推销这种牌子的香烟的目的。另外一种叫作无意的反暗示,即有意进行正面说明,却无意引起了相反的结果。在对暗示者缺乏敬意的时候,容易引起无意反暗示的结果。例如:如果大家认为某个小商贩油嘴滑舌,那么,他越把他的商品说得如何如何好,大家越怀疑他的商品是冒牌货,越不敢买。

社会心理学的研究指出,暗示者、被暗示者以及环境的特点都可能影响暗示的效果。学者们的研究证实,暗示者的地位越高,暗示的效果往往越明显;受暗示者越有经验、努力水平越高、独立性越强,暗示的力量就越小;在紧张危险的环境中,人们较容易接受暗示。

第四节 社会影响的宏观表现

如果我们把社会促进、相符和服从、模仿和暗示看作社会影响的基本方式的话,那么就可以把时尚、流言和集群行为看作社会影响的宏观表现。

一、时尚

时尚是一定时期内在社会上某个群体中普遍流行的某种生活方式。有些学者把它称为流行。时尚的突出特征一是短暂,二是新奇,三是有较宽的波及面。时尚比较突出地表现在装饰、礼仪和生活行为三个方面。时尚可以分为时髦、

"热"、时狂三种类型。

时髦是指采取一种新的、引人注意的生活方式。时髦首先表现在少数人身上，或引起人们的欣赏，或引起讽刺和反对。十年动乱结束后，有少数青年妇女烫头发，穿高跟鞋、西服、旗袍，被称为时髦。当人们欣赏这种生活方式并纷纷效仿时，就出现了赶时髦。

"热"是指当很多人都来赶时髦，就成了"热"。"热"是一种短期流行的生活方式。对于为什么要采取这种方式，要达到什么目的，人们并没有认真思考，只是受到他人的暗示，凭一时的兴趣来模仿，因此难以持久。

时狂是时尚的极端形式，人们卷入其中而达到丧失理智的程度。17世纪荷兰出现的郁金香时狂就是一个典型的例子。当时郁金香在荷兰盛行，在 1634年更达到荒唐的地步，人们你争我抢，致使花价陡涨。但是没有多久，似乎大家都同时认识到这种普通的花卉并没有多高的价值，于是又竞相抛售，致使花价陡降，那些反应迟钝的富翁，转眼就成了穷光蛋。时尚的产生和流行，需要一定的物质条件为基础。没有收音机、录音机的普及，歌曲的流行就要受到限制，婚丧嫁娶也只好请人吹喇叭。现代社会经济发展快，信息传播快，时尚也比较多，而传统农业社会时尚则较少。

时尚是民俗短暂的变异，是民俗的一种特殊的补充。它体现着人们的兴趣、爱好和愿望，从中还可以看出人们的认识水平、文化水平、道德发展水平和审美发展水平。有时候时尚还可以起到调节人们内心紧张的作用，甚至可以借此减少人们的被压抑的情绪。

德高望重的人、贡献卓越或才华出众的人，容易获得人们的尊重、信任，成为众人模仿的对象。他们对时尚的形成和发展影响比较大，正如"齐桓公好服紫，一国尽服紫"。

二、流言

流言是广泛传播的有关现实社会问题的不确切消息。从流言的起源看，既可以是无意讹传形成的，又可以是故意捏造的；从它的影响看，既可能恶果严重，又可能只成为人们茶余饭后的谈资；从它传播的内容看，既有生活上的，又有政治和经济方面的。谣言和流言的意义相近。有些学者干脆把流言称为谣言，有些学者只把有意捏造和传播，会产生恶果的流言称为谣言。

社会心理学研究流言，一般不研究它的内容如何真和如何伪，而只注重它产生及传播的条件和过程，即流言传播中的心理效应。流言的产生必须具备如下两个基本条件：一是为数相当多的人对某一事件感兴趣或者非常关心，二是大家都缺乏关于该事件的信息。奥尔波特和波斯特曼以下述公式表示流言的强度：

$$流言强度=事情的重要性×对事情的不明确性$$

在出现水灾、地震等自然灾害的时候，在出现战争、经济恐慌和政治动乱的时候，大家的情绪激动不安，同时出人意料的事不断发生，正常的信息沟通渠道又可能中断，因此，流言会比较多。一个国家进行改革的时候，打破了人们习惯的生活工作方式，一部分人会产生一种难以名状的忧虑感和恐惧感，前途究竟如何，自己到底该怎么办，总感到不甚明白。此时也容易出现流言。此外，虽然流言传播的是不确切的消息，但是它却反映了传播者的兴趣、态度和期望。

奥尔波特和波斯特曼通过连续传达的实验证明，流言的传播过程与遗忘过程相仿。他们提出了三个概念来描述流言讹传的原因：一是锐化，即断章取义，从全部内容中选择若干加以渲染；二是调平，即重新编排，把某些细节省去，使故事简明易讲；三是同化，即加工润色，根据自己的知识和经验来接收和传达流言，使之更符合自己的人格特点。这样的流言讹传，越快越失真，直至面目全非。

三、集群行为

集群行为是指一种相当数量的群众自发产生的，不受正常社会规范约束的狂热行为。许多教材和文献把它称为群众行为和集体行为。不过，这种行为与人们通常意义上的群众行为和集体行为是有区别的，不如称之为集群行为。集群行为有多种表现形式，布朗（R. W. Brown）把它分为四类：一是侵略性集群行为，例如暴乱行为；二是逃避性集群行为，例如一批有组织或无组织的群众在遇到危险情况时产生的恐惧反应；三是获取性集群行为，例如群众在物价上涨时抢购和囤积商品的行为；四是表现性集群行为，例如宗教群众狂热的情绪和行为表现。

集群行为有如下特征：一是情绪支配性，每个参加者的情绪都异常兴奋，处于狂热状态之中，失去了正常的理智思考，在认识上持有偏见，无法反省和控制自己的行为；二是迅速接受性，集群行为的参加者互相传递的每一种信息都会被迅速接受，并迅速引起反应，他们不愿意怀疑，也不会怀疑这些信息的真实性；三是容易越轨性，虽然集群行为并非都有暴力行为出现，但是参加者受情绪支配，心血来潮，很容易背离正常的社会规范，出现扰乱社会秩序的行为，甚至出现杀人放火的暴行。

斯迈尔塞（N. J. Smelser）认为，集群行为的发展，犹如一条生产线，有一种特定的程序和规则，这个程序有六个环节：一是要有一定的社会条件，二是形成结构性的紧张气氛，三是某种信念的传播，四是突发偶然事件，五是有人鼓动，六是社会控制。

最早对集群行为作系统研究的是法国人勒庞（G. Lebon），他认为人是受本能支配的生物，当人置身于集群之中的时候，会以一种与独处完全不同的方式进行感知、思考和行动。集群行为的特征是原始的、动物性的、无意识的种族特性的混合物。他认为有三种主要的因果过程决定了集群行为的特征：第一是个人在集群中会感到有一种不可克服的力量使自己屈服于本能，而这种力量在独处时是可以控制的；第二是感染，感染是指一种冲动和行为模式像瘟疫一样在人群中迅速传播；第三是暗示，暗示使卑劣的、无意识的本能上升，使人抛开文明，变成了一个野蛮人。

弗洛伊德（S. Freud）和麦独孤（W. McDugall）都深受勒庞的影响。弗洛伊德认为集群行为是被压抑在下意识中的潜在欲望在寻找发泄。麦独孤把处于恐慌情境中的人群与畜群的本能反应相类比，牲畜在逃避危险时盲目奔突并彼此践踏，他认为人类的集群行为是初级本能和情绪作用的结果。

克特·兰（K. Lang）和格莱迪斯·兰（G. E. Lang）提出的理论认为，集群行为的发生要有一群人密集在一起，彼此无法辨认，又能够直接互动；这些人还必须受到一种心理刺激，并且相互感染，使情绪达到炽热程度；这时候每个人都感到自己融入人群之中而失掉了个人的身份，从而失去社会的约束，高涨的情绪进而转化为剧烈的行为。他们认为，集群行为的发生，是由于参加者感到，打破社会规范作出反常的行为，可以获得在场他人的赞许，同时，个人这种行为不会承担责任，可以避免社会的惩罚。因此，这些人就可能放纵自己，无视通常的社会规范，表现出剧烈的、甚至有破坏性的行为。

特纳（J. Turner）等于1972年提出的紧急规范理论认为，集群行为的发生，是人们处于紧急和模糊的形势下，发现了可以引导他们行为的规范，因此造成了一致的行为。集群行为不在于模仿暗示和情绪感染，而在于参加者的认知，在于人们认识到，处于那种紧急的情况下，遵照哪种规范活动都是正确的。不过，这种理论无法解释为什么这样的规范往往都具有破坏性。

本章小结

1. 当有他人在场时，有时会促进个体的绩效（社会助长），有时会削弱个体的绩效（社会抑制、社会惰化）。出现哪种现象与任务的复杂程度有关。可以用优势反应强化、评价焦虑、分散冲突来解释。

2. 社会影响理论认为，观察者对个体的影响取决于观察者的数量、强度（重要性）和直接性。

3. 在群体中的人会比单独的个体表现出更多的不寻常和反社会的行为，这种现象就是去个性化。去个性化的发生是由于身份的隐藏而降低个体的责任感。

4. 从众、服从、顺从是社会影响的三种重要形式。从众指的是个体改变自己的观念和行为，使之与群体标准相一致的倾向性。顺从指的是人们按照他人的要求去行事，而不管他自己是否愿意这样做。服从是顺从的一种特例。当人们认为发出要求者具有合法权力来要求他们做某事时，就发生了服从于权威的现象。

5. 谢里夫关于似动程度和阿希关于线段判断的经典实验都表明个体经常会从众于群体标准。无论是在模棱两可的情景下，还是在清晰的条件下进行判断都是如此。人们之所以从众主要有两个原因：为了使自己正确（信息影响）和为了被人接受（规范影响）。

6. 日常生活中，服从于合法权威通常具有适应意义。然而，人们有时会服从于那些给他人造成伤害，且违背自己观念和价值的命令。米尔格拉姆等人对这种现象进行了研究，发现如果试验者要求一个正常的成年被试去电击无助的受害者，大部分被试都会按照试验者的要求去做。

7. 人们可能因为各种原因顺从他人的要求。研究者已经发现一些让人顺从的技巧，包括登门槛技巧、门前技巧、低球技巧、折扣技巧和引起注意技巧。

8. 模仿是指在没有外界控制的条件下，个体受到他人行为的刺激，自觉或不自觉地使自己的行为与他人相仿。暗示是采用含蓄的方式，通过语言、行动等刺激手段对他人的心理行为发生影响，使他人接受某一观念，或按某一方式进行活动。

9. 时尚可以分为时髦、"热"、时狂三种类型。流言的产生必须具备两个基本条件：一是为数相当多的人对某一事件感兴趣或者非常关心，二是大家都缺乏关于该事件的信息。

10. 集群行为是指一种相当数量的群众自发产生的、不受正常社会规范约束的狂热行为。集群行为有如下特征：一是情绪支配性，二是迅速接受性，三是容易越轨性。

思考题

1. 对社会促进和社会抑制现象的理论解释有哪些？
2. 如何减少社会惰化？
3. 运用社会影响理论解释社会促进和社会惰化。
4. 简析去个性化现象及其产生原因。
5. 联系实际分析从众的原因及其影响因素。
6. 米尔格拉姆是如何研究服从现象的？服从受哪些因素影响？
7. 促进顺从的技巧有哪些？
8. 模仿的种类有哪些？暗示的种类有哪些？
9. 时尚都包括哪三种类型？
10. 举例说明流言如何产生。
11. 简要分析集群行为的特征。

推荐阅读书目

1. [美] E. Aronson 等著：《社会心理学》，中国轻工业出版社 2007 年版。
2. [美] S. E. Taylor 等著：《社会心理学（第 11 版）》，北京大学出版社 2004 年版。
3. Cialdini, R. B. (1993). Influence: Science and Practice. (3rd ed.). Harper Collins.
4. McIlveen, R. & Gross, R. (1999). Social Influence. Erlbaum.

第十一章　群体心理

本章学习目标

掌握群体的含义
了解群体的种类
熟识群体规范的形成与作用
理解竞争与合作的现实意义
掌握群体压力的形成与影响

在社会生活中，人们是不能离开社会群体的。人总是作为群体的成员而存在的，在群体中人们获得了安全感、责任感、亲情、友谊、关心和支持。群体是个体的价值、态度及生活方式的主要来源，个体在群体中互动，维持了群体的活力，发展了群体的规范，巩固了群体的结构。群体虽由个体集合而产生，但群体是动态的有机的构成，群体心理绝非个体心理的简单累加，它是社会心理学研究的又一层次。本章将讨论群体的心理与行为并涉及群体规范、凝聚力和群体领导等内容。

第一节　群体心理概述

社会心理学研究群体，首先要对群体的含义进行探讨，并对各种群体分类作出规定。

一、群体的含义

群体（group）作为社会心理学体系中的一个范畴，是指那些成员间相互依赖、彼此间存在互动的集合体。在大部分群体中，成员之间存在面对面的直接接触，彼此相互影响。

　　许多学科也对群体进行研究，而在社会心理学的研究意义上，简单的统计集合体、围在路边看热闹的人群、喜欢看电视新闻的观众等不能归为群体之列，因为其成员不存在依附关系，不发生互动，在多数情况下，彼此间无丝毫影响。而学校篮球队、家庭、工厂中的班组等，则可称为群体，因为其成员常常是为了共同的目标而组合在一起的，彼此间不但有面对面的接触，而且有频繁的互动、多方的影响。

　　一般来看，要构成一个群体必须具备以下条件：首先是有频繁的互动，即成员间有生活、学习和工作上的交往，有信息、思想、感情上的交流；其次是有共同的目标与利益，群体内有相互协作与配合的组织保证，有群体意识。

　　一切密切结合在一起的家庭是一个群体，有时由于特殊原因短暂结合在一起的几个陌生人也可以形成一个群体，如几个人同乘一辆缆车上山，由于意外事故，车被困在半山腰，在这突如其来的情况下，本来素不相识的人组成暂时性的群体，有的人出主意，有的人修机器，有的人向外呼喊求救。这些本无任何关联的人，为了共同目的，彼此互动起来。他们平安脱险后，互动即告结束，在一个十分短暂的时间内，几位陌生人形成了一个临时群体。群体可以有不同的持续时间，可以像家庭那样数代延续下去，也可以在数天或数小时内解体。

　　规模也是群体的一个重要方面。夫妻2人组成的家庭是最小规模的群体类型之一，数百人组成的企业也可以归为群体之列。社会心理学研究所关心的主要是2至50人组成的群体。数百人集合在一起而形成的大规模群体，其成员不可能熟知每一个人，不可能发生充分的互动，也很难产生群体归属感。

　　群体是介于个体与组织之间的人群集合体。个体在群体中的活动，巩固了群体的关系，增强了群体的凝聚力，鼓舞了群体的士气。群体精神造就了群体成员，促进了其能力的发展和发挥。群体和个体的关系是互相促进、互相增强的。组织是一种社会内部关系的结构或体系，是权力的表示，是社会秩序的基础，群体和个体是社会组织不同层次的组成部分。

二、群体的分类

　　有很多种群体分类方法，最常见的方法是将群体划分为正式群体和非正式群体、成员群体和参照群体，以及大群体和小群体。其他划分方法在社会心理学研究中也能见到。

　　（1）统计群体与实际群体

　　根据群体是否真实存在可以将群体划分为统计群体与实际群体。所谓统计群体，是指实际上并不存在，只是为了研究和分析的需要，把具有某种特征的人在想象中组织起来而成为群体。这种群体主要存在于统计学中，例如老年群体。实际群体，是指在一定空间和时间范围内存在的群体。这类群体有着明显的界限和实际交往，例如学校的班级。本章所介绍的群体都是实际群体。

（2）正式群体和非正式群体

人的社会活动主要通过两个途径进行，一个是正式的，一个是非正式的。正式的社会活动是指人们在群体中按照计划完成公开的、特定的、有目标的活动。非正式的活动主要指人与人之间自发的思想感情交流活动。与此相应，群体根据自身在人们社会生活中所发挥的作用，也可划分为正式的和非正式的两种。

正式群体是指那些有明确规章，成员地位和角色、权利和义务都很清楚，并具有稳定、正式编制的群体，例如机关的科室、工厂的班组、学校的班级等。正式群体按其存在时间的长短又可分为长期性正式群体和暂时性正式群体。长期性正式群体在日常生活中常见的有家庭、班级、企业的科室等。暂时性群体包括临时的项目小组、应对突发事件的团队等，当其任务完成时，暂时性群体就会宣布解散。

非正式群体是指那些自发产生的，无明确规章的，成员的地位与角色、权利与义务都不确定的群体。人们除了完成工作和学习任务，还有交友、娱乐、消遣等各种各样的欲望与需要，非正式群体往往借助于同乡会、集邮爱好者协会、诗社、绘画小组等形式，帮助其成员获得某种需要。非正式群体往往以共同的利益、观点为基础，以感情为纽带，有较强的内聚力和较高的行为一致性。

非正式群体普遍存在于正式群体中，特别是在正式群体的目标与其成员的需求、愿望不一致，正式群体不能发挥正常的功能，缺乏合理的领导机构时，非正式群体更容易产生。在大学中，由于班级不能充分发挥其功效，同乡会、各种形式的联谊会便可以吸引大量学生。

（3）成员群体与参照群体

群体也可分为成员群体与参照群体。成员群体是指个体为其正式成员的群体。但是在现实生活中，常常有人抛弃自己所属群体的观念，而向往其他群体的观念。例如在新中国成立之前，有的人出身于地主阶级家庭，却投身于革命队伍。对于这种现象，参照群体能给予较好的解释。

参照群体通常包含 3 种含义：第一是作为比较的标准。例如一名技术工人，与普通工作者相比其社会地位较高，但与工程师相比，又会感到相形见绌。第二是指望晋升其间的群体。在印度等级社会中，较低等级的人总希望成为较高等级的一分子。第三是指个体以其他群体的价值和观念为行为准则。例如一个长期生活在美国的菲律宾人，逐渐学会了用美国的价值和观念去为人处事。总之，参照群体是令其他群体成员向往的一类群体，当群体成员对其所属群体感到不满时，往往会寻找其他群体为参照，有时甚至在心目中树立起两个以上的参照群体。

参照群体常被其他群体成员视为榜样，在某些情况下能起到模范作用，例如学校的先进班集体、车间的先进班组等；但有时也会起到带头破坏社会规范的作用。美国社会学家研究犯罪问题时发现，在犯罪率较高的社区内，一些男孩子自幼就模仿犯罪团伙中大男孩子的行为，认为他们勇敢、大胆，是真正的男子汉，视他们为楷模，直至最后堕落成犯罪团伙成员。这类犯罪团伙在该社区内成了许多小男孩子心目中的参照群体。注重参照群体研究，认识、分析人们心目中的参照群体，能更好地发挥先进群体的带头作用，及时发现和制止越轨团伙的破坏作用。

（4）大群体与小群体

群体规模即群体内成员的数目，它与群体凝聚力有密切联系，它能直接影响到成员的感情和行为。因此，可以将群体划分为大群体与小群体。在这方面，可以从三个方面进一步区分。

首先，2人与3人群体。最先揭示群体规模问题的是社会学家斯麦尔。他比较了2人群体和3人群体。在2人群体中，任何一人的退出都可导致群体的解体，这一事实迫使2人群体成员不断互动，相互依存，并由此产生特殊的亲密感、责任感、压力感。在3人群体中，即使一个退出，群体仍然存在，彼此间的亲密感、责任感都没有那么强烈；同时，其成员间关系不再像2人群体那样面对面和公开，有了一定的匿名性和隐私性，"三个和尚没水吃"，就是3人彼此推卸责任的结果。2人群体的另一个特点是，任何人都无法扮演中间人的角色，不存在多数派、少数派问题；而3人群体不仅可以居间调停，还会出现少数服从多数的局面。

其次，小群体。前面提到过，小群体研究仅限于2至50人的群体。2人群体成员之间的关系是简单的面对面的接触，3人群体成员之间的关系就不再是简单的面对面的接触了。群体每增加一个成员，彼此之间的关系会复杂很多倍，不仅有两个人关系，还有个人与群内群之间的关系、群内群与群内群之间的关系。沙波特曾提出一个公式，用以计算群体内人际关系的数目：

$$X = (N^2 - N)/2$$

（备注：X表示群体内人际关系的数目，N表示群体成员的数目）

夫妻 2 人组成的家庭，彼此之间只有 1 个关系链；生了一个孩子之后，3 人家庭成员就有 3 个关系链；孩子结婚之后，4 人组织主干家庭就存在 6 个关系链；等有了孙子或孙女，关系链就增加到 10 个。这些关系可能是潜在的，并不一定随时发生作用。群体成员的多寡、人际关系的变化直接影响到群体凝聚力的变化。

大群体通常是指人数较多、成员间只是以间接方式联系在一起、没有直接的社会交往和互动的群体。而小群体是指人数较少、成员间有面对面的直接接触和互动的群体。

三、群体功能

群体的功能可分为对个人的功能和对组织的功能。群体若想有成功的表现，不仅要满足成员的各种需求，使成员目标与群体目标一致，还必须有效地完成组织目标。群体要想有良好的表现，首先必须善于综合其成员寻求需要满足的活动，使之成为群体活动，才能使群体的目标与成员的目标一致起来，才能顺利完成上级组织分配下来的任务。成员可能有各种各样的需求，有些需求必须通过学习、工作等活动才能得到满足，有些需求则可以从群体中获得。

归纳起来，群体具有下述多种功能。首先是交往需求。个体在群体中可以与其他群体成员保持各种形式的联系，获得友谊、关心和帮助等。其次是安全需求。参加群体活动，获得他人的关心和帮助，可以减少孤独和恐惧感，获得心理上的安全感。再次是满足自尊需求。在群体活动中，受到别人的欢迎和尊重，获得一定的地位，都将使自尊心得到满足。最后是自我表现的需求。被群体接受本身就是对个体价值的承认和肯定。在群体中的个体可以体会到自身是社会的成员，从而确认自身在社会中的地位。

正式群体的主要目的是完成工作或学习任务。一个较高层次的组织要想有效地达到其目标，必须依赖于较低层次群体的分工协作。一个正式群体功能的最重要体现就在于它是否能有效地完成其基本任务，充分调动其成员的积极性，使群体为完成任务而有效地运转。

非正式群体也能完成上级组织下达的工作任务。研究表明，较高层次的组织利用非正式群体的消息传递路线，可以获得很多通过正式群体途径无法得到的信息。由此可见，非正式群体也是高层次组织功能运转的不可缺少的组成部分。

执行任务、创造成就与满足成员的心理需要，是群体功能相辅相成、互相制约、互相促进的两个方面。一个群体只有有效地完成其基本任务，更多地创造物质和精神财富，才能最大限度地满足其成员的基本心理需要。成员心理需要得到满足，才能充分发挥其为群体目标而奋斗的积极性，进一步促进群体功能有效运转。

四、群体对个体的影响

（1）社会助长作用

一些心理学实验表明，他人在场能够缩短或提高人们完成任务的时间或准确性，可以将这种现象称之为社会助长作用（social facilitation）。早在一个多世纪前，心理学家特里普利特就注意到一个现象，自行车手在一起比赛时，成绩要比各自单独骑行和有人跑步伴行时的成绩好。后来的实验也发现，儿童们一起完成在卷轴上绕线的任务比单独完成这项任务更快。在后来的心理学实验中人们又发现：他人在场会降低人们学习无意义音节、走迷宫游戏以及演算复杂乘法问题的效率。社会心理学家扎伊翁茨对此的解释是：他人在场会增加个体的驱动力或动机。但是否可以提高绩效取决于任务的性质。社会助长可以提高简单任务的作业成绩，并且会降低困难任务的作业成绩。在完成有挑战性任务时，一群支持性观众的在场可能会引发个体有比平常更差的表现。

当个体处于群体之中时，群体对个体的积极或消极反应都会有增强作用。这一现象的出现主要是由于以下三个因素：评价顾忌（evaluation apprehension）、分心以及纯粹在场。人们通常想知道别人是如何评价他们的，这种接受别人评论的意识会干扰熟练掌握的行为。当我们考虑共事者在做什么或者观众怎么反应的时候，我们已经分心了。注意他人和注意任务之间的矛盾会给认知系统带来负荷。扎伊翁茨认为，即使在没有评价顾忌和分心的情况下，他人"纯粹在场"也会对个体产生影响。

（2）社会懈怠

法国工程师林格曼发现，在团体拔河中集体的努力仅有个人单独努力总和的一半。实际上，在集体任务中小组成员的努力程度反而比较小，这就是社会懈怠（social loafing）。拉坦、威廉姆斯和哈金斯等研究者注意到：6个人一起尽全力叫喊或鼓掌所发出的喧闹声还没有一个人单独所发出喧闹声的3倍响。有趣的是，所有被试都承认发生了懈怠。在社会懈怠实验中，个体认为只有他们单独操作时才会受到评价。群体情境降低了个体的评价顾忌。如果人们不用为某件事的结果负全责或者不会被单独进行评价时，群体内成员的责任感会被分散。如果不考虑个人贡献，而是在群体内一味地采用平均分配，那么群体内搭便车的行为就会出现。

　　群体活动就一定会引发社会懈怠么？有证据表明，答案是否定的。当任务具有挑战性、吸引力、引人入胜的特点时，群体成员的懈怠程度会减弱。当面临挑战性的任务时，人们可能会认为付出自己的努力是必不可少的。如果人们认为群体内的其他成员靠不住或者没有能力作出过多贡献，那他们也会付出更大努力。

　　（3）去个体化

　　2003年4月，美军占领伊拉克后，巴格达的社会秩序出现了混乱，国家图书馆损失了上万册珍贵的手稿，大学损失了大量的电脑、椅子甚至灯泡。国家博物馆在48小时之内被掠走了几千件珍品。研究者一致认为，当个体的身份被隐藏，就会出现去个体化（deindividuation）。群体规模越大，去个体化程度就越大。群体活动有时候还会引发一些失控的行为，群体一方面能对个体产生社会助长作用，同时也能使个体身份模糊。这种匿名性使人们自我意识减弱，群体意识增强。在群体中，如果人们看到别人和自己表现同样行为时，会对自己表现出冲动性的举动产生一种自我强化的愉悦感。当看到别人和自己表现一样时，人们会认为他们也和自己想的一样，因而这又会强化自己的感受。

专栏11-1

案例分析：体育比赛中赢得胜利的有利条件

　　社会心理学家们曾评估了主场比赛比客场比赛具有的各种优势。

　　研究表明，在竞争性比赛中，运动团队在主场比在客场发挥得要好。在美国和欧洲不同团队体育项目都记载了这种"主场优势"（Schlenker, Phillips, Boniecki & Schlenker, 1995）。例如，一项研究发现，无论是职业足球、棒球、橄榄球比赛，球队在主场赢的比率高于其他场次（Hirt & Kimble, 1981）。这种主场优势在篮球比赛中更为明显：职业队在主场赢得了胜利中的65%，但非主场的比赛只赢得了35%。对1976～1977年美国职业篮球联赛的分析表明，即使是比赛排名最后的球队，主场也取得了胜利中的60%（Watkin, 1987）。而即使是最终的冠军在客场的表现也相对不好。Schwarz和Barsky（1977）得出结论，主场作战是球队表现的重要因素。

　　为什么在主场表现得比较好呢？这里有很多原因（Schlenker, Phillips, Boniecki & Schlenker, 1995）。对主场的熟悉和旅途的疲劳可能是其中的原因。在有些案例中，裁判可能会更偏向于主队。领地优势有时也可能起到部分作用。从动物的领地行为来看，动物在自己的地盘争斗比在对手的地盘争斗更有优势。

这种领地优势的感觉也会提高人们的成绩。

主场比赛的最后一个优势是观众。在主场比赛比在客场比赛拥有更多的支持者，更容易引起社会助长作用。因此，运动团队在主场比赛时感觉到来自球迷的赞扬和支持（Sanna & Shotland）。而客队感觉受到抑制，感觉到不被观众支持，甚至还有敌意。根据 Schwartz 和 Barsky（1977）的研究，当观众的鼓励持续一段时间，并且在地点上集中时，观众支持更为有效。这就能解释为什么室内比赛（如篮球）比室外比赛（如棒球）主场优势更明显。

Baumeister 和 Steinhilber（1984）发现了与主场优势相反的现象。他们认为当球队快要赢得冠军的时候，在支持的观众前比赛会增加他们的自我关注，从而影响他们的发挥。为了验证这一假设，他们统计了美国职业篮球比赛的记录。发现在赛季初的比赛与以前的研究类似，主场更有优势。而到了赛季的后半段，球队在主场上的表现反而要糟糕。例如，只有 41%的主场球队赢得了胜利。因此研究者认为，主场比赛一般是有优势的，但是，当取得胜利的压力过大时，主场也会转变为劣势。这一结论后来受到很多研究者的质疑。Schlenker和他的助手（1995）分析了近来体育比赛的记录，得出结论认为没有证据表明争夺冠亚军的比赛主队会表现为劣势。他们认为，无论是赛季初的比赛还是最后的冠军争夺战，如果要硬得比赛，没有比主场作战更好的了。

这一研究如何定论需要心理学家们不断地证明。

资料来源：[美] S. E. Taylor 等著：《社会心理学（第 11 版）》，北京大学出版社 2004 年版，第 343 页。

第二节 群体规范

群体成员之间的互动是在群体规范中进行的，同时，成员之间的互动也产生着群体规范。规范制约着群体成员的行为方式，影响着群体内部心理契约的形成，也影响着群体内部与外部的竞争与合作。

一、群体规范

群体规范（group norm）是一个群体有别于个体集合的原因之一，是群体有一套成员应该如何做的行为规范。群体规范的研究始于美国社会心理学家谢里夫

（M. Sherif）。为了考察群体对个体成员的影响，谢里夫设计了一项实验。他让被试观察一间屋子里的固定光点，由于背景的原因，这个光点看来似乎在微微移动。主试问被试，在他们看来，光点移动了多远。问过几次之后，被试的判断基本固定了，有人说 5 厘米，有人说 7.5 厘米，等等。然后，被试又重新分组，再做一次实验，这次允许他们听别人的判断。结果发现，被试的判断开始向一个新的群体平均数集中。最后，每个被试又被单独施测一次，但他们的估计仍是整个群体的估计数。谢里夫认为，这一结果说明了群体对个人在社会知觉水平上的影响，个人逐渐形成了以团体的眼光来看光点移动的态度。[①]这一实验结果与人类学资料结合起来，说明个人的知觉习惯是对社会文化习惯的适应。

　　谢里夫的其他实验还表明，在形成群体的初期，成员之间的差异性是明显的，但是随着时间的推移，成员之间的差异性就会逐渐消失，一致性会明显表现出来（见图 11-1）。

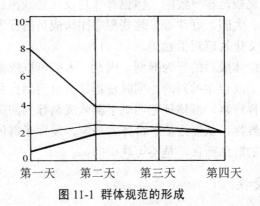

图 11-1 群体规范的形成

资料来源：Sherif, M., & Sherif, C.W.（1969）.Social Psychology.New York: Harper & Row.

　　谢里夫的研究结果具有重要意义。后来又有许多人将这一观点应用于群体研究。在对霍桑电厂接线车间的研究中发现，群体工作时，会产生出一种关于群体忠诚的非正式的、非书面的规章。根据这种规章，一个好伙计，既不能干活干得太快，使管理部门增加定额，也不能偷懒耍滑，完不成自己的任务；一起干活的工人违反了厂规，不应告密，不能势利眼，对同伴们表现出高高在上的样子。大家希望每一个群体成员都遵守这些规范，如果一个工人违反了其中一条规范，就会受到其他成员的排斥和打击。

<hr />

①[美]加德纳·墨菲著：《近代心理学历史导引》，商务印书馆 1980 年版，第 617 页。

在群体工作和学习生活中，有一种群体成员共同认可并遵循的行为规范，这就是群体规范。群体规范可能是由群体领导人根据该群体的情况制定的，也可能是在工作和学习生活中自然形成的。这些群体规范也许与主体文化规范高度一致，也可能有所差别。常言说，"国有国法，家有家规"。群体规范虽然不像社会习俗、道德、法律那样明确、具体、广为人知，却与群体成员有着更为直接和密切的联系，就像生活在一个有法律规定婚姻自主的社会中，还要听从父母之命一样，群体规范往往是群体成员更为直接的行为准则。

群体规范可以分为正式规范与非正式规范。正式规范指在正式群体中明文规定的行为准则，如认真学习、工作，服从上级，尊敬师长等。非正式规范往往是成员间相互约定的，大家一致同意却没有明文规定。非正式规范有时甚至与主体文化规范相矛盾，而它对群体成员行为的制约能力往往还要胜过正式规范。

群体规范还可分为一般的社会规范和反社会的规范。群体内部大多数规范是与社会主体文化规范相一致的。但也有些是反社会规范的，例如在犯罪团伙中的哥们儿义气、大胆、好斗等。这些犯罪团伙成员的行为准则，在多数情况下是与主体社会文化规范相抵触的。

群体规范是群体成员的行为准则，因此，人们可以依据它对群体成员的言行的影响作出肯定或否定的判断；同时使群体成员明确自身言行的准则，知道在群体内应该怎样行事。群体规范明确了群体成员行为的奖惩标准，保障了群体成员行为的一致性，从而维护了群体的稳定，发挥了群体的正常功能。群体规范对一个有效的群体而言，是不可缺少的。

二、社会交换

群体规范与成员的互动方式关系密切，社会交换理论认为群体成员之间的互动，就是社会交换（social exchange）。

（1）社会交换与群体规范

社会交换理论的代表人物之一霍曼斯（G. C. Homans）提出五个基本命题来解释各种交换行为。霍曼斯认为，这五个相互联系的基本命题可以解释人类的全部社会行为。这些命题也构成了早期社会交换理论的基本体系。

第一个是成功命题（the success proposition）：对于人们采取的所有行动来说，某人特定的行动越是经常得到报酬，则他越可能采取该行动。成功命题说明人普遍地偏好外在的奖赏，得到奖赏的行动会被强化，其后发生的频率会增加。相反，得不到强化的行为发生的频率则会减少。

第二个是刺激命题（the stimulus proposition）：假如过去某一特定的刺激或

一组刺激的出现一直使某人的行动得到报酬，则现在的刺激越是与过去的刺激相似，该人现在就越有可能采取该行动或类似的行动。刺激命题指出人对外在奖赏的偏好是稳定的，相同的刺激会引起相似的反应，正是由于这种反应的稳定性，人的行为才可能被研究。

第三个是价值命题（the value proposition）：某人的行动结果对他越有价值，则他越有可能采取该行动。如果一种行动的结果对个体没有价值，则他会减少这种行动。价值与外在奖赏不完全相同，外在奖赏是一种客观条件，而价值则是主观判断的结果，有时候即使得到奖赏，个体也可能会认为这种奖赏没有价值。

第四是剥夺—满足命题（the deprivation-satisfaction proposition）：某人在近期越是经常得到某一特定报酬，则该报酬的任何追加单位对他来说就越没有价值。相反，如果他很少得到这类报酬或奖赏，那么这类报酬或奖赏的价值会更高。这个命题说明个体对奖赏或报酬的价值判断会表现出边际性。

第五是攻击—赞同命题（the aggression-approval proposition）：所谓的攻击命题是指当某人的行动没有得到他期望的报酬，或得到了他未曾料到的惩罚，他会被激怒并有可能采取攻击行为，这一行为的结果对他来说更有价值。所谓的赞同命题是指当某人的行动获得了期望的报酬，特别是报酬比期望的要大，或者没有受到预期的惩罚，他就会高兴并更可能采取赞同行为，该行为的结果对他来说更有价值。这一命题说明预期在个体的价值判断中具有重要的影响。

在霍曼斯看来，群体规范是在群体成员的公平分配与公平交换基础上实现的。人们总是在追求报酬与收益，与此同时避免惩罚与额外的成本，在其理性行动的背后具有价值判断的参与，而群体所认同的价值必然建立在公平交换与分配基础之上。①群体规范是在成员之间互动与交换的过程中逐步形成的。

（2）群体内的社会交换

蒂博特（J. W. Thibaut）和凯利（H. H. Kelly）对群体中的社会交换行为进行了研究。他们发现，在只有二个人的相互关系中，社会交换可以是一种相互依赖的关系，交换者不再去认真计算每次交换的代价与报酬了，这样的情况在正式群体中也容易出现。

在三人或三人以上的群体中，社会交换的关系就变得复杂起来。因为在群体中有人会试图操纵群体成员之间的互动或变换交换规则，从而使自己合法地获得最大利益。群体中获取不公平利益的具体方法是一些成员结成联盟。比如

---

①〔美〕乔治·C. 霍曼斯著：《社会行为：它的基本形式》，Harcourt Brace Jovanovich 公司 1961 年版，第 15～47 页。

在一个小群体中，一个人为了尽可能降低自己同其他成员之间交换结果的难以预料性，他就会试图与其他一些成员结成联盟，从而增大对没有结盟成员的控制力。

群体中联盟现象的出现依赖于三个因素：第一，联盟者想要获得的结果之间要有最低限度的一致性或相容性，即他们想要达到的目标起码不是相互对立和排斥的，因此具有相容或一致目标的人最容易结成联盟；第二，某些资源对于目标的实现会发生重要作用，因此特殊资源是极具吸引力的，拥有某些特殊资源的人最容易与他人结成联盟；第三，拥有特殊资源的人要尽可能地获得最大比例的利益，因此，在保证能获得成功的结果的前提下，他更可能与群体中最弱的人结成联盟。

（3）群体心理契约的形成

谢恩（E. H. Schein）认为，在正式群体中，各成员相互之间存在的没有明文规定的一整套期望就是心理契约。[①]这些期望可以是人们对物质利益的要求，而对精神上、心理上的期望就构成群体内部的心理契约（psychological contract）。心理契约的研究多运用在正式群体中。心理契约涉及群体（组织）双方相互关系中必须为对方付出什么，同时对方又必须为自己付出什么的一种主观信念，核心内容是双方相互的责任和义务。

群体内部的心理契约具有如下三个特点：第一，心理契约的内容与书面合同或口头协议相关联，是对客观约定的主观感知；第二，心理契约还以对方的行为作依据；第三，契约双方认可的通行做法或惯常做法（类似于契约法中的惯常约定）也是判断心理契约内容的依据。[②]

群体中的心理契约是个体如何在群体中相处的问题。心理契约不仅对群体内部成员之间的发展有影响，同时还会影响着群体之间的关系。各种期望总是存在于群体间合作与竞争之中。如果在竞争违反了规则，就可能产生相互不信任感，导致不良竞争的出现。

三、竞争与合作

（一）竞争与合作的内涵

群体成员在群体内部的互动方式也是影响群体规范的重要因素，竞争与合作是群体内两种主要的互动方式。合作是指两个人或更多人通过相互提供

①Schein, E.H.(1980). Organizational Psychology. Englewood Cliffs: Prentice-Hall.
②陈加洲、方俐洛、凌文辁：《心理契约的测量与评定》，载《心理学动态》2001年第3期。

活动,结果不仅有益于本人,而且也有益于对方。在群体中,成员可以彼此
以合作的方式互动,他们可以互相帮助,互相沟通,为群体成员的共同利益
而协调行动。

竞争是指每个人都在努力实现自己获得更多报酬,或者至少获得不少于
其他人收益的互动方式。竞争行为在体育比赛中最为常见,有些群体的成员
之间主要以互相竞争的方式互动,他们将个人的利益放在首位,努力表现自
己的超人之处。

(二)运输竞赛实验

研究发现,虽然合作似乎给人们带来了更大的收获,但在社会互动中多数
人宁愿竞争不愿合作。当一个人处于和他人竞争的情景中时,他们的态度有很
大的不同。"运输竞赛"是一项说明竞争与合作之间关系的经典研究。这项研究
是道奇(M. Deutsch)和克劳斯(R. M. Krauss)于 1960 年进行的。

研究者要求两个被试想象他们正在各自经营着一家运输公司(A 公司和 B
公司),并要求每人驾驶一辆货车尽快由一个地点到达另一个地点。两辆货车并
非彼此竞争,它们有不同的起点和终点(如图 11-2 所示)。但两辆货车的捷径
是一条单行道,且两辆车是以相反方向行进的。两人走捷径的唯一方式是等一
辆车通过后另一辆车再走,每个人在捷径的起点都有一扇控制门,可按按钮使
之关闭,以防止对方通过。此外,每辆货车还有一条备用路线,不会与另一辆
车发生冲突,但路线要远得多。研究者告诉被试,他们的目标是尽快到达终点,
越快得分越高,但并没有提到要比另一被试得分更多。

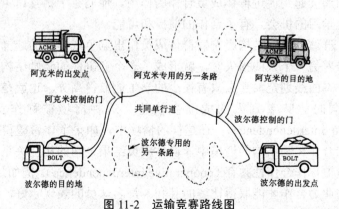

图 11-2 运输竞赛路线图

资料来源:Friedman,1981. 转引自时蓉华:《社会心理学》,浙江教育出版社 1998 年版,
第 509 页。

参与实验的两名被试在了解规则之后都明白：为了获得更高的得分，最佳方案是相互合作，轮流使用单行道，这样两个人都走了捷径，只需要其中一人稍候片刻，对方通过之后自己便可使用。而研究结果是：两名被试不肯合作，都想抢先通过单行道。在单行道中间碰头后，彼此拒绝让步，最终一辆车退回，关闭控制门，走另一条路。双方都得不到高分。多次实验中，只是偶尔出现合作行为，大部分行为是在竞争。

道奇还做了一个简单实验，说明合作与竞争如何影响群体凝聚力。研究者对某一班级的一半学生说，他将以合作为基础给学生打分，全班学生都是同一分数，关键在于大家在辩论时如何成功地击败其他班级。对另一半学生，研究者告诉他们将以竞争为基础打分，谁对所辩论的问题贡献大，谁的得分就高。研究结果表明，合作解决问题的群体要比竞争解决问题的群体协调，合作群体成员比竞争群体成员更能采纳别人的意见，更能友好相处。而竞争群体成员彼此很少沟通，观点重复，容易产生误解，成员间互相侵犯，心情压抑。研究说明，在一般情况下，竞争影响群体内人际关系的协调，破坏群体凝聚力。①

（三）影响群体互动的因素

有许多因素影响群体成员的竞争与合作。首先，成员之间的沟通程度是最重要的因素之一。一般而言，沟通的机会越多，合作的可能性越大。在道奇等人的运输竞赛研究中，曾设计了3种不同的沟通情况，一组被试要求彼此沟通信息，另一组被试只是提供一些谈话的机会，第三组不允许彼此沟通。结果发现：能够进行彼此沟通的实验组产生了一些合作行为，不允许沟通的对照组极少合作。沟通会起到促进群体成员合作的作用，他们有了相互讨论计划、相互信赖、相互学习的机会，有了合作的前提和可能。

其次，群体的奖励结构影响着群体成员作出竞争或合作的选择。当一个人的获得意味着另一个人的损失时，就形成了一个竞争性的奖励结构。如果考试成绩使用正态曲线划定，那么只有很少的学生能取得高分。也就是说，一个人做得好的同时意味着别人的成绩会较差。这种情境被称作竞争性共存（competitive interdependence）。在这样的情境中，如果个体希望得到奖励就必须竞争。在合作奖励结构的情境中，群体成员结果之间的相互关系是正性的，这样的情境被称作合作性共存（cooperative interdependence）。例如足球比赛中，只有球队的通力合作才能取得比赛的胜利。每名球员的表现越好，球队获胜的可能性就越大。在一个合作奖励的情境中，对希望获得奖励的个体来说最佳途

①[美]克特·W.巴克著：《社会心理学》，南开大学出版社1984年版，第141页。

径就是合作。①

最后，个体关于竞争的价值观也是重要的因素之一。个体在与他人发生关系的过程中通常采用以下三种价值倾向或策略中的一种：第一种策略是合作者倾向于最大化个体和他人的共同收益；第二种策略是竞争者倾向于自己的收益相对于他人的收益达到最大化，他们希望比其他人做得更好；第三种策略是个人主义者倾向于最大化自己的收益，而不考虑他人的收益或损失。②群体活动参与者的策略无疑会影响到合作是否出现，而且一方的策略选择也会影响到对方的策略选择。

当人们面对运输竞赛这样的情境时，他们的价值观对于他们最初的行为有着重要的影响。当然，随着时间的推移，人们会根据一方的表现改变自己的行为。如果对方是个高度竞争性的人，那么即使是最希望合作的个体可能也会采取竞争性的行为。

同时，群体规模和相互性也会影响群体内的竞争与合作。研究发现，随着群体人数的增加，合作行为会减少。群体成员的增加，使成员对群体的责任心降低，自利行为更具隐蔽性，合作也因此而减少。相互性是人际关系的一个基本要素。人们行为的基本准则之一是以德报德，以怨报怨。在社会互动中，如果以竞争为开端，将引起更多的竞争行为。增强合作最好的办法是相互妥协，彼此让步。这是人与人之间合作的基础，也是群体成员协调的前提。

此外，共同外部威胁的出现也会促使群体合作的产生。在战争时期，面对一个明确的外部威胁，人们的群体归属感会高涨。"9·11"事件之后，美国人面临着进一步恐怖的威胁时，"由来已久的种族对抗在一段时间内得到了缓和"。18岁的路易斯·约翰逊说："在9·11之前，我只以为自己是一个黑人，现在我比以往任何时候都更加觉得自己是一个美国人。"

专栏 11-2

案例分析：关于竞争的实验——"蜈蚣"游戏

"蜈蚣"游戏（Centipede Game）是一个特别的有限次序游戏（Finite Sequential Game），从下面游戏的示意图可以看出游戏名称的得来。

---

① ［美］S. E. Taylor 等著：《社会心理学（第 11 版）》，北京大学出版社 2004 年版，第 334 页。

② McClintock,C.G.,& Liebrand,W.B.C(1988). Role of Interdependence Structure, Individual Value Orientation, and Another's Strategy in Social Decision Making: A Transformational Analysis. Journal of Personality and Social Psychology ,55,396-409.

在有限阶段里，两个人（以红方和蓝方分别表示）交替在两份大小不一的资产中做选择。在任何阶段中，先选者可以选择"接受"或"放弃"。如果接受，他取得较大的一份（假设每个人使自己收益最大化），而另一人则得到较小的一份，游戏结束。如果放弃，游戏进入下一阶段。在新的阶段里，除了原来的两份钱加倍以及上一阶段后选者有优先选择权外，其他规则保持不变。

假设游戏共有五个阶段：

第一阶段的两份钱（10美分，40美分）（以下省去单位美分），且红方为先选者。如果红方接受40，则蓝方获得10，游戏结束。如果红方放弃，游戏进入第二阶段。

在第二阶段，两份钱加倍成（20，80），且蓝方首先选择。如果蓝方接受80，则红方获得20，游戏结束。如果蓝方放弃，游戏进入第三阶段。

在第三阶段，两份钱加倍成（40，160），且红方为先选者。如果红方接受160，则蓝方获得40，游戏结束。如果红方放弃，游戏进入第四阶段。

在第四阶段，两份钱加倍成（80，320），且蓝方首先选择。如果蓝方接受320，则红方获得80，游戏结束。如果蓝方放弃，游戏进入第五阶段。

在最后阶段，面对两份加倍的钱（160，640），红方选640（最后阶段没有"放弃"的选择）而把160留给蓝方。

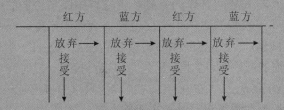

	红方	蓝方	红方	蓝方	
红方收益：	40美分	20美分	160美分	80美分	640美分
蓝方收益：	10美分	80美分	40美分	320美分	160美分
该阶段游戏结束百分比：	8%	41%	38%	10%	2%

"蜈蚣"游戏数据。资料来源：麦克维和鲍伏瑞（1991），表3b。

游戏如图所示，游戏从图中的左上角开始，红方首先做接受或放弃的选择，直到第四阶段蓝方做最后的选择。从博弈理论来看，这一过程不外是一个具有完备信息的游戏（Game with Perfect Information）。

这一游戏的现实的结果是，第一个选择者（即红方）选择"接受"，取走较多的收入（即 40 美分），马上结束游戏。

这个结果可以从终点倒推（Backward Induction from the Terminal Period）、完备信息以及双方的"理性"得出。第五阶段，即最后阶段，首选者红方只有"接受"一种策略，红蓝方各得 640 和 160。第四阶段，面对（80，320），如果首选者蓝方放弃，只能在第五阶段得到 160；而接受则取得 320。所以如果游戏进入第四阶段，蓝方一定接受，而游戏将在此阶段结束（即它不可能进入第五阶段）。类似地，在第三阶段，面对（40，160），如果首选者红方放弃，则只能在第四阶段得到 80，因此他将接受 160 而结束游戏。同理，在第二阶段，面对（20，80），如果首选者蓝方放弃，则只能在第三阶段得到 40，因此他将接受 80 而结束游戏。最后，在第一阶段，面对（10，40），如果首选者红方放弃，则只能在第二阶段得到 20，因此他将接受 40 而马上结束游戏。

美国加州理工学院的麦克维（Richard D. McKelvey）和鲍伏瑞（Thomas R. Palfrey）（1991）以上述参数做了一系列的研究实验。每一次实验，他们各用了 10 个红蓝方被实验者。每一个被实验者参加 10 次，捉对与另一种颜色的每一个人游戏。实验报告发现，如上图所示，与完备信息游戏的理论模型相反，实验参加者并不马上在第一阶段取走较多的钱而结束游戏。第一阶段只有少数红方取走 40 美分（8%），多数游戏在第二和第三阶段结束。但是，当实验参加者越有经验时（参加过更多次实验），游戏结束得越快。

这些数据提出了一个明显的困惑。倒推式理性（Backward-Induction Rationality）具有其理论的完美性，也部分地解释游戏显著地早于最后阶段结束的事实，但是它却无法完全预测被实验者的行为。被实验者似乎在参加多次（与不同的人进行游戏）实验后，更常显示出倒推式理性。一种可能解释是，行为者的理性可能不是公共信息，所以，每一个行为者是理性的，但是他不能确定其他人是否理性。

资料来源：连鹏：《从非实验走向实验的经济学——实验经济学简介》，载于汤敏、茅于轼主编：《现代经济学前言专题》（第三集），商务印书馆 2000 年版。

第三节 群体的维持

群体对个体的影响主要是通过群体压力形成的。群体压力是指群体对其成员的约束力，它直接影响着群体成员行为的一致程度，影响着群体效力的发挥。

一、群体压力

群体规范形成后，群体成员会自动地、不加思考地与群体行为保持一致，所谓自动和不加思考实际上是群体规范内化的结果。群体借助规范的力量形成了一种对其成员心理上的强迫力量，以达到对其行为的约束作用，这种力量就是群体压力。群体压力与权威命令不同，它非明文规定，但它是群体内多数人的一致意见，虽不具强制性，却是个体难以违抗的。群体压力（group pressure）的影响，有时比权威命令更具效力。

（一）群体压力的形成过程

前面介绍过的阿希（S. E. Asch）的一系列从众行为研究发现，人们趋于从众，是因为群体为他们带来了某些信息性的或规范性的压力。莱维特（H. J. Leavitt）分析了群体压力的形成过程，主要包括以下四个阶段：

第一为辩论阶段。群体成员充分发表自己的意见，并尽量耐心听取别人的意见，经过讨论，意见逐渐趋于分为两派，一为多数派，一为少数派。这时，少数派已感到某种压力，但群体还允许他们据理力争，同时他们也抱有争取大多数的期望。

第二为劝解说服阶段。多数派力劝少数派放弃他们的主张，接受多数派的意见，以利于群体的团结。此时，多数派已由听取意见转为劝解说服，少数派感受到越来越大的群体压力，有些人因此而放弃原来的观点，顺从多数人的意见。

第三为攻击阶段。如果个别少数派仍然坚持己见，不肯妥协，多数人开始攻击其固执己见。此时，少数派已感到压力极大，他们可能会进一步瓦解，能够被说服的少数派成员都已经被说服，但个别人为了面子只能硬撑下去。

第四为心理隔离阶段。对于少数不顾多方劝解和攻击，仍然固执己见的人，大家采取断绝沟通的方法，使其陷于孤立。这时个体会感到已被群体抛弃，处于孤立无援的境地。除非脱离群体，否则将处于一种极为难堪的境地。

（二）群体压力的意义

群体压力约束了群体成员的异端行为，促使群体成员采取一致的行动。群体压力对于群体至少有以下两种积极意义。

首先，群体成员的一致行为有助于群体任务的完成及群体组织的存在和发展。群体压力促使群体成员以合作的方式在群体内互动，协调了群体内不同意见及矛盾冲突，增强了群体团结，维护了群体秩序，提高了群体效率。反之，如果群体内部毫无约束力可言，成员各行其是，必将降低群体效率，妨碍群体任务的完成，甚至会引起群体内部的不和与分裂，直至威胁群体的生存。

其次，群体成员的一致行为有助于增加个体的安全感，个人只有在社会生活中才能摆脱孤独和恐惧感，保持安定和平衡的心态。群体压力使个体与他人行为一致，促使个体的妥协和退让，增加了个体被群体接受的可能。个体发现自己的观点和意见得到了多数人的赞同与支持，感到得到了多数人的欢迎和接纳，内心才有安全感。

群体压力维护了群体的团结，有助于群体任务的完成，对多数成员内心安全感的形成起很大作用，但对群体内固执己见的少数人而言，却是一种威胁，一种强大的心理压力，一种迫使他们选择归顺或独立的力量。个体为了从群体中获得精神上的支持，免于陷入孤立的境地，充分展示自己的才能，就不得不接受群体压力对其行为的约束而在一定程度上抹杀其个性。人既然加入群体，就意味着服从和限制。群体只有在不影响其目标完成的前提下，才帮助成员充分表现其个性。既要易于从众合作的群体成员来推进群体任务的完成，也要允许具有独到见解的人来发挥其创造性，才能最大限度地发挥群体功效。

二、群体的维持

（一）群体效力

群体效力（group amount）也称群体有效性，是指群体完成任务的能力，以及有效满足群体成员需要的表现。从这一定义来看，任何一个群体若能同时完成执行任务与满足个人需求两种目标，该群体就是高效力的群体。所以群体的有效性可以从两个方面加以衡量，一是群体任务的完成情况，二是群体成员欲望满足的程度。

通过一系列研究，社会心理学者发现，群体效力与三类变量有关：一类为独立存在的变量，即自变量，主要是指群体结构因素、工作环境因素；第二类为中间变量，这些变量既受到自变量的影响，又影响群体效力的发挥，这类变量是指人与群体的种种心理过程；第三类为因变量，即群体效力。三类变量之间的关系如图 11-3 所示。

从图 11-3 中不难看出，群体效率（group effect）是表明效力的重要指标，但非唯一指标。群体的功能不仅在于完成任务，还在于满足成员的心理需求。一个车间有很高的生产率，如果它是通过强制手段迫使工人工作，则群体虽然有足够的生产量，但使其成员心理需要的满足程度降低了。这样的群体并不是有效的。对于一个群体组织而言，效率和士气是衡量群体成就或功效的最主要指标。

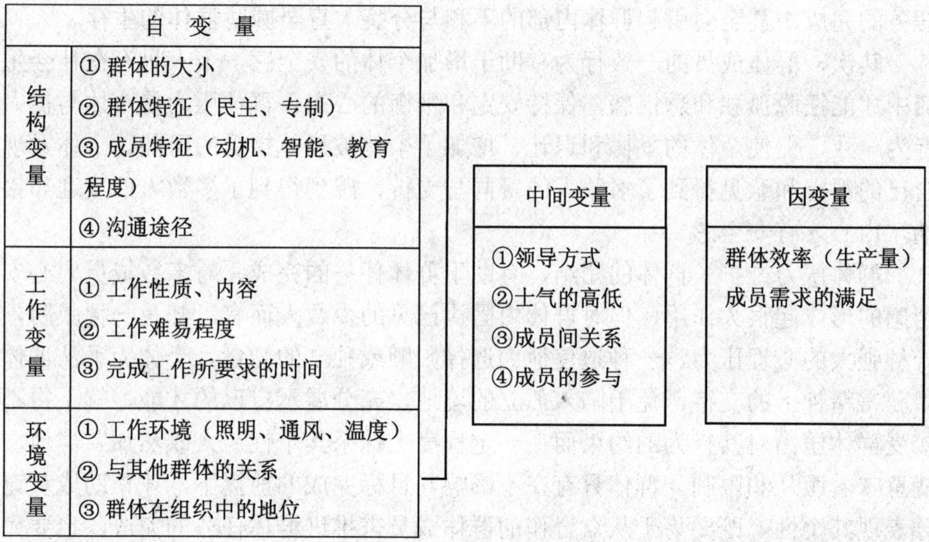

自　变　量		
结构变量	① 群体的大小 ② 群体特征（民主、专制） ③ 成员特征（动机、智能、教育程度） ④ 沟通途径	
工作变量	① 工作性质、内容 ② 工作难易程度 ③ 完成工作所要求的时间	
环境变量	① 工作环境（照明、通风、温度） ② 与其他群体的关系 ③ 群体在组织中的地位	

中间变量	因变量
①领导方式 ②士气的高低 ③成员间关系 ④成员的参与	群体效率（生产量） 成员需求的满足

图 11-3　影响群体效力的因素

资料来源：汤淑贞：《管理心理学》，三民书局（台北）1977 年版，第 172 页。

以上提到的群体内效率与士气的矛盾，在莱维特的群体网络结构研究中也曾出现。研究发现，集中化的群体（如轮型和 Y 型结构的群体，见第八章第三节内容）信息传递快，处理信息有效，群体效率高。但集中化群体，由于成员间沟通渠道不畅通，彼此缺乏充分互动，多数成员对自己的地位怀有不满情绪。一般情况下，成员对所在群体不满时，群体凝聚力也将减弱，这样的群体组织肯定存在效率降低的倾向。那么，群体的士气与效率究竟是一种什么样的关系呢？

群体士气是指成员对群体组织的满足感及对群体目标的态度。它代表了成员在群体内需求满足的状态及为群体目标而奋斗的自愿程度。一个成功的群体组织，不但应该有高水平的工作效率或生产效率，还应有高昂的士气。但这种状态很难达到，因为高昂的士气，只是提高效率的必要条件，而非充分条件。提高效率还需具备许多其他条件，如群体结构是否合乎达到目标的要求，工作方法是否适合完成目标，环境条件是否有利于群体工作等。

（二）群体凝聚力

群体凝聚力（group cohesiveness）也称内聚力，以往关于群体凝聚力的定义方式主要有两类。一类是将之定义为群体对成员的吸引力，费斯汀格据此将凝聚力定义为：所有使成员留在群体内的力量的总和；第二类是将之定义为群体成员彼此间的吸引力。本书的定义是：群体在其规范的基础上，使全体成员情感共鸣、价值定向相同或行为保持一致的内在聚合力量。它既包括群体对成员的吸引力，也包括成员之间的吸引力。高水平的凝聚力通常会有利于群体功能的实现。当群体成员喜欢一起工作，并且赞同群体的目标时，群体内部的亲和动机就会变得很高。[1]

凝聚力形成过程由三个基本层次组成，三个层次体现了三种不同的发展水平。第一层次是以群体成员彼此感情依恋为特征的低层或表层。成员间没有密切的交往和更多方面的一致。成员对群体规范的遵守还是不自觉的、被迫的，这个层次凝聚力最低。第二层次是以价值取向的统一为特征的中层。成员间关系较密切、互动频繁，成员比较自觉地接受群体规范，并用它来衡量一切。这个层次凝聚力较强。第三层次是以群体活动的目标统一为特征的深层。所有成员自愿为实现群体活动的共同目标而自觉地协调一致、统一行动。群体规范和群体活动的目标已内化为全体成员的行动准则和活动目标，这个层次凝聚力最高。

群体凝聚力是保证群体存在、发展的必要条件。一个群体失去了凝聚力，也就失去了力量和生命，这个群体也就名存实亡了。一个群体凝聚力的强弱，决定着群体自身发展的快慢，决定着群体能否较好地发挥自己的功能，顺利地达到群体的目标。

（三）影响群体凝聚力的因素

群体凝聚力的高低受到许多因素的影响，其中主要有群体目标、群体成员的同质性与互补性、群体满足成员需要的程度以及群体的成熟程度。

（1）群体的目标

群体成员对群体目标是否赞同，即个人目标与群体目标是否一致，直接影响着群体的凝聚力。成员赞成群体目标，才会对群体产生认同感，为实现群体目标而共同奋斗，才会大大提高群体凝聚力。反之，成员不赞成群体目标，各成员目标互不关联，各行其是，这就必然大大减弱、降低群体凝聚力。

（2）成员的同质性与互补性

同质性是指成员在兴趣、爱好、动机、价值观等方面的相似或类同。在一般情况下，成员在某个或某些方面的同质会使成员感到彼此接近，增加人际吸引，相互产生好感，因而能增强凝聚力。互补性是指具有异质性的成员在某些

---

[1]Mullen, B. & Cooper, C. (1994). The Relation Between Group Cohesion and Performance: An Integration. Psychological Bulletin, 115, 210-227

方面的互相补充、渗透、交融。在多数情况下，群体成员是异质的，如果具有异质性的群体成员之间感到彼此在某个或若干方面能够取长补短、互相补充时，也会增进成员间的感情和密切关系，增强凝聚力。

（3）群体满足成员需要的程度

群体成员在物质和精神方面都有各种各样的需要，而群体是满足成员各种需要的基本形式，例如：家庭能够满足个体的生存需要、情感需要、性与生育的需要等，工作群体能够满足个体的归属需要、收入的需要等。一般说来，群体对成员各种合理需要的满足度越高，群体的凝聚力越大，成员对群体的认同度也就越高。

（4）群体的成熟程度

群体自身需要经历一个发展周期，从不成熟向成熟发展。群体（特别是正式群体）自身成熟程度如何，将直接影响着群体成员完成行为的成功率。在群体成熟过程中，如果出现了失败，必然会影响士气，影响到群体的凝聚力。随着群体的成熟，成功率的不断提高，会不断提高群体的凝聚力。图 11-4 就表明了群体成熟程度与成功率的关系，通过提高成功率，而使凝聚力增强。

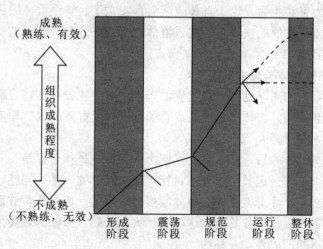

图 11-4　群体成熟程度与成功率

资料来源：Tuckmen B.W. and Jensen, M.A.C.Stages of Small-group Development Revisited.Groups and Organization Studies , 1977, 2, 419-442; Kormanski, C.Team Interventions: Moving the Team forward, In J.W.Pfeiffer (ed.).The 1996 Annual: Volume 2 Consulting.San Diego: Pfeiffer and Company, 1996, 19-26.

三、群体决策

群体决策（group decision）是群体成员的主张和意志对群体行为的作用过程。当群体面临问题时，大家出主意，想办法，寻找解决问题的策略与途径，这就是群体决策过程。

（一）群体决策的作用

群体决策要经过发现问题，提出各种解决方法，分析、比较各种方法，作出决定这样几个过程。其中每一个环节都由群体成员集体参与，积极思考，共同讨论。群体决策在很多情况下比个人决策有效，但群体决策过程也会受到一些因素的影响和限制。

群体决策具有一些非常重要的好处：第一，群体决策可以减少偏见。群体成员通过讨论，充分发表不同意见，使大家对问题有了较全面的认识和理解，减少了片面性。第二，群体决策可以满足成员的自尊心并增强责任感，提高决策效率。由于拥有发言权和决策权，群体成员的自尊需要在决策过程中得到满足，同时也增强了执行群体决策的责任感，提高了执行决策的效率。第三，群体决策可以加强成员间信息的沟通，改善群体内人际关系，增进了解和信任，有助于群体目标的达到和任务的完成。第四，一些研究者将群体决策与个人决策相比较，发现群体决策解决复杂问题比个人决策效果好，准确性高，在群体中每个人可分工去解决复杂问题的某一部分，然后统一结果，交换意见。单个人决策则不具备这种能力。

（二）群体决策的偏差

从整体效果而言，问题解决的群体决策效果通常高于个人决策。在具体情况下，决策效果将依赖于任务的性质、群体成员的品质、某些人的才能甚至时间等因素。社会心理学家发现，群体往往会作出有偏差的决策。常见的群体决策偏差包括冒险性转移和群体极化。

（1）冒险性转移

人们在社会生活中常会碰到面临选择的情况，要么选择风险小、报酬低的机会；要么选择风险大、报酬高的机会。例如：一个准备报考研究生的大学四年级学生，是选择一所水平低、容易考上的学校，还是选择一所水平高、很难考上的学校呢？那么当面临挑战的时候，究竟是在个人决策的情况下富于冒险性，还是在群体决策的情况下富于冒险性？

已有的研究表明，群体决策往往会比个体更加冒险。在群体讨论中，不同的看法会趋于统一。人们趋于统一所得出的观点往往比他们原始观点所得出的平均值更倾向于冒险。群体倾向于获利大但成功率小的行为。原来倾向于谨慎从事的个体集合成群体后，倾向于冒险的现象便被称为冒险性转移（risk shift）。这种现象表明，当人们集合在一起时，比他们单独活动更富于冒险精神。研究者们发现，在日常生活中，在国家的内政外交中，都有类似的现象。

关于冒险性转移的原因有以下几种解释：首先是责任扩散的影响。这种观点认为，群体比个体更容易作出冒险决定，是由于决定的责任广泛落到了每个成员身上，任何一个个体都不必对错误的决定承担全部责任，所以群体比个体更大胆。其次是文化价值的影响。这种观点认为，要看人们所处的文化背景是推崇冒险行为还是谨慎行为。在个体主义社会中，社会竞争非常激烈，强调个人的发展与表现，因此电影、戏剧、故事中的英雄人物往往都是些大胆、勇敢的人。所以，人们在群体互动中，为了表明自己并不比别人胆小，就倾向于更冒险的行为。最后是领导者的影响。在小群体中，恰恰有一些极富冒险精神的领导型人物，其他成员受到他们的影响，也倾向于冒险。

在上述三种解释中，文化价值论的解释更有说服力，它还可以解释在冒险性转移问题上的文化差异。例如：有的文化强调谨慎行事，在这种文化背景下形成的群体在进行决策时，不但不会表现出冒险性转移，还会在群体决策时出现更加谨慎的决策表现，对于这类现象，文化价值论能够给予更好的解释与预测。

（2）群体极化

群体极化（group polarization），是指群体讨论倾向于使群体成员的初始观点得到加强。在冒险性转移问题研究中也发现，当群体成员最初意见为保守时，群体决策结果将倾向于更加保守；最初意见倾向于冒险时，结果将导致群体决策更加冒险。在一些心理学家所设计的某些两难情景中，人们在讨论之后会变得更为谨慎。

有研究者发现：在美国联邦法庭里，当共和党在任命法官时，会挑选那些更像共和党的人选；而民主党任命法官时，则倾向于挑选那些更像民主党的人。在一些社团中，想法相似的人会逐渐联合起来，使他们共有的倾向得以加强。在相邻团伙相互强化的过程中，犯罪团伙便产生了，其成员往往具有共同的品质和敌意性人格。学者们在对全世界恐怖组织进行分析后发现：恐怖主义并不是突然间爆发的，而是拥有相同不满情绪的人们走到一起时产生的。他们脱离了能令自己的不满情绪缓和下来的影响，彼此相互交流，逐渐变得更加极端。在今天，互联网已成为必不可少的日常工具。而在互联网上也呈现出群体极化的现象。电子邮件、搜索引擎和网络聊天室提供了一种便利条件，使相同目标的人集结起来，令分散的敌意更加明确，更容易出现群体极化现象。

本章小结

本章共分为群体心理概述、群体规范、群体的维持三节。

首先，在群体心理概述一节，本书对群体的含义及其相关的基本概念进行了论述。群体是指成员间相互依赖、彼此间存在互动的结合体。在不同的具体环境和条件下，群体可以以不同的结合方式出现。根据不同的角度，群体可以被划分成不同的类型，如统计群体与实际群体、正式群体和非正式群体、成员群体与参照群体、大群体与小群体等等。根据对象的不同，群体功能可以分为对个人的功能和对组织的功能两种。就群体对个体的影响，本书共介绍了社会助长、社会懈怠以及去个体化三种典型的群体对个体的影响。

其次，在群体规范这一节，本书介绍了群体内部有别于简单的人群集合体的行为规范。群体成员共同认可并遵循的行为规范，就是群体规范。它可能是由群体领导人根据该群体的情况制定的，也可能是在工作和学习生活中自然形成的。根据划分角度的不同，本书将群体规范大致分为正式规范与非正式规范、社会规范和反社会规范。在这一节中，本书还进一步介绍了社会交换这一社会心理学的重要内容。此外，竞争与合作是群体内成员实行互动的重要方式。本书就社会成员如何实现竞争与合作以及实现竞争与合作的影响因素进行了介绍。

最后，在群体的维持一节里，本书介绍了一个群体是如何得以维持和延续发展的，以及影响群体维持的因素都有哪些，它们是如何影响群体维持的。在这一节里还特别介绍了群体决策的内容。它是指群体成员的主张和意志对群体行为的作用过程。当群体面临问题时，成员们共同出主意，想办法，寻找解决问题的策略与途径，这就是群体决策过程。在群体决策的过程中，群体内的成员会出现冒险性转移和群体极化的社会心理学行为。

思考题

1. 什么是群体？群体的种类有哪些？
2. 什么是群体规范？如何理解谢里夫关于群体规范形成的实验？
3. 如何解释去个体化现象？
4. 找出现实生活中竞争与合作的例子，并且分析人们采取竞争或合作态度的原因。

5. 选择一个你所隶属的群体，对群体的凝聚力进行描述并分析影响凝聚力的原因。

推荐阅读书目

1. 周晓虹：《现代社会心理学——多维视野中的社会行为研究》，上海人民出版社 1997 年版。

2. [英]布赖恩·特纳编：《社会理论指南》，上海人民出版社 2003 年版。

3. David G.Myers.Social Psychology (sixth edition). McGraw- Hill, 1999.

4. Fred Luthans.Organizational Behavior (ninth edition). McGraw-Hill, 2002.

第十二章　应用社会心理学

本章学习目标

　　了解社会心理学在管理领域的应用
　　了解社会心理学在犯罪研究领域的应用
　　了解社会心理学在心理健康研究领域的应用
　　了解社会心理学在环境研究领域的应用

　　像任何科学一样，社会心理学研究的最终目的是为了解决实际问题。在全面系统地讲述了社会心理学的基本原理之后，我们将要在本章中简要地介绍应用社会心理学（applied social psychology）的研究情况。什么是应用社会心理学？它与社会心理学的基础研究有何不同呢？

　　我们可以把研究任务是否与实践需要有关作为划分基础研究和应用研究的标准。根据这个标准，基础研究和应用研究的区别在于：基础研究的目的是探索研究对象的发展规律，而应用研究的目的是把基础研究揭示的规律运用于实践，寻求解决问题的方法。因此，那些致力于解决实际问题的社会心理学研究便是应用社会心理学。当然，这种区分是相对的。实际上基础研究和应用研究的区别是很小的。从社会心理学的历史可以看出，正是实际生活中的许多社会心理现象引起了心理学家和社会学家的兴趣，使他们以各自知识体系对这些现象进行分析研究，才导致了社会心理学的产生。

　　应用社会心理学作为社会心理学的一个分支学科，是在勒温（K. Lewin）的倡导下逐步建立其学科地位的，因此勒温常常被尊称为"应用社会心理学之父"。进入 20 世纪 80 年代之后，应用社会心理学在美国迅速发展，研究领域不断拓展，研究内容不断深入，并逐渐呈现出如下一些新的研究特点：

　　（1）研究聚焦于社会中的现实问题，形成以问题为中心的研究取向；
　　（2）在研究社会问题时，应用社会心理学家带有明确的价值取向；

（3）研究的问题十分广泛，涉及不同层次的社会心理和社会行为问题；

（4）应用社会心理学家十分重视研究成果的社会效益；

（5）由于研究者触及各方面的社会问题，所以要求他们具备开阔的视野；

（6）研究方法具有多元性，包括实验法、准实验法（quasi experiment）、问卷法、相关研究法、评估研究法等，尤其重视在现实情境中开展有关问题的研究；

（7）与传统的社会心理学基础研究相比，应用社会心理学非常重视研究成果实际应用的可能性。①

目前应用社会心理学研究已经深入到许多社会生活领域，但限于篇幅，本章只介绍应用社会心理学在管理、犯罪研究、心理健康及环境研究方面的情况。

第一节　社会心理学在管理方面的应用

在现代社会，由于社会分工的发展和技术的专门化，组织的结构日益复杂，在这种情况下，如何调动人们的积极性，协调每个人的活动，以达到预期的目的，便显得十分重要了。因此，在现代的管理过程中，人们越来越多地运用社会心理学的原理和知识，社会心理学在管理中的运用导致了管理心理学（management psycholgy）的产生。

一、动机理论在管理中的应用

一般说来，人的动机是由需要引起的。当人有了某种需要时，对大脑就产生一种刺激，引起心理的不安和紧张状态，形成一种内在驱力，驱使人去寻找和选择满足需要的目标。目标明确后，内在动力转化为动机，动机推动人的行动实现目标。目标达到，需要满足，心理紧张消除。一个人从动机至达到目标的过程称为激励过程。管理中一个非常重要的问题就是如何了解职工的需要，激发动机，设立目标，引导行为，把组织的目标和个人的行为有机地结合起来，以调动人的积极性。美国心理学家马斯洛（A. Maslow）的需要层次理论对管理有很大影响。他把人的需要分为生理需要（physiological need）、安全需要（safety need）、归属和爱的需要（belongingness and love need）、尊重的需要（esteem need）

---

①乐国安：《现代美国应用社会心理学研究的一些特点》，载《社会心理研究》2001年第2期，第30～35页。

和自我实现的需要（self actualization need）五个层次。这五个层次的需要有一个由低级向高级发展的过程，每一时期都只有一种需要占主导地位，而其他需要则处于从属地位。西方一些管理心理学家认为马斯洛需要层次论（theory of hierarchy of needs）能帮助企业家管理好企业，他们根据各个层次需要列出了应采取的相应措施（如表 12-1 所示）。

表 12-1　马斯洛的需要层次论与管理措施

需要层次	追求目标	管理措施
1. 生理的需要	薪水、健康的工作环境、各种福利	身体保健（医疗设备）、工作时间（休息）、住宅设施、福利设备
2. 安全的需要	保障职业、防止意外	职业保证、退休金制度、健康保险制度、意外保险制度
3. 社交的需要	友谊（良好的人际关系）、团体接纳与组织一致	协商制度、团体活动制度、互助金制度、娱乐制度、教育训练制度
4. 尊重的需要	地位、名分、权力、责任、与他人薪水的相对高低	晋升制度、表彰制度、奖金发放制度、提案制度、选拔进修制度、参与制度
5. 自我实现的需要	发展个人特长的组织环境、具有挑战性的工作	决策参与制度、提案制度、研究发展计划、劳资会议

20 世纪 60 年代美国学者赫茨伯格（F. Herzberg）提出了双因素理论。所谓双因素是指保健因素和激励因素。保健因素与激励因素在内容上的划分不是绝对的，而是相对的。

一般而言，保健因素通常是指对基本需要的满足，是每一位成员都应该普遍而平等地享有，企业必须要提供的内容。保健因素与成员的不满意相关，获得保健因素会消除成员的不满，而缺乏保健因素必然会导致员工的不满意。例如：能够保障企业员工及其家庭基本生活开支的收入就是一种保健因素，如果基本工资过低，不能满足员工及其家人的基本开支，那么员工一定会产生不满；相反如果基本工资非常高，每位入职的员工都能普遍地得到相当高的工资，这一保健因素也不会让员工感到满意。

激励因素则与发展需要的满足有关，是成员需要得到公平待遇的内容，凡是必须按照业绩划分层次与等级，并且按照等级标准来享有的公平因素，则与激励有关，激励因素与成员的满意相关，如果能够得到激励，成员会感到满意，如果不能够得到激励，成员则无法获得满意感。常见的激励因素包括工作富有成就感、职务上有责任感、工作本身的挑战性、对未来发展的展望等。激励因素的改变能提高员工工作积极性，提高劳动生产率。

自 20 世纪 60 年代中期以后，双因素理论在美国越来越受到人们的注意，在企业管理中，管理者运用双因素理论，扩大员工工作范围，使员工在工作中负有更大的责任，以调动员工的生产积极性，提高生产率。双因素理论还被用来指导奖金发放工作。美国管理协会出版的《目标设置》一书指出，如果要使奖金成为对员工的激励因素，必须与企业经营好坏、部门及个人的工作成绩联系起来。如果采取平均分配的方法，那再多的奖金也只起保健作用。

美国心理学家弗洛姆（E. Fromm）还在 20 世纪 60 年代提出了期望理论（prospect theory）。这个理论可以用下列公式表示：

激励力量=期望值×目标效价

激励力量（incentive strength）指的是调动个人的积极性，激发人内部潜力的强度。期望值是根据个人经验判断达到目标的可能性的大小，目标效价是达到目标满足个人需要的价值。

这个公式说明人的积极性被调动的大小取决于期望值和目标效价的乘积，即一个人对目标的把握越大，估计达到目标的概率越高，激发起的动机越强烈，积极性也越大。价值高而期望值太小，或者期望值大而价值太低，都不能激起较高的积极性，只有二者都维持在一个较高的程度上，积极性才能充分地激发起来。管理者在目标设置时应注意这个理论。目标应适当高于个人的能力，使之成为职工既渴望达到，但又不是可望而不可即的，使职工能充满信心地工作。

专栏 12-1

应用社会心理学的倡导者——勒温（Kurt Lewin）

勒温，现代社会心理学最有影响的创立者之一，1890 年生于普鲁士。他先后求学于弗莱堡大学和慕尼黑大学，并于 1914 年在柏林大学获得博士学位。第一次世界大战期间，他在德国军队服役，之后回到柏林大学任教。在那儿，他成了柏林著名的格式塔心理学派的重要人物，并在后来创立了自己的理论——场论。在度过了一段到国外教学和旅行的生涯后，1932 年为躲避纳粹迫害离开德国去了美国，在来到艾奥瓦大学之前，他主要执教于斯坦福大学和康奈尔大学。1914 年他又来到麻省理工学院，在那儿创建了群体动力学研究中心，该中心在勒温于 1947 年去世后移至密歇根大学。

　　勒温成功地把对应用和基础的兴趣与研究结合在一起。他因对心理学场论的贡献而被认为是一位心理学理论家。同时，他又强调心理学对社会问题的应用研究，提出了"活动研究"的概念，在一个研究课题中结合基本理论研究和社会活动研究。他由于研究组织管理中民主型和独裁型领导方式、群体讨论和决策过程，以及群体参与法而闻名于世。他还研究过减少偏见和分析公众对第二次世界大战的态度这类现实问题。他提出的"群体动力"过程的概念成为对人类群体的科学研究的重要概念，也是建立缅因州贝泽尔的国家训练实验室（National Training Laboratory）的理论基础。这个实验室用 T-小组训练法（T-group method）去提高群体效率和改善个人的社会调节效果。

　　资料来源：Stuart Oskamp & P.Wesley Schultz(1998). Applied Social Psychology(2nd Ed.). New Jersey:Prentice-Hall, Inc..p.6

二、群体理论在管理中的应用

　　社会群体（social group）是人与人之间在直接互动的基础上建立起来的一种社会单位。社会心理学对群体的研究被广泛运用于管理之中。社会心理学的研究表明，在社会组织中除了存在正式的群体（formal group）之外，还存在非正式群体（informal group）。非正式群体是客观存在的，它的存在不以管理者的意志为转移，因此管理者应该了解本组织内有多少非正式群体，掌握每个非正式群体产生的原因、背景、思想倾向、成员构成、领导人物、活动方式与目标，发挥它们的积极作用，限制它们的消极作用。在对待非正式群体问题上，否认、压制与放任都不利于组织的发展。

　　单位的正式领导要与非正式群体的领导多接触，促膝谈心，联络感情，建立友谊。对于非正式群体的有益活动，领导与正式群体应提供条件，积极支持，或积极参与活动，使他们正当的有益活动能够顺利地开展起来。管理人员应利用非正式群体成员之间思想交流广泛、相互间无话不谈、意见渠道畅通等特点，通过非正式群体了解员工思想动态及对各项工作的评价，做到心中有数；应利用非正式群体成员之间心理协调、感情融洽的特点，引导他们相互学习，提高业务水平；应利用非正式群体领导人威信高、影响大的特点，信任他们，调动他们的积极性。

第二节　社会心理学在犯罪研究中的应用

为什么少数人总是会偏离法律规范，对他人和社会造成巨大危害？随着社会心理学的发展，人们越来越多地从社会心理学的角度研究这个有关犯罪的问题。

一、影响犯罪者人格形成的文化和社会因素

社会心理学的研究表明，许多犯罪现象与个人在社会化中未能形成正常的人格有关，而影响正常人格形成的因素有：

（一）文化方面的因素

（1）特殊的文化环境

特殊文化是与一般的或标准的文化相对而言的文化。例如：在大城市中犯罪者密集的社区，在贫困和下层阶级的居住区（贫民窟），以及在一个国家中受社会歧视的移民及其他国籍、少数民族居民聚居的地区中，都可以发现各种独特的行为习惯、价值观、生活方式等，这便是特殊文化。在这样的文化中长大的人，其行为往往具有与整个社会的规范背道而驰的倾向。因此，当他们停留在这个特殊的文化圈内时是平安无事的，但一旦离开这个圈子，或是在与别的文化圈的人接触时，就容易产生犯罪行为。

芝加哥学派曾经研究了芝加哥某一社区的犯罪率，发现了一个有趣现象：虽然居住在该社区的居民的种族不断变化，但这个社区的犯罪率一直很高。他们的研究表明，在该社区成长起来的人，因受犯罪者的影响，不仅在表面的行为上学习了犯罪的手段和形式，而且他们的价值观和社会态度也发生了变化，甚至在对未来的看法、冲动性、感情上的易怒性及同情心等人格基础的深处也容易表现出犯罪的特征。

（2）文化冲突

文化冲突（culture conflict）的概念最初由塞林（T. Sellin）提出，它包括两种情况：其一是当某种文化与异质文化相遇时产生冲突，按照前一种文化的行为规范行动的人，往往容易产生与异质的社会规范相抵触的犯罪行为。其二是现代社会为了维持其体制和发展其社会机能，在所有的领域加深了社会身份与专业身份的分化。随着社会分化，个人往往同时隶属几个不同的社会群体或社会组织，其结果是，相互重叠的各种不同的行为规范和行为方式

就会降临到他的头上，从而使其行为标准产生了分裂和混乱，使其很容易产生越轨行为。

（二）家庭方面的因素

（1）父母未能与孩子保持适当距离

在人格形成的过程中，儿童从父母那里得到爱是绝对必要的，但严格地说，这种必要性应有一定限制。当儿童长到一定年龄，他的心就更多地为伙伴和异性所吸引，对父母反而显得疏远了。此外，即使是在儿童幼小的时候，父母有时也有必要完全忘掉儿童的事，或者有意识地抛弃他、疏远他。如果未能处理好这种关系，就会影响儿童人格形成的正确方向。父母应把儿童看成与自己同样地具有独立人格的人，并且以这种方式与之相处。

（2）管束过严或过宽

无论怎样，管束过严或过宽的家庭对儿童成长都是有害的。过严或过宽不仅仅是一种程度问题，而且具有其特定的意义。阿克曼（N. W. Arkerman）认为，家庭在把社会的各种规范传递给它的成员（特别是儿童）时，有避免社会直接施加影响的缓冲作用。如果家庭抹掉这个缓冲作用，那么，父母好像就成了法律的化身，这就是所谓"过严"。不过，有的父母对孩子大大小小的事情都要过问，甚至"对拿筷子放筷子也要啰嗦"，这并不算是"过严"，只能说是父母的任性。相反，忘却各种社会规范而容许孩子自由放任（更确切地说，由于父母本身对社会行为规范的违背而导致缺乏控制），就是所谓的"过宽"。但俗话说的"娇生惯养"或"任其随心所欲"等，并不能算是"过宽"。

（三）学校方面的因素

在学校生活方面形成犯罪人格的因素包括学业方面的困难和朋友关系中的障碍。

因学业困难所产生的犯罪危险因素具有两个方面：其一是抱有自卑感、萎靡不振（活力衰退，行动范围缩小，判断与感受性方面也变得消极、悲观），因此就想在其他方面得到代偿性的满足，希望补偿其自卑感，以致走上犯罪道路。其二是完全不把学校看成是学习的场所，而只是把它当作交朋友、游戏以及不失时机地进行害人取乐的活动场所。

所谓朋友关系障碍，许多时候是由上述学习困难造成的。除此之外，还有家庭与个人的某些原因，如家庭贫困、特殊家庭、本人容貌丑陋等；缺乏大多数同学具有的共同性，因转学而来或自己的家碰巧远离大多数同学的居住区域。因此，这些人往往离群索居，与不良少年搞小圈子，终于产生犯罪行为。

二、社会心理学关于犯罪原因的理论

过去人们多从生物学或本能论的角度解释犯罪的原因。社会心理学则从一些新的角度对犯罪原因作了说明。主要包括挫折—侵犯理论、随异交往理论和标签理论。

（一）挫折—侵犯理论

当个人动机、行为受到挫折时，攻击与侵犯就成为一种原始而普遍的反应。在挫折—侵犯理论看来，犯罪的原因是挫折增大，而职业、教育、智力、青春期欲望、容貌长相、身体缺陷、私生子、离婚等，都可能是产生挫折和增强挫折的条件。该理论的具体内容请参见第九章第一节。

（二）随异交往理论

萨瑟兰（E. Sutherland）提出了随异交往理论（differential association theory）。这种理论认为，犯罪多是在诸如家庭、邻里或同辈团体这些亲密的初级群体中和他人互动之后习得的行为。这和中国人说的"近朱者赤，近墨者黑"具有相似的内涵。在这个学习过程中有两个因素。首先，人们要学会从事犯罪活动所需要的特定技艺。例如，吸毒的人要知道通过什么渠道可以弄到大麻、海洛因，偷窃要学会砸门撬锁。其次，这些人的价值观必须发生变化，需把越轨行为看作比非越轨行为更有价值。通过和其他罪犯或一般的越轨者交往，一个人逐渐接受了越轨者的价值观，认为越轨行为比一般循规蹈矩的行为更为可取。例如，那些吸毒的人告诉别人说，吸毒可以使人在精神上得到解脱。

因此一个人是否有可能发生犯罪，首先要看他与具有特定价值观和技艺的越轨者群体交往的程度，其次要看他是否把自己看作越轨者并扮演这一角色。如果仅和越轨者交往，而没有和越轨者认同，那么越轨行为的可能性并不大。

（三）标签理论

上面介绍的两种观点都是从越轨者本身去解释越轨行为，而标签理论（label theory）则从社会和他人对越轨者的反应这一角度进行解释。这一理论认为，社会和他人是否把一个人看作是越轨者，这对一个人是否产生越轨行为起着关键作用。在 20 世纪 50 年代和 60 年代，坦南鲍姆（F. Tannenbaum）、霍华德·贝克尔（H. Baker）等人研究了标签对一个人越轨行为的作用。他们认为：标签理论的解释有助于理解那些为其他理论所忽视的方面，社会对越轨行为的反应不是使越轨行为消失，而是使之存在下去。

在标签理论看来，每个人都或多或少地有过越轨行为，只是有的越轨行为未被发现或者被称之为犯罪行为而已，这种虽然违反了社会行为规范、但未被发现和标定为越轨的行为被称作初级越轨行为。倘若一个人的初级越轨被发现，社会就会给他一个"越轨者"的标签，以越轨者的身份来期望和对待他。那么这个人则会顺应社会对他的这种期望，认同这个标签，这样就产生了次级越轨。标签理论研究的不是初级越轨，而是次级越轨，或者称之为职业越轨。次级越轨是一种经常性的越轨行为。

第三节　社会心理学在心理健康方面的应用

现代社会改变了人们的传统生活方式，这使得患心理疾病的人越来越多。此外，现代科技发展所形成的紧张的社会环境，也使得许多与心理压力有关的疾病的发病率迅速提高。这些问题不仅引起了医学界的关注，也引起了社会心理学的高度重视。社会心理学运用有关理论，研究了社会心理因素对人类健康的影响。

一、社会心理因素对健康的影响

科学研究表明，社会心理因素同遗传、生化、免疫等因素一样，在疾病的发生、发展、治疗和预防中起重要作用。日常生活中，有许多社会心理因素会使人产生心理紧张状态（intensity state），从而引起疾病。

生活中的挫折会使人致病。丧偶、离婚、失去亲人、家庭冲突、索居独处、远离家乡和生活变化对健康都有较大的影响。许多研究表明，心肌梗塞或冠心病的病人在发病前 6 个月有明显的生活变化。人们普遍相信与双亲分离会使儿童感到不安，而双亲间的冲突则更会使儿童感到不安。双亲离婚的儿童比由于双亲中一位去世而使家庭生活受到干扰的儿童表现出更多的紧张状态。当然，离婚也影响成人，近三十多年来的一系列研究发现，离婚是精神病院住院患者的病因之一。

紧张的工作容易使人致病。首先，现代科学技术把人带进了信息密集的时代，信息量的急剧增长使人应接不暇，这种情况导致有关工作人员的情绪紧张程度大大提高。其次，在现代化生产中，自动化程度不断提高，这虽然是根本改善劳动条件的必由之路，但是，它却使工作变得单调、枯燥和紧张，需要精神高度集中。大量的研究表明，在这种条件下工作的职工，绝大部分都感到工作没趣味，没有成就感，感到焦虑、紧张、容易激动。例如电报员要以熟练的技能从事单调刻板的工作，特别容易患神经症，容易患哮喘、手指震颤或痉挛、消化性溃疡症。还有人发现，从事不到一分钟就重复一次动作的工作的工人，与隔3～30分钟重复一次动作的人相比，更多患失眠、肠胃病和抑郁病。

现代化城市生活也会使人心理紧张而致病。人口的高度集中，高层建筑的不断发展，以及紧张忙碌的生活节奏，不仅改变了人们传统的生活方式，也造成了邻里间人际关系的淡薄。这种现代城市生活，给城市居民造成很大的心理压力，使其比生活在农村的人更容易罹患心理问题和身心障碍。根据苏联学者的统计，每1000人中患神经系统疾病的，城市为101人，而农村为38.5人；患高血压病的，城市为23.6人，农村为10.5人。另一方面，随着工业化和都市化的发展，许多人迁居城市，从宽广安静的生活环境进入喧闹的拥挤环境，这使他们需要以更大的努力去适应新环境，从而易产生紧张状态。有人对从农村迁入城市的居民进行了研究，发现移民的血压增高与其和移居地区的不同种族的人共同生活和工作引起的紧张程度成正比。

二、如何消除紧张状态

从上面的分析可以看出，上述社会心理因素之所以影响心理健康，是因为这些因素导致了心理紧张。那么，如何减缓这种紧张状态呢？人们在这方面进行了一系列研究，提出了许多通过身体内部状况与条件的精神控制来进行治疗的方法。这里我们介绍减缓紧张状态及其影响的三种技术：生物反馈、凝神和意念。

（一）生物反馈（biofeedback）

我们可以通过生物反馈来改变身体的生理功能。许多身体内部过程与功能可以用电子仪器来测量，如心电图描记器。也可以放大及转变成其他容易观察的信号，如闪光或音乐。因此我们可以获得生物反馈——一种关于内部心理活动的信息，一旦我们获得了这种信息，我们就可以用它来控制身体的内部过程。例如，如果心脏以某种轻松的速率跳动时，灯光就闪烁，那么，我们就可以学会使我们的心跳保持这种速率以保证灯光的闪烁。通过自己的努力，就可以预防紧张状态对身体的有害影响。

（二）凝神

凝神最普通的形式是"超自然凝神"，它包括每天两次、每次20分钟的静坐和反复默念一个单词（这是"超自然凝神"的指导者为个人所选的单词）。凝神产生于身体与精神的完全放松中，适用于减轻压力的影响。当人们在凝神时，对他们所作的许多研究结果表明，在生理功能方面有一个持续的重要变化。在凝神期间，氧的消耗量减少，血压、呼吸频率以及心率明显降低。

凝神者常常发现他们极少需要睡眠，这说明在凝神期间大量的身体能量得到重新恢复和储存。凝神对于抵消紧张状态的影响和防止其对生理功能的损害都是有益的。

（三）意念（impression）

所谓意念就是将意识集中于某个现实的或幻想的物体。这种集中掩蔽了所有其他的思维、情感与感觉。在花园里凝视一块石头，"看着它成长"，所有的心理能量都从其他的精神与生理活动中取出，集中于这个任务上。据推测，意念对精神具有镇静的效果，这个效果表现为使所有身体运动过程缓慢下来。与凝神联系在一起的意念，不仅可以用于预防来自紧张状态的生理损害，而且还可以在这种损害发生后进行治疗。

第四节　社会心理学在环境研究中的应用

环境心理学（environment psychology）是社会心理学中一个比较新的领域。最初的环境心理学主要研究噪声或空间等物理环境对人的认识、情感和行为影响。近二十年来，随着社会发展进程的加速，环境问题越来越受到重视。环境心理学在关注传统研究课题的同时，也把研究目光投向了"人的活动环境的影响"这一领域。①

一、噪声

有关噪声的研究表明，人们适应环境很快。人们对外界突然产生的强烈噪声的最初反应是强烈的：人们会跳起来，腹部肌肉紧张，眨眼以及产生一般的生理反应。另外，高噪声还会干扰工作的能力，当我们感受强烈噪声时，不论是简单的还是复杂的工作都无法做好。但是，这些干扰性影响一般只持续很短的时间。甚至极强的噪声，我们也会很快习惯，几分钟后，生理反应消失，行为也恢复正常。10 分钟或更短的时间之后，遭受短暂而强烈噪声的人和听到中等或低噪声的人就完全不一样了，即使噪声超过 100 分贝也是如此。

格拉斯（D. Grass）和辛格（J. Singer）的实验结果证明了这一点。在这个实验中，让人们听不到任何噪声，或在 2 至 3 分钟内听到突然爆发的 108 分贝的噪声。高噪声导致生理唤起，但这种唤起仅仅持续了几分钟。4 分钟之后，

---

①乐国安：《美国环境社会心理学研究的新进展》，载《天津师范大学学报》（社会科学版）2001 年第 5 期。

全部被试在许多工作中都干得一样出色，包括简单的算术、比较数列、字谜游戏和高等数学。一旦对高噪声习惯了，他们在噪声下进行的工作就和在比较安静的环境中做得一样好。

不过，格拉斯和辛格于1972年做的一系列实验也表明，如果噪声是不可预见的和不可控制的，即使噪声停息，特定的种种活动将继续受到损害。在一项研究中，高噪声或轻微噪声每分钟准时发生或无规律发生，结果发现不可预见的低噪声比可预见的噪声引起了正在工作的被试的更多失误。在另一项研究中，告诉被试，让在他们需要的时候按开关通知伙伴停止噪声，从而给予他们一种控制感。即使被试从未停止过噪声，但这种控制感足以排除消极的影响。

有一项研究指出：长期接触高噪声，会带来有害的影响。科恩（S. Cohen）、格拉斯（D. Grass）和辛格（J. Singer）于 1973 年测定了住在纽约高速公路旁一座居民楼里的儿童的阅读成绩和听觉辨别能力，这些儿童在这所建筑里至少生活了 4 年。测试结果表明，生活在较低层楼的儿童由于长期受噪声干扰，他们在两种测量中的成绩都很糟。

二、个人空间

在本书中曾提到过霍尔（E. Hull）将人际交往的空间距离划分为亲密距离、个人距离、社会距离以及公众距离。他又把这些距离各分为两大类：远范围与近范围。后来的研究发现：具有不同文化背景的人，对于这种交往中的空间距离有不同的偏好。白种美国人、英国人和瑞典人站得最远，南欧的意大利人、希腊人站得比较近，南美洲人、巴基斯坦人和阿拉伯人站得最近。有关研究表明，这种交往距离上的差异往往和人们对"自我"的不同理解有关。比如，北美人理解的"自我"包括了皮肤、衣服以及体外几十厘米的空间；而阿拉伯人的"自我"则仅仅局限于心灵，以至他们把皮肤当成身外之物。因此，如果一个北美人和一个阿拉伯人交往常常会出现这样的场面：阿拉伯人步步紧逼，他总嫌对方过于冷淡；而北美人却连连后退，他接受不了对方的过度亲热。

人际交往的空间距离也受到性别的影响。性别的差异主要体现在两个方面：一是同性之间交往距离上的男女差异，二是异性之间交往距离上的差异。在异性之间的交往上，一般来说男性的"个人圈"较大；而女性的"戒心"不强，在大街上她们更喜欢拉手搭肩结伴而行。心理学家做过这样的实验，让相同数量的男性或女性同处在一间小屋里待上一段时间。结果发现：男性时间稍长就会感到焦虑不安，脾气更加暴躁，冲动性和侵犯性都有所增强；但同等数量的女性呆在一起却能融洽相处，亲密无间。和同性的交往是这样，而和异性交往时，男性则倾向于接近互动者。在一项实验中，男性被试坐的地方离一位妩媚女郎的平均距离为 138 厘米，而距离另一位男性的平均距离却为 255 厘米。

三、拥挤

怎样才算拥挤，这并没有固定的客观标准。拥挤（crowding）和密度（density）是两个不同的概念，密度是指在一定区域内的人数，而拥挤在很大程度上是一种主观感觉。如果你喜欢在幽静的林荫道上散步，另外几个人的出现可能使你感到太挤了；相反，一场舞会即使在一个小房间里挤着 50 人，你也不会感到拥挤。

拥挤影响人的复杂工作能力，这可以从保罗斯（P. B. Belous）等人于 1976 年所做的一个实验结果中看出来。在该实验中，要求被试在不同拥挤程度的条件下进行走迷津活动。结果发现：处于高人口密度中的被试者平均错误为 37.44 次，而处于低人口密度中的被试者则只有 34.20 次。[①]

拥挤也能抑制亲社会行为。受拥挤影响者倾向于回避他人，因此他们较少可能帮助他人。住在不拥挤的低层建筑物中的学生，比那些住在拥挤的高层建筑物中的学生表现出更多的亲社会行为，例如借钱、帮忙等。

拥挤为什么会产生这些结果？非预期互动假设可以作出解释。这一假设认为：拥挤之所以产生消极影响，是因为拥挤环境中人们的互动超过了人们所希望的人数。

研究者比较了空间大小一样的两种结构的宿舍。第一种结构的每间宿舍包括 1 个寝室、1 个休息室、1 个浴室。第二种结构的每间宿舍包括 3 个寝室、1 个休息室、1 个浴室。住在第一种宿舍结构内的学生，比那些住在第二种宿舍结构内的学生感到更加拥挤，他们对待其他学生也不那么友好，与其他宿舍的学生合作也较少，他们回避过多的社会互动。

米尔格拉姆（S. Milgram）在 1970 年根据他提出的感觉超负荷理论解释了拥挤的影响。在他看来，当人们被迫承受过度的刺激时，便体验到了感觉超负荷，并且也不能再与全部刺激相接触了。感觉超负荷是不愉快的，而且显然要干扰人的正常工作能力。因此，人们就要通过筛选某些刺激，只注意最重要的东西来解决感觉超负荷问题。根据这种观点，拥挤是刺激的一个来源，有时会产生超负荷。一旦如此，人们就会不安、紧张，并且将"关闭"他们的注意力。米尔格拉姆的这一观点能够解释某些发现，但是它不能解释为什么有的时候高

[①] J. D. 费歇、P. A. 比尔、A. 鲍姆：《环境心理学》，1984 年英文版（第二版），第 210 页。

密度会产生积极的影响，也不能解释为什么妇女对拥挤的反应一般是积极的。此外，它也没说明超负荷什么时候发生或者何时不发生。

此外，巴伦（R. M. Baron）等人于 1978 年提出了失控假设，认为拥挤影响是由于拥挤使人对事件失去控制，当人们失去这种控制时，就可能感到紧张。弗里德曼（J. F. Freedman）于 1975 年提出"密度—强度假设"，认为高密度加强任何社会行为，不管反应是积极的还是消极的。这些假设都从不同侧面解释了拥挤的影响，它们在一定程度上也有相互重叠的地方。

有关拥挤的研究多半是在短时间的实验条件下进行的，因而其研究结果难以预测长时间处于拥挤状态（例如贫民区、大型商场、监狱、学校集体宿舍等）对人的心理和行为的影响。

四、对保护环境的行为的研究

近十多年来，美国一些环境社会心理学家致力于保护环境行为的研究。这类研究通常有两种类型：一种是研究影响人的环境保护行为的主体因素，即研究什么样的人倾向于表现出这种行为；另一种是研究如何使人们实际表现出环境保护行为。后一种研究存在两种不同取向：一种是依据斯金纳的行为主义理论和行为矫正技术，研究如何减少人们乱扔废物的行为以及鼓励垃圾分类回收的行为。另一种是依据动机理论，研究如何通过社会互动和劝导使人们表现出保护环境的行为。

学者们以垃圾分类回收行为作为研究对象，分析了影响人们环境保护行为的四方面主体因素。

一是人口统计学特点。早期的研究结果表明，年轻人、白种人、受教育水平较高的人和高收入的人会更多表现出垃圾分类回收行为。但是，近几年的研究都表明这种行为与上述人口统计学特点的相关度在降低。其原因可能是：在美国，垃圾分类回收已经是一种比较方便和普遍的行为了。

二是对垃圾回收的了解程度。研究发现：如果一个人对于为什么要对垃圾进行分类回收、什么地方可以收集回收物等知识掌握得越多，就越会表现出垃圾分类回收行为。不过，具备这方面的知识尽管是必要条件，但不是充分条件。为了能把知识转变成实际行为，还需要一些其他内在的和外在的促动条件。

三是对环境问题的关心程度。这是一种表现环境保护行为的潜在内部条件。不过也有研究表明：关心环境问题的人在实际生活中不一定会表现出垃圾分类回收行为。一种行为能否表现出来，受制约于个体的态度、个体对该行为的社会作用的认识，以及个体对自己能否完成这一行为的能力的判定。因此个体对垃圾分类回收这一行为具体态度和认识如何，比他对一般环境问题的关心程度更为重要。

四是人格特点。有的研究者试图找出垃圾分类回收人格特点（recycling personality），但是都没有成功。通过研究得到的启发性线索只是比起不愿意表现垃圾分类回收行为的人来，能够表现这种行为的人对环境保护更有责任感。不过，也有人提出，光有责任感是不够的，还要看个体对垃圾分类回收的了解程度、社会对该行为的支持程度等条件。

许多旨在干预环境保护行为的研究，都是以行为学理论为基础的。其提出的干预方式主要包括信息战、信号提示、示范、金钱鼓励和反馈信息等。

所谓信息战（information campaigns），就是政府和有关机构开展大规模的宣传，以便让人们表现某种保护环境的行为。研究表明信息战如果不与其他方式同时结合使用（例如：宣传节约能源，应同时让人们能够买到节能装置），则效果不明显。

信号提示（prompts）是指用简短文字信号提示人们应表现出某环境保护行为，例如"请将垃圾分类回收""请把易拉罐放在这个桶内"等。研究表明，提示的内容越具体则效果越好，提示尽量少带命令性则效果较好，提示的内容能让人比较容易去做则效果较好，提示标志越靠近操作点则效果越好。

示范（modeling）是指通过电视、电影或真人现场演示环境保护行为。调查表明这种方法颇为有效。有研究者报告了他们的一项现场实验结果：当人们从一家当地图书馆出来走向自己的汽车时，一位实验者从他们身边走过，并且在他们面前把事先放在地上的一个垃圾袋捡起来，然后放进垃圾箱。结果发现：当人们走到自己的汽车跟前，看到挡风玻璃上有一张传单纸（其实是实验者事先放上的），只有7%的人把它拿开并随手扔掉；而在实验的对照组，则有37%的人这样乱扔废纸。

金钱鼓励（monetary incentives）对于诸如节约能源、垃圾分类回收、乘坐公交车等环境保护行为有着明显的促进作用。不过，研究者指出，使用这种方式有实践上的问题，即应考虑行为改变的程度、花费金钱的数量和长期效果。假如行为改变程度不大，坚持时间又不长，而为此付出的代价又颇高，则难以在实践中应用。此外，还存在如果金钱这种强化手段停止使用，则环境保护行为会同时停止表现这种情况。假如人们只是为了得到奖赏而这样去做，那么在没有奖赏时自然不再表现这种行为了。

反馈信息（feedback of information）是指向人们提供他们表现的与环境保护行为有关的信息，例如家里使用了多少度电、多少立方米天然气和水等。调查发现：反馈信息这种行为干预手段可以使家庭能源节约 10%到 15%，并且效果持续时间较长。研究还表明：信息反馈最好是每天进行，而不是每周或每月一次。

本章小结

思考题

1. 动机理论和群体理论在管理中有哪些应用？
2. 影响犯罪者人格形成的文化和社会因素有哪些？
3. 社会心理学关于犯罪原因的理论解释主要有哪几种？
4. 哪些社会心理因素对健康会产生消极影响？
5. 请说明减缓紧张状态及其影响的三种技术。
6. 请举例说明，如何利用环境心理学的新成果来促进当代中国社会的环保行为？

推荐阅读书目

1. 卡扎科夫等著：《社会心理学的应用问题》，中国社会科学出版社 1988 年版。

2. [美]舒尔兹著：《心理学应用》，广西人民出版社 1987 年版，第三、四、五、六章。

3. [美]S.奥斯坎普著：《应用社会心理学》，1984 年英文版，第八至十三章。

4. 乐国安主编：《20 世纪 80 年代以来西方社会心理学新进展》，暨南大学出版社 2004 年版。

5. 乐国安主编：《应用社会心理学》，南开大学出版社 2003 年版。

6. Stuart Oskamp & P. Wesley Schultz (1998). Applied Social Psychology (2nd Ed.). Prentice-Hall, Inc..

附 主要中英文人名对照表

R. P. Abelson	阿贝尔森	F. E. Bartlett	巴特利特
L. Y. Abramson	阿布拉姆森	M. H. Barmgardner	鲍姆加德纳
I. Ajzen	埃杰曾	B. Bena	贝纳
S. L. Albright	阿尔布赖齐	R. Benedict	本尼迪克特
V. I. Allen	艾伦	P. Berger	伯格
F. H. Allport	奥尔波特	L. Berkwitz	伯克威茨
G. W. Allport	奥尔波特	J. S. Berman	伯曼
N. Anderson	安德森	C. Bernard	波尔纳
H. Andrew	安德鲁	E. Berscheid	伯斯奇德
M. Arggle	阿盖勒	R. L. Birdwhistell	伯德威斯泰尔
N. W. Arkerman	阿克曼	R. Black	布莱克
E. Aronson	阿伦森	P. R. Bleda	伯雷德
S. E. Asch	阿希	J. H. Block	布洛克
J. W. Atkinson	阿特金森	H. G. Blumer	布鲁默
K. Back	巴克	S. Bochner	博克纳
A. E. Backman	巴克曼	Bronfenbreaner	布朗芬布纳
J. W. Bagby	巴克拜	R. W. Brown	布朗
W. Baldwin	鲍德温	J. Bryan	布莱安
R. F. Bales	贝尔斯	J. M. Burger	布尔格
A. Bandura	班杜拉	J. T. Caeioppo	卡乔普波
R. G. Barker	巴克尔	B. H. Cambell	坎贝尔
R. A. Baron	巴朗	N. Cantor	坎特
H. Barry	鲍里	A. H. Caron	卡伦
F. C. Bartlett	巴特利特	S. Cohen	科恩

A. Comte	孔德	W. J. Goudy	顾迪
R. Crano	克雷诺	D. L. Hamilton	汉密尔顿
J. Crocker	克劳克	F. Heider	海德
R. Dahrendorf	达伦多夫	F. Herzberg	赫茨伯格
E. Darlwin	达尔文	E. T. Higgins	希金斯
K. Dawis	戴维斯	R. Hirsh	赫什
J. Derrida	德里达	T. Hobbes	霍布斯
M. Deutsch	道奇	J. H. Hokanson	霍克森
K. Dion	戴恩	E. P. Hollander	霍兰德
J. Dollard	多拉德	G. C. Homans	霍曼斯
J. H. Donnelly	唐纳利	K. Horney	霍妮
A. N. Doob	杜博	C. I. Hovland	霍夫兰德
K. Dunlap	邓拉普	W. Howard	哈沃德
P. Ekman	埃克曼	E. Hull	霍尔
E. H. Erikson	埃里克森	T. Husten	哈斯顿
D. Fabun	费班	H. H. Hyman	海曼
G. Fairbanks	费尔班克斯	C. A. Insko	英斯柯
R. H. Fazio	费自欧	C. N. Jacklin	杰克林
N. T. Feather	费泽尔	W. James	詹姆士
F. E. Feidler	菲德勒	J. Jellison	杰里森
S. Feshbach	费斯巴哈	T. Jellison	杰里森
L. Festinger	费斯汀格	E. E. Jones	琼斯
P. K. Feyerabend	费耶阿本德	C. G. Jung	荣格
M. Fishbein	菲什拜因	D. Katz	卡茨
D. R. Forsyth	福赛斯	H. C. Kelman	科尔曼
J. L. Freedman	弗里德曼	H. Kelly	凯利
S. Freud	弗洛伊德	C. A. Kiesler	基斯勒
E. Fromm	弗洛姆	L. M. Killian	基利安
G. H. Gallup	盖洛普	N. Kogan	科根
K. J. Gergen	格根	L. Kohlberg	科尔伯格
E. Goffman	戈夫曼	R. M. Krauss	克劳斯
I. Goffman	戈夫曼	E. Ksetschmer	克雷奇默
W. G. Good	古德	M. Kuhn	库恩

W. W. Lambert	兰伯特	N. E. Miller	米勒
D. M. Landers	兰德斯	W. Mischel	米切尔
D. Landy	兰迪	J. F. Moreno	莫里诺
G. E. Lang	兰	J. L. Moreno	莫里诺
K. Lang	兰	M. Morgan	摩尔根
E. Langer	朗格	J. S. Mouton	莫顿
P. Lazarsfeld	拉扎斯菲尔德	B. Muller	穆勒
M. Lazarus	拉扎勒斯	H. A. Murray	莫瑞
G. Lebon	勒邦	G. Murphy	墨菲
E. M. Lement	莱默特	P. Mussen	缪森
K. Lewin	勒温	T. Newcomb	纽科姆
R. Likert	李克特	R. E. Nisbett	奈斯比特
R. Linton	林顿	C. E. Osgood	奥斯古德
A. J. Lord	洛特	J. Pessin	佩欣
C. Lombroso	龙勃罗梭	L. J. Postman	波斯特曼
K. Lorenz	洛伦兹	S. L. Pressey	普赖斯
A. S. Luchins	卢钦斯	S. C. Rosen	罗森
R. Lynd	林德	S. Rosenberg	罗森伯格
E. E. Maccoby	麦考比	L. Ross	罗斯
H. Markus	马库斯	R. Rorty	罗蒂
R. Martens	马顿斯	J. J. Rousseau	卢梭
A. Maslow	马斯洛	E. E. Sampson	桑普森
D. C. Mcclelland	麦克利兰德	T. R. Sarbin	萨宾
J. W. Mcodavid	麦克大卫	S. Schachter	沙赫特
W. McDugall	麦独孤	E. H. Schein	谢恩
E. Mcginniss	麦金尼斯	M. Scheler	谢勒
H. Mckay	麦凯	W. C. Schutz	舒兹
G. H. Mead	米德	P. E. Sears	西尔斯
M. Mead	米德	P. E. Secord	瑟科德
A. Mehrabin	米拉宾	M. W. Segal	西格尔
H. A. Micher	迈克尔	M. E. P. Seligman	斯里格曼
S. Milgram	米尔格拉姆	T. Sellin	塞林
N. D. Miller	米勒	C. Shaw	肖

M. Shaw	肖	L. L. Thurston	瑟斯顿
M. Sherif	谢里夫	H. C. Triandis	特雷安迪斯
I. Shutland	肖特兰	N. Triplett	特里普利特
G. Simmel	斯麦尔	J. Turner	特纳
R. D. Singer	辛格	R. H. Turner	特纳
F. Sistrunk	斯西川克	J. Viofe	维罗夫
B. F. Skinner	斯金纳	M. A. Wallach	沃利奇
N. J. Smelser	斯迈尔塞	E. Walster	沃尔斯特
M. B. Smith	史密斯	F. Walster	沃尔斯特
M. Snyder	斯奈德	Watson	华生
H. Steinthal	斯坦达尔	B. Weinner	维纳
S. A. Stouffer	斯托弗	W. H. Whyte	怀特
S. Stryker	斯特里克	R. Wiekland	威克兰德
G. F. Suci	苏西	Wilson	威尔逊
J. Suls	休	R. F. Wineh	温奇
E. Sutherland	萨瑟兰	D. G. Winte	温特
G. Tarde	塔尔德	J. Wishner	威西纳
S. E. Taylor	泰勒	I. S. Wrigtsman	赖兹曼
A. Tesser	特斯瑟	W. Wundt	冯特
R. M. Thomas	托马斯	R. B. Zajonc	查荣克
W. I. Thomas	托马斯	P. G. Zimbardo	金巴尔多